Grundlagen und Schaltungen der Stromversorgungstechnik

Stromversorgung ohne Stress

Band 1

2. überarbeitete und erweiterte Version

Franz Peter Zantis

elektor
design > share > earn

2., überarbeitete und erweiterte Auflage

ISBN 978-3-89576-706-7 Print
ISBN 978-3-89576-707-4 eBook

Satz und Aufmachung: D-Vision, Julian van den Berg | Oss (NL)
Druck: Ipskamp Printing, Enschede (NL)

Elektor Verlag GmbH, Aachen
www.elektor.de

Inhaltsverzeichnis

Vorwort

Elektronische Schaltungen werden immer weiter integriert. Die Anzahl der Bauelemente reduziert sich ständig. Was bleibt, sind hochintegrierte, komplexe Chips, ein Gehäuse mit Bedienelementen und ... die Stromversorgung. Diese spielt für die Funktion eines Gerätes eine fundamentale Rolle. Im Chip können verschiedene Bereiche ausfallen – was noch nicht zum Totalausfall des Gerätes führen muss. Fällt aber die Stromversorgung aus, dann geht gar nichts mehr. Ein Grund, dieser Baugruppe besondere Aufmerksamkeit zu widmen.

Noch etwas darf nicht vergessen werden: in der Stromversorgungsbaugruppe wird die Gesamtaufnahmeleistung des Gerätes umgesetzt. Dies führt zu hohen Temperaturen und Verschließ. Die Stromversorgung ist somit die anfälligste Baugruppe in einem Gerät. Bei den Ausfallstatistiken fällt auf, dass der weitaus größte Fehleranteil in der Stromversorgung, also dem Netzteil oder bei Batteriegeräten in der Batterie-Stromzuführung zu finden ist. Bei defekten Rundfunkempfängern mit IC-Bestückung liegt die Fehlerursache in 44,3 % aller Fälle in der Stromversorgungseinheit [1]. Mehr als genug Gründe also, Netzteilen eine besondere Beachtung zu schenken.

Mathematik kann in der Technik eine große Hilfe sein. In diesem Buch geht es aber mehr um das Verständnis der physikalischen Zusammenhänge. Die Mathematik soll tatsächlich zur ein Hilfsmittel sein.

Zum Schluss sei noch erwähnt, dass dieses Buch das Thema natürlich nicht bis ins letzte Detail behandeln kann. Hinweise zum Platinendesign für Netzteile finden sich im Literaturverzeichnis unter Punkt [23]. Vorschläge zur Optimierung des Schaltverhaltens von Transistoren sind unter [22] beschrieben.

Der Autor

Vorwort zur zweiten Auflage

Nach dem erscheinen der *Bände III* und *IV* der Reihe "*Stromversorgung ohne Stress*" erhielt ich zahlreiche Anfragen von Lesern, ob bzw. wann der *Band I* wieder in Buchform verfügbar wäre. Ich war deshalb hocherfreut über die Zustimmung des Verlags zur Herausgabe einer zweiten Auflage.

Bei der Überarbeitung zur Erstellung der zweiten Auflage konnte ich viele Korrekturen vornehmen und einige Ergänzungen einpflegen. Das Grundkonzept ist aber unverändert. Es geht um Stromversorgung für elektrische Geräte – ob als Baugruppe oder als Laborgerät. Ziel ist eine praktische verwendbare Einführung in das Thema. Die Teilbereiche werden dann in Folgebändern ausführlicher behandelt. Zielgruppe sind die "Macher" – die an tatsächlichen, praktisch nutzbaren Ergebnissen interessiert sind.

Das Erscheinen dieser zweiten Auflage ist für mich eine große Freude und Erleichterung.

Alsdorf, im Juni 2025
Franz Peter Zantis

<table>
<tr><td></td><td></td><td></td><td></td></tr>
<tr><td colspan="2">Stromversorgungs-Baugruppen</td><td colspan="2">Stromversorgung für Labor und Service</td></tr>
</table>

Kapitel 1 • Quellen

1.1 Spannungsquellen

Die ideale Spannungsquelle gibt - unabhängig von der Belastung - eine konstante Spannung ab. Tatsächlich nimmt die Spannung einer realen Quelle aber mit steigendem Belastungsstrom ab. Dieses Verhalten lässt sich durch Einführung eines Quellen-Innenwiderstandes R_i, der in Serie zu einer idealen Spannungsquelle mit der eingeprägten Spannung U_0 geschaltet ist, berücksichtigen. So entsteht die im Bild 1.1 gezeigte Ersatzschaltung für die reale Spannungsquelle. Bei der idealen Spannungsquelle hat der Innenwiderstand den Wert *0* ($R_i \rightarrow 0$). Im Bild 1.1 befindet sich die eigentliche Quelle im gestrichelten Kasten. Sie besteht aus der Konstantspannung U_0 und dem Innenwiderstand R_i der sich im besten Fall wie ein konstanter ohmscher Widerstand verhält.

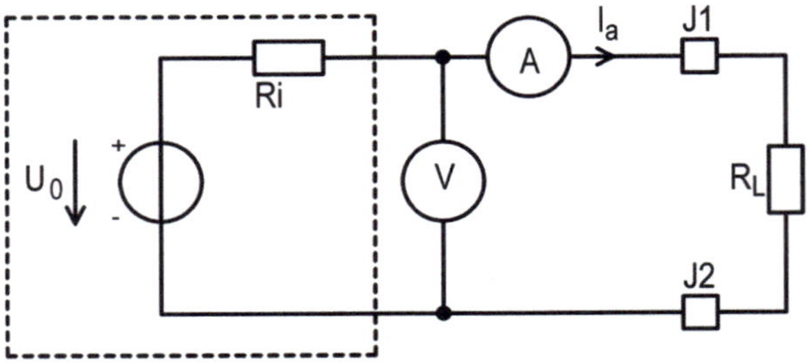

Bild 1.1: Ersatzschaltung einer realen Spannungsquelle bestehend aus idealer Spannungsquelle mit Innenwiderstand R_i. Hier mit angeschlossenem Lastwiderstand R_L sowie Spannungs- und Strommesser.

Unter dieser Bedingung nimmt die Ausgangspannung der Spannungsquelle mit steigendem Belastungsstrom I linear ab, da dann der Spannungsabfall am Innenwiderstand R_i steigt. Im Bild 1.2 ist der Funktionsverlauf schematisch dargestellt. Er kann mit Hilfe der allgemeinen Geradengleichung aus der Mathematik (lineare Funktion; Polynom erster Ordnung)

$$y = ax + b \qquad \text{\{Gleichung 1.1\}}$$

beschrieben werden. Gesucht ist die Ausgangsspannung bei einem bestimmten Ausgangsstrom. Deshalb wird in der obigen Formel *y* durch U_a ersetzt und *x* durch I_a. Der Schnittpunkt mit der Ordinate ist U_0. Dann ist der Ausgangsstrom *0* und die Spannungsquelle ist unbelastet. Die Größe U_0 entspricht dem Absolutglied *b* der Geradengleichung. Die Kennlinie hat eine negative Steigung a, denn mit zunehmender Belastung sinkt die Ausgangsspannung bis zum Schnittpunkt mit der Abszissenachse ab. Dieser Schnittpunkt wird I_k bezeichnet. Dabei handelt es sich um den Kurzschlussstrom der Quelle. Der Absolutbetrag der Geradensteigung $|a|$ ist gleich dem Quelleninnenwiderstand R_i. Alle drei Größen (U_0, I_k und R_i) sind charakteristische Größen einer Spannungsquelle. Für die Gleichung der Funktion $U_a = f(I)$ kann man also schreiben:

$$U_a = f(I_a) = -R_i \cdot I_a + U_0$$

bzw. schöner und aufgrund des Kommutativgesetzes erlaubt:

$$U_a = f(I_a) = U_0 - R_i \cdot I_a \qquad \{\text{Gleichung 1.2}\}$$

Bild 1.3 zeigt den qualitativen Verlauf für $U_a = f(I_a)$. Das aus der Mathematik bekannte Verfahren zur Berechnung der linearen Funktion aus zwei Punkten lässt sich nun zur Ermittlung des Kennlinienverlaufs der Spannungsquelle anwenden. Dazu müssen für zwei unterschiedliche Belastungsfälle die Werte von Spannung und Strom ermittelt werden.

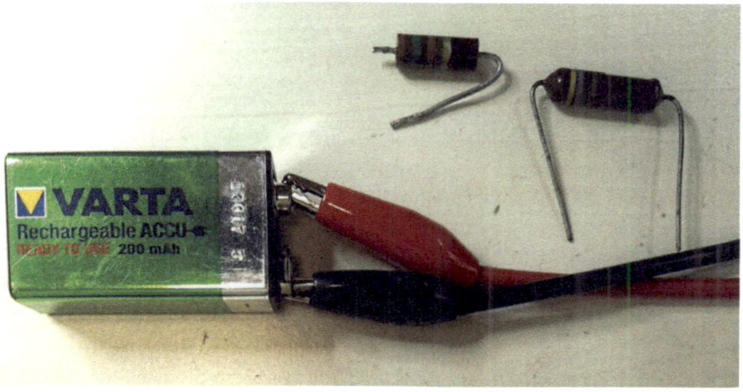

Bild 1.2: Handelsüblicher 9-V-Akku (NiMH) und zwei Belastungswiderstände. Die Anschlüsse gehen zum Voltmeter.

Als Anwendungsbeispiel soll ein 9-V-NiMH-Akku als Spannungsquelle dienen (Bild 1.2). Bei Belastung mit einem Widerstand von $R1 = 150\,\Omega$ gibt der Akku eine Spannung von $U_1 = 8{,}9\,V$ ab. Wird der Widerstand auf $R2 = 47\,\Omega$ geändert, stellt sich eine Spannung von $U_2 = 8{,}6\,V$ ein. Die zugehörigen Ströme sind:

$$I_1 = \frac{U_1}{R1} = \frac{8{,}9\,V}{150\,\Omega} \approx 0{,}0593\,A = 59{,}3\,mA$$

$$I_2 = \frac{U_2}{R2} = \frac{8{,}6\,V}{47\,\Omega} \approx 0{,}183\,A = 183\,mA$$

Damit können die beiden Punkte der Geraden angegeben werden:

$$P1 = (8{,}9V;\ 59{,}3mA) \qquad P2 = (8{,}6V;\ 183mA)$$

Für a (bzw. R_i) erhält man dann:

$$a = \frac{U_2 - U_1}{I_2 - I_1} = \frac{8{,}9\,V - 8{,}6\,V}{0{,}0593\,A - 0{,}183\,A} \approx -2{,}425\,\frac{V}{A}$$

$$R_i = |a| = 2{,}425\,\Omega$$

zur Berechnung von *b* bzw. U_0 kann wahlweise *P1* als auch *P2* herangezogen werden. Hier mal unter verwendung von *P1*:

$$U_1 = U_0 - R_i \cdot I_1$$

$$b = U_0 = U_1 + R_i \cdot I_1$$

$$b = U_0 = 8{,}9\,V + 2{,}425\,\frac{V}{A} \cdot 0{,}0593\,A$$

$$b = U_0 = 9{,}04\,V$$

Die Kennlinie $U_a = f(I_a)$ des Akkumulators verläuft also nach der Funktion:

$$U_a = f(I_a) = -2{,}425\ V/A \bullet I_a\ + 9.04\ V$$

oder schöner: $U_a = f(I_a) = 9.04\ V - 2{,}425\ \Omega \bullet I_a$ {Gleichung 1.3}

In der Praxis wird man, der Einfachheit halber, zunächst die Spannung der unbelasteten Quelle messen. Dann ist der erste Punkt immer

$$P1 = (U_0; 0)$$

Dabei wird bei der Messung vorausgesetzt, dass die Belastung durch das Messgerät vernachlässigbar klein ist. In diesem Fall wird lediglich ein tatsächlicher Belastungspunkt benötigt.

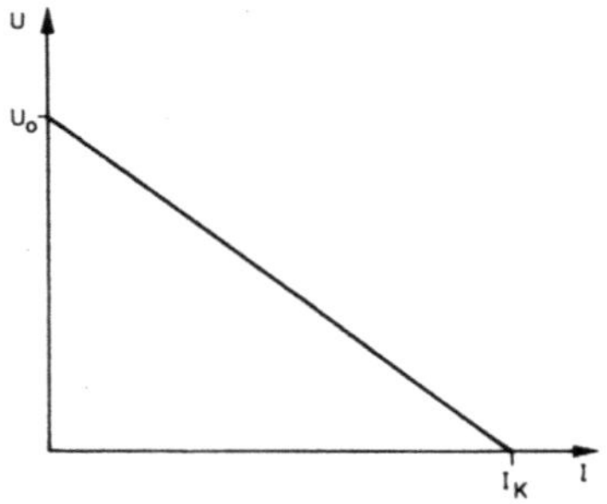

Bild 1.3: Kennlinie einer realen Spannungsquelle U = f(I).

Das ist die Theorie. Leider verhält sich der Innenwiderstand R_i in der Praxis nicht zwangsläufig wie ein konstanter ohmscher Widerstand. Er ist nur im Idealfall konstant. Je nach Quelle kann er um einen Lastpunkt herum (mehr oder weniger großzügig) als konstant angenommen werden. Quellen mit stark variierendem Innenwiderstand heißen nichtlineare Quellen. Ihre Kennlinie weicht von der Idealform der Geradengleichung signifikant ab.

Bei Akkumulatoren zum Beispiel ändert sich der Innenwiderstand mit dem Ladezustand und mit dem Alter der Zelle und auch mit dem aktuellen Belastungsfall und der Temperatur.

$$R_i = f(C, A, I_l, \vartheta)$$

C : Ladezustand in Amperestunden (Ah)
A : Alter (zum Beispiel in Jahren)
I_l : *Entladestrom in Ampere (A)*
ϑ : *Temperatur in °C*

Besonders niedrig ist der Innenwiderstand bei einem neuen Akkumulator ($A = 0$) der gerade vollständig aufgeladen ist ($C = max.$) und nur mit geringer Last beaufschlagt wird ($I_l << I_K$) bei über Zimmertemperatur.

Zum Beispiel ist bei Solarzellen die Nichtlinearität infolge von Halbleitereffekten beträchtlich. Je stärker der Lichteinfall, umso kleiner ist der Innenwiderstand. Weiterhin hängt der Innenwiderstand vom entnommenen Strom ab und natürlich von der Temperatur. In solchen Fällen kann (wenn denn wirklich Bedarf besteht) für die betreffende nichtlineare Quelle nur eine eigene, spezifische Beschreibung angegeben werden. Es wird dann in der Gleichung 1.2 anstelle des konstanten Widerstandes R_i die Funktionsgleichung $R_i = f(I_a)$ eingesetzt, die wiederum abhängig ist von Funktion und Aufbau der Spannungsquelle. Die Aufstellung der Funktionsgleichung ist ziemlich aufwändig.

Ich habe beispielhaft den Innenwiderstand einer kleinen Solarzelle aus einem Energy-Harvesting-Projekt [12] vermessen. Dabei habe ich die Beleuchtungsstärke konstant gehalten und die Funktiongleichung $R_i = f(I_a)$ in mühsamer Kleinarbeit aufgenommen. Das geht indem um jeden Belastungspunkt herum zwei Messungen gemacht werden die sich im Laststrom geringfügig unterscheiden. Es ergeben sich für jeden Lastpunkt zwei Ströme und zwei Spannungen aus denen der Innenwiderstand berechnet wird. Alle so ermittelten Innenwiderstände ergeben über den Laststrom aufgetragen die Kennlinie - im Beispiel ergab sich Bild 1.4. Zum Schluss habe ich mit einer Regressionsrechnung die Funktionsgleichung als zugeschnittene Größengleichung aufgestellt:

$$\frac{R_i}{\Omega} = f(I_a) = 5 \cdot 10^{-9} \cdot I_a^4 - 5 \cdot 10^{-6} \cdot I_a^3 + 0{,}0019 \cdot I_a^2 - 0{,}312 \cdot I_a + 23$$

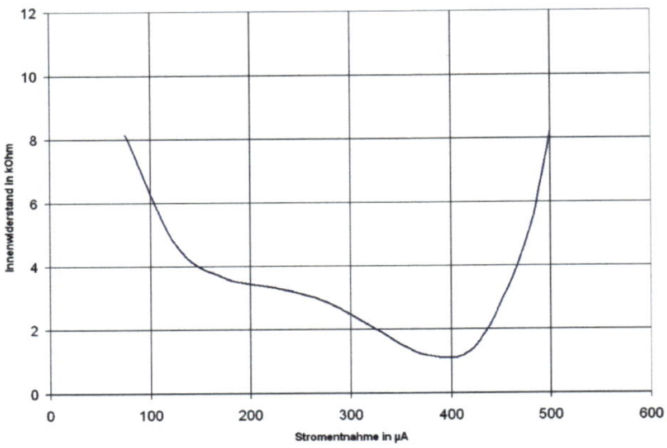

Bild 1.4:Verlauf des Innenwiderstands einer Solarzelle in Abhängigkeit vom entnommenen Strom.

1.1.1 Belastete Spannungsquelle in der Praxis

Sonderfälle wie im Bild 1.4 lasse ich nun mal außer acht. Gute technische Spannungsquellen können in der Umgebung des Arbeitspunktes mit Geraden beschrieben werden. Welche Spannung die Quelle bei einem bestimmten Belastungswiderstand R_L abgibt kann dann ermittelt werden, wenn die Widerstandsgerade mit in das Kennlinienfeld der Spannungsquelle eingezeichnet wird. Als Grundlage kann man die Funktionsgleichung $R_i = f(I_a)$ zum Beispiel in ein Tabellenkalkulationsprogramm eintragen, daraus ein Diagramm erstellen und dieses ausdrucken. Alternativ kann das im Abschnitt 1.1.4 beschriebene Programm genutzt werden. Der Schnittpunkt der Quelle mit der Widerstandsgeraden ist der Arbeitspunkt der sich einstellt. Das funktioniert sowohl mit linearen (Bild 1.5) als auch mit nichtlinearen Belastungswiderständen.

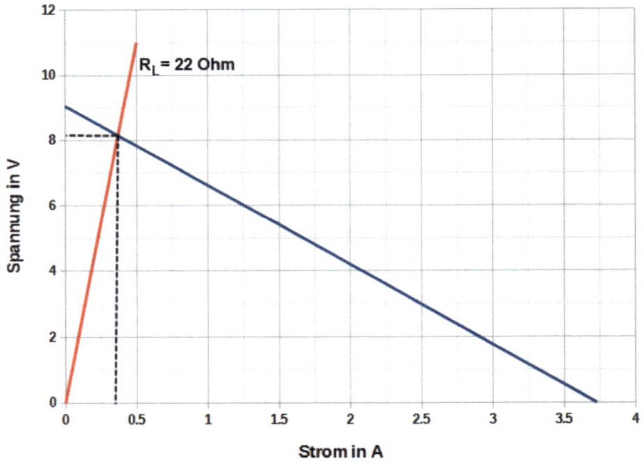

Bild 1.5: Die behandelte, idealisierte Spannungsquelle (9-V-NiMH-Akku) belastet mit einem Widerstand von 22 Ω. Der Schnittpunkt der beiden Geraden ergibt den Arbeitspunkt. Im Beispiel beträgt die Ausgangsspannung 8,14 V und es fließt ein Strom von 0,37 A.

Der Schnittpunkt kann auch rechnerisch ermittelt werden. Für die Spannung U_a im Arbeitspunkt (Schnittpunkt) bei Belastung mit einem ohmschen Widerstand (lineare Last) gilt:

$U_a = U_0 - R_i \cdot I$ es gilt aber auch $U_a = R_L \cdot I$

Jetzt werden die Ausdrücke gleichgesetzt und nach I aufgelöst:

$U_0 - R_i \cdot I = R_L \cdot I \rightarrow U_0 = I \cdot (R_L + R_i)$

$I = \frac{U_0}{R_L + R_i}$ {Gleichung 1.4}

Ist der Strom bekannt, kann zur Berechnung der zugehörigen Spannung sowohl die Gleichung für die Spannungsquellen-Kennlinie als auch für die Widerstands-Kennlinie verwendet werden. Wird die im Beispiel angegebene Spannungsquelle mit einem *22 Ω*-Widerstand belastet, ergibt sich damit für den Strom ein Wert von

$$I = \frac{9{,}04\,V}{22\,\Omega + 2{,}425\,\Omega} = 0{,}373\,A$$

und eine Spannung von

$$U_a = 9{,}04\,V - 2{,}425\,\Omega \cdot 0{,}373\,A \approx 8{,}14\,V$$

Die Werte stimmen mit denen aus Bild 1.5 überein.

In den Shacks der Funkamateure und in den Werkstätten der Elektroniker sind Widerstände mit bekanntem Widerstandswert zahlreich verfügbar. Für den Praktiker noch interessanter ist deshalb oftmals der Zusammenhang $U_a = f(R_L)$. Mit Hilfe von {1.4} gelingt es:

$\frac{U_a}{R_L} = \frac{U_0}{R_L + R_i} \rightarrow U_a = \frac{U_0 \cdot R_L}{R_L + R_i} = \frac{U_0}{1 + \frac{R_1}{R_L}}$ {Gleichung 1.5}

Im Bild 1.6 wurde die Spannungsquelle mit einer Glühlampe belastet. Dabei handelt es sich um eine gewöhnliche Auto-Glühlampe (*U=12 V; P=18 W*). Glühlampen sind Kaltleiter - also nichtlineare Widerstände, die sich in der Elektronik vielfach hilfreich einsetzen lassen - nicht nur zur Beleuchtung!

Das Problem hier ist, dass die Kennlinie der Glühlampe zunächst unbekannt ist. Allgemeingültig ist aber, dass sich die Kennlinie von Glühlampen gut mit einer Parabel beschreiben lässt. Dazu ist aber eine Beschränkung des Gültigkeitsbereiches (Wertebereich für die unabhängige Variable) erforderlich. Benötigt werden drei Punkte der Kennlinie die durch Messung ermittelt werden. Daraus lassen sich dann die Parameter *a*, *b* und *c* der allgemeinen Parabelgleichung

$y=a\cdot x^2+b\cdot x+c$ für uns Elektroniker natürlich $U=a\cdot I^2+b\cdot I+c$

berechnen. Zwei Punkte sind bekannt. Wenn keine Spannung anliegt fließt auch kein Strom: *P1(0; 0).* Bei Nennleistung liegt die Nennspannung an und es fließt der Nennstrom: *P2(12; 1,5).* Es reicht also eine Messung. Beim Anlegen einer Spannung von 6 *V* ergab sich ein Stromfluss von *814 mA: P3(6; 0,814).* Nun ist es möglich ein Gleichungssystem aufzustellen mit drei Unbekannten:

$$0=a\cdot 0^2+b\cdot 0+c$$
$$6=a\cdot 0{,}814^2+b\cdot 0{,}814+c$$
$$12=a\cdot 1{,}5^2+b\cdot 1{,}5+c$$

Aus der ersten Gleichung geht hervor: $0 = 0 + 0 + c$ → also ist $c = 0$.

$$6=a\cdot 0{,}814^2+b\cdot 0{,}814$$
$$12=a\cdot 1{,}5^2+b\cdot 1{,}5$$

Ich erweitere die erste Gleichung mit *1,5/0,814* und ziehe die beiden Gleichungen voneinander ab:

$$11{,}057=a\cdot 1{,}221+b\cdot 1{,}5$$
$$12{,}000=a\cdot (1{,}5)^2+b\cdot 1{,}5$$
$$-$$
$$-0{,}943 = a \cdot (-1{,}029)$$

Damit ergibt sich *a* zu

$$a=\frac{-0{,}943}{-1{,}029}=0{,}9164$$

.... und die Gleichung für die Lampe

$$U_L=f(I_L)=0{,}9164\cdot I_L^2+6{,}6254\cdot I_L$$

mit I_L in *A* und U_L in *V*. Diese Gleichung gilt für den Definitionsbereich $0\,A \le I \le 1{,}5\,A$

Bild 1.6 zeigt graphisch die Lösung.

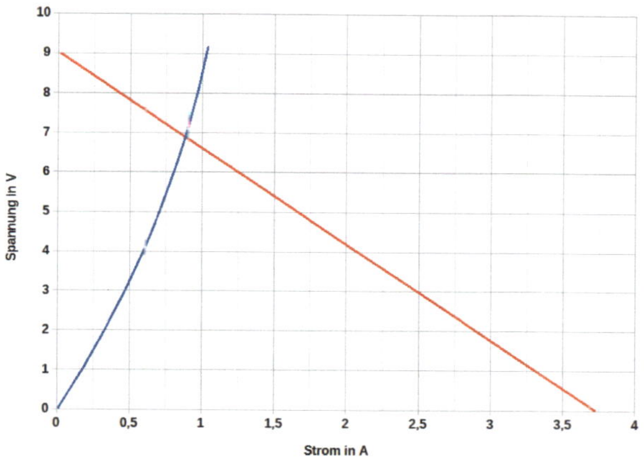

Bild 1.6: Die behandelte Spannungsquelle (9-V-NiMH-Akku) belastet mit einem nichtlinearen Widerstand (Glühlampe 12 V / 18 W). Auch hier wird durch den Schnittpunkt der Kennlinien der sich einstellende Arbeitspunkt bestimmt.

Welche Spannung gibt die Spannungsquelle nun ab, wenn diese Glühlampe angeschlossen wird? Im sich einstellenden Arbeitspunkt sind Strom und Spannung der beteiligten Komponenten gleich. Deshalb kann man also schreiben

$$U_a = U_L \qquad I_a = I_L$$

$$9{,}04 - 2{,}425\, I_L = 0{,}9164 \cdot I_L^2 + 6{,}6254 \cdot I_L$$

I_L ist der Ausgangsstrom in *A*

Es ist offensichtlich eine quadratische Gleichung. Diese kann nun auf die quadratische Normalform zurückgeführt werden (die Einheit lasse ich weg):

$$9{,}04 = 0{,}9164 \cdot I_L^2 + 9{,}0504 \cdot I_L$$

$$0 = 0{,}9164 \cdot I_L^2 + 9{,}0504 \cdot I_L - 9{,}04$$

$$0 = I_L^2 + 9{,}876 \cdot I_L - 9{,}865$$

Mit der Lösungsformel für quadratische Gleichungen (z.B. die pq-Formel aus [3]) ergeben sich erwartungsgemäß zwei Lösungen:

$$I_{L1,2} = \frac{-9{,}876}{2} \pm \sqrt{\left(\frac{9{,}876}{2}\right)^2 + 9{,}865}$$

$I_{L1} = 0{,}91425\ A;$ $I_{L2} = -10{,}79\ A$

Die Einheit habe ich wieder hinzugefügt. Aus der Kenntnis der technischen Zusammenhänge macht das zweite Ergebnis im vorliegenden Fall keinen Sinn, denn ein negativer Strom würde bedeuten, dass die Glühlampe einspeist - was nicht sein kann. Das erste Ergebnis stimmt mit dem Wert aus Bild 1.6 überein. Die zugehörige Spannung, die sich einstellt, erhält man durch Einsetzen des Stoms in die Spannungsquellengleichung {1.3}:

$$U_a = 9{,}04\,V - 2{,}425 \cdot 0{,}91425\,A \approx 6{,}823\,V$$

Auch dieser Wert stimmt mit dem Bild 1.6 überein.

1.1.2 Leistungsabgabe einer Spannungsquelle

Von Interesse ist die Leistung P_a, die eine Spannungsquelle an einem Belastungswiderstand R_a abgibt. Also die Funktion:

$$P_a = f(R_a)$$

Dabei ist der Arbeitspunkt, bei dem die Leistungsabgabe der Quelle maximal ist, von besonderem Interesse. Die Lösung gelingt mit Hilfe der Kurvendiskussion bzw. der Suche nach Extremwerten.

Wie in den vorherigen Abschnitten bereits dargestellt, ist der Innenwiderstand R_i bei praktisch ausgeführten Spannungsquellen nicht gleich Null. Der Innenwiderstand R_i ist größer als Null, was bei Belastung zum Spannungsabfall an den Anschlussklemmen führt. Dadurch reduziert sich die abgegebene Ausgangsleistung (Bild 1.7). Für die von der Quelle abgegebene Leistung P_a gelten die bekannten Formeln:

$P_a = U_a \cdot I_a$ {Gleichung 1.6}

$P_a = \frac{U_a^2}{R_a}$ {Gleichung 1.7}

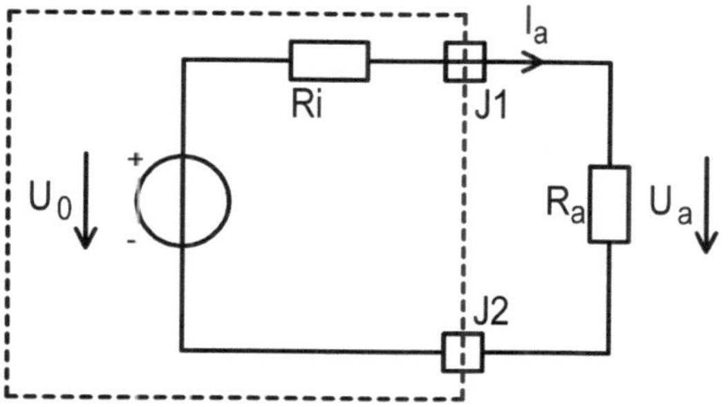

Bild 1.7: Ersatzschaltbild einer technischen Spannungsquelle mit angeschlossenem Lastwiderstand R_a.

Die von der Quelle abgegebene Leistung ist im Leerlauf ($R_a = \infty$) gleich Null, da dann zwar die gesamte Quellenspannung U_0 an den Klemmen ansteht, aber kein Ausgangsstrom fließt. Auch die Leistung, die in der Quelle vom Innenwiderstand R_i in Wärme umgesetzt wird ist in diesem Falle gleich Null. Es gilt demnach für den Leerlauffall:

$$R_a = \infty \;, \quad I_a = 0\,, \quad P_a = 0$$

Im Kurzschlussfall ($R_a = 0$) ist die abgegebene Ausgangsleistung P_a ebenfalls gleich Null, da zwar ein hoher Ausgangsstrom (Kurzschlussstrom I_k) fliesst, die Ausgangsspannung aber wegen des Kurzschlusses gleich Null ist. Die Leistung, die vom Innenwiderstand der Quelle in Wärme umgesetzt wird beträgt in diesem Fall aber:

$$P_k = I_k^2 \cdot R_i \qquad \text{oder} \qquad P_k = \frac{U_0^2}{R_i}$$

Dabei ist P_k die Kurzschlussleistung, U_0 die Leerlaufspannung und I_k der Kurzschlussstrom. Die Kurzschlussleistung ist die höchste, von der Quelle umsetzbare Leistung. Diese Leistung tritt als reine (unerwünschte) Wärme in Erscheinung, die in der Spannungsquelle selbst auftritt. Es gilt demnach für den Kurzschlussfall:

$$R_a = 0\,, \quad U_a = 0\,, \quad P_a = 0$$

Im Bereich zwischen Leerlauf und Kurzschluss gibt die Quelle aber Leistung ab. Die Höhe der abgegebenen Leistung hängt dabei vom Verhältnis zwischen Innenwiderstand und Last ab. Für den Anwender ist es nun besonders interessant, zu wissen, bei welcher Belastung die Ausgangsleistung ihr Maximum erreicht.

Vor der Suche nach dem Extremum muss die Funktionsgleichung bekannt sein. Für die Ausgangsleistung P_a gilt in jedem Fall:

$$P_a = R_a \cdot I_a^2$$

Für den Strom I_a kann angesetzt werden:

$$I_a = \frac{U_0}{R_i + R_a}$$

Einsetzen in die Gleichung für die Ausgangsleistung liefert:

$$P_a = \frac{U_0^2 \cdot R_a}{(R_i + R_a)^2}$$

Das Bild 1.8 gibt einen qualitativen Überblick über den zugehörigen Verlauf des Funktionsgraphen. Es ist zu erkennen, dass im Kurzschlussfall die Ausgangsleistung gleich Null ist. Im Leerlauf ($R_a = \infty$) ist ebenfalls die Ausgangsleistung gleich Null.

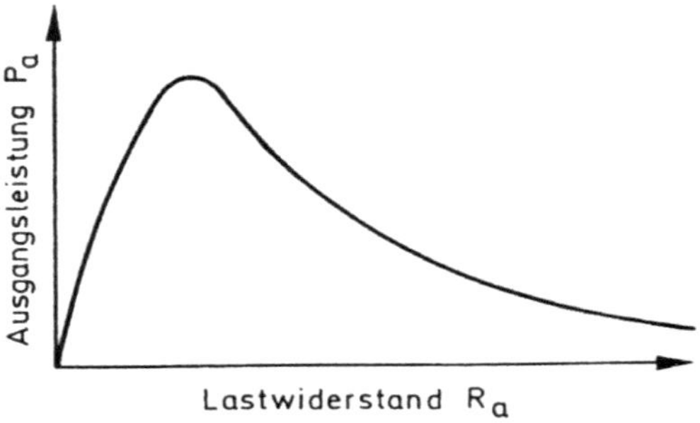

Bild 1.8: Qualitativer Verlauf der Funktion $P_a = f(R_a)$.

Die Kurve nähert sich in diesem Fall asymptotisch der Abszissenachse. Der Schnittpunkt mit der Abszissenachse ist deshalb nicht zu sehen. Allerdings erkennt man wie der Funktionsgraph allmählich auf die Abszissenachse zuläuft und die Ausgangsleistung schnell sehr kleine, für die Praxis unbedeutende Werte annimmt. Für den Gültigkeitsbereich (Definitionsbereich) der Gleichung gilt:

$$0 \leq I \leq I_k$$

$$0 \leq R_a \leq \infty.$$

Um den Lastwiderstand R_a zu ermitteln, bei dem die Ausgangsleistung maximal wird ist die Ableitung dP_a/dR_a zu bilden. Die Funktion $P_a = f(R_a)$ ist eine gebrochen rationale Funktion. R_a kommt sowohl im Zähler als auch im Nenner vor. Deshalb muss die Quotientenregel angewendet werden (siehe dazu auch [4]). Ausgangspunkt ist folgende Gleichung:

$$P_a = \frac{U_0^2 \cdot R_a}{(R_i + R_a)^2}$$

Durch Anwendung der Quotientenregel wird daraus:

$$P_a = \frac{u(R_a)}{v(R_a)}$$

$$P_a' = \frac{dP_a}{dR_a} = \frac{u' \cdot v - v' \cdot u}{v^2}$$

mit

$u = U_0^2 \cdot R_a$ $\quad\quad$ $u' = U_0^2$

$v = (R_i + R_a)^2$ $\quad\quad$ $v' = 2 \cdot (R_i + R_a)$

$$P_a' = \frac{U_0^2 \cdot (R_i + R_a)^2 - U_0^2 \cdot R_a \cdot 2 \cdot (R_i + R_a)}{(R_i + R_a)^4}$$

$$P_a' = \frac{U_0^2 \cdot (R_i + R_a) - 2 \cdot U_0^2 \cdot R_a}{(R_i + R_a)^3}$$

Für die zweite Ableitung, die bei Vorliegen eines Maximums im gesamten Definitionsbereich kleiner als Null sein muss, hilft ebenfalls die Quotientenregel weiter:

$$P_a' = \frac{U_0^2 \cdot (R_i + R_a) - 2 \cdot U_0^2 \cdot R_a}{(R_i + R_a)^3}$$

$u = U_0^2 \cdot (R_i + R_a) - 2 \cdot U_0^2 \cdot R_a = U_0^2 R_i + U_0^2 R_a - 2 \cdot U_0^2 \cdot R_a$

$u = U_0^2 \cdot R_i - U_0^2 \cdot R_a$ $\quad\quad$ $u' = -U_0^2$

$v = (R_i + R_a)^3$ $\quad\quad$ $v' = 3\,(R_i + R_a)^2$

$$P_a'' = \frac{-U_0^2 \cdot (R_i + R_a)^3 - (U_0^2 R_i - U_0^2 R_a) \cdot 3 \cdot (R_i - R_a)^2}{(R_i + R_a)^9}$$

$$P_a'' = \frac{-U_0{}^2 \cdot (R_i + R_a) - 3 \cdot U_0{}^2 \cdot (R_i - R_a)}{(R_i + R_a)^7}$$

Auf den ersten Blick ist nicht zu erkennen, ob die Gleichung im gesamten Definitionsbereich negative Werte liefert. Es ist eine Abschätzung notwendig. Kritisch ist der Term

$$- 3 \cdot U_0^2 \cdot (R_i - R_a)$$

denn für $R_a > R_i$ wird der Ausdruck positiv. Es ist zu untersuchen, ob der in jedem Falle negative Wert des Terms

$$- U_0^2 \cdot (R_i + R_a)$$

im Definitionsbereich kompensiert werden kann. Mit Sicherheit kann gesagt werden, dass die Bedingung (negative Werte bei der zweiten Ableitung) für $R_a \leq R_i$ erfüllt ist. Die zweite Bedingung ist erfüllt, wenn gilt:

$$- U_0^2 \bullet (R_i + R_a) - 3 \bullet U_0^2 \bullet (R_i - R_a) < 0$$

bzw.

$$- (R_i + R_a) - 3 \bullet (R_i - R_a) < 0$$

Das Auflösen der Klammern ergibt:

$$- R_i - R_a - 3 \cdot R_i + 3 \cdot R_a < 0$$

$$- 4 \bullet R_i + 2 \bullet R_a < 0$$

$$- 2 \bullet R_i + R_a < 0$$

$$- R_a < 2 \cdot R_i$$

Nur unter dieser Voraussetzung handelt es sich bei dem gesuchten Extremwert eindeutig um ein Maximum.

Die erste Ableitung kann nun gleich Null gesetzt werden:

$$P_a' = \frac{U_0{}^2 \cdot (R_i + R_a) - 2 \cdot U_0{}^2 \cdot R_a}{(R_i + R_a)^3} = 0$$

$$U_0^2 \cdot (R_i + R_a) = 2 \cdot U_0^2 \cdot R_a$$

$$R_i + R_a = 2 \cdot R_a$$

$$R_i = R_a$$

Die Spannungsquelle gibt ihre maximale Leistung ab, wenn der Lastwiderstand R_a gleich groß ist wie der Innenwiderstand R_i. Die abgebbare Maximalleistung läßt sich wie folgt berechnen:

$$P_{a\max} = \frac{U_0^2}{4 \cdot R_i}$$ {Gleichung 1.8}

1.1.3 Wirkungsgrad einer Spannungsquelle

Für den Betriebsfall der maximalen Leistungsabgabe beträgt der Wirkungsgrad 50%. Interessanterweise ist dies nicht der maximale Wirkungsgrad. Vielmehr steigt der Wirkungsgrad der Spannungsquelle mit abnehmender Belastung an. Es gilt allgemein:

$$\eta = \frac{P_{\mathrm{ab}}}{P_{\mathrm{zu}}}$$ {Gleichung 1.9}

und speziell in diesem Falle:

$$\eta = \frac{P_{\mathrm{ab}}}{P_i + P_a}$$

mit

$$P_a = \frac{R_a \cdot U_0{}^2}{(R_i + R_a)^2}$$

und

$$P_i = \frac{R_i \cdot U_0{}^2}{(R_i + R_a)^2}$$

sowie

$$P_i + P_a = \frac{(R_a + R_i) U_0{}^2}{(R_i + R_a)^2} = \frac{U_0{}^2}{R_i + R_a}$$

ergibt sich als Resultat:

$$\eta = \frac{\frac{R_a \cdot U_0^2}{(R_i + R_a)^2}}{\frac{(R_i + R_a) \cdot U_0^2}{(R_i + R_a)^2}} = \frac{R_a}{R_i + R_a}$$

... oder auch schön:

$$\eta = f(R_a) = \frac{1}{\frac{R_i}{R_a} + 1} \qquad \{\text{Gleichung 1.10}\}$$

Einen Überblick über den qualitativen Funktionsverlauf des Wirkungsgrades erhält man im Bild 1.9 rechts.

1.1.4 Spannungsquellen-Programm

Zum Abschluss dieses Kapitels ein kleines Programmlisting. Es berechnet aus zwei eingegebenen Lastpunkten die Funktionsverläufe

$U = f(I)$

$P_a = f(R_a)$ sowie

$\eta = f(I)$

einer technischen Spannungsquelle und zeigt diese graphisch am Bildschirm. Beim Bild 1.9 handelt es sich um einen Bildschirmausdruck, der die Bildschirmoberfläche des Programms wiedergibt. Die Menüpunkte fehlen. Für den Ausdruck wurden die folgenden Arbeitspunktdaten beispielhaft eingegeben:

1. $U = 12\,V,\ R_a = 1\,M\Omega$ (nur mit dem Eingangswiderstand des Messgerätes belastet)
2. $U = 9\,V,\ R_a = 15\,\Omega$

Das Programm ist in VB.NET geschrieben und selbsterklärend, so dass sich eine genaue Beschreibung an dieser Stelle erübrigt.

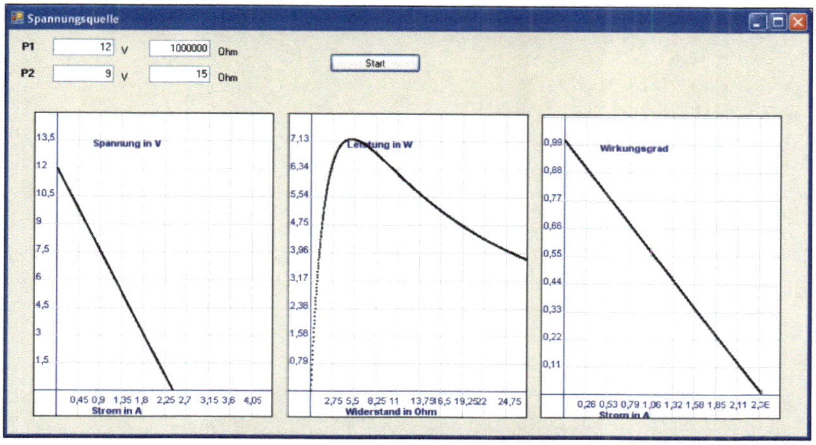

Bild 1.9: Kennlinien einer Spannungsquelle mit U_0= 12 V und R_i = 15 Ω. Von links nach rechts: Belastungskennlinie, Leistungsabgabe, Wirkungsgrad.

```
Option Explicit On
Option Strict On
Public Class Form1
    Dim g1 As Graphics
    Dim g2 As Graphics
    Dim g3 As Graphics
    Dim xsize As Integer  'gilt für alle Picture-Boxen
    Dim ysize As Integer  'gilt für alle Picture-Boxen
    Dim Uo As Double
    Dim Ri As Double

Private Sub Form1_Load(ByVal sender As System.Object, ByVal e As System.EventArgs) Handles
MyBase.Load
        g1 = Me.PictureBox1.CreateGraphics
        g2 = Me.PictureBox2.CreateGraphics
        g3 = Me.PictureBox3.CreateGraphics
        xsize = Me.PictureBox1.Width
        ysize = Me.PictureBox1.Height
        Me.TxtBxP1R.Text = "1000000"
        Me.TxtBxP1U.Text = "12"
        Me.TxtBxP2R.Text = "15"
        Me.TxtBxP2U.Text = "9"
End Sub

Private Sub ButnStart_Click(ByVal sender As System.Object, ByVal e As System.EventArgs)
Handles ButnStart.Click
        Dim lu2 As Double
        Dim lu1 As Double
        Dim lr2 As Double
        Dim lr1 As Double
        Dim lcounter As Integer
        Dim lret As String

        On Error GoTo fehler
```

```
        'Berechnung von Leerlaufspannung und Innenwiderstand
        lu1 = CDbl(Me.TxtBxP1U.Text)
        lu2 = CDbl(Me.TxtBxP2U.Text)
        lr1 = CDbl(Me.TxtBxP1R.Text)
        lr2 = CDbl(Me.TxtBxP2R.Text)
        If lu1 <= lu2 Or lr1 <= lr2 Or lr1 < 0 Or lr2 < 0 Or lu1 < 0 Or lu2 < 0 Then
            GoTo fehler
        End If
        Ri = (lu1 - lu2) / (lu2 / lr2 - lu1 / lr1)
        Uo = lu1 + Ri * lu1 / lr1

        lret = spannungskennlinie()
        lret = leistungskennlinie()
        lret = wirkungsgrad()

        Exit Sub
fehler:
        MessageBox.Show("Ein Fehler ist aufgetreten. Vermutlich wegen ungültiger
Eingabewerte!", "Fehlermeldung", MessageBoxButtons.OK, MessageBoxIcon.Error,
MessageBoxDefaultButton.Button1)
End Sub

Function spannungskennlinie() As String
        Dim lxmax As Double
        Dim lymax As Double
        Dim lxmin As Double
        Dim lymin As Double
        Dim lstringret As String
        Dim lcounter As Integer

        'Vorgabe der Skalierung
        lymax = Uo * 1.1
        lymin = 0 - (lymax * 0.1)
        lxmax = (Uo / Ri) * 1.1
        lxmin = 0 - (lxmax * 0.1)
        lymax = roundit(lymax)
        lxmax = roundit(lxmax)
        lymin = roundit(lymin)
        lxmin = roundit(lxmin)
        lstringret = koordinatenkreuz(lxmin, lxmax, lymin, lymax, Me.PictureBox1, "Strom in
A", "Spannung in V")

        'Funktionswerte berechnen
        Const lcx As Integer = 999 'x-Genauigkeit
        Dim lxres(lcx) As Double
        Dim lyres(lcx) As Double
        For lcounter = 0 To lcx
            lxres(lcounter) = (lxmax - lxmin) / lcx * lcounter
            lyres(lcounter) = Uo - Ri * lxres(lcounter)
        Next lcounter

    'Funktionswerte einzeichnen
    g1.ResetTransform()
```

```
  g1.ScaleTransform(1, -1)
  g1.TranslateTransform(CSng(xsize / (lxmax - lxmin) * Math.Abs(lxmin)), CSng(-ysize / (lymax
- lymin) * Math.Abs(lymax)))
        Dim lpx As Integer
        Dim lpy As Integer
        For lcounter = 0 To lcx
            If lyres(lcounter) >= 0 Then
                lpx = CInt(xsize / (lxmax - lxmin) * lxres(lcounter))
                lpy = CInt(ysize / (lymax - lymin) * lyres(lcounter))
                g1.DrawRectangle(Pens.Black, lpx, lpy, 1, 1)
            End If
        Next lcounter
        Return " "
End Function
Function leistungskennlinie() As String
        Dim lxmax As Double
        Dim lymax As Double
        Dim lxmin As Double
        Dim lymin As Double
        Dim lstringret As String
        Dim lcounter As Integer

        'Vorgabe der Skalierung
        lymax = Uo ^ 2 / (4 * Ri) * 1.1
        lymin = 0 - (lymax * 0.1)
        lxmax = 5 * Ri * 1.1
        lxmin = 0 - (lxmax * 0.1)
        'lymax = roundit(lymax)
        'lxmax = roundit(lxmax)
        'lymin = roundit(lymin)
        'lxmin = roundit(lxmin)
        lstringret = koordinatenkreuz(lxmin, lxmax, lymin, lymax, Me.PictureBox2, "Widerstand
in Ohm", "Leistung in W")

        'Funktionswerte berechnen
        Const lcx As Integer = 999 'x-Genauigkeit
        Dim lxres(lcx) As Double
        Dim lyres(lcx) As Double
        For lcounter = 0 To lcx
            lxres(lcounter) = lxmax / lcx * lcounter
            lyres(lcounter) = pfunction(Uo, Ri, lxres(lcounter))
        Next lcounter

     'Funktionswerte einzeichnen
     g2.ResetTransform()
     g2.ScaleTransform(1, -1)
     g2.TranslateTransform(CSng(xsize / (lxmax - lxmin) * Math.Abs(lxmin)), CSng(-ysize /
(lymax - lymin) * Math.Abs(lymax)))
        Dim lpx As Integer
        Dim lpy As Integer
        For lcounter = 0 To lcx
            If lyres(lcounter) >= 0 Then
                lpx = CInt(xsize / (lxmax - lxmin) * lxres(lcounter))
                lpy = CInt(ysize / (lymax - lymin) * lyres(lcounter))
```

```
                g2.DrawRectangle(Pens.Black, lpx, lpy, 1, 1)
            End If
        Next lcounter
        Return ""
    End Function

    Function wirkungsgrad() As String
        Dim lxmax As Double
        Dim lymax As Double
        Dim lxmin As Double
        Dim lymin As Double
        Dim lstringret As String
        Dim lcounter As Integer

        'Vorgabe der Skalierung
        lymax = 1 * 1.1
        lymin = 0 - (1 * 0.1)
        lxmax = (Uo / Ri) * 1.1
        lxmin = 0 - (lxmax * 0.1)
        'lymax = roundit(lymax)
        'lxmax = roundit(lxmax)
        'lymin = roundit(lymin)
        'lxmin = roundit(lxmin)
        lstringret = koordinatenkreuz(lxmin, lxmax, lymin, lymax, Me.PictureBox3, "Strom in
A", "Wirkungsgrad")

        'Funktionswerte berechnen
        Const lcx As Integer = 999 'x-Genauigkeit
        Dim lxres(lcx) As Double
        Dim lyres(lcx) As Double
        For lcounter = 0 To lcx
            lxres(lcounter) = lxmax / lcx * lcounter
            lyres(lcounter) = wirkungsgrad(Uo, Ri, lxres(lcounter))
        Next lcounter

        'Funktionswerte einzeichnen
        g3.ResetTransform()
        g3.ScaleTransform(1, -1)
        g3.TranslateTransform(CSng(xsize / (lxmax - lxmin) * Math.Abs(lxmin)), CSng(-ysize /
(lymax - lymin) * Math.Abs(lymax)))
        Dim lpx As Integer
        Dim lpy As Integer
        For lcounter = 0 To lcx
            If lyres(lcounter) >= 0 Then
                lpx = CInt(xsize / (lxmax - lxmin) * lxres(lcounter))
                lpy = CInt(ysize / (lymax - lymin) * lyres(lcounter))
                g3.DrawRectangle(Pens.Black, lpx, lpy, 1, 1)
            End If
        Next lcounter
        Return " "
    End Function

    Function pfunction(ByVal lUo As Double, ByVal lRi As Double, ByVal lx As Double) As Double
        pfunction = (lUo ^ 2 * lx) / (lRi + lx) ^ 2
```

```
    End Function

    Function wirkungsgrad(ByVal lUo As Double, ByVal lRi As Double, ByVal lx As Double) As
Double
        Dim lUa As Double
        lUa = lUo - lx * lRi
        wirkungsgrad = 1 / (lx * (lRi / lUa) + 1)
    End Function

    Function roundit(ByVal lvalue As Double) As Double
        Dim lrem10 As Integer
        Dim lvaluesave As Double
        Dim lnegflag As Boolean

        If lvalue < 0 Then
            lnegflag = True
            lvalue = lvalue * -1
        Else
            lnegflag = False
        End If

        lrem10 = 0
        lvaluesave = lvalue
        Do
            If lvalue < 10 And lvalue >= 1 Then
                Exit Do
            End If
            If lvalue > 10 Then
                lvalue = lvalue / 10
                lrem10 = lrem10 + 1
            End If
            If lvalue < 10 And lvalue >= 1 Then
                Exit Do
            End If
            If lvalue < 10 Then
                lvalue = lvalue * 10
                lrem10 = lrem10 - 1
            End If
        Loop
        lvalue = Math.Round(lvalue, 0)
        roundit = lvalue * 1.5 * 10 ^ (lrem10)
        If lnegflag = True Then
            roundit = roundit * -1
        End If
    End Function

    Function koordinatenkreuz(ByVal lxmin As Double, ByVal lxmax As Double, ByVal lymin As
Double, ByVal lymax As Double, ByVal picobj As PictureBox, ByVal Beschriftungx As String,
ByVal beschriftungy As String) As String
        Dim lxright As Integer
        Dim lxleft As Integer
        Dim lyup As Integer
        Dim lybelow As Integer
        Dim lxsize As Integer = picobj.Width
```

```
        Dim lysize As Integer = picobj.Height
        Const ltickwide As Integer = 5 'Länge der Ticks
        Dim lg As Graphics
        Dim lcounter As Integer

        lg = picobj.CreateGraphics
        picobj.Refresh()
        lg.ResetTransform()
        lg.ScaleTransform(1, -1)
        lg.TranslateTransform(CSng(lxsize / (lxmax - lxmin) * Math.Abs(lxmin)), CSng(-lysize /
(lymax - lymin) * Math.Abs(lymax)))

        'koordinatenkreuz zeichnen
        lxleft = CInt(lxsize / (lxmax - lxmin) * lxmin)
        lxright = CInt(lxsize / (lxmax - lxmin) * lxmax)
        lg.DrawLine(Pens.Blue, lxleft, 0, lxright, 0)
        lyup = CInt(lysize / (lymax - lymin) * lymax)
        lybelow = CInt(lysize / (lymax - lymin) * lymin)
        lg.DrawLine(Pens.Blue, 0, lybelow, 0, lyup)

        'ticks einzeichnen
        Const lticksnum As Integer = 10 'Anzahl der positiven Ticks
        Dim lxdis As Integer
        Dim lxpos As Integer
        Dim lydis As Integer
        Dim lypos As Integer
        lxdis = CInt(lxright / lticksnum)
        lydis = CInt(lyup / lticksnum)
        For lcounter = 1 To lticksnum
            lxpos = lcounter * lxdis
            lg.DrawLine(Pens.Black, lxpos, -ltickwide, lxpos, ltickwide)
            lg.DrawLine(Pens.LightGray, lxpos, lybelow, lxpos, lyup)
            lypos = lcounter * lydis
            lg.DrawLine(Pens.Blue, -ltickwide, lypos, ltickwide, lypos)
            lg.DrawLine(Pens.LightGray, lxleft, lypos, lxright, lypos)
        Next lcounter

        'ticks beschriften
        Dim lmFnt As New Font("Arial", 3, FontStyle.Regular, GraphicsUnit.Millimeter)
        Dim lmFntbold As New Font("Arial", 3, FontStyle.Bold, GraphicsUnit.Millimeter)
        Dim ltextx As String
        Dim ltexty As String
        Dim lticktextdis As Double
        Dim lticktext As Double
        Dim ltickteytdis As Double
        Dim lticketeyt As Double
        lticktextdis = (lxmax) / 10
        lticktext = 0
        ltickteytdis = (lymax) / 10
        lticketeyt = 0

        lg.ScaleTransform(-1, 1)
        lg.RotateTransform(180)
        For lcounter = 1 To lticksnum - 1
```

```
            lxpos = lcounter * lxdis
            lticktext = lticktextdis + lticktext
            ltextx = CStr(System.Math.Round(lticktext, 2))
            lg.DrawString(ltextx, lmFnt, Brushes.DarkBlue, lxpos - 2 * ltickwide, ltickwide)

            lypos = lcounter * lydis
            ltickteyt = ltickteytdis + ltickteyt
            ltexty = CStr(System.Math.Round(ltickteyt, 2))
            lg.DrawString(ltexty, lmFnt, Brushes.DarkBlue, -ltickwide * 6 + 5, -lypos - 2 *
ltickwide)
        Next lcounter

        lg.DrawString(Beschriftungx, lmFntbold, Brushes.DarkBlue, 40, 18)
        lg.DrawString(beschriftungy, lmFntbold, Brushes.DarkBlue, 40, -300)

        Return " "
    End Function

    Function sinnvollskalieren(ByVal lzahl As Double) As Double
        Dim lvorzeichen As Double
        Dim lcounter As Integer

        If lzahl < 0 Then
            lvorzeichen = -1
            lzahl = lzahl * lvorzeichen
        Else
            lvorzeichen = 1
        End If
        lcounter = 0
        Do
            If lzahl > 1 Then
                Exit Do
            Else
                lzahl = lzahl * 10
                lcounter = lcounter + 1
            End If
        Loop
        lzahl = Math.Round(lzahl, 0)
        lzahl = lzahl * 10 ^ -lcounter
        lzahl = lzahl * lvorzeichen
        Return lzahl
    End Function
End Class
```

1.2 Stromquellen

Die ideale Stromquelle gibt - unabhängig von der Belastung – einen konstanten Strom ab. Tatsächlich nimmt der Ausgangsstrom bei einer realen Stromquelle aber mit steigendem Belastungswiderstand ab. Dieses Verhalten wird in der anerkannten (theoretischen) Literatur durch Einführung eines Quellen-Innenwiderstandes R_i, der parallel zu einer idealen Stromquelle mit dem eingeprägten Strom I_k geschaltet ist, berücksichtigt. So entsteht die im Bild 1.9 gezeigte Ersatzschaltung für die reale Stromquelle. Nur bei der idealen Stromquelle hat der Innenwiderstand den Wert unendlich ($R_i \rightarrow \infty$).

Im Bild 1.10 befindet sich die eigentliche Quelle im gestrichelten Kasten. Sie besteht aus der Konstantstromquelle mit dem Strom I_k und dem Innenwiderstand R_i der sich im besten Fall wie ein konstanter ohmscher Widerstand verhält.

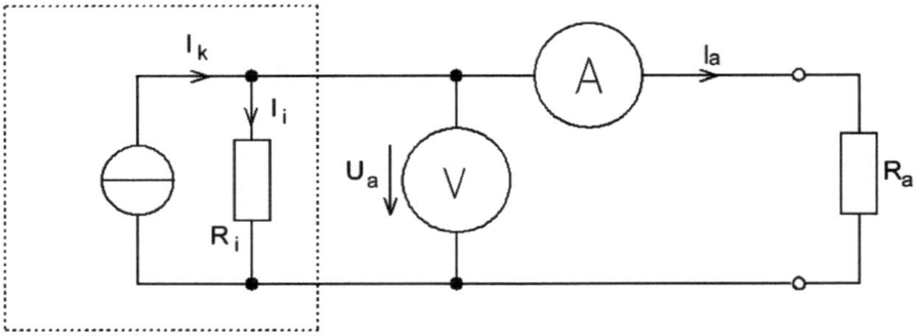

Bild 1.10: Ersatzschaltung einer realen Stromquelle, bestehend aus idealer Stromquelle mit Innenwiderstand R_i. Hier mit angeschlossenem Lastwiderstand R_a sowie Spannungs- und Strommesser.

Unter dieser Bedingung nimmt der Ausgangsstrom der Stromquelle mit steigendem Belastungswiderstand linear ab. Die Kennlinie sieht qualitativ so aus wie im Bild 1.3 - allerdings mit dem Strom auf der Ordinate und der Spannung auf der Abszisse. Er kann mit Hilfe der allgemeinen Geradengleichung aus der Mathematik (lineare Funktion; Funktion erster Ordnung)

$$y = \mathrm{ax} + b$$

beschrieben werden. Anschaulich kann man sich das so vorstellen: Die Stromquelle baut eine Spannung auf, die genau so groß ist, dass durch den Gesamtwiderstand, der sich aus der Parallelschaltung von R_i und R_a ergibt der Konstantstrom I_K fließen kann. Bei der idealen Stromquelle kann die Spannung unendlich hoch werden. Auch der Innenwiderstand ist unendlich. Bei technischen Stromquellen ist natürlich irgendwann die maximal von der Stromquelle realisierbare Spannung erreicht.

Analog zur Spannungsquelle kann man die folgenden Gleichungen aufstellen:

$$I_k = \frac{U_a}{R_i} + I_a \quad \text{bzw.} \quad I_a = I_k - \frac{U_a}{R_i} \qquad \text{\{Gleichung 1.11\}}$$

Für die Praxis ist das eher ungeeignet, denn die Abhängigkeit des Ausgangstromes von der Ausgangsspannung ist da fast immer uninteressant. Viel interessanter ist es zu wissen wie sich der Ausgangsstrom mit verschiedenen Belastungswiderständen verändert. Also der Zusammenhang

$$I_a = f(R_a)$$

Deshalb, und weil in der Praxis ein Konstantstrom allermeistens von einer Spannungsquelle abgeleitet wird, ist ein ganz anderes Ersatzschaltbild für mich viel sinnvoller. Ich habe es im

Bild 1.11 dargestellt. Dort wird die Konstantstromquelle von einer Konstantspannungsquelle abgeleitet. Der Unterschied ist:

- die Urspannung/Quellspannung ist hoch (theoretisch unendlich) $U_0 \rightarrow \infty$
- der Innenwiderstand ist wesentlich größer als der Lastwiderstand $R_i >> R_L$

Diese Schaltung kann man leicht verstehen. Der Strom I_k ist

$$I_a = I_k = \frac{U_0}{R_i + R_L}$$

Mit $R_i >> R_L$ ist es aber auch erlaubt zu schreiben:

$$I_a = I_k \approx \frac{U_0}{R_i}$$

Der Strom ist also nur abhängig von der konstanten Quellspannung U_0 und dem konstanten Widerstand R_i. In der Praxis stellt sich die Frage: wenn R_L langsam von $0\ \Omega$ an erhöht wird - bei welchem Widerstandswert für R_L hat sich der Strom I_k um z.B. maximal 10% verkleinert?

$$I_{k10} = \frac{U_0}{R_i + R_L} = \frac{0{,}9 \cdot U_0}{R_i}$$

$$\frac{1}{R_i + R_L} = 0{,}9 \cdot \frac{1}{R_i}$$

$$R_i + R_L = \frac{R_i}{0{,}9}$$

$$R_L = \frac{R_i}{0{,}9} - R_i = R_i \cdot \left(\frac{1}{0{,}9} - 1\right) \approx R_i \cdot 0{,}111 \qquad \text{\{Gleichung 1.12\}}$$

Dazu ein praktisches Beispiel: Mit Hilfe der 9-V-Batterie aus Bild 1.2 (Abschnitt 1.1) möchte ich eine Stromquelle realisieren die konstant $I_k = 5\ mA$ abgibt (z.B. für das Testen der Schleusenspannung von Dioden). Die Quellspannung ist in diesem Fall $U_0 = 9{,}04\ V$. Der Innenwiderstand der Batterie ist $R_i = 2{,}425\ \Omega$. Für einen Strom von $5\ mA$ müsste er sein

$$R_{i5mA} = \frac{9{,}04\,V}{0{,}005\,A} = 1808\,\Omega$$

Also schalte ich einen Standardwiderstand mit $R_S = 1{,}8\ k\Omega$ in Reihe. So erhalte ich einen Strom von

$$I_k = \frac{U_0}{R_s + R_i} = \frac{9{,}04\,V}{1800\,\Omega + 2{,}425\,\Omega} = 0{,}0050155\,A$$

Das ist mir genau genug. Lasse ich noch einen Strom zu, der *10 %* kleiner ist als der von mir gewünschte Nennstrom von *5 mA*, dann kann ich nach {1.12} Widerstände von *0 Ω* (Kurzschluss) bis maximal

$$R_{Lmax} = 1802{,}425\,\Omega \cdot 0{,}111 \approx 200\,\Omega$$

anschließen und der Strom bleibt im Bereich *4,5 mA .... 5 mA*. Der Strom variiert um *500 µA*.

Der Strom ist umso konstanter, je größer die Quellspannung ist. Für eine universelle Stromquelle würde man ein möglichst hohe Quellspannung wählen. Damit erhöht man die Konstanz des Stroms I_k und/oder den möglichen erlaubten Wertebereich für den Lastwiderstand. Würden zwei gleiche Batterien in Reihe geschalten, so müsste der erweiterte Innenwiderstand R_s verdoppelt werden (von *1800 Ω* auf *3600 Ω*). Es ergäbe sich für den erlaubten Lastwiderstandsbereich ein minimaler Strom von:

$$I_{min} = \frac{U_0}{R_s + R_i + R_L} = \frac{18{,}08\,V}{3600\,\Omega + 2 \cdot 2{,}425\,\Omega + 200\,\Omega} \approx 0{,}00473\,A = 4{,}73\,mA$$

und ein maximaler Strom von *5,02 mA.* Der Strom variiert um *290 µA*.

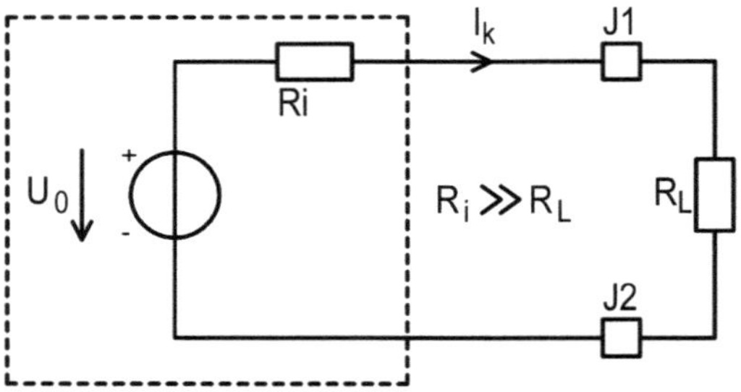

Bild 1.11: Mein Vorschlag für eine alternative Darstellung einer Stromquelle. Sie funktioniert unter der Bedingung $U_0 \rightarrow \infty$ und $R_i >> R_L$.

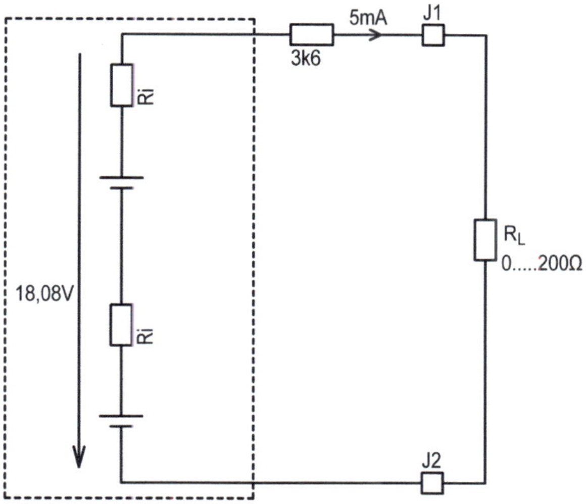

Bild 1.12: Schaltung für eine praktisch aufgebaute Stromquelle welche 5 mA liefert.

1.2.1 Anwendung und Aufbau von Stromquellen

Stromquellen haben ihre Domäne in der Messtechnik, wobei sie meist andere Funktionen unterstützen bzw. erst ermöglichen. Ohmmeter schicken einen Konstantstrom durch den Prüfling und zeigen den Spannungsabfall als Widerstand an, denn es gilt das Ohmsche Gesetz:

$$U = I \cdot R$$

da I konstant ist, verhält sich U proportional zum Widerstand R.

Auf diese Art werden resistive Sensoren verwendet. Ein Konstantstrom wird in einen resistiven Sensor geleitet. Die an diesem Sensor abfallende Spannung ist dann das Maß für die zu messende physikalische Größe.

Sehr wichtig in der industriellen Messtechnik ist die Übertragung von Messwerten mittels eingeprägter Ströme. Bei der heute standardisierten Technik sind Stromquelle und Messfühler zusammengebaut und lassen bei anliegender Spannung einen Strom fließen. Nach weltweiter Norm wird das Fühlersignal linear in einen Strom von *4...20 mA* umgesetzt. Als Betriebsenergie fließt ein Teil des Stroms durch die Wandlerschaltung und speist den Fühler. Für moderne Analogschaltungen reicht der Mindeststrom von *4 mA* zur Versorgung meistens aus. Solange die Spannung an der Stromquelle im Ausregelbereich bleibt, haben Leitungs- und Übergangswiderstände sowie eingekoppelte Störsignale keinen Einfluss. Gefordert werden muss lediglich ein hoher Isolationswiderstand zwischen den beiden Leitungen.

Mit dieser Technik können besonders sicher Sensorsignale übertragen werden. Der Sensor (z.B. ein Temperaturfühler) ist über verdrillte Zweidrahtleitung mit der Zentrale verbunden.

Dort wird der vom Sensor kommende Strom mit Hilfe eines Präzisionswiderstandes in eine Spannung umgewandelt. Der Spannungsabfall am Widerstand gibt dann mit hoher Genauigkeit das Sensorsignal wieder. Die überbrückbaren Entfernungen liegen im Bereich von mehreren Kilometern. Zu den Vorteilen des einfachen Aufwands bei verdrillten Zweidrahtleitungen (twisted pair) kommt die sofortige Erkennung eines Drahtbruchs oder Kurschlusses hinzu, wenn der Strom außerhalb des festgelegten Bereichs liegt.

Weiterhin haben mit Einführung der LED-Beleuchtungstechnik (ob das sinnvoll ist sei dahingestellt) die Stromquellen eine große Bedeutung erlangt. Aufgrund ihrer Kennlinie sollten LEDs immer mit Konstantstrom betrieben werden. Konstantstromquellen für LED-Beleuchtung müssten "Leistung" bringen. Sie werden deshalb in der Regel nicht so aufgebaut wie z.B. im Bild 1.12, sondern eher wie im folgenden Kapitel.

1.2.1.1 Praktisch ausgeführte Stromquellenschaltungen

Alle Schaltungen arbeiten nach dem Prinzip, dass der abgegebene Konstantstrom I_a durch einen Widerstand fließt, an dem der Spannungsabfall konstant gehalten wird. Stromquellen lassen sich also mit Hilfe von Regelschaltungen aufbauen. Die Regelschaltung macht aus den verfügbaren Spannungsquellen (Batterien, Netzteile, ...) eine Konstantstromquelle. Dazu werden aktive Bauelemente wie Transistoren und Operationsverstärker benötigt. Anschaulich kann man das so sehen, dass durch den Einsatz aktiver Bauelemente der Innenwiderstand R_i der Stromquelle in jedem Arbeitspunkt künstlich hoch gehalten wird. Als Vorteil kommt man mit einer kleineren Urspannung U_0 aus. Gerade das Bereitstellen einer hohen Urspannung ist in der Praxis die Hürde.

Ein besonders einfaches Schaltungsbeispiel für eine Konstantstromquelle ist im Bild 1.13 zu sehen.

Bei einem Diodenstrom von etwa $I_{LEDrot} = 1\ mA$ beträgt die Schleusenspannung einer roten LED ca. $U_{LEDrot} = 1{,}7\ V$. Zieht man die Basis-Emitter-Spannung des Transistors (Silizium-Transistor) ab, dann bleibt am Widerstand R2 ein konstanter Spannungsabfall von etwa $1\ V$ übrig. Unter der Annahme, dass der Kollektorstrom erheblich größer ist als der Basisstrom gilt für den konstanten Ausgangstrom

$$I_k = \frac{U_{LEDrot} - U_{BE}}{R2} = \frac{1{,}7V - 0{,}7V}{R2} = \frac{1V}{R2}$$

Für die Dimensionierung des Widerstandes R1 geht man von einem Diodenstrom von $1\ mA$ aus. Es ergibt sich damit:

$$R1 = \frac{U_{Batt} - U_{LEDrot}}{I_{LEDrot}} = \frac{U_{Batt} - 1{,}7\,V}{0{,}001\,A}$$

Zu bemerken ist noch, dass sowohl die Schwellenspannung der LED als auch die der Basis-Emitter-Strecke des Transistors einer Temperaturabhängigkeit von etwa $-2\ mV/K$ unterliegen. Damit hebt sich die Temperaturdrift auf und die Schaltung arbeitet weitgehend unabhängig von der Umgebungstemperatur. Würde man anstelle der LED zwei Standard-

Siliziumdioden einsetzen (dies ergäbe eine Schleusenspannung von ca. *1,4 V*), wäre eine Kompensation der Temperaturdrift nicht möglich, denn die Basis-Emitter-Strecke des Transistors kann nur die Temperaturdrift eines PN-Übergangs kompensieren.

Für den von dieser Quelle lieferbaren Ausgangsstrom gibt es natürlich Grenzen. Bei ausreichend hoher Batteriespannung

$$U_{bat1} > U_{R2} + U_{CEsat} + U_{Ra}$$

kann der Konstantstrom

$$I_k = \frac{U_{R2}}{R2} = \frac{1V}{R2}$$

fließen. Das gilt aber nur bei ausreichend großer Stromverstärkung *B* des Transistors.

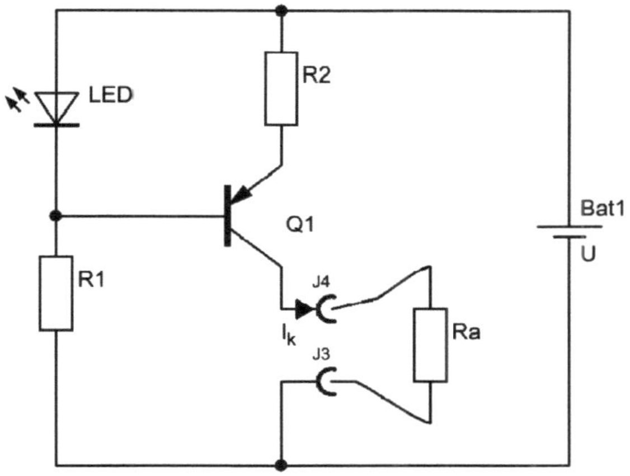

Bild 1.13: Praktisch ausgeführte Stromquelle.
Die rotleuchtende LED dient als Referenzelement.

Eine aufwändigere Schaltung zeigt Bild 1.14. Hier wurde mit Hilfe eines Operationsverstärkers ein Regelkreis aufgebaut. Der Operationsverstärker vergleicht die Spannung an der Diode *D1* mit der Spannung am Widerstand *R4*. Die Spannung am Widerstand *R4* ist gleich der Schleusenspannung der Diode *D1*. Für den Ausgangsstrom I_a , der durch den Verbraucherwiderstand *R5* fließt, ergibt sich ein in weitem Bereich konstanter Wert von

$$I_a = \frac{U_{D1}}{R4} = \frac{0{,}7V}{R4}$$

Nachteilig ist, dass der Temperaturgang der Schleusenspannung der Diode D1 den Ausgangsstrom verändert.

Für Q1 kann man einen Darlington-Typ einsetzen und dank der großen Verstärkung des Operationsverstärkers und des Transistors auch größerer Konstantströme für z.B. LED-Beleuchtung realisieren. Die beiden Anschlüsse des Verbrauchers R5 sind elektrisch nicht mit Masse verbunden. Bei der Schaltung im Bild 1.15 wird dieser Nachteil vermieden. Dort ist aber ein Operationsverstärker erforderlich, der eine Ausgangsspannung erzeugen kann die bis an die Betriebsspannung heranreicht (Rail-to-Rail-Typ).

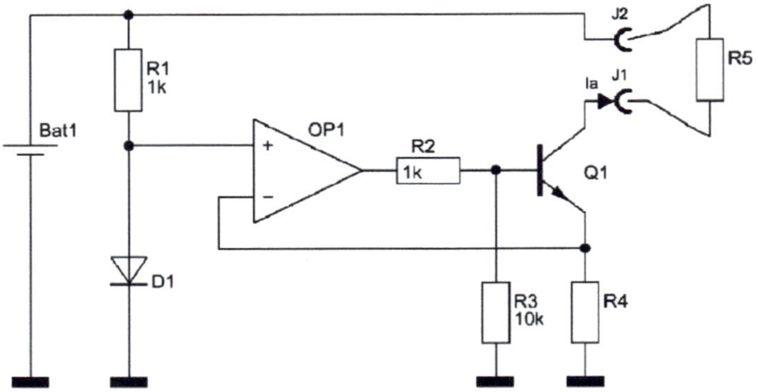

Bild 1.14: Praktisch ausgeführte Stromquelle mit Standard-Operationsverstärker als Regler und NPN-Transistor als Stellglied.

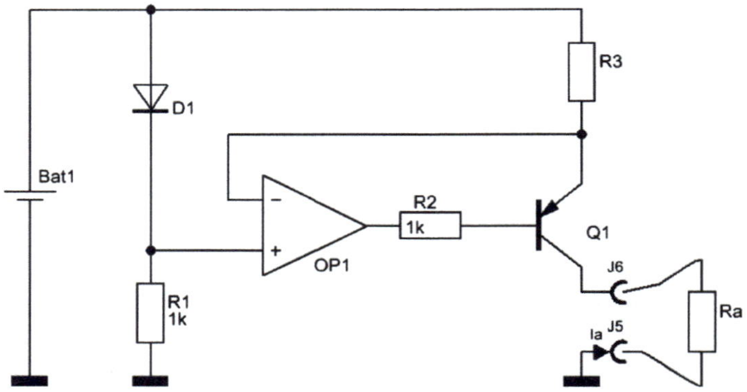

Bild 1.15: Praktisch ausgeführte Stromquelle mit Rail-to-Rail-Operationsverstärker als Regler und PNP-Transistor als Stellglied.

1.2.1.1.1 Spannungsgesteuerte Stromquelle

In manchen Fällen benötigt man eine einstellbare Stromquelle, die aber nur kleine Ströme liefern muss. Brauchbar für diese Anwendung ist die Schaltung aus Bild 1.16. Es handelt sich um eine Abwandlung der "Howland-Stromquelle". Für den Ausgangsstrom I_a dieser Quelle gilt:

$$I_a = f(U_S) = \frac{U_S}{R1} \qquad \text{mit } R1 << R2$$

Dabei ist I_a der Strom, der durch den Widerstand R1 fließt. Unter der Bedingung $R1 << R2$ ist dies in der Praxis der Strom, der durch den Widerstand R_L fließt. Hält man U_S konstant, dann ist auch dieser Strom konstant.

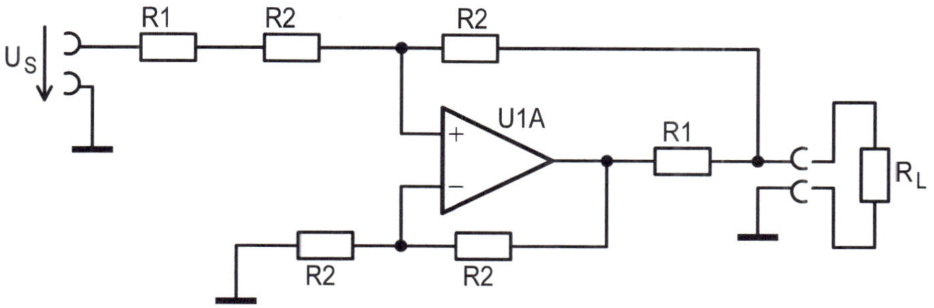

Bild 1.16: Spannungsgesteuerte Stromquelle.

1.3 Spannungs-/Stromquellen-Transformation

Gemäß den Thévenin- und Norton-Theoremen lässt sich jede reale Spannungsquelle auch als eine reale Stromquelle ansehen. Welchen Begriff man verwendet, hängt davon ab, zu welcher Idealform das Verhalten der Quelle näher gesehen wird. In der Praxis ist eine klare Abgrenzung nämlich nicht immer möglich. Die Umrechnung gelingt einfach mit den Gleichungen aus der Tabelle 1.1. lassen sich ineinander umrechnen; die linke beschreibt die Stromquelle, die rechte die Spannungsquelle.

Stromquelle		**Spannungsquelle**
$I_a = I_k - U_a \frac{I_k}{U_0}$	<==>	$U_a = U_0 - I_a \frac{U_0}{I_k}$
$I_a = I_k - U_a \frac{1}{R_i}$	<==>	$U_a = U_0 - I_a \cdot R_i$

Tabelle 1.1: Umrechnung von Stromquellen in Spannungsquellen und umgekehrt. Die linke Seite beschreibt die Stromquelle, die rechte Seite beschreibt die Spannungsquelle.

1.4 Gleichstrom, Wechselstrom

Beschrieben habe ich das Verhalten von Gleichspannungs- bzw. Gleichstromquellen. Die Ausführungen aus Abschnitt 1.1 gelten auch für eine Wechselspannungsquelle. Man verwendet dann für die Spannungsangabe den Effektivwert. Auch für die grundsätzlichen Dinge zu Stromquellen im Abschnitt 1.2 ist es möglich die Gleichspannungsquelle durch eine Wechselspannungsquelle zu ersetzen. Das gilt allerdings nicht für die Schaltungsbeispiele mit Halbleiterbauelementen (im Abschnitt 1.2.1.1).

Kapitel 2 • Mobile Versorgung

Der Trend geht zur Mobilität. Oftmals möchte man Geräte auch dort einsetzen, wo kein Netzanschluss zur Verfügung steht. Die Zuleitungen, die an Geräten befestigt sind, hemmen in vielen Fällen darüber hinaus die nötige Bewegungsfreiheit innerhalb von Wohnungen oder Gebäuden. In solchen Fällen muss die nötige Hilfsenergiequelle mit dem Gerät mitwandern. Zu diesem Zweck werden mobile Energiequellen eingesetzt. Die meisten und gängigen gewinnen elektrische Energie aus chemischen Umwandlungsprozessen. Diese Quellen für elektrische Energie kennt jeder unter dem Begriff "Batterie". Eine besondere Art dieser Speicher, die nach Entleerung wieder mit elektrischer Energie gefüllt werden kann, wird allgemein als "Akkumulator" oder "Akku" bezeichnet.

Darüber hinaus sind in diesem Kapitel noch die Brennstoffzelle und Kondensatoren als mobile Energiequellen beschrieben. Außerdem wird der Fahrraddynamo besprochen.

2.1 Batterien und Akkumulatoren

Batterien und Akkus sind so genannte galvanische Elemente. Ein galvanisches Element besteht aus einem Behälter, in dem sich zwei Platten aus unterschiedlichem Material befinden (Bild 2.1). Diese Platten werden als Elektroden bezeichnet und sind elektrisch voneinander isoliert. Die Elektrode, die ein positiveres Potential aufweist (der "+" Pol), heißt Anode, die andere Elektrode (der "-" Pol) ist die Kathode. Der verbleibende Raum im Behälter ist mit einer Flüssigkeit angefüllt, die elektrisch leitend ist. Diese Flüssigkeit nennt man den Elektrolyten. Als Elektrolyt werden in herkömmlichen Elementen anorganische Säuren oder Laugen oder Salzlösungen eingesetzt. Das "unedlere" Material bildet den Minuspol. Dieses Material wird beim Entladen zersetzt, weil es Elektronen abgibt.

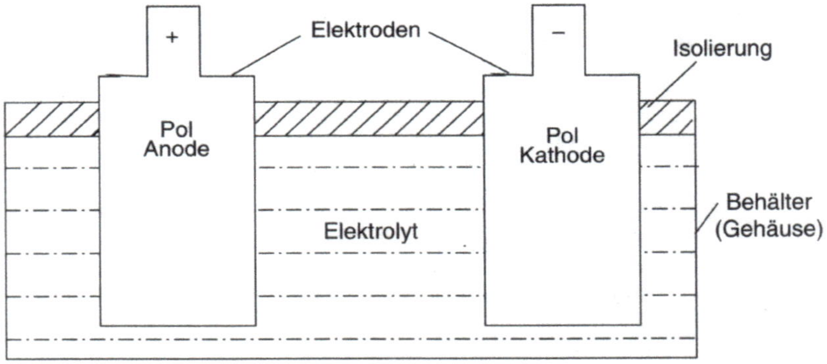

Bild 2.1: Aufbau eines galvanischen Elements (Zelle).

Ob ein galvanisches Element als Batterie oder als Akku fungiert hängt von den verwendeten "Zutaten" ab. Im Bild 2.2 ist eine mögliche Einteilung für galvanische Elemente abgebildet. Bei den Primärelementen (linke Seite) wird chemische Energie in elektrische Energie gewandelt. Bei den Sekundärelementen (rechte Seite) wird beim Entladen ebenfalls chemische Energie in elektrische Energie gewandelt. Beim Aufladen kehrt sich der Prozess aber um, dann wird elektrische Energie in chemische Energie überführt und gespeichert.

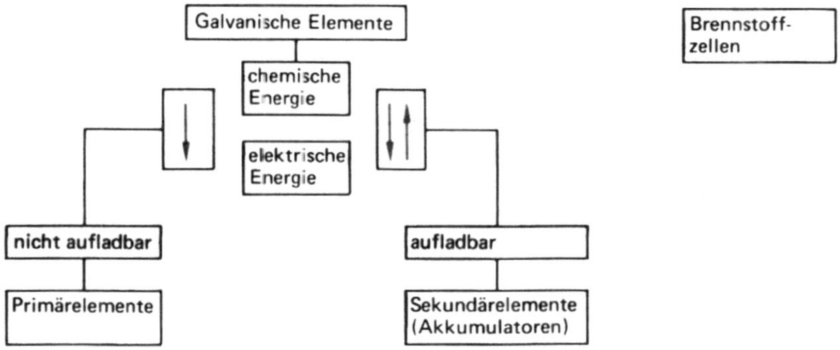

Bild 2.2: Einteilung der galvanischen Elemente. Die Brennstoffzelle liefert Energie wie ein galvanisches Element, funktioniert aber nach einem anderen Prinzip.

Mit Hilfe der elektrochemischen Spannungsreihe (Tabelle 2.1) kann man die Spannung, die ein galvanisches Element maximal liefert berechnen. Im Umkehrschluss sind das die Spannungen, die mindestens für das Antreiben von Elektrolysen bzw. Laden der Akkumulatoren angelegt werden müssen. Die Tabelle gibt nur einen groben Überblick. Je nach verwendetem Elektrolyten können die enthaltenen Ionen (Moleküle die elektrisch geladen sind) ein bis drei Ladungen transportieren, so dass es für ein und denselben Stoff unterschiedliche Spannungsangaben geben kann.

Ein Beispiel für die Verwendung der Reihe: Eine Zink-Kohle-Batterie liefert nach der elektrochemischen Spannungsreihe pro Zelle eine Nennspannung U_N von

$$U_N = +\,0{,}75\ V - (-\,0{,}76\ V) = 1{,}6\ V$$

Metall	Nichtmetall	Potential (bei 25°C)
	Fluor (F)	+2,87 V
		+1,69 V
Gold (Au)		+1,42 V
		+1,40 V
	Chlor (Cl)	+1,36 V
Chrom (Cr)		+1,33 V
Platin (Pt)		+1,20 V
Quecksilber (Hg)		+0,85 V
Silber (Ag)		+0,80 V
	Kohlenstoff (C)	+0,75 V
Kupfer (Cu)		+0,35 V
	Antimon (Sb)	+0,14 V
	Wasserstoff (H)	**0 V**
Blei (Pb)		-0,13 V
Zinn (Sn)		-0,14 V
Nickel (Ni)		-0,25 V
Cadmium (Cd)		-0,40 V
Eisen (Fe)		-0,44 V
Zink (Zn)		-0,76 V
Mangan (Mn)		-1,07 V
Aluminium (Al)		-1,67 V
Magnesium (Mg)		-2,34 V
Lithium (Li)		-3,04 V

Tabelle 2.1: Elektrochemische Spannungsreihe (Auszug).
Die "Edelkeit" der Metalle (linke Spalte) nimmt von oben nach unten ab.

Die Elektrochemische Spannungsreihe ist auch in der Mechanik wichtig. Werden zwei unterschiedliche Metalle aufeinander montiert, bilden diese ein galvanisches Element, sobald die Verbindung mit Wasser in Berührung kommt. Das unedlere Metall gibt Elektronen ab (wird oxidiert) und zersetzt sich dann mit der Zeit. Dieser Zersetzungseffekt ist umso heftiger, je größer die elektrische Spannung (Potentialdifferenz) ist, die sich zwischen den beiden Metallen ausbildet.

2.1.1 Kenngrößen von Batterien und Akkumulatoren

Batterien und Akkumulatoren (kurz Akkus) werden in unterschiedlichsten Baugrößen angeboten. In diesem Buch beschränke ich mich auf Standard-Bauformen, die sowohl für Batterien als auch für Akkus im Handel sind. Diese Typen haben den Vorteil der weltweiten Verfügbarkeit und Austauschbarkeit. Aufgrund der hohen Stückzahlen ist der Preis für diese Elemente vergleichsweise niedrig. Einen Überblick der gängigen Baugrößen findet man in der Tabelle 2.2. In der ganz linken Spalte ist die Baugrößenbezeichnung mit den Abmessungen zu finden. In der dritten Spalte von links ist die Baugrößenkurzbezeichnung abgedruckt. Man findet diese Bezeichnung sehr häufig in Listen und Katalogen. Noch mehr Details findet man in [5].

Bezeichnung und Abmessungen	Anzahl Zellen	Baugrößen-bezeichnungen	Nennspannung U_N		Kapazität C (zirka)
			Batterie	Akku NiCd / NiMH	
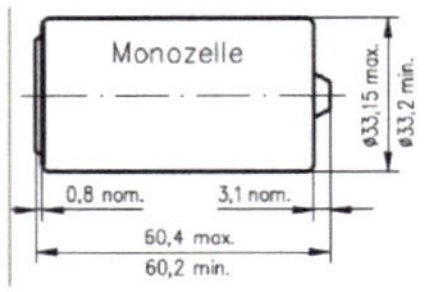	1	D LR20 R20 AM1	1,5 V	1,2 V	4000..... 8000 Ah
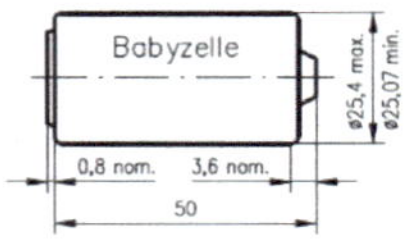	1	C LR14 R14 AM2 E93	1,5 V	1,2 V	2000... 5000 Ah
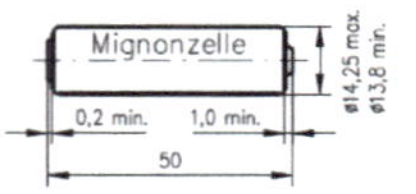	1	AA LR6 R06 AM3	1,5 V	1,2 V	1000.... 2500 mAh
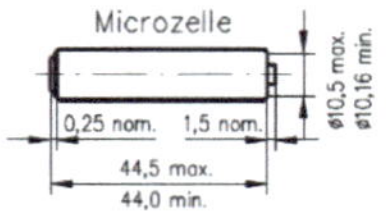	1	AAA LR03 R03 AM4 R92	1,5 V	1,2 V	500... 1000 mAh
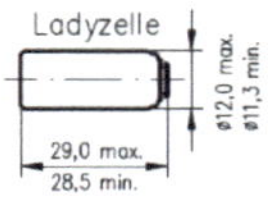	1	N LR1 E90	1,5 V	1,2 V	

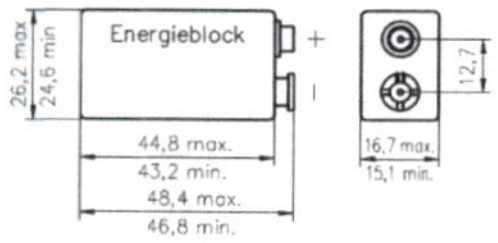	6 bis 7	1604D 6LR61	9 V	8,4 V	150... 250 mAh
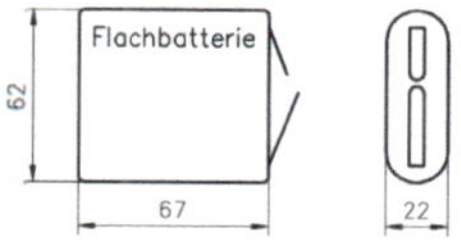	3	J 3LR12 Flach 1203	4,5 V	3,6 V	

Tabelle 2.2: Technische Daten von handelsüblichen Batterien und Akkumulatoren.

2.1.1.1 Nennspanung U_N

Die vierte Spalte in der Tabelle 2.2 enthält die **Nennspannung U_N**. Die Nennspannung ist für den jeweiligen Batterie- bzw. Akkutyp charakteristisch und hängt von den Elektrodenmaterialien ab. Bei den üblichen Haushaltsbatterien (Rundzellen) beträgt die Nennspannung bei Batterien *1,5 V* je Zelle. In Batterien mit höherer Spannung, wie etwa dem 9-V-Block oder der 4,5-V-Flachbatterie, werden mehrere dieser 1,5-V-Zellen in Reihe zusammengeschaltet. Die Einzelspannungen addieren sich in diesem Fall zu der höheren Gesamtspannung. Die Anzahl der hintereinander geschalteten Zellen kann der zweiten Spalte von links entnommen werden. Der Wert der Nennspannung ist der Wert, der im Allgemeinen auf der Batterie angegeben wird.

2.1.1.2 Ruhespannung U_0

Neben der Nennspannung ist auch die Ruhespannung U_0 eine wichtige Kenngröße. Darunter versteht man die Spannung, die dann an den Polen einer Batterie oder eines Akkus auftritt, wenn sie mit keinem elektrischen Verbraucher verbunden ist. Die Batterie muss keinen Strom abgeben, sie ruht. Die Ruhespannung kann etwas höher sein als die Nennspannung. Das liegt daran, dass bei Stromentnahme ein Teil der Spannung am Innenwiderstand der Batterie abfällt.

2.1.1.3 Entladespannung U_E

Unter **Entladespannung U_E** versteht man den Spannungswert, der während einer Entladung der Batterie an ihren Anschlüssen messbar ist. Der Wert der Entladespannung sinkt während des Entladevorgangs kontinuierlich ab bis zur Entladeschlussspannung.

2.1.1.4 Kapazität C

Die Spalte ganz rechts in der Tabelle 2.2 gibt einen Anhaltswert für die Kapazität C der Batterie bzw. des Akkumulators. Wenn man von der Kapazität einer Batterie oder eines Akkus spricht, meint man die Menge der elektrischen Ladung, die in diesem Energiespeicher enthalten ist. Im Betrieb fließt diese Ladung in Form von elektrischem Strom aus der Batterie heraus. Es ist also zweckmäßig, die Kapazität zu bestimmen, indem man misst, wie lange die Batterie einen Strom einer bestimmten Stärke abgeben kann. Dieses Produkt aus Strom und Zeit ergibt dann den Wert für die Kapazität der Batterie.

$$C = I \cdot t \qquad \text{\{Gleichung 2.1\}}$$

mit I in Ampere (A) und t in Stunden (h)

Beispiel: Eine Monozelle hat eine Kapazität von *8000 mAh*. Diese Monozelle wird mit einem Konstantstrom von *100 mA* belastet. Wie lange kann diese Monozelle (theoretisch) den Strom abgeben?

$$t = \frac{C}{I} = \frac{8000\text{mAh}}{100\text{mA}} = 80h$$

Tatsächlich ist das ein Anhaltswert - der tatsächliche Wert kann je nach Entladestrom und Temperatur davon abweichen. Das Kapazitätsvermögen eines galvanischen Elements hängt bei gleicher Technologie, also gleichen Materialien im Innern der Batterie, vor allem von der Größe der Batterie ab. Viele Hersteller reizen deshalb die Toleranzgrenzen bei den Abmessungen der Batterien oder Akkus (Tabelle 2.2) nach oben hin aus. Dann nämlich passt besonders viel Material (Elektrolyt, Elektrodenmaterial) in das Gehäuse. Das führt dazu, dass so ausgereizte Zellen in manche Geräte nicht hineinpassen.

2.1.1.5 Selbstentladung

Im Normalfall geschieht die Entladung einer Batterie durch Stromabgabe von der Batterie an einen außen an die Batteriepole angeschlossenen elektrischen Verbraucher.

Die so genannte Selbstentladung stellt die unerwünschte Form der Entladung dar. Bei der Selbstentladung finden im Innern der Batterie mit der Zeit elektrochemische Ausgleichsvorgänge statt. Diese Vorgänge bedingen eine Verringerung der in der Batterie gespeicherten Energiemenge. Bleibt eine Batterie über lange Zeit unbenutzt liegen, kann sie sich selbst völlig entladen und damit unbrauchbar werden. Die Selbstentladung ist bei allen Batterien und Akkus stark von der Umgebungstemperatur abhängig. Je höher die Temperatur umso höher ist die Selbstentladung. Die Selbstentladung wird meistens in Prozent pro Monat bei einer Umgebungstemperatur von *20 °C* angegeben.

2.1.1.6 Energiedichte *W*

Die Energiedichte *W* ist ein Maß dafür, wie kompakt oder wie leicht eine Batterie für einen bestimmten Kapazitätswert gebaut werden kann. Je höher die Energiedichte ist, desto kleiner, kompakter und leichter wird die Batterie bzw. der Akku.

Batterien und Akkus sind Speicher für elektrische Energie. Die Menge der Ladung, die in ihnen gespeichert werden kann, wird durch die Kapazität angegeben. Interessant für die Effektivität, mit der diese Speicherung geschieht, ist das Verhältnis zwischen der gespeicherten Energie und dem Volumen, das für diese Speicherung nötig ist. Die Einheit der Energiedichte ist Wattstunden pro Kubikzentimeter (Wh/cm^3).

Alternativ oder zusätzlich wird die gravimetrische Energiedichte angegeben. Dabei handelt es sich um die Energiedichte pro Gewicht. Für diese Art der Energiedichte ist die Einheit Wattstunden pro Kilogramm (*Wh/kg*).

Je nach Anwendung kann die eine oder die andere Angabe sinnvoller sein.

2.1.2 Batterien

Batterien werden auch als Primärelemente bezeichnet. In einem Primärelement bildet das unedlere der beiden verwendeten Elektroden-Materialien den Minuspol, das edlere den Pluspol. Die elektrische Energie ist durch geschickte Kombination chemischer Elemente in der Batterie gespeichert und wird bei Stromentnahme freigesetzt. Während die Energie aus der Batterie entnommen wird, findet im Inneren der Batterie eine chemische Reaktion statt. Die Bestandteile der Batterie ändern ihre chemische Zusammensetzung. Diese chemische Reaktion kann nur in eine Richtung ablaufen, der Vorgang ist nicht umkehrbar. Das Material, aus dem die negative Elektrode besteht wird verbraucht. Der Stoff wird zersetzt bzw. geht in Lösung. Die Elektrode wird hierbei zerstört.

Heutzutage bieten Batterien gegenüber Akkumulatoren keine Vorteile mehr. Die Verwendung von Batterien verursacht mehr Abfall und verbraucht mehr Rohstoffe als die dazu kompatiblen NiMH-Akkumulatoren.

2.1.2.1 Baugrößen und Kapazität

Die Baugrößen der Standard-Batterien können der Tabelle 2.2 entnommen werden. Große Batterien gleicher Bauart haben eine größere Kapazität, da mehr der chemischen Substanzen hineinpasst.

2.1.2.2 Batterietypen

Batterien unterscheiden sich technologisch hauptsächlich durch die für die Elektroden verwendeten Materialien. Hierbei werden Stoffe kombiniert, die in der elektrochemischen Spannungsreihe (Tabelle 2.1) gelistet sind. Zwischen solchen Stoffen baut sich eine Spannung auf, wenn sie in einen Elektrolyten getaucht werden.

Im Bereich der Konsumelektronik, also bei Batterien, die vom Anwender leicht nachgekauft und eingesetzt werden können, hat sich eine Nennspannung von *1,5 V* pro Zelle als Standard durchgesetzt. In Batterien, die für diesen Markt bestimmt sind, können also nur Material-Kombinationen eingesetzt werden, die eine solche Spannung liefern.

Batterietyp	Nenn-spannung	volumetrische Energiedichte	Temperatur-bereich	Selbstentladung pro Monat bei J = 20 °C	Bemerkung	typ. Anwendung
Zink-Kohle	1,5 V	0,15 Wh/cm³	-10 °C	7 %	Veraltet, billig	Taschenlampen, Spielzeug
Alkali-Mangan	1,5 V	0,35 Wh/cm³	-20 °C	0,2 %	ca. 2 Jahre Lagerfähigkeit, preiswert	Kameras, Blitzgeräte, Kass-ettengeräte, etc.
Lithium	3,0 V	0,4...1 Wh/cm³	-55 ... +150 °C	extrem gering	bis zu 20 Jahren lagerfähig, teuer	Herzschrittmacher, Dauer-spannungsquelle innerhalb von Geräten, Datenspeicher (CMOS-RAMs), Armbanduhren
Lithium	1,5 V	0,35 Wh/cm³	-55 ... +150 °C	extem gering	bis zu 20 Jahren lagerfähig, teuer	
Silberoxyd	1,55 V	0,4...0,6 Wh/cm³	Gefrierpunkt: 40 °C	extrem gering	meist in Knop-fzellenform	Armbanduhren, Dauerspan-nungsquelle innerhalb von Geräten

Tabelle 2.3: Eigenschaften gängiger Batterietypen.

2.1.3 Akkumulatoren

Akkus sind genau wie Batterien galvanische Elemente. Sie bestehen aus Kathode, Anode und Elektrolyt. Wie bei der Batterie finden bei der Entnahme elektrischer Energie chemische Reaktionen in ihrem Innern statt.

Der grundlegende Unterschied gegenüber den Batterien besteht darin, dass diese chemischen Reaktionen auch umgekehrt ablaufen können. Durch diesen Umkehrprozess kann der Akku wieder aufgeladen werden. Diesem Ladevorgang, dem "Aufsammeln" von elektrischer Energie, verdanken die Akkumulatoren oder kurz Akkus auch ihren Namen: Das lateinische Wort "accumulare" bedeutet sammeln. Der Blei-Akkumulator wurde früher auch oft als Bleisammler bezeichnet.

Zusätzlich zu den bereits bei den Batterien aufgeführten Begriffen, wie Nennspannung und Selbstentladung, tauchen beim Akku aufgrund seiner Ladefähigkeit noch einige weitere Begriffe auf, die kurz erläutert werden müssen.

2.1.3.1 Ladung, Aufladung

Unter "Ladung" oder "Aufladung" eines Akkus versteht man die Speicherung elektrischer Energie im Akku durch chemische Umformungsvorgänge in seinem Innern. Ein Akku wird immer aufgeladen, indem man Strom hineinfließen lässt. Die Art und Weise, in der dies geschieht, ist von der Technologie des Akkus abhängig. Der Pluspol des Ladegerätes bzw. des Netzteils welches zum Laden verwendet wird, wird mit dem Pluspol (Anode) des Akkumulators verbunden. Der Minuspol entsprechend mit dem Minuspol (Kathode) des Akkumulators. Grundladeverfahren sind in Normen beschrieben und mit Kurzzeichen versehen. Es wird dort unterschieden zwischen:

Laden mit konstantem Strom	*I*
Laden mit konstanter Spannung	*U*
Laden mit fallender Kennlinie	*W*

Zusätzlich zu jeder Ladecharakteristik wird unterschieden zwischen

Laden mit selbständigem Ausschalten	*a*
Laden mit selbständigem Kennliniensprung	*0*

Im Folgenden sind dazu einige Beispiele aufgelistet:

2.1.3.2 Ladeverfahren (Auswahl):

I: Konstantstrom-Kennlinie

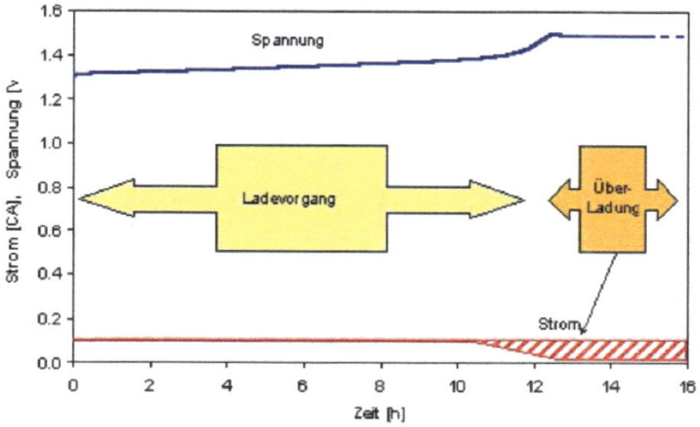

Bild 2.3: I-Ladeverfahren.

Die eingeladene Ladungsmenge *C* kann aus der Ladezeit ermittelt werden, denn es gilt

$$C = I \cdot t \cdot \eta \qquad \text{\{Gleichung 2.2\}}$$

C ist die Ladungsmenge die vom Akkumulator aufgenommen wird in *Ah*
I ist der Strom der in den Akkumulator hineinfließt
η ist der Ladewirkungsgrad: der Anteil des Stroms, der tatsächlich im Akkumulator verbleibt (*0....1*)

Mit größerem Ladestrom kann demnach die Ladezeit reduziert werden. Wie hoch der Ladestrom maximal sein darf hängt vom Akkumulator ab und sollte im Datenblatt stehen. Mit dem Erreichen des Volladezustandes kommt es zum Überladen, denn der Akkumulator kann dann den Strom nicht mehr speichern. Der gesamte Ladestrom geht dann in die Nebenreaktionen wie Erwärmung und Zersetzung des Elektrolyten. Sicherheitshalber sollte für I-Ladeverfahren ohne Abschaltung der Ladestrom deshalb nicht größer sein als *0,1 C*. Aber selbst bei diesen kleinen Überladeströmen kann es zu einer Schädigung der Batterie kommen.

Ia: Konstantstrom-Kennlinie mit automatischer Abschaltung

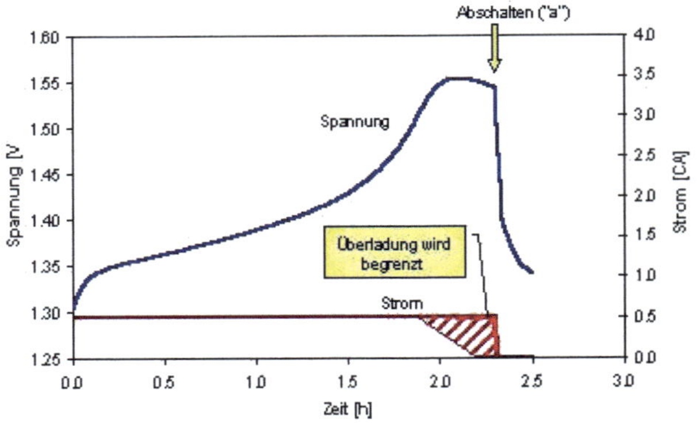

Bild 2.4: Ia-Ladeverfahren.

Der Akku wird mit konstantem Strom aufgeladen. Der Ladevorgang wird automatisch abgeschaltet, sobald die Spannung am Akkumulator die Ladeschlussspannung erreicht. Auf diese Weise kann auch mit größeren Ladeströmen geladen werden. Das Verfahren ist sicher.

U: Konstantspannungs-Kennlinie

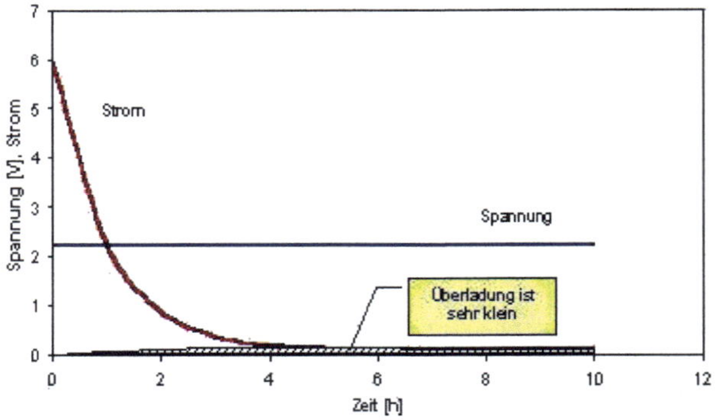

Bild 2.5: U-Ladeverfahren.

Man stellt die Spannung auf die Ladeschlussspannung ein. Zu Beginn der Ladung fließt ein großer Ladestrom, der dann dem Fortschritt der Ladung immer kleiner wird. Ursache hierfür ist der Anstieg der Zellenspannung mit zunehmendem Ladezustand. Zu Beginn der Ladung muss der Ladestrom auf den maximal erlaubten (abhängig vom Akku) begrenzt werden. Vorteilhaft bei der U-Ladung ist, dass die Überladung gering bis nicht vorhanden ist. Allerdings dauert es vergleichsweise lange bis zum Erreichen des Volladezustandes. Durch Einstellen der Konstantspannung etwas unterhalb der Ladeschlussspannung kann auch gezielt nur eine Teilladung (z.B. auf 50 %) erfolgen.

IU: Kombination aus Konstantstrom- und Konstantspannungsverfahren

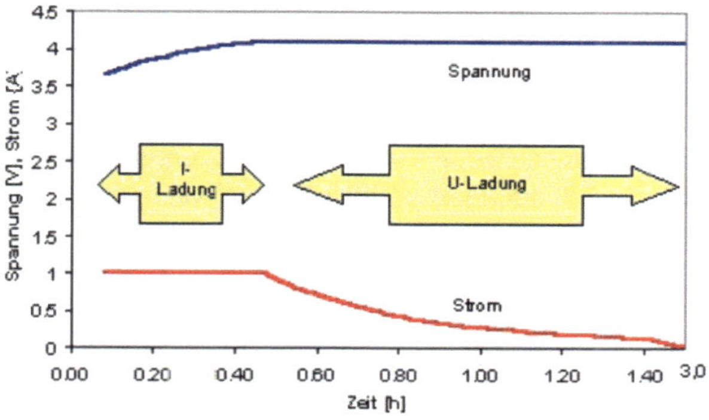

Bild 2.6: IU-Ladeverfahren.

Diese Kombination verbindet die Vorteile der I-Ladung mit denen der U-Ladung. Während der I-Ladung kann innerhalb kurzer Zeit eine große Ladungsmenge eingeladen werden. Während der U-Ladephase wird mit reduzierter Geschwindigkeit vollständig aufgeladen, wobei die Überladung klein bleibt oder gar nicht stattfindet.

W: Fallende Kennlinie

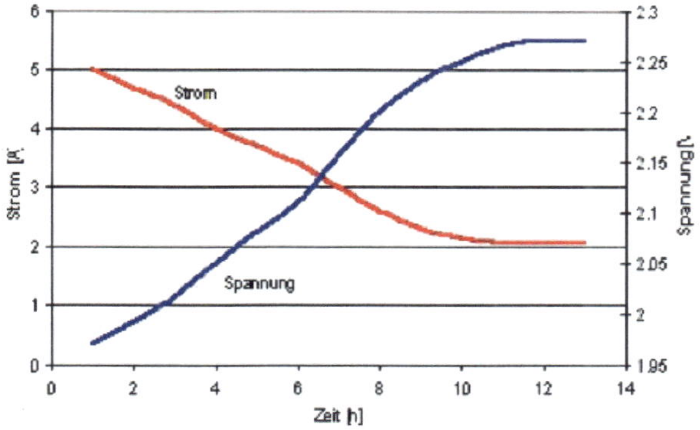

Bild 2.7: W-Ladeverfahren. Während die Spannung am Akkumulator während der Ladung ansteigt, sinkt gleichzeitig der Ladestrom.

Das Laden mit fallender Kennlinie ergibt sich beim Einsatz von ungeregelten Ladegeräten von alleine - mit mehr oder weniger starker Ausprägung. Da der sich ergebende Ladestrom von der Batteriespannung abhängt, und die Batteriespannung mit zunehmendem Ladestrom ansteigt, kommt es zu einem Rückgang des Ladestroms mit zunehmendem Ladezustand. Einfache Ladegeräte haben einen künstlich erhöhten bzw. sich ändernden Innenwiderstand. Man kann das im einfachsten Fall mit einer Glühlampe erreichen. Dazu beschreibe ich später ein Beispiel.

Wie die Beschreibung der verschiedenen Ladekennlinien zeigt, ist das Abschalten beim Erreichen des Volladezustandes von entscheidender Bedeutung. Wird zu früh abgeschaltet, dann hat der Akkumulator nicht die volle Kapazität. Wird zu spät abgeschaltet, dann kommt es zur Überladung und beschleunigten Alterung der Zellen. Einige Ladeverfahren, wie z.B. das IU- Ladeverfahren benötigen keine Abschaltung, da sie "selbstregulierend" sind. Andere Ladeverfahren, wie z.B. das Ia und das IUIa Ladeverfahren sind auf gut funktionierende Abschaltkriterien angewiesen, da es andernfalls zu irreversiblen Schäden an der Batterie kommt. Die Qualität eines Ladegerätes hängt also wesentlich von den eingesetzten Abschaltkriterien ab. Die Abschaltkriterien hängen wiederum von der verwendeten Technologie – dem Akkutyp - ab. Bei Bleiakkumulatoren ist das Kriterium ein anderes als bei Akkus vom Typ Nickel-Metallhydrid.

2.1.3.3 Entladung

Die Entladung stellt die genaue Umkehrung des Ladens dar: Die in den Akku bei der Aufladung eingespeicherte Energie wird wieder abgegeben. Das Abgeben der Energie erfolgt im erwünschten Normalfall an einen an den Akku angeschlossenen Verbraucher. Den unerwünschten Fall der Entladung stellt die Selbstentladung dar. Im Idealfall gilt die Gleichung {2.1}. Tatsächlich muss aber auch hier, wie beim Aufladen beschrieben in Gleichung {2.2} der Wirkungsgrad berücksichtigt werden. Nicht die gesamte im Akku enthaltene Ladungsmenge kann in der Realität entnommen werden. Spätestens bei Erreichen der Entladeschlussspannung muss der Entladevorgang abgebrochen werden.

2.1.3.4 Nennspannung

Die Begriffe "Nennspannung" für die Spannung einer Batterie oder eines Akkus unter Nennbedingungen, wie auch "Ruhespannung" (unbelastet) und "Entladespannung" (mit einem Verbraucher verbundene Batterie oder Akku) gelten für Batterien und Akkus gleichermaßen. Durch die bei einem Akku möglichen Ladevorgänge kommen hier noch einige charakteristische Größen hinzu:

2.1.3.5 Entladeschlussspannung

Die Entladeschlussspannung ist der Spannungswert, den ein Akku an seinen Klemmen aufweist, wenn er vollständig entladen ist. Die Höhe der Entladeschlussspannung hängt von der Stromstärke ab, mit der der Akku entladen wurde sowie von der Temperatur. Bei den meisten Akkutypen ist eine längerdauernde Entladung unterhalb der vom Hersteller angegebenen Entladeschlussspannung nicht anzuraten.

2.1.3.6 Ladespannung

Unter Ladespannung versteht man die an den Akku angelegte Spannung während des Ladevorgangs. So wie die Entladespannung während des Entladevorganges abnimmt, verändert sich auch die Ladespannung mit dem Fortgang des Ladevorgangs. Sie nimmt kontinuierlich zu. Die Ladespannung ist immer größer als die Nennspannung des Akkus, um einen Stromfluss in den Akku zu ermöglichen. Sie kann die Nennspannung des Akkus gegen Ende des Ladevorgangs deutlich übersteigen.

2.1.3.7 C-Rate

Der Begriff der C-Rate wird im Zusammenhang mit Akkus besonders häufig gebraucht. Er hat sich bewährt, um die Größe von Ladeströmen und Entladeströmen unabhängig von der Kapazität der verschiedenen Akku-Baugrößen angeben zu können.

Die jeweils fließenden Ströme werden in Teilen oder Vielfachen der C-Rate angegeben (z.B. *C/10* oder *0,1 C*). Die C-Rate gibt einen pro Zeiteinheit fließenden Stromwert an. Die Einheit ist Ampere oder Milliampere. Die C-Rate entspricht zahlenmäßig dem Wert der Nennkapazität einer Zelle in *Ah* bzw. *mAh*. Diese vielleicht nicht direkt zu durchschauende Definition soll anhand von Beispielen etwas genauer betrachtet werden:

Angenommen ein Akku hat eine Nennkapazität von *2,1 Amperestunden* (*Ah*). Die C-Rate für diesen Akku beträgt dann *2,1 Ampere*. Wird also von einer *C/10*-Entladung gesprochen, so ist gemeint, dass dem Akku über den Entladezeitraum ein Strom von einem Zehntel des C-Wertes entnommen wird. Im vorliegenden Fall:

$$C/10 = \frac{2{,}1A}{10} = 0{,}21A = 210mA$$

Bei einer großen Autobatterie mit *55 Ah* entspräche ein Zehntel der C-Rate immerhin *5,5 A*, während bei einem Akku der Größe AAA (Micro) mit einer Kapazität von *800 mAh* im Falle einer *C/10*-Entladung nur ein Strom von *80 mA* fließen würde.

2.1.3.8 Nennkapazität C_N

Der Begriff der Kapazität wurde bei den Batterien bereits erläutert, bei den Akkus taucht zusätzlich der Begriff Nennkapazität auf. Wird ein voll geladener Akkumulator bis zur Entladeschlussspannung entladen, dann hat er seine gespeicherte Ladungsmenge vollständig abgegeben.

Dabei steht die tatsächlich entnehmbare Kapazität, also die abgebbare Ladungsmenge, im Zusammenhang mit der Stärke des Stroms, der bei der Entladung fließt und der Temperatur. Der Akku kann umso weniger Ladung abgeben, je höher der Entladestrom ist. Um vergleichbare Werte zu erhalten, wurde der Begriff der Nennkapazität eingeführt. In den Datenblättern ist die Zeit angegeben, in der die Entladung stattfindet.

2.1.3.9 Zyklus

Unter einem Zyklus versteht man bei Akkus den Ablauf der Vorgänge vollständiges Laden und vollständiges Entladen im Einsatz. Mit jedem Zyklus "altert" der Akkumulator und verliert an Kapazität. Oftmals geben die Hersteller eine Anzahl Zyklen an und den dadurch entstehenden Kapazitätverlust.

In der Praxis unterscheidet man den Zyklusbetrieb, bei dem tatsächlich der Akku vollständig auf- und entladen wird (Akkumulator in der Taschenlampe) und der Pufferbetrieb (Akkumulator in der USV), bei dem nur eine Teilentladungen und entsprechend Teilladungen auftreten. Manchmal liest man in diesem Zusammenhang auch vom "Teilzyklus".

2.1.3.10 Wirkungsgrad

Bei der Aufladung eines Akkus führt man ihm Ladung zu, bei der folgenden Entladung gibt er die Ladung wieder ab. Es wäre natürlich wünschenswert, dass der Akku die ganze elektrische Energie, mit der er aufgeladen wurde, auch wieder abgibt. Da die chemischen Umwandlungsreaktionen in seinen Innern aber verlustbehaftet sind (es entsteht Wärme), kann der Akku immer nur weniger Energie abgeben, als er aufnimmt. Das Verhältnis von abgegebener Energie bzw. Ladung zur aufgenommenen Energie bzw. Ladung bezeichnet man als Wirkungsgrad. Der Wirkungsgrad ist stets kleiner als eins. Hierbei werden zwei Größen unterschieden:

Der Amperestunden-Wirkungsgrad gibt das Verhältnis von abgegebener zu aufgenommener Ladungsmenge an.

$$\eta_{Ah} = \frac{C_{ab}}{C_{auf}} = \frac{\int I_{ab} \cdot dt}{\int I_{zu} \cdot dt} \qquad \text{\{Gleichung 2.3\}}$$

Dabei ist

C_{ab} die beim Entladen vom Akku abgegebene Ladungsmenge und
C_{auf} die beim Laden vom Akku aufgenommene Ladungsmenge.

Der Amperestunden-Wirkungsgrad sagt nichts über die Energiebilanz aus. Dazu müssen die jeweils fließenden Ströme mit der akuten Spannung beim Aufladen und Entladen jeweils über die Zeit integriert werden. Die Integration über das Produkt von aktuellem Strom und aktueller Spannung zu jedem Zeitpunkt ist erforderlich, da sich die Akkuspannung und der Lade- bzw. Entladestrom in Abhängigkeit von der Zeit ständig ändern. Daraus ergibt sich dann der Energiewirkungsgrad des Akkus:

$$\eta_E = \frac{E_{ab}}{E_{auf}} = \frac{\int (U_{ab} \cdot I_{ab}) \cdot dt}{\int (U_{zu} \cdot I_{zu}) \cdot dt} \qquad \text{\{Gleichung 2.4\}}$$

Dabei ist

E_{ab} die während der Ladung aufgenommene Energie
E_{zu} die während des Entladens abgegebene Energie

Da die Spannungen beim Laden immer höher sind als während der Entladung, ergibt der Energie-Wirkungsgrad immer einen kleineren Wert als der Amperestunden-Wirkungsgrad. Für eine vollständige Energiebilanz des Lade- und Entladezyklus, darf auch der Wirkungsgrad der verwendeten Ladeschaltung nicht unberücksichtigt bleiben.

2.1.3.11 Betriebsarten von Akkus

Zyklusbetrieb

Bei Geräten, die netzunabhängig betrieben werden findet der Zyklusbetrieb Anwendung. Lade- und Entladezyklen folgen in mehr oder weniger regelmäßiger Folge aufeinander. Regelmäßiger Zyklusbetrieb findet zum Beispiel bei allen Geräten und Maschinen statt, die den Tag über in Betrieb sind und nachts wieder aufgeladen werden. Auch bei Solaranlagen gibt es einen regelmäßigen Zyklusbetrieb, der allerdings zeitlich genau umgekehrt ist. Nach der Ladephase am Tag folgt eine Entladephase am Abend und in der Nacht. Unregelmäßiger Zyklusbetrieb ist die im täglichen Leben am meisten vorkommende Betriebsart. Bei alle mobilen Geräte, die mit Akkus anstelle mit Batterien betrieben werden, findet unregelmäßiger Zyklusbetrieb statt.

Pufferbetrieb

Im Bereitschaftsparallelbetrieb oder Pufferbetrieb erfolgt die Versorgung des elektrischen Verbrauchers im Normalfall aus dem Stromnetz. Der Akku übernimmt nur bei Netzausfällen die Versorgung. Hierbei wird wiederum der unbelastete und der belastete Bereitschaftsparallelbetrieb unterschieden:

Im unbelasteten Betrieb erhält das Gerät seinen Strom im Normalfall nur vom Netz, der Akku liefert keinen Beitrag. Es fließt nur ein kleiner Strom vom Netz in den Akku, um ihn aufzuladen oder den Ladezustand zu erhalten (Ausgleich der Selbstentladung).

Im belasteten Betrieb sind Akku, Ladegerät und Schaltung parallel geschaltet. Der Akku macht alle Belastungsschwankungen mit, die Belastungsphasen für den Akku sind also komplexer. Diese Betriebsart ist für den Akku mit höherem Stress verbunden, was die Lebensdauer gegenüber dem unbelasteten Bereitschaftsparallelbetrieb einschränkt. Nicht jeder Akku ist für diesen Betriebsmodus geeignet.

2.1.4 Technologien

Da es sich bei Akkumulatoren um galvanische Elemente handelt, gilt auch hierfür die elektrochemische Spannungsreihe. Bei Akkus ist die Stoffkombination von Anode, Kathode und Elektrolyt aber so gewählt, dass die chemischen Vorgänge, die im Innern des Akkus ablaufen, auch umkehrbar sind. Einige der theoretisch möglichen Kombinationen sind in der Praxis nicht oder nur in Sonderfällen einsetzbar, beispielsweise der Silber-Zink-Akkumulator, dessen Materialkosten eine breite Anwendung verhindern. Akkus, die anstelle von Batterien eingesetzt werden sollen, müssen eine Zellenspannung aufweisen, die so nahe wie möglich bei dem Standard von *1,5 Volt* liegt. Im Rahmen dieses Buches werden nur die weit verbreiteten, gängigen und leicht verfügbaren Technologien besprochen.

2.1.4.1 Blei-Akkumulatoren

Historisch gesehen ist der Blei-Akku der älteste praktisch einsetzbare Akkutyp. Bereits im 19. Jahrhundert wurden die ersten Bleisammler gebaut. Auch heute hat der Blei-Akku seinen festen Platz im Akkumulatoren-Spektrum.

Blei-Akkus bestehen meistens aus mehreren in Serie geschalteten Zellen. Jede Zelle für sich ist ein galvanisches Element mit einer Nennspannung von *2 V*. Meist sind 6 oder 12 Zellen hintereinander geschaltet, um eine Nennspannung von *12 V* bzw. 24 *V* zu erreichen. Die Anode besteht aus metallischem Blei (Pb). Die Kathode ist mit Bleioxid (PbO_2) beschichtet. Als Elektrolyt dient *20...40 %ige* Schwefelsäure (H_2SO_4). Bei dieser Konzentration erreicht H_2SO_4 die optimale Leitfähigkeit. Um die Elektrodenoberfläche möglichst groß zu halten, sind die an den Elektroden wirksamen Stoffe feinkörnig und porös..

Beim Entladen lösen sich Ionen aus beiden Elektroden und gehen in die Lösung (den Elektrolyten) über. Für beide Elektroden ist das Reaktionsprodukt das schwerlösliche Bleisulfat ($PbSO_4$), das aus den Ionen mit der Schwefelsäure gebildet wird. Dadurch wird die Schwefelsäure verbraucht und es entsteht Wasser. Die Dichte der Säure sinkt von *1,26* g/cm^3 auf *1,18* g/cm^3. Früher waren die Akkumulatoren offen und der Elektrolyt flüssig. Durch Prüfung der Säuredichte konnte der Ladezustand bestimmt werden. Wird bei einer Dichte von *1,15* g/cm^3 nicht nachgeladen, wird der Akku irreversibel beschädigt. Der Akku ist erschöpft, wenn das gesamte Bleioxid reduziert wurde. Wird der entladene Blei-Akku wieder aufgeladen, werden die inzwischen elektrisch neutralen Elektroden von außen unter Spannung gesetzt. Im Blei-Akkumulator findet dann eine Elektrolyse statt. Die im Elektrolyten enthaltenen Ionen wandern zur entgegengesetzt geladenen Elektrode und reagieren mit ihr derart, dass wieder die ursprünglichen Stoffe Blei (Kathode) und Bleidioxyd (Anode) entstehen. Gleichzeitig entsteht dabei erneut Schwefelsäure. Eine Übersicht liefert die Reaktionsgleichung in der Tabelle 2.4. Während der Ladung wurde, erst zögerlich, dann immer heftiger, durch die Elektrolyse das Wasser des Elektrolyten in Wasserstoffgas (H_2) und Sauerstoffgas (O_2) zerlegt. Der Sauerstoff tritt an der Anode aus. Die klassische Starterbatterie (nicht "wartungsfrei", nach DIN aber ein "geschlossener" Akku), hat Schraubverschlüsse auf den Akkuzellen, die als Einfüllstutzen dienen. Das entstehende Gas kann durch kleine Löcher in diesen Einfüllstutzen entweichen. Verlorengegangenes Wasser kann durch die Einfüllstutzen nachgefüllt werden. Es darf nur destilliertes Wasser nachgefüllt werden, da im normalen Leitungswasser zu viele Fremdstoffe enthalten sind, die die Abläufe der chemischen Prozesse in der Batterie stören könnten.

Anode	Kathode	Elektrolyt	Anode	Kathode	Elektrolyt
voll		← Laden		leer	
PbO_2 +	Pb +	2 H_2SO_4	$PbSO_4$ +	$PbSO_4$ +	2 H_2O
voll		Entladen →		leer	

Tabelle 2.4: Reaktionsgleichung beim Bleiakkumulator

Heute gibt es nur noch wartungsfreie Blei-Akkumulatoren. Diese sind so gebaut, dass entstehendes Sauerstoffgas von der Kathode absorbiert wird. Diese Gasverzehrung funktioniert aber nur für eine begrenzte Menge Sauerstoff. Wenn der Ladestrom zu groß ist oder eine Überladung stattfindet, kann das Gas nicht mehr in der Batterie gebunden werden. Diese frei werdenden Gase lassen den Innendruck in der Akkuzelle ansteigen. Um ein Platzen des Akkus zu vermeiden, sind wartungsfreie Akkus mit einem Überdruckventil versehen. Dadurch kann das Gas entweichen. Der Akku wird so vor mechanischer Beschädigung geschützt. Übermäßige Gasentwicklung ist aber dennoch schädlich, weil Wasser zersetzt wird und dadurch dem Elektrolyten dauerhaft verloren geht, denn ein Ausgleichen des Wasserverlustes ist hier nicht möglich.

Immer mehr Verbreitung findet der wartungsfreie Blei-Gel-Akku. Hier ist der ursprünglich flüssige Elektrolyt in einem Gel gebunden – sog. "festgelegtes" Elektrolyt. Der Elektrolyt kann nicht auslaufen, der Akku kann also auch bedenkenlos auf dem Kopf stehend betrieben werden. Diese Lageunabhängigkeit hat den Einsatzbereich des Blei-Akkus enorm erweitert. Blei-Gel-Akkumulatoren mit AGM-(Absorbent Glass Mat)-Technolgie sind hier besonders hervorzuheben.

Die Messung der Säuredichte für die Feststellung des Ladezustandes ist nicht mehr möglich. Stattdessen wird die Spannung verwendet. Pauschal gilt: Wenn die Spannung pro Zelle auf *1,8 V* (Entladeschlussspannung) gesunken ist ist der Blei-Akkumulaor vollständig entladen. Der Ladevorgang muss beendet werden, wenn eine Zellspannung von *2,5 V* erreicht ist. Soll eine höchstmögliche Zyklenzahl erreicht werden, sollte der Akku nur zu 50 % entladen werden. Die Herstellerangaben können von diesen Angaben etwas abweichen. Bild 2.8 zeigt die Aufschrift auf einem Blei-Gel-Akkumulator. Es gibt unterschiedliche Angaben für die Ladeschlussspannung bei Zyklus- und Standby-Betrieb.

Anhand der Ruhespannung (der Akkumulator wird nicht belastet, es wird also kein Strom entnommen) kann der Ladezustand grob abgeschätzt werden (Tabelle 2.5).

Ladezustand	Zellenspannung	12-V-Akku	24-V-Akku
100 %	2,13....2,17 V	12,8....13,0 V	25,6....26,0 V
75 %	2,05....2,09	12,3....12,5 V	24,6 V....25,0 V
50 %	1,97....2,00 V	11,8....12,0 V	23,6....24,0 V
25 %	1,89....1,92 V	11,4....11,5 V	22,7...23,0 V
0% (leer)	1,80....1,83 V	10,8....11,0 V	21,6....22,0 V

Tabelle 2.5: Abschätzen des Ladezustandes bei Blei-Akkumulatoren anhand der Leerlaufspannung.

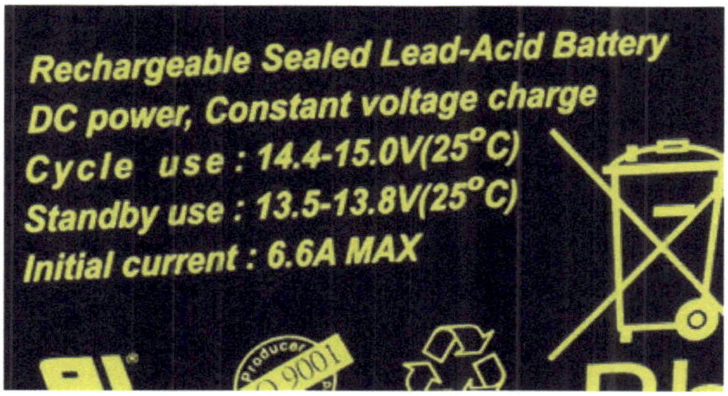

Bild 2.8: Angaben auf einem Blei-Gel-Akkumulator.

Blei-Akkumulatoren sind (eventuell bis auf das Plastikgehäuse) vollständig recyclebar. Das ist ein großer Vorteil. Außerdem sind sie sicher. Fehlbehandlung (Überladung, Tiefentladung) führt im schlimmsten Fall zu Kapazitätsverlust. Eine Brand- oder gar Explosionsgefahr besteht nur bei Verwendung ungeeigneter oder nicht abgesicherter Leitungen. Nachteilig ist die vergleichsweise geringe gravimetrische Energiedichte von etwa *50 Wh/kg*. Die Selbstentladung ist stark temperaturabhängig und vergleichsweise hoch. Blei-Akkumulatoren mit festgelegtem Elektrolyten haben allerdings eine wesentlich geringere Selbstentladung als solche mit flüssigem Elektrolyten (Bild 2.9).

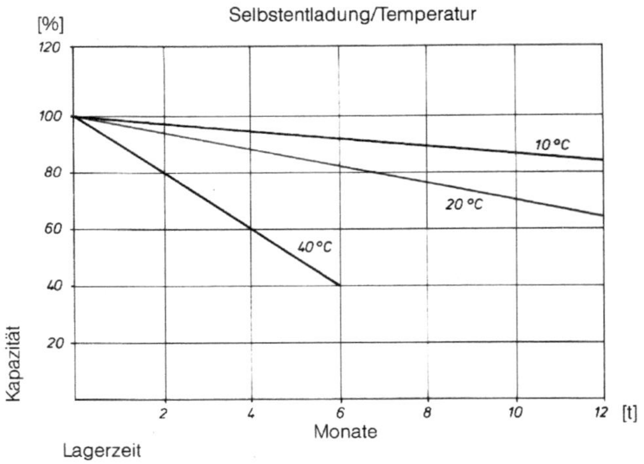

Bild 2.9: Typische Abhängigkeit der Selbstentladung von der Temperatur bei einem Blei-Gel-Akku.

Für die Stromversorgung mit galvanischen Elementen ist das Entladeverhalten besonders interessant. Bei Blei-Akkumulatoren zeigt sich ein Verhalten wie in Bild 2.10 dargestellt. Der Parameter I im Diagramm ist der Nenn-Entladestrom. Bei Blei-Akkumulatoren mit festgelegtem Elektrolyten kann man überschlägig für den Nenn-Entladestrom I in Abhängigkeit von der Nennkapazität C_N annehmen:

$$I \approx 50\text{mA} \cdot C_N$$

Die Akkuspannung bleibt relativ lange konstant und fällt dann steil ab. Die gestrichelte Kurve kennzeichnet die jeweiligen Entladeschlussspannung. Bei Entladung über diesen Bereich hinaus beginnt die Tiefentladung. Am Verlauf der Entladekurve ist erkennbar, dass mit Tiefentladungen keine Verlängerung der Entladezeit erzielt werden kann. Vielmehr darf die Entladeschlussspannung von *1,8 V* nur kurzzeitig unterschritten werden um Schäden am Akku zu vermeiden.

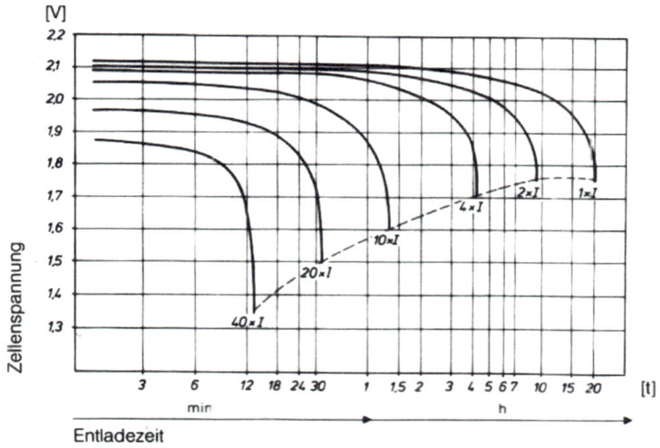

Bild 2.10: Typische Entladekurven von Blei-Gel-Akkumulatoren. Parameter I ist der Nenn-Entladestrom.

Die entnehmbare Kapazität des Blei-Akkus ist umso höher, je höher die Batterietemperatur ist (Bild 2.11). Die in den Datenblättern angegebene oder auf dem Akku aufgedruckte Nennkapazität gilt für eine Umgebungstemperatur von *20 °C*. Dies gilt sowohl für Akkumulatoren mit flüssigem Elektrolyten als auch für Akkumulatoren mit festgelegtem Elektrolyten (Blei-Gel-Akkus).

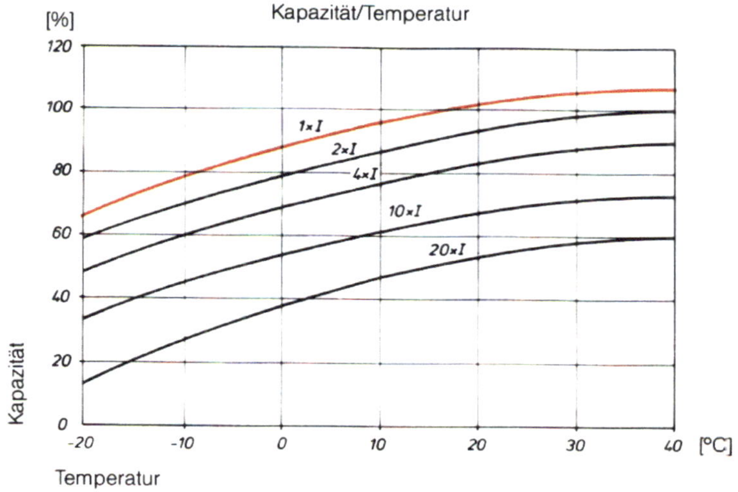

Bild 2.11: Abhängigkeit der entnehmbaren Kapazität von der Batterietemperatur und dem Laststrom. Bei der oberen Kurve handelt es sich um die Nennkapazität, die im Datenblatt angegeben wird. I ist der Nenn-Entladestrom.

Blei-Gel-Akkumulatoren im professionellen Einsatz benötigen für das Laden und Erhaltungsladen geregelte Ladegeräte, die die Ladespannung nach der WU- oder IU-Ladekennlinie begrenzen (siehe Abschnitt 2.3.2).

In der Amateurpraxis benötigt man aber nicht unbedingt ein aufwändiges Ladegerät. Eine Glühlampe zur Strombegrenzung reicht aus. Eine Glühlampe verhält sich wie ein Kaltleiter und wirkt so strombegrenzend und stromstabilisierend. In [3] und [9] ist der Funktionsverlauf prinzipiell dargestellt und auch in analytischer Form als Gleichung zweiten Grades vorgestellt. Der Lampenstrom steigt nicht linear mit der Spannung an. Die Glühlampe kann sowohl so wie im Bild 2.12 auf der Sekundärseite eingesetzt werden oder aber auch - dann natürlich mit anderen technischen Daten - auf der Primärseite. Die W-Ladekennlinie ergibt sich dann ganz automatisch.

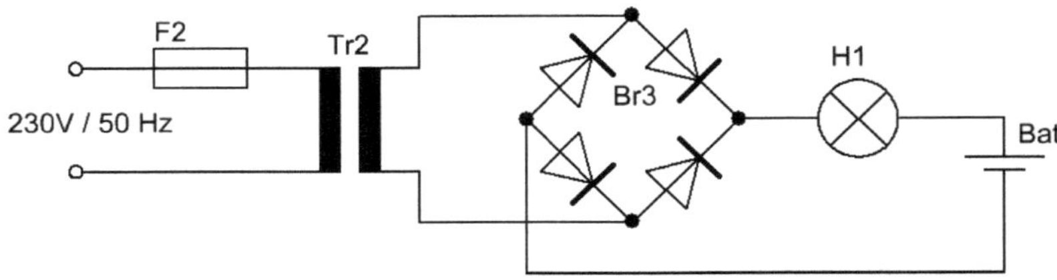

Bild 2.12: Schaltungsvorschlag für ein Einfachst-Ladegerät für Bleiakkumulatoren mit angenäherter W-Ladecharakteristik.

Überschlägig kann man den Ladestrom zu *0,1 C* festlegen bei einer Ladezeit von dann 13 Stunden.

Beispiel: Es soll ein Blei-Akkumulator mit einer Kapazität von *C = 10 Ah* geladen werden. Der Ladestrom bei dreizehnstündigem Ladevorgang sollte dann

$$\frac{I}{A} = 0{,}1 \cdot 10Ah = 1A$$

betragen. Bei einem Blei-Akkumulator mit 6 Zellen und einer Nennspannung von 12 V beträgt die Entladeschlussspannung

$$U_E = 1{,}8V \cdot 6 = 10{,}8V$$

Der Funktionsverlauf *I = f(U)* für eine 12V/18W-Glühlampe ist in [3] angegeben mit

$$\frac{I}{A} = -\frac{3}{451} \cdot \frac{U^2}{V} + \frac{96}{551} \cdot \frac{U}{V} + \frac{7}{867}$$ für den Definitionsbereich *1V < U < 12V.*

Dies ist eine quadratische Gleichung. Um die Spannung zu erhalten, die für einen Ladestrom von *I = 1 A* an der Glühlampe anliegen muss ist diese Gleichung zunächst zu lösen (nachfolgend ist die Einheit weggelassen):

$$0 = -\frac{3}{451} \cdot U^2 + \frac{96}{551} \cdot U + \frac{7}{867} - 1$$

$$0 = \frac{3}{451} \cdot U^2 - \frac{96}{551} \cdot U - \frac{7}{867} + 1$$

$$0 = U^2 - \frac{96}{551} \cdot \frac{451}{3} \cdot U - \frac{7}{867} \cdot \frac{451}{3} + 1 \cdot \frac{451}{3}$$

$$0 = U^2 - \frac{43296}{1653} \cdot U - \frac{3157}{2601} + 1$$

$$0 = U^2 - 26,2 \cdot U + 149{,}12 \quad \text{(Normalform der quadratischen Gleichung)}$$

$$U_{1,2} = -\frac{-26,2}{2} \pm \sqrt{\frac{26,2^2}{4} - 149{,}12}$$

$$U_1 = 13,1 + 4{,}74 = 17{,}84$$
$$U_2 = 13,1 - 4{,}74 = 8{,}36$$

U_1 liegt außerhalb des Definitionsbereiches. Somit lautet die Lösung *8,36 V*. Diese Spannung muss an der Lampe anliegen, damit ein Strom von *1 A* fließt. Zusammen mit der Entladeschlussspannung des Akkus ergibt dies *19,16 V*, die der Transformator mit Gleichrichter liefern muss. Wie das dimensioniert wird ist im Kapitel 3 beschrieben.

Wenn eine Gleichspannung (Transformator und Gleichrichter) von *19 V* angenommen wird und unter der Berücksichtigung der Ladesschlussspannung von *2,5 V* pro Zelle, bleibt für die Lampe noch eine Spannung von

$$19\,V - (2{,}5\,V \cdot 6) = 4\,V$$

übrig. Es fließt dann noch ein Strom von

$$\frac{I}{A} = -\frac{3}{451} \cdot (4V)^2 + \frac{96}{551} \cdot 4V + \frac{7}{867} \approx 0{,}599A$$

Also qualitativ ergibt sich ein Verhalten wie im Bild 2.7. Bei dieser einfachsten Lösung für die Ladung des Akkus, muss die Akkuspannung von Zeit zu Zeit kontrollieren werden und der Ladevorgang ist zu unterbrechen, wenn der Akku aufgeladen ist. Dies ist der Fall, wenn die Ladeschlussspannung von *2,5 V* pro Zelle erreicht ist. Für eine anschließende Ladungserhaltung muss die Spannung dann auf *2,3 V* pro Zelle reduziert werden. Die Helligkeit der Lampe gibt Auskunft über den Ladezustand und den Fortschritt der Ladung.

Um ähnlich einfache Akkulader aufzubauen, sind in der Tabelle 2.6 Funktionsgleichungen *I=f(U)* für verschiedene Glühlampen zusammengestellt. Auch andere Akkutypen (z.B.

NiMH-Akkus) lassen sich mit dieser Methode laden. Bild 2.13 zeigt die zugehörige Grafik.

Glühlampe	Strom I = f(U); I in A; U in V	Widerstand R = f(U); R in Ω; U in V	Definitionsbereich
12 V / 18 W Autolampe	$I = -0{,}00616 \cdot U^2 + 0{,}169 \cdot U + 0{,}016$	$R = 0{,}0181 \cdot U^2 + 0{,}1868 \cdot U + 5{,}587$	1,0V < U < 12V
6 V / 2,4 W Fahrradschein-werfer	$I = -0{,}0358 \cdot U^2 + 0{,}0794 \cdot U + 0{,}0936$	$R = -0{,}1195 \cdot U^2 + 2{,}436 \cdot U + 5{,}2034$	0,5V < U < 9V
6 V / 0,6 W Fahrradrücklicht	$I = -0{,}0011 \cdot U^2 + 0{,}0214 \cdot U + 0{,}0125$	$R = -0{,}95 \cdot U^2 + 14{,}39 \cdot U + 9{,}96$	0,032V < U < 8V
2,2 V / 0,3 A Taschenlampe	$I = -0{,}0152 \cdot U^2 + 0{,}138 \cdot U + 0{,}06$	$R = -0{,}1416 \cdot U^2 + 2{,}4667 \cdot U + 2{,}8048$	0,4V < U < 4V
12 V, 60 W Halogenlampe	$I = -0{,}0196 \cdot U^2 + 0{,}581 \cdot U + 1{,}174$	$R = -0{,}0056 \cdot U^2 + 0{,}2166 \cdot U + 0{,}5484$	1,0V < U < 14V

Tabelle 2.6: Näherungsweise Funktionsgleichungen für Lampenstrom und Lampenwiderstand in Abhängigkeit von der Lampenspannung bei verschiedenen Glühlampen.

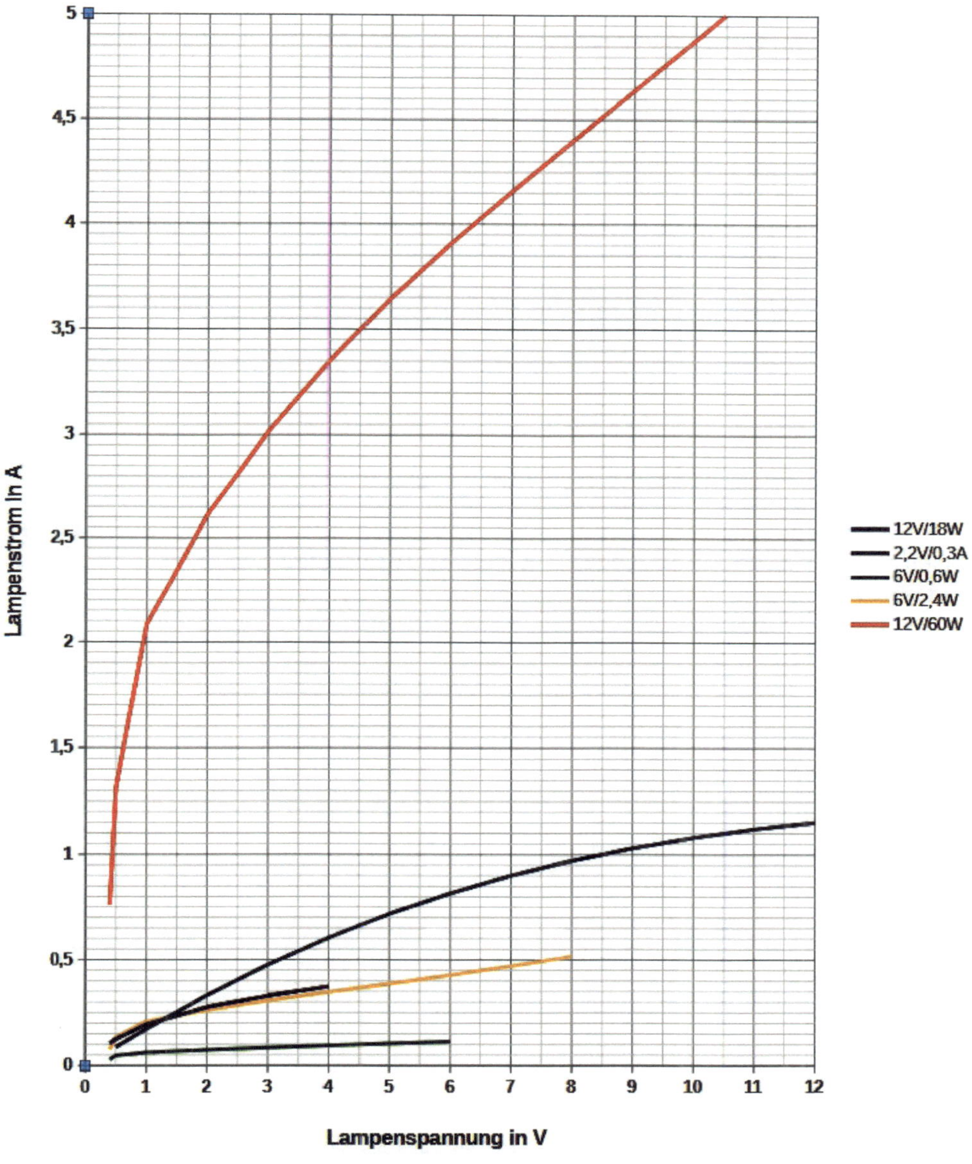

Bild 2.13: Strom der Glühlampen aus der Tabelle 2.6 in Abhängigkeit von der Lampenspannung $I_{Lampe}=f(U_{Lampe})$

2.1.4.2 Nickel-Metallhydrid-Akkus (NiMH)

Vorläufer der NiMH-Akkus sind NiCd(Nickel-Cadmium)-Akkus. Diese sind fast vollständig aus unserem Alltag verschwurden. Das liegt zum einen an einem von der Europäischen Union ausgesprochenen Verbot für diesen Akkutyp wegen des giftigen Schwermetalls Cadmium und zum zweiten an den wesentlich besseren Eigenschaften der NiMH-Akkus.

Genau wie die NiCd-Akkus, sind die NiMH-Akkus in gasdichter Ausführung häufig baugleich zu handelsüblichen Batterien und können daher als Ersatz für diese verwendet werden. Für stationäre Anwendungen werden sie auch in offener Bauweise eingesetzt.

Die nominale Spannung beträgt bei NiMH-Akkuzellen *1,2 Volt*. Sie können in den meisten, für Batteriebetrieb vorgesehene Geräte verwendet werden. Anfängliche Unzulänglichkeiten wie vergleichsweise hoher Innenwiderstand und große Selbstentladung sind zwischenzeitlich vollständig behoben. So sind moderne NiMH-Akkus auch in Uhren oder in Anwendungen mit hohem Strombedarf einsetzbar.

Anode	Kathode	Elektrolyt	Anode	Kathode
		← Laden		
NiO(OH)	+ MH	KOH	+ $Ni(OH)_2$	+ Metall
		Entladen →		

Tabelle 2.7: Reaktionsgleichung beim Nickel-Metallhydrid-Akku (NiMH).

Die gravimetrische Energiedichte beträgt bei NiMH-Zellen etwa *80 Wh/kg*. Zwischenzeitlich gibt es fast nur noch Ausführungen mit geringer Selbstentladung. Bild 2.14 zeigt eine praktische Messung der Selbstentladung verschiedener Typen.

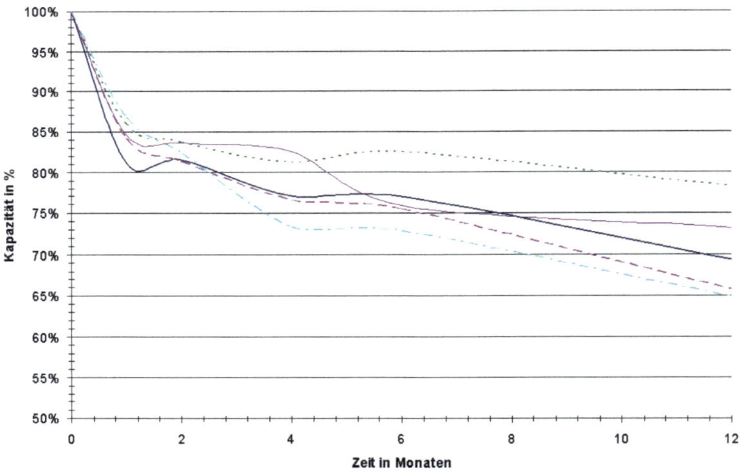

Bild 2.14: Vergleich der Selbstentladung verschiedener NiMH-Akkus.

Beim Entladen fällt die Zellenspannung schnell von der Leerlaufspannung von ca. *1,3 V* auf den Nennwert von *1,2 V* ab und bleibt dann bei diesem Wert bis dass die Zelle entladen ist. Dann sinkt die Spannung rapide und die Entladung sollte bei der Entladeschlussspannung von *1,0 V* pro Zelle abgebrochen werden (Bild 2.15).

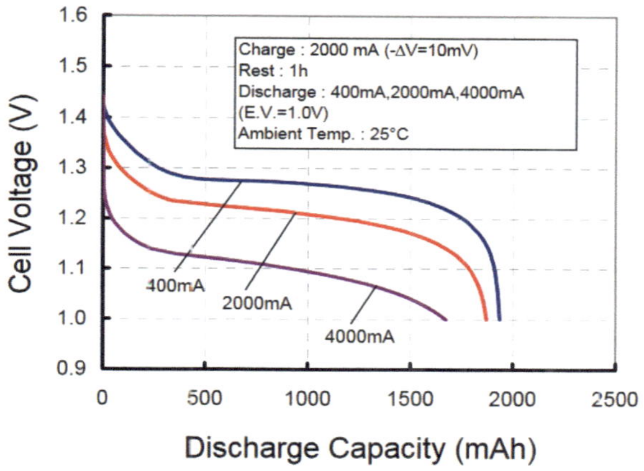

Bild 2.15: Entladekurve eines NiMH-Akkus der Größe AA [24].
E.V. ist die Entladeschlussspannung.

Für die Beurteilung, welche Bauart (Tabelle 2.2) für einen speziellen Anwendungsfall geeignet ist, kann es wichtig sein, den Innenwiderstand einer Zelle zu kennen. Exemplarisch habe ich die Messung des Innenwiderstandes einer älteren NiMH-Mignonzelle durchgeführt: Zunächst wird die Spannung der Zelle ohne Belastungswiderstand gemessen, dann wird die Zelle mit einem bekannten Widerstand belastet und es wird erneut die Spannung gemessen. Aus diesen Daten kann dann der Innenwiderstand berechnet werden.

Messung ohne Widerstand: $U_0 = 1{,}317\,V$
Messung mit einem Belastungswiderstand $R_L = 1{,}5\,\Omega$: $U_L = 1{,}08\,V$

$$R_i = \frac{U_0 - U_L}{\frac{U_L}{R_L}} = \frac{1{,}317V - 1{,}080V}{\frac{1{,}080V}{1{,}5\Omega}} = 0{,}3292\Omega$$

Führt man mehrere Messungen mit unterschiedlichen Belastungswiderständen durch, dann kann der Innenwiderstand als Funktion des entnommenen Stroms aufgetragen werden $R_i = f(I)$. In gleicher Weise habe ich den Innenwiderstand bei einer NiMH-Babyzelle ermittelt. Das Ergebnis ist im Bild 2.16 zu sehen.

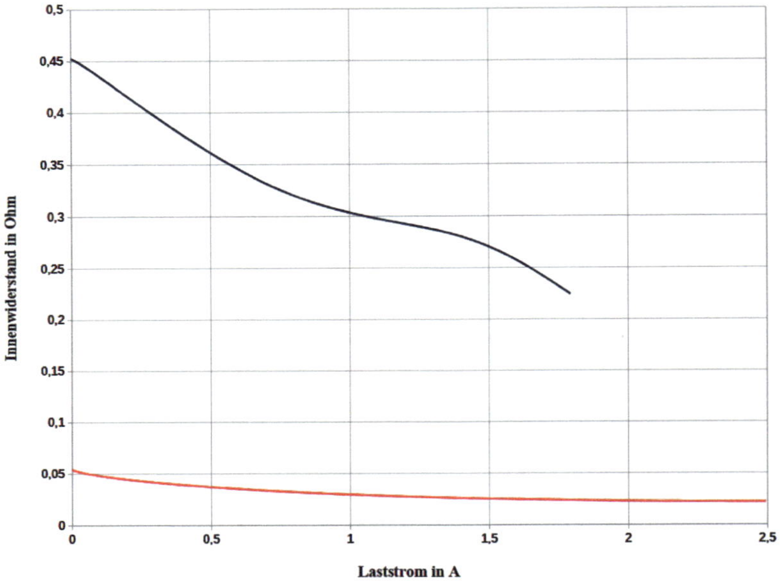

Bild 2.16: Exemplarischer Verlauf des Innenwiderstandes in Abhängigkeit vom Laststrom bei einem älteren NiMH-Akku vom Typ AA, Mignon, (obere Kurve) und bei einem NiMH-Akku Typ C, Baby, untere Kurve.

Das Laden von NiMH-Zellen ist nicht trivial. Grundsätzlich kommt das Konstantstromverfahren (I- oder besser Ia, gemäß Abschnitt 2.3.2) zur Anwendung. Auch hier kann also zunächst die im Abschnitt zum Blei-Akkumulator beschriebene "Glühlampenladungsschaltung" verwendet werden. Alternativ lässt sich ein Standard-Festspannungsregler als Konstantstromquelle verwenden. Ein Schaltungsvorschlag dazu findet sich im Bild 2.17.

Die Spannung am Kondensator C1 muss größer sein als *5 V* plus der Ladeschlussspannung des Akkus (*1,5 V....1,7 V* pro Zelle bei NiMH-Akkus) plus Spannungsabfall am Regler (*3 V*).

$$U_{C1} > 5\,V + 1{,}6\,V + 3\,V = 9{,}6\,V$$

Die Widerstände R1 und R2 bestimmen den Strom. Nimmt man an, dass an der Diode eine konstante Spannung von etwa *1,7 V* abfällt (rotleuchtende LED) und der Diodenstrom $I_D = 5\ mA$ beträgt, so gilt (der Einfluss des GND-Anschlusses beim Spannungsregler vernachlässigend):

$$I = \frac{5V - 1{,}7V}{R1}$$

und somit:

$$R1 = \frac{5V - 1{,}7V}{I} \qquad R2 = \frac{1{,}7V}{I - I_D} = \frac{1{,}7V}{I - 0{,}005A}$$

Für eine Standartladung mit einer Ladedauer von *14* Stunden beträgt der Ladestrom I in Ampere (*A*) bei bekannter Akkukapazität *C* in Amperestunden (*Ah*):

$$I = 0{,}1 \cdot C$$

Schnellladefähige Zellen können mit *1 C* geladen werden. Die Ladezeit ist entsprechend kürzer. Alle heute angebotenen Zellen sind schnellladefähig.

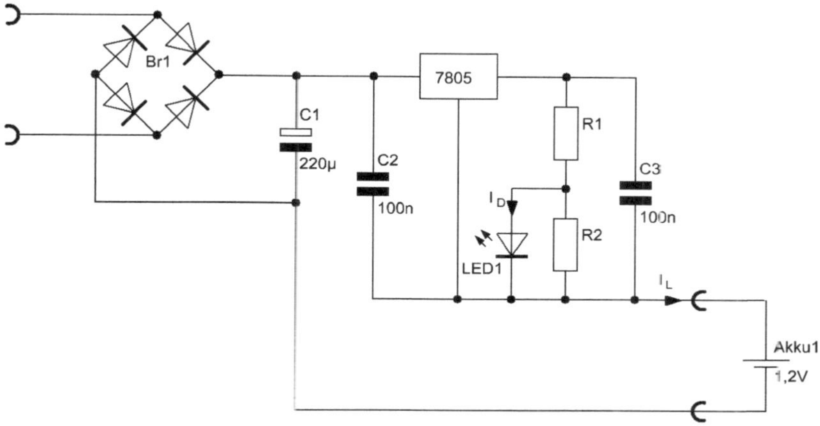

Bild 2.17: Schaltungsvorschlag für eine Konstantstromquelle zum Laden von NiMH-Akkus. Die Werte für R1 und R2 sind vom zu ladenden Akkumulator abhängig (siehe Text).

Problematisch ist das Erkennen der voll geladenen Zelle. Sobald der Akku voll ist, kann jede weitere Energiezufuhr den Akku dauerhaft schädigen. Eine kurze Reaktionszeit ist deshalb ratsam. Beim vollen Akku wird die zugeführte Energie in Wärme überführt. Ein außergewöhnlich steiler Temperaturanstieg ist also ein Kriterium für das Ladeende. Die Akkuspannung nimmt bei vollem Akku nicht mehr zu. Wegen zunehmender Temperatur und Gasung nimmt sie sogar ein bisschen ab. Dabei beginnt schon die Überladung (Bild 2.18). Es sind diese beiden Kriterien, anhand dessen das Ende des Ladevorgangs erkannt werden kann:

1.) die Spannung nimmt nicht mehr zu sondern sogar etwas ab
2.) die Temperatur steigt vergleichsweise schnell

Ein guter Akkulader lädt den Akku und prüft ständig den Differenzenquotienten der Zellenspannung und der Temperatur. Sobald die Zellenspannung während der Ladung fällt (negativer Differenzenquotient) und gleichzeitig der Differenzenquotient der Temperatur signifikant steigt, ist der Akkumulator vollständig aufgeladen.

Abgesehen vom Erkennen des Ladeendes ist die Temperatur ein sehr wichtiges Kriterium. Eine defekte Zelle nimmt kaum oder gar keine Energie mehr auf. Die gesamte Ladeenergie wird in Wärme umgesetzt so dass der Akku sehr heiß wird. Der Ladevorgang muss abgebrochen werden. Moderne Ladegeräte messen auch den Innenwiderstand. Ist dieser ungewöhnlich hoch, wird der Akku als defekt erkannt und der Ladevorgang verweigert.

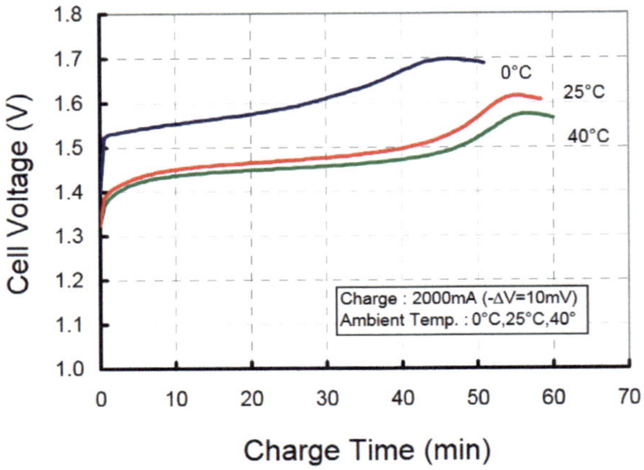

Bild 2.18: Ladekennlinien einer NiMH-Zelle der Größe AA [24].

2.1.4.3 Lithium-Ionen-Akkus (LiIon)

Es gibt viele verschiedene Lithium-Ionen-Akkumulatoren. Sie unterscheiden sich nicht nur in der Größe und Bauform, sondern auch in der chemischen Zusammensetzung ihrer Komponenten und sie haben verschiedene Spannungsbereiche (Tabelle 2.8). Typisch ist, dass an beiden Elektroden Lithium-Verbindungen verwendet werden. Das Lithium ist in anderen Materialien eingebettet.

Typ (positive Elektrode)	U_N / V je Zelle	Ladeschluss-spannung /V	Entladeschluss-spannung /V	Energie-dichte (Wh/kg
$LiCoO_2$	3,6 V	4,2 V	2,5 V	150
$LiMnO_2$	3,65 V	4,2 V	2,5 V	100
$LiFePO_4$	3,25 V	3,65 V	2,5 V	90

Tabelle 2.8: Eigenschaften verschiedener Lithium-Akkumulator-Zellen.

Zum Ionenaustausch zwischen positiver und negativer Elektrode wird ein organisches flüssiges Elektrolyt eingesetzt in dem ein Lithium-Salz gelöst ist und Li-Ionen bereitstellt. Der Lithium-Ionen-Akku besitzt eine vergleichsweise sehr hohe gravimetrische Energiedichte unter den wieder aufladbaren Systemen. Ein weiteres Plus besteht in der geringen Selbstentladung. Der Lithium-Ionen-Akku ist also lange lagerfähig, ohne dass ein erneutes Aufladen der Zellen notwendig wäre. Der Innenwiderstand ist sehr klein, so dass auch sehr große Ströme fließen können.

Nachteilig ist, dass bei falscher Behandlung brennbare Gase entstehen, die zum Brand und auch zur Explosion führen können. Deshalb sind Li-Ion-Akkuspacks fast immer mit einem BMS (Batterie Management System) ausgestattet. Dieses misst die Spannung je Zelle, den Innenwiderstand und die Temperatur. Mit diesen Daten entscheidet das BMS wann der Akku vollständig geladen oder entladen ist. Der im BMS enthaltene "Balancer" teilt die Lade- bzw. Entladeströme so auf, dass die Zellen in einem Verbund im annähernd gleichen Zustand gehalten werden. Im Folgenden geht es um Akkus, die für den mobilen Betrieb in portablen Geräten verbaut werden.

Der Temperatureinsatzbereich liegt zwischen *5 °C* und *30 °C*. Bei Temperaturen unter diesem Wertebereich darf der Akku nicht mehr geladen werden. Ein Erwärmen der Akkus durch eine Umgebungstemperatur von über *40 °C* bringt starke Kapazitätsverluste mit sich. Erwärmen über *60 °C* (z.B. aufgeheiztes Auto im Sommer) führt leicht zu bleibenden Kapazitätsverlusten.

Die Entladekennlinie verläuft flach. Während der gesamten Entladung bleibt die Akkuspannung nahezu gleich. Erst am Ende der Entladung sinkt die Spannung schnell ab.

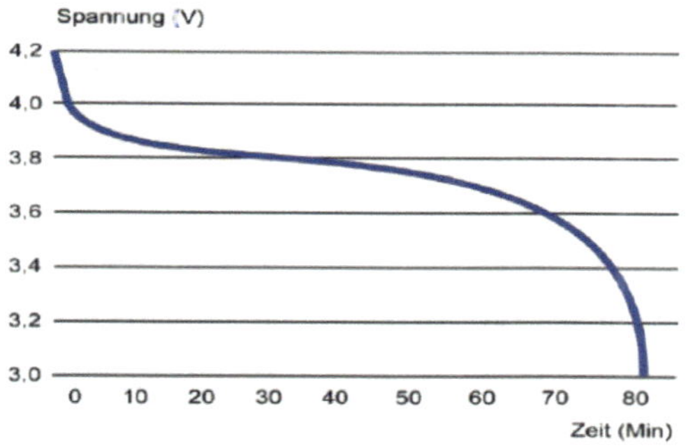

Bild 2.19: Qualitativer Verlauf der Entladekennlinie eines Lithium-Ionen-Akkus.

Ist das Laden von NiMH-Akkus bereits nicht trivial, so ist es bei Lithium-Akkumulatoren sehr delikat. Ein sinnvolles Ladeverfahren ist IUa.

Bevor der volle Ladestrom fließen darf, ist aber die Zellenspannung zu prüfen. Liegt diese unter der Entladeschlussspannung (*2,5 V*), darf man zunächst nur mit sehr geringem Ladestrom laden (typ. *5 mA* - Trickle Charge). Erst wenn *2,5 V* an der Zelle erreicht sind, kann mit der Konstantstromladung begonnen werden.

Während des Ladevorgangs darf der Ladestrom den Wert *1 C* nicht übersteigen.Bei einem Akkumulator mit einer Kapazität von *C = 4200 mAh* wären das dann $I_L \leq 4200\ mA$.

Typischerweise lädt man mit Konstantstrom, bis ca. *4,2 V* oder bei $LiFePO_4$ bis ca. *3,65 V* erreicht ist. Diese Spannung (Ladeschlussspannung) muss auf *50 mV* genau erkannt werden. Ab diesem Zeitpunkt beginnt die Konstantspannungsphase mit eben *4,2 V* bzw. mit *3,65 V*. Überspannungen größer als *50 mV* führen zum Brand oder gar zur Explosion weil sich Lithiummetall an der Anode absetzt. Dieses reagiert heftig mit dem Wasser aus dem Elektrolyt. Die Kathode wird zu einem Oxydationsmittel, gibt Sauerstoff ab, die Zelle erwärmt sich und der Druck in der Zelle steigt rapide. Eine Explosion der Zelle kann die Folge sein. Beim Ladevorgang ist deshalb auf jeden Fall zusätzlich die Temperatur zu überwachen. Steigt diese plötzlich an (wieder ist der Differenzenquotient entscheidend) ist der Ladevorgang abzubrechen.

Während der Konstantspannungsphase nimmt der Ladestrom stetig ab. Beendet wird diese so genannte Top-Off-Phase wenn der Strom auf *0,05 C* abgesunken ist.

Bei einem $LiCoO_2$ - Akku muss also bei einer Akkuspannung von *4,25 V* der Ladevorgang abgebrochen werden! Ein Ladegerät für Lithium-Akkus ist im Prinzip eine Stromquelle mit hochgenauer maximaler Ausgangsspannung bzw. Spannungsmessung. Das Laden mit niedrigerer Spannung ist unkritisch. Allerdings wird der Akku dann nicht ganz voll geladen. Pro *0,1 V* weniger Ladespannung sind es etwa *7 %* weniger eingeladene Kapazität.

Man kann zum Aufbau eines Ladegerätes Spezial-ICs nutzen. Ich entscheide mich lieber für den Einsatz von Standard-Bauteilen. Der Mikrocontroller MSP430F2013 im DIP-14-Gehäuse enthält z.B. einen Analog-Digital-Wandler mit einer Auflösung von 16 Bit und würde sich somit zur Spannungsmessung und Steuerung des Ladevorgangs gut eignen. Der Vorteil ist die allgemeinere Lösung die auch nach Jahrzehnten reparabel ist und damit nachhaltig. Nachteilig ist der Mehraufwand bedingt durch die Programmierung. Dabei kann aber [25] helfen.

2.1.4.4 Projektierung und Mehrzellenbetrieb

Bei der Auslegung einer mobilen Stromversorgung ist zunächst die Frage zu beantworten, ob Batterien oder Akkus eingesetzt werden. Heute sollte man, wenn irgendwie möglich, Akkumulatoren den Vorzug geben. Sie bieten viele Vorteile. Neben den auf längere Sicht erheblich niedrigeren Kosten, verringert sich unter anderem auch die anfallende Müllmenge.

Zunächst ist die benötige Kapazität zu ermitteln. Wenn z.B. ein Gerät mit einer durchschnittlichen Stromentnahme von *I = 100 mA* über *10* Stunden mit Akkus betrieben werden soll, dann wird gemäß Gleichung {2.1} eine Kapazität von wenigstens

$$C = I \cdot t = 100\mathrm{mA} \cdot 10h = 1000\mathrm{mAh}$$

benötigt. Die Nennkapazität des gewählten Akkus sollte jedoch etwas größer sein. Grund dafür ist, dass die Nennkapazität ein idealisierter Wert ist, der nur für einen bestimmen Lade- und Entladestrom gültig ist. Außerdem altert ein Akku und verliert mit der Zeit an Kapazitätsvermögen. Vernünftig wäre z.B. eine Nennkapazität von wenigstens C_N = *1500 mAh* zu wählen. Reicht der zur Verfügung stehende Platz für den Einsatz von modernen NiMH-Akkus der Baugröße Mignon (AA) kann man von einer Kapazität von wenigstens *1900 mAh* ausgehen. Damit ist die Anforderung an die Kapazität erfüllt.

Für Hochstromanwendungen ist es oft sinnvoll die Kapazität nochmals höher anzusetzen mit dem Ziel den Innenwiderstand des entstehenden Akkupacks zu verringern.

Die Anzahl *n* der benötigten Akkuzellen richtet sich nach der Betriebsspannung des zu versorgenden Gerätes. Eine einzelne NiMH-Akkuzelle liefert eine Spannung von $U_Z = 1{,}2\ V$. Bei einer Nennversorgungsspannung des Gerätes von $U_N = 6\ V$ sind

$$n = \frac{U_N}{U_Z} = \frac{6V}{1{,}2V} = 5$$

Zellen erforderlich. Die Zellen müssen dann hintereinander geschaltet werden. Der Minuspol der ersten Zelle mit dem Pluspol der zweiten Zelle der Minuspol der zweiten Zelle mit dem Pluspol der dritten Zelle usw. Die Einzelspannungen addieren sich dann.

Für *5* Zellen gibt es erfahrungsgemäß keine Batteriehalterung. Man kann z.B. eine Batteriehalterung für *4* Zellen und eine für eine Zelle kombinieren. Die Qualität der Batteriehalter ist sehr unterschiedlich. Am besten verwendet man welche mit möglichst wenigen Kontakten. Denn die Kontakte sind meistens nur gepresst und eine potentielle Fehlerquelle. Es gibt Batteriehalter für vier Zellen bei denen jede Zelle über ein Kontaktpaar (für den Plus- und den Minuspol) kontaktiert wird (Bild 2.20, rechts). Es gibt aber auch welche, bei denen jeweils zwei Batterien hintereinander gesteckt werden. Dabei reicht also ein Kontaktpaar für zwei Zellen (Bild 2.20, links). Aus meiner Erfahrung ist diese Variante deutlich weniger störanfällig.

Bild 2.20: Halter für vier Zellen der Größe C (Baby). Links mit nur vier Kontakten. Rechts mit acht Kontakten.

Die Gesamtkapazität der in Reihe geschalteten Akkus entspricht aber nur der des Akkus mit der geringsten Kapazität. Das kann negative Folgen haben, wenn einer der Akkus eine geringere Kapazität hat als der Rest: Beim Entladen nimmt die Spannung eines Akkus langsam ab. Ist nun ein Akku schwächer als die anderen im gesamten Akkusatz, so kann er bereits vollständig entladen sein, während der gesamte Akkusatz noch über genügend Spannung verfügt um das Gerät in dem es sich befindet weiter zu betreiben. Dadurch kann ein bereits vollständig entladener Akku auf eine Spannung von unter *0 V* fallen, er wird also sozusagen von den restlichen Akkus im Akkupack negativ aufgeladen. Auch hochwertige Akkus werden dabei zerstört.

Das geschilderte Problem ist eine der häufigsten Ursache für defekte Akkus bzw. Akkupacks. Daher ist darauf zu achten, dass nur Akkus mit gleicher Kapazität und gleichem Ladezustand gemeinsam verwenden werden und ein solcher Akkusatz am besten niemals vollständig entladen wird.

Manchmal ist es deutlich spürbar, wenn ein Akku eines Akkusatzes leer ist. Eine Taschenlampe leuchtet zum Beispiel plötzlich dunkler. Es ist dann wichtig, sofort die Lampe / den Verbraucher auszuschalten um den leeren Akku nicht zu schädigen.

Wegen des oben geschilderten Effekts ist es günstig, wenn die Zellen des Akkupacks einzeln aufgeladen werden.

Es ist auch möglich Zellen gleichen Typs und in gleichem Ladezustand parallel zu schalten. Dann ist die Nennspannung des Akkupacks identisch mit der Zellenspannung. Die Gesamtkapazität ist aber

$$C_g = n \cdot C$$

C_g: Gesamtkapazität von n Zellen des gleichen Typs
n: Anzahl der Zellen
C: Kapazität einer einzelnen Zelle

Bei der Parallelschaltung werden alle positiven Pole der beteiligten Akkumulatoren miteinander verbunden und alle negativen Pole. Dabei sollten die Akkus die gleichen Ladezustände aufweisen.

Hinsichtlich der Technologie haben Lithium-Ionen-Akkus den Vorteil der sehr hohen Energiedichte. Allerdings ist die Technologie nicht ohne Nachteile. Die zwingende Verwendung von viel Überwachungselektronik (BMS, Balancer) führt dazu, dass die Qualität dieser Elektronik über den Nutzen des Akkus entscheidet. Ein 'schlechtes' BMS kann viele Probleme verursachen, denn es trifft u.a. die Entscheidung ob der Akku leer oder voll ist. In beiden Fällen wird der Akku vom BMS hochohmig geschaltet und somit von der angeschlossenen Elektronik (Ladegerät, Verbraucher) nicht mehr erkannt. Außerdem ist die aufwändige Herstellung mit vielen seltenen Erden und Metallen ein Nachteil. Im unmittelbaren Zusammenhang damit steht die Entsorgung. Eine Wiederverwertung wäre vermutlich möglich, wird aber von den Kaufleuten abgelehnt weil es sich nicht "rechnet".

Die Bleiakkumulatoren stellen eine ausgereifte, lange bekannte Technik dar. Dieser Akkumulatortyp kommt ohne oder mit einfacher Elektronik aus. Es geht lediglich um die Entladeschlussspannung bzw. um die Ladeschlussspannung. Die Gefahr des Nichterkennens der angeschlossenen Geräte besteht nicht. Die "Zutaten" sind überschaubar: im Wesentlichen sind es Blei und Schwefelsäure. Abgesehen vom Plastikgehäuse ist die Wiederverwertung zu *100 %* gewährleistet bzw. im Kaufleuten-Deutsch: es "rechnet" sich.

Nachteilig ist aber die niedrige Energiedichte - vor allem das sehr hohe Gewicht. Es gibt aber genügend Anwendungen bei denen diese Nachteile keine Relevanz haben.

2.1.5 Sicherheit beim Umgang mit Batterien und Akkusatz

Der Umgang mit Batterien und Akkumulatoren ist nicht ungefährlich. Dafür gibt es primär zwei Gründe:

- Zum einen sind es die chemischen Reaktionen, die bei einigen Akkumulator-Typen auch gefährliche Reaktionen ergeben können. Grob ist zu beobachten: Je höher die Energiedichte (Energie je Volumen oder Energie je Masse), umso gefährlicher sind die möglichen chemischen Reaktionen. Besonders gefährlich sind Lithium-Ionen-Akkumulatoren. Auch geringste Fehler beim Umgang und speziell beim Laden oder Entladen kann es zu nicht löschbaren Bränden oder gar zur Explosion führen.
- Dann ist auch der geringe Innenwiderstand vieler Akkumulatoren oder Batterien gefährlich. Bei einem Kurzschluss fließen sehr hohe Ströme die zu Überhitzung führen können. Der Akkumulator selbst kann heiß werden - aber auch angeschlossene Verbraucher oder unterdimensionierte bzw. nicht abgesicherte Kabel. Dies kann zu Bränden führen. In jedem Fall sollte jeder größere Akkumulator direkt am Anschluss mit einer Sicherung ausgestattet werden.

Das Bild 2.21 zeigt eine Zusammenschaltung von *8* Blei-Gel-Akkumulatoren. Jeweils zwei Akkus sind in Reihe geschaltet. Die vier in Reihe geschalteten "Zweierpäckchen" sind dann parallel geschaltet. Dies gibt ein Akkumulatorpack für $U_N = 24\ V$ mit der vierfachen Kapazität eines Einzelakkumulators. Der Verbraucher (in diesem Fall ein Garagentorantrieb) ist über ein PPTC-Element angeschlossen. Dabei handelt es sich um eine selbstrückstellende Sicherung, die aus einem Kaltleiter besteht. Der elektrischer Widerstand eines PPTC-Elementes ist im Normalfall unbedeutend. Er vergrößert sich bei hohem elektrischem Strom (Überlast) aufgrund der Eigenerwärmung derart, dass der Strom sehr klein wird. Nach Unterbrechung des Stromkreises und Abkühlung wird das Bauteil von selbst wieder niederohmig, wodurch es erneut einsatzfähig ist.

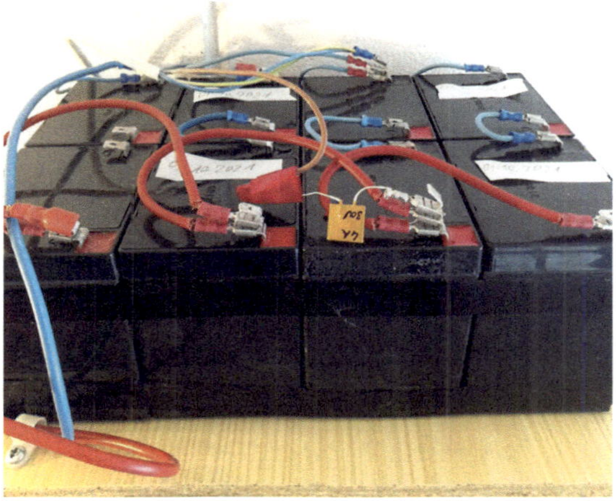

Bild 2.21: Akkupack bestehend aus 8 Blei-Gel-Akkumulatoren mit PPTC-Sicherung direkt am Abgang.

2.2 Brennstoffzellen

Brennstoffzellen bekommen hier einen eigenen Abschnitt, da sich ihre Funktion von den Batterien unterscheidet. So werden die benötigen Stoffe zur Stromerzeugung nicht in die Brennstoffzelle eingebaut und verbraucht, sondern in der Regel von außen zugeführt. Dies erlaubt einen andauernden Betrieb - ohne Unterbrechung.

Im einfachsten Fall wird der Anode reiner Wasserstoff zugeführt. Die Kathode wird mit Luftsauerstoff versorgt. In der Brennstoffzelle kommt es zu einer chemischen Reaktion. Die Brennstoffzelle "verbrennt" den Wasserstoff zu Wasser und gibt dabei Strom ab (Bild 2.22). Der erzeugte Strom kann dann genutzt werden. Der Betrieb der Brennstoffzelle erfordert eine ausreichende Versorgung mit Wasserstoff und Sauerstoff.

Theoretisch entsteht dabei, wenn man die Zelle mit reinem Sauerstoff versorgt, eine Spannung von *1,229 V*. In der Praxis sind aber nur Spannungen unter *1 V* realisierbar.

Zur Zeit werden Brennstoffzellen in Stromversorgungen nur innerhalb besonderer, aufwändiger Projekte eingesetzt. Eine durchgängige, praxistaugliche Anwendung in der Breite ist noch nicht gegeben. Speziell für Maker ist es eine Hürde den erforderlichen Wasserstoff zu bekommen.

Das Aufbauprinzip einer Brennstoffzelle ist im Bild 2.23 schematisch dargestellt. Entscheidend ist eine Membran, die im Elektrolyt (z.B. Kalilauge) mittig angeordnet ist. Diese lässt nur positive Wasserstoffionen hindurch - also Protonen. Diese wandern durch die Membran und reagieren mit dem Sauerstoff der Luft zu Wasser. Im Bild 2.23 entsteht das Wasser also an der Kathode, rechts von der Membran. Die Reaktionsgleichung ist

$$2\,H_2 + O_2 \rightarrow 2\,H_2O$$

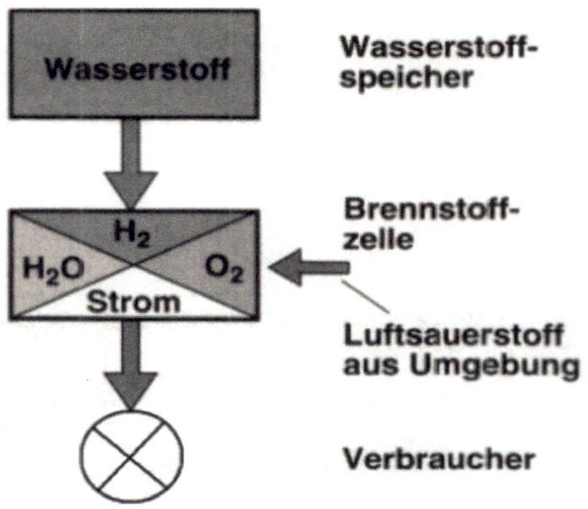

Bild 2.22: Prinzip der Brennstoffzelle. Mit Hilfe von Wasserstoff (H_2) und Sauerstoff (O_2) wird Strom und Wasser (H_2O) erzeugt.

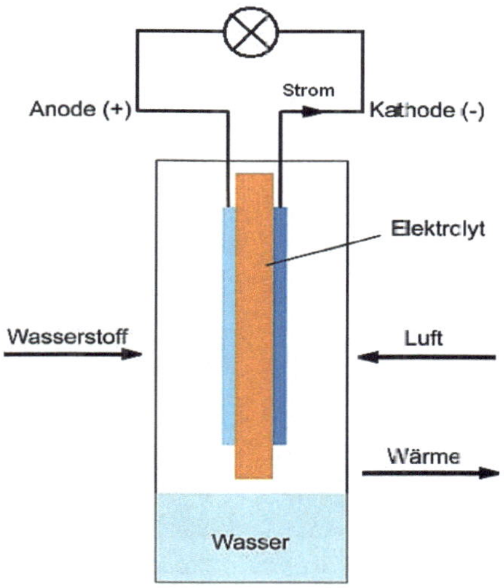

Bild 2.23: Prinzipieller Aufbau einer Brennstoffzelle.

Für Experimente bieten z.B. die Firmen *eitech* oder *Kosmos* Brennstoffzellen an. Der Kasten C30 von der Firma *eitech* aus Pfaffschwende beinhaltet unter anderem eine Brennstoffzelle mit einer Leistung von einem Watt und einem kleinen nachfüllbaren Metallhydridspeicher für den Wasserstoff. Man kann damit kleine Verbraucher mobil betreiben.

Beim Kasten der Firma *Kosmos* kann die Brennstoffzelle (Bild 2.24) reversible eingesetzt und somit durch elektrischen Strom Wasserstoff erzeugt werden. Zur umweltfreundlichen Erzeugung von Wasserstoff und Sauerstoff liegt dem Kasten eine Solarzelle bei (Bild 2.25). Man kann dazu aber natürlich auch eine andere Stromquelle verwenden. Die Brennstoffzelle von *Kosmos* wird also mit selbst erzeugtem Wasserstoff und Sauerstoff versorgt.

Im Bild 2.26 ist das Entladeverhalten zu sehen. Unmittelbar nach der Inbetriebnahme stellt sich eine Leerlaufspannung von zirka *850 mV* ein. Bei Belastung mit einem *0,68-Ω-*Widerstand sinkt die Ausgangsspannung auf ungefähr *500 mV* ab. Die am Widerstand abgegebene Leistung beträgt in diesem Fall

$$P = \frac{U^2}{R} = \frac{(0{,}5V)^2}{0{,}68\Omega} \approx 370mW$$

Die Spannung bleibt annähernd konstant. Solange Brennstoff (Wasserstoff und Sauerstoff) zugeführt wird erzeugt die Zelle Strom. Der im Diagramm erkennbare langsame Spannungsabfall kommt im vorliegenden Fall durch abnehmenden Gasdruck zustande. Ist der gesamte Brennstoff (Gasvorrat) verbraucht, sinkt die Ausgangsspannung sehr schnell auf *0 V* ab.

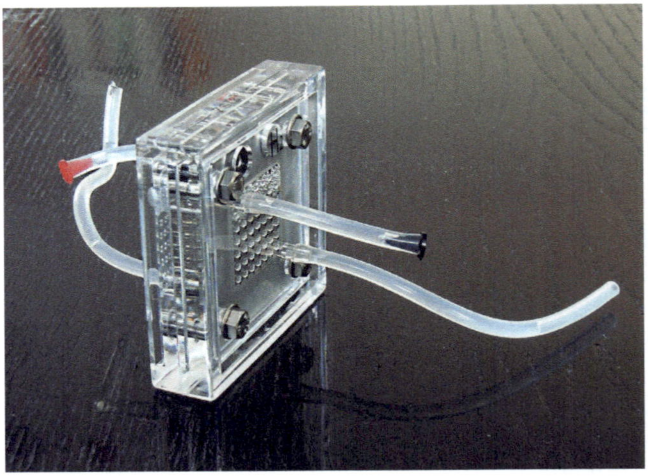

Bild 2.24: Brennstoffzelle der Firma Kosmos. Links wird Sauerstoff zugeführt, rechts Wasserstoff. Die mit Stopfen versehenen Schlauchenden dienen nur zur Inbetriebnahme (Entlüftung).

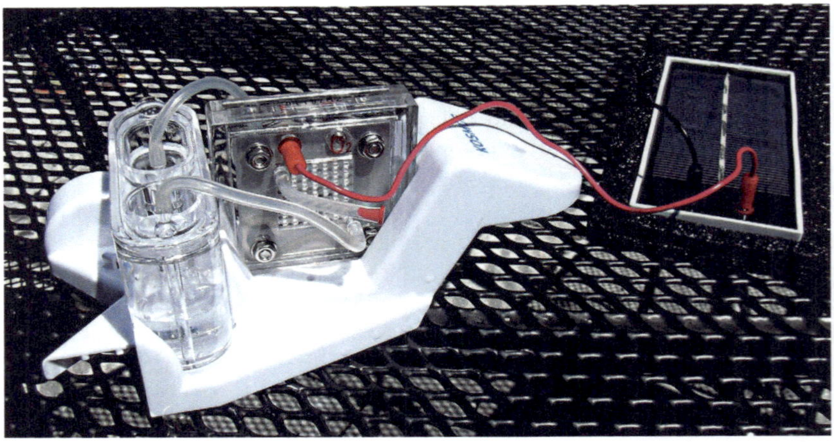

Bild 2.25: Erzeugung von Wasserstoff und Sauerstoff durch Umkehrung der Funktion der Brennstoffzelle. Bei vollem Sonnenschein floss ein Strom von knapp 300 mA. Das erzeugte Gas wird im Behälter links aufgefangen.

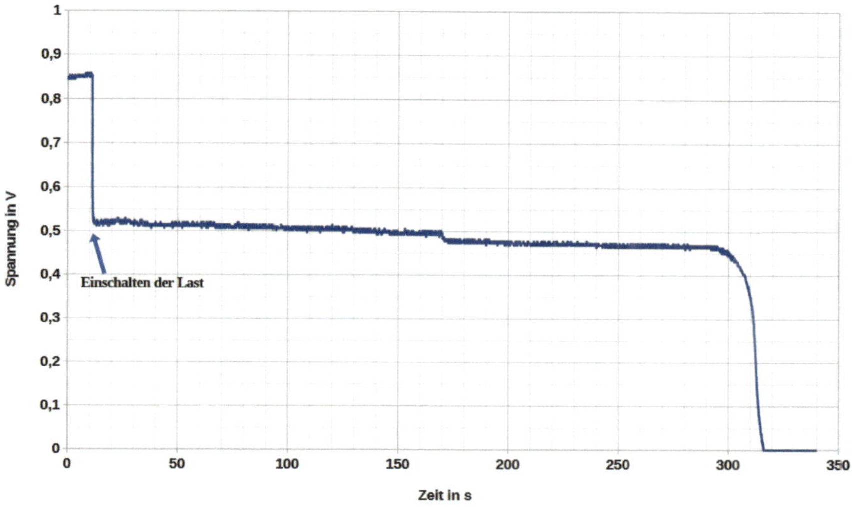

Bild 2.26: Entladeverhalten U = f(t) der Brennstoffzelle der Firma Kosmos bei Belastung mit 0,68 Ω.

Um höhere Spannungen zu erzielen können Brennstoffzellen kaskadiert (wie Batterien in Reihe geschaltet) werden. Die Verwendung von Brennstoffzellen der beschriebenen Bauart als Stromquelle im praktischen Alltag ist möglich, wenn ausreichend Wasserstoff zur Verfügung steht.

2.3 Kondensatoren

Seitdem es Kondensatoren mit hohen Kapazitätswerten gibt, existiert die Idee, eine Stromversorgung für ein elektronisches Gerät mit einem Kondensator sicherzustellen. Die Zahl der möglichen Lade-/Entladezyklen sind verglichen mit Akkumulatoren um Zehnerpotenzen höher. Außerdem gibt es weniger beim Laden und Entladen zu beachten und die Selbstentladung ist sehr klein. Dies gilt zumindest für herkömmliche Kondensatoren mit Keramik oder Folien als Dielektrikum und auch für moderne Elektrolytkondensatoren.

Die Ladezeit von Standardkondensatoren kann verglichen mit der Ladezeit der im vorherigen Kapitel beschriebenen Akkumulatoren sehr kurz gehalten werden, da keine chemischen Vorgänge ablaufen. Es ist lediglich eine Strombegrenzung erforderlich um Kurzschlussströme die gefährlich für Leitungen und Anschlüsse werden können zu vermeiden.

Ansonsten benötigt ein Kondensator keine elektronische Schaltung, um die Vollladung zu erkennen. Wenn der Kondensator voll ist, endet der Ladevorgang von selbst. Es besteht keine Gefahr bezüglich Überladung und es gibt auch keinen Memory-Effekt oder ähnliches. Es ist lediglich darauf zu achten, dass der Kondensator eine ausreichende Spannungsfestigkeit hat.

Die speicherbare Energie ist allerdings bescheiden. Die Energie wird beim Kondensator in Form eines elektrischen Feldes gespeichert. Es gilt die Gleichung

$$W_C = \frac{1}{2} \cdot U_C^2 \cdot C \qquad \{Gleichung\ 2.5\}$$

Dabei ist *C* die Kapazität des Kondensators in Farad (*F*) und U_C die Kondensatorspannung.

Ein üblicher Elektrolytkondensator mit einer Kapazität von *4700 µF* und einer Spannungsfestigkeit von *35 V* kann somit maximal die Energie speichern von

$$W_C = \frac{1}{2} \cdot (35V)^2 \cdot 4700 \cdot 10^{-6}F = 2{,}87875Ws \approx 0{,}0008Wh$$

Das Exemplar aus Bild 2.27 hat eine Masse von *m = 15 g*. Daraus ergibt sich die gravimetrische Energiedichte von

$$\frac{0{,}0008Wh}{0{,}015kg} \approx 0{,}05\,Wh/kg$$

Dieser Wert ist klein - trotzdem kann es Anwendungen geben, bei denen dieser Wert ausreichend ist. Heutzutage gibt es Möglichkeiten besonders sparsame Schaltungen aufzubauen - z.B. zur Erfassung von Daten. In diesem Zusammenhang verweise ich auf [12].

Bild 2.27: Ein handelsüblicher Elektrolytkondensator mit der Kapazität 4700 µF. Durchmesser: 18 mm; Länge: 36 mm.

Zwischenzeitlich wurden spezielle Kondensatoren mit extrem hohen Kapazitätswerten entwickelt. Diese werden unter der Bezeichnung *Superkondensator* oder *GoldCap*, *SuperCap*, *PowerCap*, o.ä. gehandelt. Dabei handelt es sich zumeist um Doppelschichtkondensatoren. Ihre hohe Kapazität basiert auf den Zerfall von Salzmolekülen in Ionen (Dissoziation) in einem flüssigen Elektrolyten, die ein Dielektrikum von wenigen Atomlagen und eine große Elektrodenoberfläche bilden. Es sind, wie Elektrolytkondensatoren, gepolte Bauelemente. Es handelt sich aber nicht um Elektrolytkondensatoren im herkömmlichen Sinne.

Bei dieser Beschreibung ist leicht zu vermuten, dass diese Kondensatoren vom Verhalten eines "reinen" Kondensators leider weit entfernt sind. Sie sind nicht zu vergleichen mit herkömmlichen Elektrolytkondensatoren oder gar Keramik- oder Folienkondensatoren. Dafür haben sie sehr hohe Kapazitätswerte bei verhältnismäßig kleinen Abmessungen. Die gravimetrische Energiedichte für Superkondensatoren liegt immerhin zwischen *1* bis *10Wh/kg*. Diese Energiedichte ist hoch verglichen mit einem gewöhnlichen Folien-, Keramik- oder Elektrolytkondensator, aber sie ist nur etwa ein Zehntel so hoch wie bei einem Nickel-Metall-Hydrid-Akkumulator.

Allerdings ist bei den Superkondensatoren (nicht bei den Standard-Kondensatoren) die Selbstentladung vergleichsweise sehr hoch. Vor allem bei Ausführungen mit organischem Elektrolyt. Für den weiter unten erwähnten Kondensator der Firma VISHAY ist beispielsweise im Datenblatt das Bild 2.28 abgedruckt. Vor allem in den ersten 10 Stunden nach Trennung von der Versorgungsspannung fließt ein hoher Selbstentladestrom, der zum Absinken der Kondensatorspannung führt.

Weiterhin ist bei Superkondensatoren oftmals ein maximaler Lade- bzw. Entladestrom zu beachten. Diese Ströme dürfen nicht überschritten werden. Bei Superkondensatoren ist deshalb das Datenblatt zu beachten.

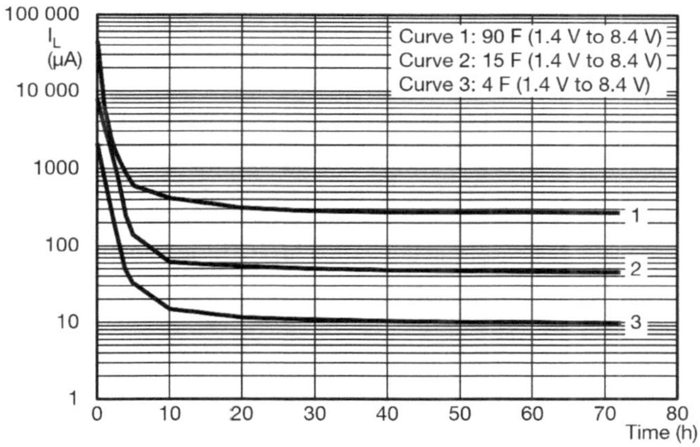

Bild 2.28: Typische Selbstentladung bei Superkondensatoren.

Der Innenwiderstand der Superkondensatoren ist oftmals vergleichsweise hoch. Beim Typ 196 HVC ENYCAP von der Firma VISHAY mit einer Kapazität von $C = 15\ F$ ist er z.B. mit $15\ \Omega$ angegeben. Diese Kondensatoren werden deshalb selten als Hauptenergiequelle verwendet, sondern eher als Notenergiequelle, um kurze Stromausfälle überbrücken zu können oder um einen bestimmten Zustand zu halten. Mikrocontroller des Typs MSP430 können in einen Schlafmodus geschaltet werden, wenn gerade keine Aktion notwendig ist. In diesem Zustand können sie leicht mit Kondensatoren über lange Zeit versorgt werden. Doch auch die aktive Versorgung kleiner Messgeräte kann gelingen, wenn bereits beim Entwurf auf minimalem Stromverbrauch geachtet wird.

Hier im Physikalischen Institut IIIa gelang es mir, ein "Laser-Power-Meter" zu entwerfen, welches mit dem o.a. Kondensator versorgt wird. Mit voll geladenem Kondensator arbeitet das Gerät ca. *130 min.* bevor es wieder an die Ladestation muss. Die zugehörige Entladekurve ist im Bild 2.29 zu sehen. Möglich wurde diese Art der Versorgung, weil die Stromaufnahme des Messgerätes bei nur *5 mA* liegt.

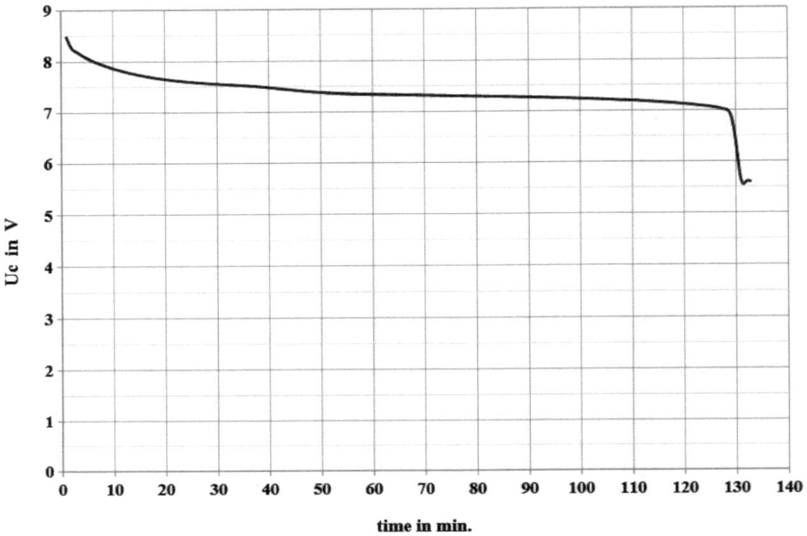

Bild 2.29: Entladeverhalten U = f(t) eines Kondensators mit einer Kapazität von 15 F bei der Verwendung in einem Messgerät (siehe Text).

Die Berechnung der Entladezeit gelingt bei dieser Versorgungsart mit der Formel

$$t = R \cdot C \cdot \ln(\frac{U_{Cstart}}{U_{bmin}}) \qquad \{Gleichung\ 2.6\}$$

R ist der Widerstand des Gerätes, welches versorgt werden soll
C ist die Kapazität des Kondensators, der zur Energieversorgung verwendet wird
U_{Cstart} ist die Spannung am Kondensator bei der der Entladevorgang beginnt
U_{bmin} ist die Spannung die das zu versorgende Gerät mindestens benötigt

Auffallend an der Kurve im Bild 2.29 ist das Abknicken der Spannung bei der Zeit *130 min*. Dieser Knick ist mit der Gleichung {2.6} nicht vereinbar. Bei einem idealen Kondensator der über einen ohmschen Widerstand entladen würde, gäbe es diesen Knick nicht. Hier wird aber ein nicht idealer Kondensator verwendet und ein nichtlinearer Verbraucher versorgt.

Beispiele für technische Daten von Superkondensatoren mit besonders hohen Kapazitätswerten und sehr geringem ESR (Innenwiderstand; ***E****quivalent* ***S****eries* ***R****esistor*) sind im Bild 2.30 aufgelistet. Viele Superkondensatoren sind für Betriebsspannung von ca. *2,5* bis *5,5 V* ausgelegt. Eine Serienschaltung, die höhere Betriebsspannungen ermöglichen würde, ist aber sehr kritisch. Das liegt an großen Toleranzen hinsichtlich ESR und Kapazität.

Im Bild 2.31 sind zwei Superkondensatoren zu sehen. Bei dieser Ausführung wird die Polarität in der Regel durch einen Pfeil an der Seite angegeben.

Nennkapazität:	CR	**100 F**	**200 F**	**300 F**
Kapazitätstoleranz:	-	±20%	±20%	±20%
Betriebsspannung:	UR	2,5 V	2,5 V	2,5 V
Betriebsstrom:	IC	30 A	45 A	50 A
Innenwiderstand:	RDC	12 mΩ	7 mΩ	6 mΩ
Max. Energie:±20%	Emax.	313 J	625 J	938 J
Arbeitstemperatur:	Top	-30° C ... +65° C		
Lagertemperatur:	Tst	-40° C ... +70° C		
Gewicht:	m	65 g	80 g	90 g
Volumen:	v	0,075 l	0,075 l	0,075 l

Bild 2.30: Technische Daten von Superkondensatoren (WIMA SuperCaps).

Bild 2.31: Superkondensatoren (Goldcaps, Supercaps) mit 5,5 V Betriebsspannung und einer Kapazität von 1 F. Bei dieser Bauart zeigt in der Regel ein Pfeil an der Seite vom Pluspol zum Minuspol.

Bei einem Kondensator, der für mobile Energieversorgung genutzt werden soll, lässt sich der Innenwiderstand (ESR) wie folgt ermitteln:

Zunächst wird der Kondensator auf die Spannung U_1 aufgeladen. Dann belastet man den Kondensator mit einem ohmschen Widerstand. Unmittelbar (!) nach Anlegen der Last bzw. unmittelbar (!) bei Stromflussbeginn misst man am Kondensator die Spannung U_2 . Der Innenwiderstand des Kondensators (ESR) ist dann

$$R_{\mathrm{ESR(t=0)}} = \frac{U_1 - U_2}{I}$$

Sollte sich zwischen U_1 und U_2 kein erkennbarer Unterschied zeigen, muss der Versuch mit einem kleineren Lastwiderstand wiederholt werden.

Die Qualität des Messergebnisses hängt davon ab, wie schnell gemessen wird. Am besten verwendet man einen Transientenrecorder oder ein Speicheroszilloskop. Bild 2.32 zeigt eine gelungene Messung. Der senkrechte Spannungsabfall ganz links beträgt ca. *100 mV* (markiert mit den gestrichelten Linien). Bei einem Strom von *100 mA* ergibt sich der ESR zu *1 Ω*.

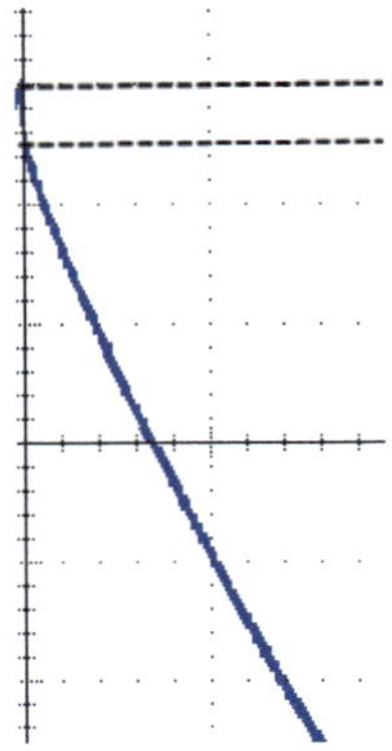

Bild 2.32: Einfluss des ESR.
200mV/div

2.3.1 Anlaufkondensator

Eine Applikation für Standard-Kondensatoren mit hoher Kapazität und kleinem Innenwiderstand ist die kurzzeitige Unterstützung einer Batterie mit zusätzlicher Energie. Hier nutzt man den Vorteil, dass Standardkondensatoren zeitlich begrenzt eine sehr hohe Leistung bereitstellen können (SuperCaps etc. gehören leider nicht dazu).

Der Kondensator wird in diesem Falle parallel zur Batterie geschaltet, und liefert die Stromspitzen, wenn die Belastung kurz ansteigt. Auf diese Weise können zum Beispiel auch nicht hochstromfähige Akkumulatoren zur Stromversorgung von Geräten verwendet werden, die einen kurzen Einschalt- oder Anlaufstrom benötigen und dann mit kleinem Betriebsstrom weiterlaufen. Im Bild 2.33 liefert der zum Akkupack parallel geschaltete Elektrolytkondensator den erforderlichen Anlaufstrom um einen selbstgebauten Motor zu starten. Für diesen Anwendungsfall kann nur ein Kondensator mit kleinem Innenwiderstand zur Anwendung kommen. Das zugehörige Schaltbild ist im Bild 2.34 zu sehen. Der Kondensator liegt permanent am Akkumulator und ist auf dessen Spannung aufgeladen. Beim Schließen des Schalters liefert der Kondensator den Anlaufstrom.

Zu beachten ist die richtige Dimensionierung. Zieht ein Gerät einen Anlaufstrom von $I_A = 2\ A$ für eine Zeit von $t_A = 30\ ms$ bei einer Versorgungsspannung von $U = 12\ V$, so entspricht dies einer elektrischen Energie von

$$W = U \cdot I_A \cdot t_A = 12V \cdot 2A \cdot 0{,}03s = 0{,}72Ws$$

Diese Energie muss vom Kondensator geliefert werden können. Mit Gleichung {2.5} gilt dann:

$$W = \frac{1}{2} \cdot C \cdot U^2$$

$$C = \frac{2 \cdot W}{U^2} = \frac{2 \cdot 0{,}72Ws}{(12V)^2} = 0{,}01F = 10mF$$

In der Praxis kann bereits ein wesentlich kleinerer Kondensator das gewünschte Ergebnis bringen, da tatsächlich ein Teil der Energie natürlich auch vom parallel angeschlossenen Akkumulator geliefert wird. Im Einschaltmoment bilden der Kondensator und der Akkumulator eine gemeinsame Spannungsquelle. Der Innenwiderstand R_{iges} dieser Spannungsquelle ergibt sich aus der Parallelschaltung der Einzel-Innenwiderstände.

$$R_{iges} = \frac{R_{iakku} \cdot R_{ikondensator}}{R_{iakku} + R_{ikondensator}}$$

Bild 2.33: Der mit C gekennzeichnete Elektrolytkondensator mit einer Kapazität von 4700µF ermöglicht das Starten des selbstgebauten Gleichstrommotors.

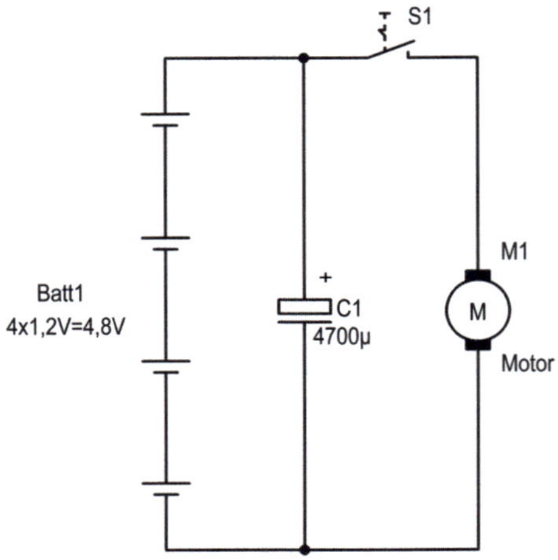

Bild 2.34: Schaltung zum Bild 2.33. Der Kondensator C1 liefert im Einschaltmoment den vom Motor M1 geforderten hohen Anlaufstrom.

Eine weitere typische Anwendung dieser Art findet man in Blitzlichtgeräten. Ein Kondensator wird mit Hilfe eines Spannungswandlers innerhalb von einigen Sekunden aus einer Batterie bis etwa *400 V* aufgeladen. Nach Zündung der Blitzröhre entlädt sich der Kondensator innerhalb einiger Mikrosekunden und liefert dabei eine Leistung von einigen Kilowatt [26]. Die Batterie selbst kann wegen ihres Innenwiderstandes diese Leistung nicht zur Verfügung stellen.

2.3.2 Entladeverhalten

Während eine elektrochemische Batterie über die Entladezeit eine relativ stabile Spannung liefert, fällt die Spannung eines Kondensators bei Belastung kontinuierlich ab. Geht man davon aus, dass ein Gerät zum Betrieb eine Mindestspannung benötigt, kann nur ein Teil der im Kondensator gespeicherten Energie genutzt werden. Nicht genutzt werden kann die Energie, die beim Erreichen der für den Betrieb notwendigen Mindestspannung noch im Kondensator steckt. Die Kondensatorspannung ergibt sich aus der Ladungsmenge *Q* in *As*, die der Kondensator gespeichert hat und der Kapazität *C* in *F*:

$$U_C = \frac{Q}{C} \qquad \text{\{Gleichung 2.7\}}$$

Beim Entladen eines Kondensators kann man drei Fälle mit unterschiedlichem Verhalten unterscheiden:

- Entladen mit konstantem Widerstand
- Entladen mit konstantem Strom
- Entladen mit konstanter Leistung

2.3.2.1 Entladen mit konstantem Widerstand

Wird ein auf die Spannug U_C aufgeladener Kondensator mit der Kapazität *C*, belastet mit einem konstanten Widerstand *R*, dann gilt für die Spannung am Kondensator

$$U_{(t)} = U_C \cdot e^{-\frac{t}{R \cdot C}} \qquad \text{\{Gleichung 2.8\}}$$

Bild 2.35 zeigt das Verhalten qualitativ. Die Spannung am Kondensator sinkt exponentiell ab, also zu Beginn des Entladevorgangs relativ stark und danach deutlich langsamer. Der Kondensator ist nach der Zeit $t \rightarrow \infty$ vollständig entladen. Für die Praxis kann man sagen, dass der Kondensator nach der Zeit

$$t = 5 \cdot \tau = 5 \cdot R \cdot C$$

entladen ist.

Für den Strom gilt

$$I_c(t) = -\frac{U_C}{R} \cdot e^{-\frac{t}{R \cdot C}} \qquad \text{\{Gleichung 2.9\}}$$

Man erhält durch Umstellen der Gleichung 2.8 nach der Zeit *t*

$$t = -R \cdot C \cdot \ln \frac{U(t)}{U_C} \qquad \text{\{Gleichung 2.10\}}$$

Wenn z.B. eine *6-V*-Batterie bis auf *4,5 V* entladen werden kann, bevor der Verbraucher aufhört zu funktionieren, erreicht ein anstelle der Batterie eingesetzter Kondensator diese Schwelle bereits nach ca. 1/18 des Endladezyklus von 5τ. Es verbleibt die meiste Energie ungenutzt im Kondensator.

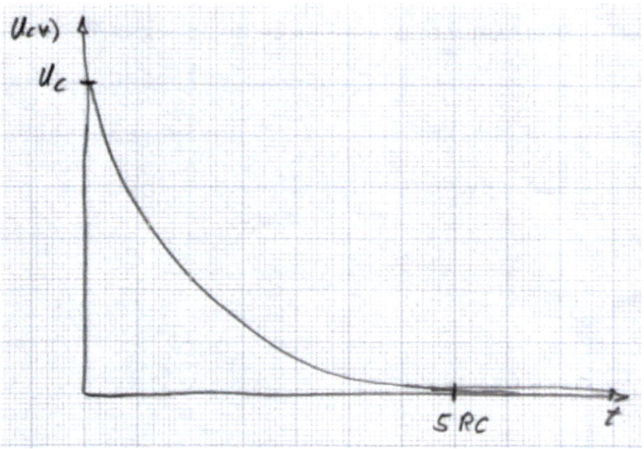

Bild 2.35: Qualitatives Verhalten beim Entladen eines Kondensators mit konstantem Widerstand. (Laborskizze).

Das Bild 2.36 zeigt eine Möglichkeit der Entladung über einen konstanten Widerstand.

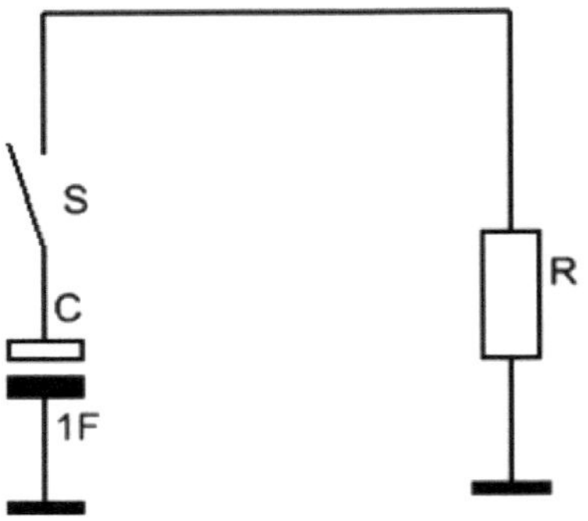

Bild 2.36: Schaltungsvorschlag beim Entladen eines Kondensators mit konstantem Widerstand R (Verbraucher).

Bei einer Fahrrad-Rückleuchte (etwas älter - noch mit Glühlämpchen; heute verwendet man für die Fahrradbeleuchtung LEDs. Diese haben zwar äußerst unnatürliches Lichtspektrum, für die Verwendung als Fahrradbeleuchtung kann man das aber akzeptieren) soll das Lämpchen nach dem Anhalten noch eine Weile nachleuchten (Standlicht). Dazu wird die Schaltungsanordnung nach Bild 2.37 vorgesehen. Es wird ein Superkondensator mit einer Kapazität von $C = 5\,F$ und $U_{max} = 6\,V$ eingesetzt. Der Kondensator wird vom Fahrraddynamo über die Schottky-Diode D1 (z.B. BYS 26-90) aufgeladen. Die Zenerdiode ZL6V2 begrenzt die Spannung an Kondensator und Lampe. Im Idealfall ist der Kondensator auf $U_C = 6{,}2\,V$ aufgeladen. Die im Kondensator gespeicherte Energie beträgt dann

$$W_C = \frac{1}{2} U_C^2 \cdot C = \frac{1}{2} (6{,}2V)^2 \cdot 5F = 96{,}1Ws$$

Die Nennleistung der Lampe von *0,6 W* wird erreicht bei einer Betriebsspannung von *6 V*. Der Lampenwiderstand ist dann

$$R = \frac{U^2}{P} = \frac{(6V)^2}{0{,}6W} = 60\Omega$$

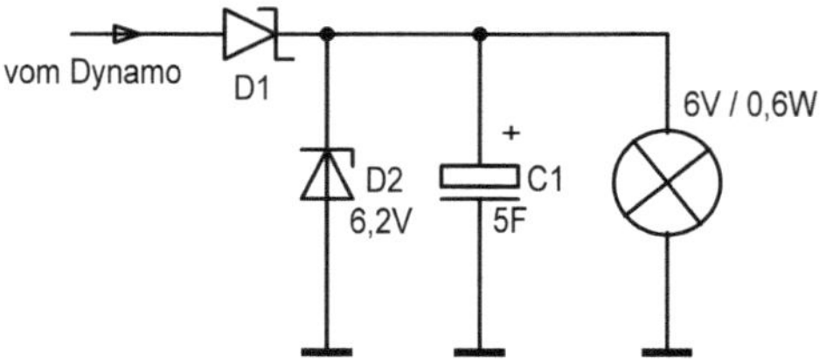

Bild 2.37: Der Kondensator C1 liefert noch eine Weile nach Stillstand des Rades den Strom für die Lampe.

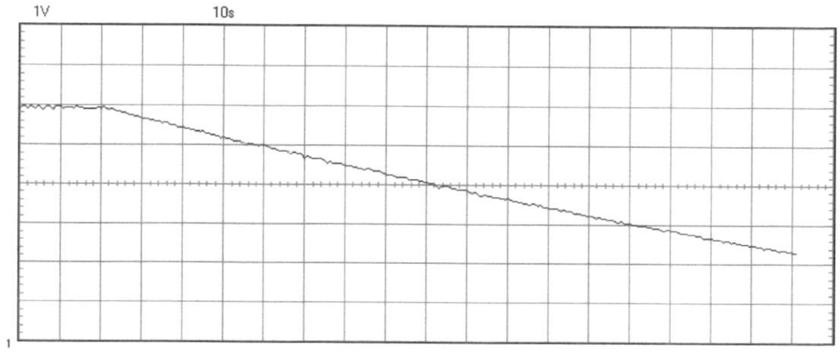

Bild 2.38: Gemessene Abnahme der Kondensatorspannung/Lampenspannung über die Zeit beim Aufbau zum Bild 2.37.
Ordinate: 1V/div.; Darstellungsbereich: 0...8 V
Abszisse: 10s/div.; Darstellungsbereich: 0...200 s

Im Bild 2.38 ist die zum Bild 2.37 zugehörige Entladekurve zu sehen. Nach $t = 150\ s$ ist die Spannung von $U_{(t=0)} = 6\ V$ auf $U_{(t=150s)} = 3\ V$ gesunken. Die Lampe leuchtet dann nur noch schwach. Der vorhergesagte exponentielle Verlauf (Bild 2.35) ist nicht zu erkennnen, da das Diagramm nur einen Ausschnitt zu Beginn der Entladung zeigt. Zudem wird der exponentielle Kurvenverlauf der Kondensatorentladung durch den quadratischen Verlauf der U/I-Kennlinie der Lampe etwas begradigt. Zur mathematischen Beschreibung muss in die Gleichung {2.8} für R die entsprechende Funktion aus der Tabelle 2.6 eingesetzt werden. Also

$$U(t) = U_c \cdot e^{-\frac{t}{C\cdot(-0{,}3\cdot U^2+7{,}66\cdot U+28{,}14)}}$$

Die Lösung dieser Gleichung ist nicht trivial. Aber man kann eine rekursive Formel in eine Tabellenkalkulation eintragen und numerisch rechnen. Dazu legt man den Zeitrahmen fest. Im vorliegenden Fall sind das $t = 200\ s$ und teilt diesen durch z.B. $N = 40$ Werte. Je größer N, desto genauer wird das Ergebnis aber um so mehr Rechenschritte sind erforderlich. Es wird nun festgelegt:

$$n = 200\frac{s}{N} = 200\frac{s}{40} = 5s$$

und es ergeben sich die *40* Werte für *t*:

$n_0 = 0$
$n_1 = 5$
$n_2 = 10$
.
.
.
$n_{40} = 200s$

Dann berechnet man den Wert bei n_0=t=0. Dieser ist $U(n_0)$ = $U(t=0)$. Der zweite Wert $U(n_1)$ = $U(t=5s)$ an der Stelle n_1=t=5s wird berechnet aus dem vorherigen Ergebnis: also aus $U(n_0)$ = $U(t=0)$. Der dritte Wert an der Stelle n_2=t=10s wird berechent aus $U(n_1)$ = $U(t=5s)$. Dies setzt man fort bis zum Erreichen von n_{40}. Man kann schreiben:

$$U(n) = U_c \cdot e^{-\frac{n}{C\cdot(-0{,}3\cdot U_{\text{n-1}}^2+7{,}66\cdot U_{\text{n-1}}+28{,}14)}} \quad \text{für} \quad 0 \leq n \leq N$$

Bild 2.39 zeigt das Ergebnis. Bedingt durch das Kaltleiterverhalten des Glühlämpchens sinkt die Kondensatorspannung etwas stärker ab als bei Belastung mit einem äquivalenten Widerstand von *60 Ω*.

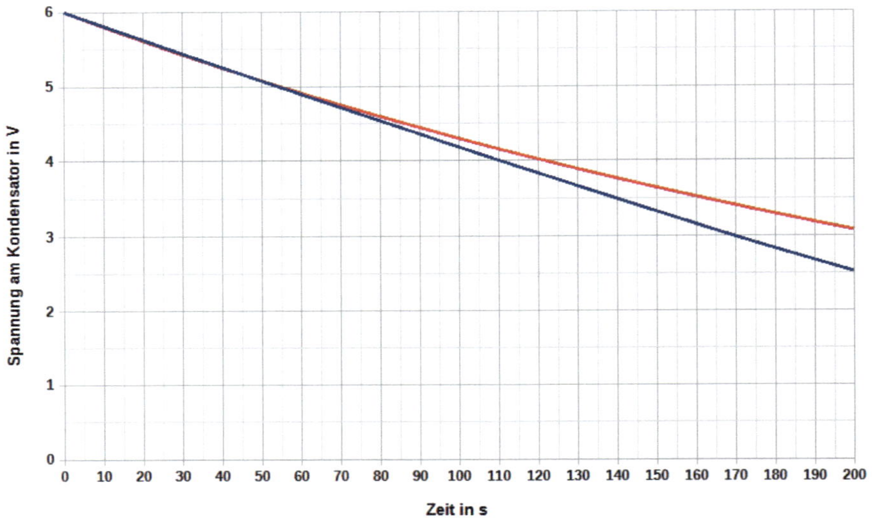

Bild 2.39: Berechnete Abnahme der Kondensatorspannung bei Entladung über einem konstanten Widerstand von 60 Ω (obere Linie) und über eine Glühlampe 6V/0,6W (untere Linie).

2.3.2.2 Entladen mit konstantem Strom

Entlädt man einen mit der Ladungsmenge Q aufgeladenen Kondensator mit einem konstanten Strom I, dann gilt für die Spannung U am Kondensator in Abhängigkeit von der Zeit t:

$$U(t) = \frac{Q - I \cdot t}{C}$$

Die Ladung Q ergibt sich aber aus der anfänglichen Kondensatorspannung zum Zeitpunkt $t = 0$ und der Kapazität. Man kann also schreiben:

$$U(t) = \frac{U_C \cdot C - I \cdot t}{C} = U_C - \frac{I}{C} \cdot t \qquad \textit{\{Gleichung 2.11\}}$$

Dabei ist U_C die Spannung auf die der Kondensator aufgeladen ist (Startwert bei *t=0*). *U(t)* ist die Spannung, die zum Zeitpunkt *t* noch am Kondensator anliegt. Sie fällt linear mit der Zeit *t* mit der Steigung *-I/C* ab (Bild 2.40). Der Kondensator ist vollständig entladen nach der Zeit

$$t_{U=0} = \frac{U_C \cdot C}{I}$$

In der Praxis kann man diese Zeit nicht ausnutzen, denn das angeschlossene Gerät wird nicht erst bei der Spannung *0 V* den Dienst versagen, sondern viel früher. Die bei einer Stromversorgung durch Kondensator überbrückbare Zeit *t* bei konstantem Entladestrom *I* erhält man durch Umstellen der Gleichung {2.11}:

$$t = \frac{(U_C - U(t)) \cdot C}{I} \qquad \text{\{Gleichung 2.12\}}$$

Wenn hier die erwähnte *6-V*-Batterie bis auf *4,5 V* entladen werden kann, bevor der Verbraucher aufhört zu funktionieren, erreicht ein anstelle der Batterie eingesetzter Kondensator diese Schwelle hier im ersten Viertel des Endladezyklus. Das ist wesentlich besser als im vorherigen Abschnitt. Trotzdem verbleibt auch hier die meiste Energie ungenutzt im Kondensator.

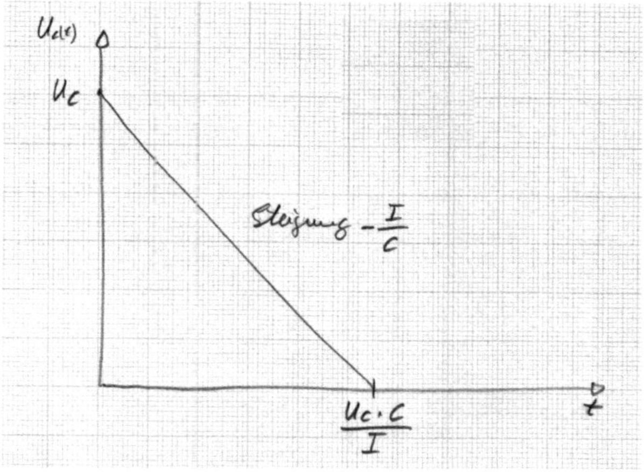

Bild 2.40: Qualitativer Verlauf der Kondensatorspannung beim Entladen eines Kondensators mit konstantem Strom.

Bild 2.41 zeigt einen Schaltungsvorschlag für die Entladung eines Kondensators mit konstantem Strom. Dabei wird ein selbstleitender Sperrschicht Feldeffekt Transistor (FET; "Verarmungstyp", engl. "Depletion-Mode") eingesetzt. Der FET benötigt keine eigene Versorgungsspannung. Er wirkt wie ein variabler ohmscher Widerstand. Die dargestellte Schaltung zeigt einen n-Kanal FET mit zusätzlichem Sourcewiderstand *R*. Der Drain-Source-Kanal ist selbstleitend. Am Sourcewiderstand stellt sich dadurch eine Spannung ein, bei der das Gate gegenüber Source ein negativeres Potenzial erhält. Je negativer das Gate wird, desto stärker wird der Drain-Source-Kanal abgeschnürt und hochohmiger.

Mit dieser Schaltung hat man einen Regelkreis, der bei wechselndem Lastwiderstand den Laststrom konstant hält. Der dynamische Widerstand der FET-Schaltung erreicht einige *100 kΩ.* Zur Erinnerung: ideal wäre ein unendlicher Innenwiderstand. Für die Praxis ausreichend ist

$$R_i >> R_L$$

R_i ist der Innenwiderstand einer Stromquelle
R_L ist der Lastwiderstand bzw. der Verbraucherwiderstand

Bei der Dimensionierung ist darauf zu achten, dass die typbedingten Maximalwerte U_{DS}, I_{DS} und P_{tot} nicht überschritten werden. Der Konstantstrom I_{const} ergibt sich näherungsweise aus der Gate-Source-Spannung und dem Widerstand R:

$$I_{const} = \frac{-U_{GS}}{R}$$

Bei einem Versuch wurde der FET BF245C mit zwei verschiedenen Sourcewiderständen (R im Bild 2.41) an eine Betriebsspannung von $U_b = 30\ V$ gelegt. Gemessen wurden $-U_{GS}$ und I_{const} in Abhängigkeit von einem Belastungswiderstand R_L (Verbraucher im Bild 2.41). Das Ergebnis ist im Diagramm (Bild 2.42) zu sehen.

Der Typ BF245C kann nur kleine Ströme verarbeiten. Selbstleitende Feldeffekttransistoren für höhere Ströme sind selten. Beispiele sind z.B. die Typen BSP124, BSP149, BSS149, BSD254 und BST124. Diese werden von NXP (Niederlande) und/oder Infineon (Deutschland) gefertigt.

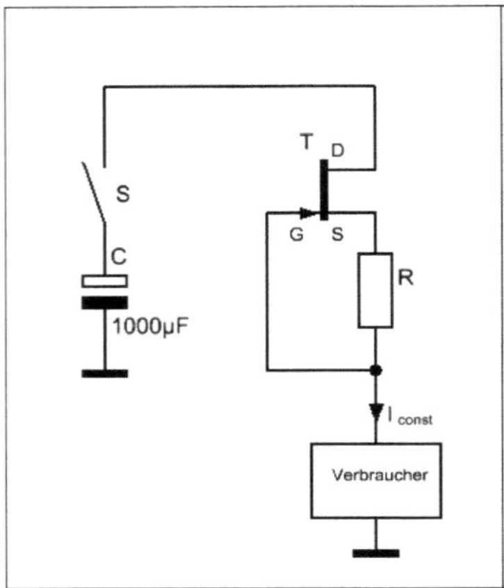

Bild 2.41: Schaltungsvorschlag zur Entladung eines Kondensators mit konstantem Strom.

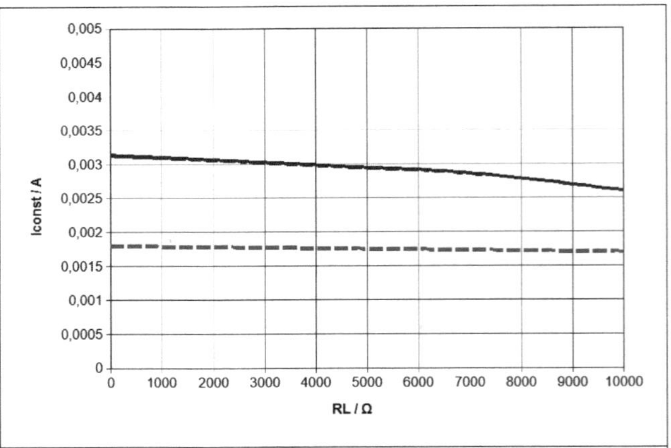

Bild 2.42: Ergebnis zweier Messungen mit der Stromquelle nach Bild 2.41.

Nachteilig an der Schaltung ist, dass doch eine vergleichsweise hohe Spannung an der Reihenschaltung aus Drain-Source-Strecke und Widerstand *R* abfällt. Die Spannung am Kodensator muss also deutlich höher sein als die Spannung die am Verbraucher anliegt.

Eine weitere Möglichkeit für die Entnahme eines konstanten Stroms aus einem Kondensator gelingt mit zwei bipolaren Transistoren nach Bild 2.43. Wenn die Spannung über R1 *0,7 V* überschreitet, beginnt T1 zu leiten, was die Basis von T2 auf negatives Potential zieht. Die Spannung über R1 lässt nach, wodurch T1 wieder sperrt, was der Basis von T2 wieder ein wenig positives Potential zukommen lässt. Dadurch pendelt sich das Ganze auf die konstante Spannung von ca. *0,7 V* über R1 ein. Da R1 konstant ist, ist auch der Strom durch R1 konstant. Der für R1 zu wählende Wert berechnet sich wie folgt:

$$R1 = \frac{0{,}7V}{I_{const}}$$

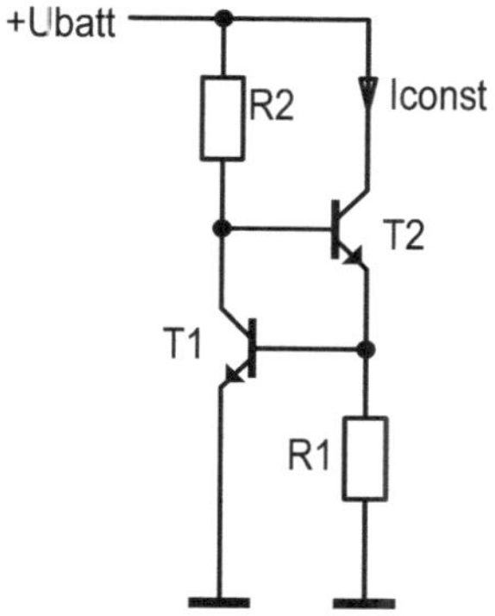

Bild 2.43: Konstantstromquelle mit bipolaren Transistoren.

Für R2 kann angesetzt werden:

$$R2 = \frac{U_{battmin} - (U_{BE.T02} + U_{R1})}{\frac{I_{const}}{B_{T2}}} = \frac{U_{battmin} - 1{,}4V}{\frac{I_{const}}{B_{T2}}}$$

Dabei ist $U_{battmin}$ die minimale Spannung bei der die Schaltung noch arbeiten könnte. Diese Spannung ist auch abhängig vom Verbraucher, wie aus dem nachfolgenden Beispiel ersichtlich ist.

In jedem Fall muss sichergestellt sein: $U_{batt} > (U_{R2} + 1{,}4V)$ *{Gleichung 2.13}*

Die beschriebene Konstantstromquelle lässt sich gut für ein Fahrradrücklicht mit Standlichtfunktion einsetzen. Ein Schaltungsvorschlag dazu ist im Bild 2.44 wiedergegeben. Der Dynamo liefert eine Wechselspannung, von der nur die positive Halbschwingung benutzt wird. D2 dient zur Spannungsbegrenzung. Der nachgeschaltete Supercap-Kondensator ist für Spannungen von maximal *5,5 V* ausgelegt. Mit der angegebenen Dimensionierung wird durch die Leuchtdioden ein Konstantstrom von etwa *32 mA* getrieben. Steht der Dynamo still, werden die Dioden noch eine Zeit lang vom Supercap-Kondensator gespeist. Rote Leuchtdioden haben eine Schleusenspannung (Betriebsspannung) von ca. *1,7 V*. Die LEDs müssen aus einer Serie stammen - die Schleusenspannung muss möglichst identisch sein. Die LEDs leuchten nach bis die Spannungen gemäß Gleichung {2.13} auf den Wert

$$U_{batt} \approx 1{,}7V + 1{,}4V = 3{,}1V$$

abgesunken ist. die Diode D2 schützt den Kondensator C1 vor zu hoher Spannung. Verwendet man einen Kondensator mit größerer Spannungsfestigkeit, so sollte die Diode entsprechend angepasst werden. Damit wird die gespeicherte Energie und somit die Nachleuchtdauer erhöht.

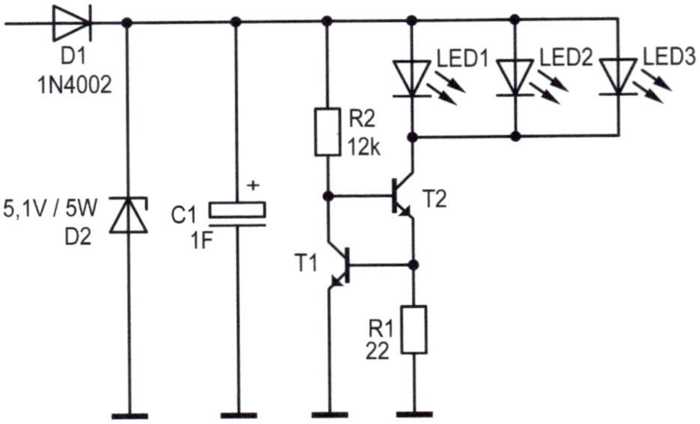

Bild 2.44: Schaltungsvorschlag für ein Fahrrad-Rücklicht.
Für die Transistoren könnte der Typ BC546 verwendet werden.

2.3.2.3 Entladen mit konstanter Leistung

Unter Einsatz eines DC-DC-Konverters mit flexiblem Eingangsspannungsbereich kann die meiste Kondensatorenergie genutzt werden. Heute gibt es fertige DC-DC-Konverter die als Black-Box angesehen werden können. Allerdings sind diese Bauteile oft teuer. Ungeachtet dessen würde damit aber näherungsweise eine konstante Leistung *P* entnommen. In diesem Fall berechnet sich die Betriebszeit ausgehend von Gleichung {2.5}:

$$W_0 = P \cdot t_0 = \frac{1}{2} \cdot C \cdot U_C^2 \quad \text{(Ausgangsenergie die im Kondensator gespeichert ist)}$$

$$W_1 = P \cdot t_1 = \frac{1}{2} \cdot C \cdot (U_{C.t1})^2 \quad \text{(Endenergie im Kondensator nach der Zeit } t_1\text{)}$$

$$t_0 = \frac{1}{2 \cdot P} \cdot C \cdot (U_{C.t0})^2 \quad \text{(Startzeit)}$$

$$t_1 = \frac{1}{2 \cdot P} \cdot C \cdot (U_{C.t1})^2 \quad \text{(Stoppzeit)}$$

Führt man die Differenz von t_1 und t_0 als Zeitdifferenz Δt ein gilt weiter:

$$\Delta t = \frac{1}{2 \cdot P} \cdot C \cdot (U_{C.t0})^2 - \frac{1}{2 \cdot P} \cdot C \cdot (U_{C.t1})^2$$

$$\Delta t = \frac{1}{2 \cdot P} \cdot C \cdot ((U_{C.t0})^2 - (U_{C.t1})^2) \qquad \text{\{Gleichung 2.13\}}$$

und für die Spannung am Kondensator

$$U_C(t) = \sqrt{U_C^2 - \frac{2 \cdot P}{C} \cdot t} \qquad \frac{2 \cdot P}{C} \cdot t \leqslant U_C^2$$

Das Verhalten ist im Bild 2.45 qualitativ wiedergegeben.

Beim Beispiel mit dem Verbraucher, der zwischen *6 V* und *4,5 V* arbeitet, liefert diese Variante, bei der mit konstanter Leistung entladen wird, die besten Resultate. Fast bis zur Hälfte des Entladezyklus dauert es, bis das der untere Schwellwert der Versorgungsspannung erreicht ist.

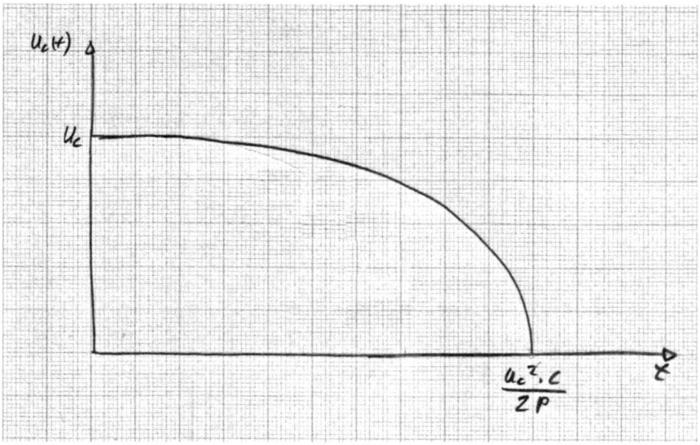

Bild 2.45: Qualitatives Verhalten beim Entladen eines Kondensators mit konstanter Leistung.

Eine Schaltung zur Entladung eines Kondensators mit konstanter Leistung ist im Bild 2.46 abgebildet. Es wird ein DC/DC-Wandler benötigt, der allerdings auch Verluste verursacht. Derartige Wandler gibt es fix und fertig als Bauteil. Der im Bild zu sehende Wandler von der Firma "TRACO POWER" (aus der Schweiz) kann einen großen Eingangsspannungsbereich von U_E = *9....36 V* verarbeiten. Das ist grundsätzlich für die Anwendung gut - allerdings ist die Spannungsfestigkeit der Superkondensatoren gering und eine Reihenschaltung ist nicht ratsam (hatte ich schon erwähnt). Alternativ kann man mehrere herkömmliche Elektrolytkondensatoren mit kleinerer Kapazität problemlos parallel schalten. Dadurch sind entsprechend höhere Eingangsspannungen möglich. Elektrolytkondensatoren mit einer Kapazität von *100 mF* und Spannungsfestigkeit bis *63 V* sind handelsüblich (aber teuer). Die Ausgangsspannung ist im vorliegenden Fall konstant $U_A = 5\ V$.

Beispiel:
Es wird ein Verbraucher versorgt, der eine Spannung von $U_{batt} = 5\ V$ benötigt und eine Leistung von $P = 0{,}5\ W$ "verbraucht". Eingesetzt wird ein herkömmlicher Elektrolytkondensator mit einer Kapazität von $C = 100\ mF$ und einer maximalen Anschlussspannung von $U_E = 36\ V$ (entsprechend dem Wandler im Bild 2.46). Mit Gleichung {2.13} kann der Verbraucher dann über einen Zeitraum von

$$\Delta t = \frac{1}{2 \cdot 0{,}5W} \cdot 0{,}1F \cdot ((36V)^2 - (9V)^2) = 121{,}5s$$

arbeiten. Tatsächlich ist die Zeit etwas kürzer, da ich den Wirkungsgrad des Wandlers unberücksichtigt ließ.

Bild 2.46: Entladung eines Kondensators mit konstanter Leistung unter Verwendung eines DC-DC-Wandlers.

2.4 Dynamo

In einigen Fällen kann die mobile Versorgung auch über einen Generator erfolgen. Ein Beispiel dazu ist der Fahrraddynamo. Bis auf wenige Ausnahmen handelt es sich bei Fahrraddynamos normalerweise um so genannte Klauenpolgeneratoren. Bei diesem Generator wird ein Permanentmagnet in einer Anordnung von Spulen gedreht. Es wird eine Wechselspannung erzeugt. Das Ersatzschaltbild eines Fahrraddynamos kann wie in [11] dargestellt angenommen werden (Bild 2.47).

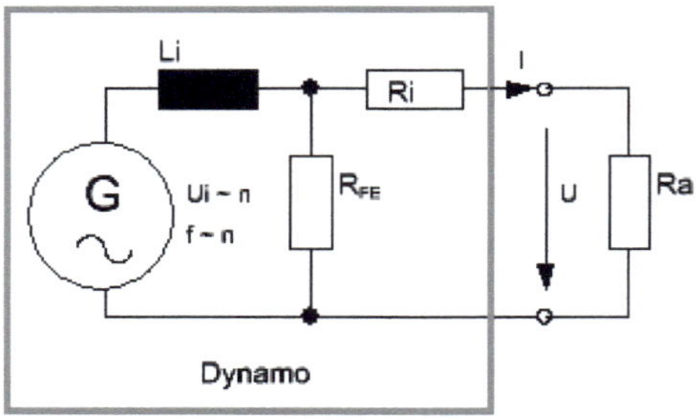

W

Bild 2.47: Ersatzschaltbild für einen Klauenpolgenerator.

Mit steigender Drehzahl steigt die Spannung $U_i \sim n$. allerdings steigt auch die Frequenz $f \sim n$ und damit auch der Widerstand der Induktvität L_i. Als Folge strebt die Ausgangsspannung mit steigender Drehzahl einem Grenzwert entgegen. Die Höhe dieses Grenzwertes hängt ab vom Lastwiderstand R_a. Somit verhält sich ein Klauenpolgenerator in erster Näherung wie eine Konstantstromquelle. Das bedeutet, dass bis zu einem gewissen Lastwiderstand ein konstanter Strom fließt. An einem hohen Lastwiderstand fällt nach dem Ohmschen Gesetz bei konstantem Strom eine hohe Spannung ab, an einem niedrigen Widerstand fällt eine niedrige Spannung ab. Die bei Fahrraddynamos angegebene Nennspannung gilt deshalb nur für einen bestimmten Belastungswiderstand.

Zur Ermittlung der Ausgangsspannung eines Klauenpolgenerators kann gemäß dem Bild 2.47 nach [11] geschrieben werden (unter Vernachlässigung der Ummagnetisierungsverluste R_{FE}):

$$U_i = I \cdot \sqrt{((R_a + R_i)^2 + \omega^2 \cdot L_i^2)} \quad \text{\{Gleichung 2.14\}}$$

U_i	Quellspannung im Generator
I	Ausgangsstrom des Dynamos
R_a	Abschlusswiderstand / Belastungswiderstand
R_i	der ohmsche Innenwiderstand des Dynamos
L_i	die innere Induktivität des Dynamos
ω	die Kreisfrequenz der erzeugten Wechselspannung ($\omega = 2\pi f$)

Die Kreisfrequenz ω ist proportional der Fahrgeschwindigkeit v und ergibt sich aus der Drehzahl n des Rotors im Dynamo und der Polpaarzahl (beeinflusste Polpaare pro Umdrehung) p.

$$\omega = 2 \cdot \pi \cdot n \cdot p$$

$$U_i = I \cdot \sqrt{((R_a + R_i)^2 + (2 \cdot \pi \cdot n \cdot p \cdot L_i)^2)}$$

In [10] findet man dann noch für die effektive Ausgangsspannung die folgende Formel:

$$U_a = f(n) = \frac{I \cdot R_a}{\sqrt{1 + \left(\frac{R_a + R_i}{2 \cdot \pi \cdot n \cdot p \cdot L_i}\right)^2}}$$

I	Ausgangsstrom des Dynamos
R_a	Abschlusswiderstand / Belastungswiderstand
R_i	der ohmsche Innenwiderstand des Dynamos
L_i	die innere Induktivität des Dynamos
p	Polpaarzahl
n	die Drehzahl

I, L_i und p sind feste Größen, die sich aus dem Aufbau des Generators ergeben.

Für die Effektivleistung P_a gilt dann:

$$P_a = f(n) = \frac{I^2 \cdot R_a}{\sqrt{1+(\frac{R_a+R_i}{2\cdot\pi\cdot n\cdot p\cdot L_i})^2}}$$

Bei Fahrraddynamos ist zwischen Nabendynamo und Seitenläufer zu unterscheiden. Der Nabendynamo ist, wie der Name schon sagt, in der Nabe des Vorderrades eingebaut. Der Seitenläufer sitzt an der Seite eines Reifens (Vorder- oder Hinterrad) und dreht sich mit Hilfe eines Reibrades. Die Frequenz der erzeugten Wechselspannung entspricht beim Nabendynamo der Drehzahl des Vorderrades. Beim Seitenläufer ist die Frequenz höher, da die Umdrehungszahl des Rotors um den Faktor N höher ist als die Umdrehungszahl des Rades.

$$N = \frac{U_{Rad}}{U_{Dyn}}$$

U_{Rad} Ist der Umfang des Rades (beim 28-Zoll-Rad ca. *2234 mm*); entscheident ist aber die Stelle an der der Seitenläufer anliegt - das ist in der Regel 2 oder 3 Zentimeter unterhalb des Profils

U_{Dyn} ist der Umfang des Andruckröllchens vom Rotor

Eine Messung der Leerlaufspannung und des Kurzschlussstromes bei einem Nabendynamo für Fahrräder ergab dass in den Bildern 2.48 und 2.49 dargestellte verhalten. Man erkennt näherungsweise die Charakteristik einer Konstantstromquelle. Dieses Verhalten ist typisch für Klauenpolgeneratoren.

Die Nennausgangsspannung ist bei Fahrraddynamos mit $U_N = 6\ V$ angegeben. Diese Spannung ergibt sich, wenn der Dynamo mit einem ohmschen Widerstand von $R_a = 12\ \Omega$ belastet wird. Somit beträgt die Nennleistung $P = 3\ W$ bzw. der Nennstrom $I = 500\ mA$. Bei höheren Lastwiderständen steigt die Spannung an, denn der Dynamo versucht den gleichen Strom in den höheren Widerstand zu treiben (Konstantstromquelle). Bei niedriger Belastung sinkt die Ausgangsspannung.

Weiterhin ist die abgegebene Leistung abhängig von der Drehzahl und damit von der Fahrgeschwindigkeit. In der Historie versorgte der Dynamo einen Frontscheinwerfer mit einem Glühlämpchen *6 V / 2,4 W* und eine Rückleuchte mit einem Glühlämpchen *6 V / 0,6 W*. Die Gesamtleistung von *3 W* wird nur bei ausreichend hoher Drehzahl erreicht.

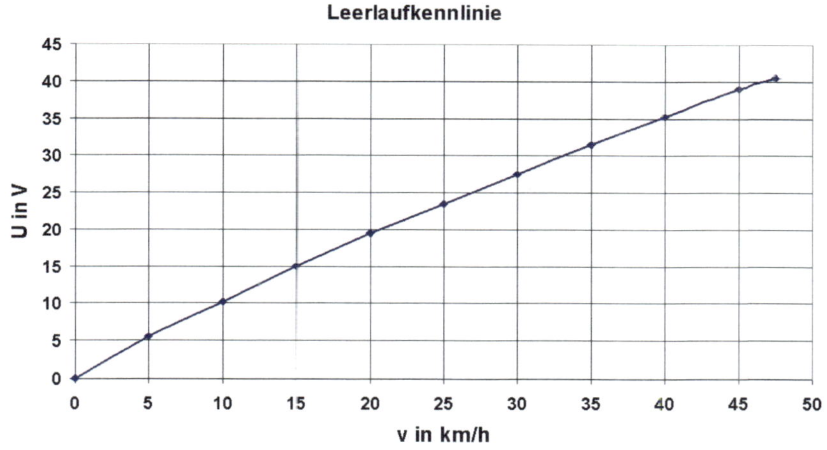

Bild 2.48: Leerlaufkennlinie eines Klauenpolgenerators (Fahrrad-Nabendynamo) in Abhängigkeit von der gefahrenen Geschwindigkeit und damit von der Ausgangsfrequenz des Dynamos.

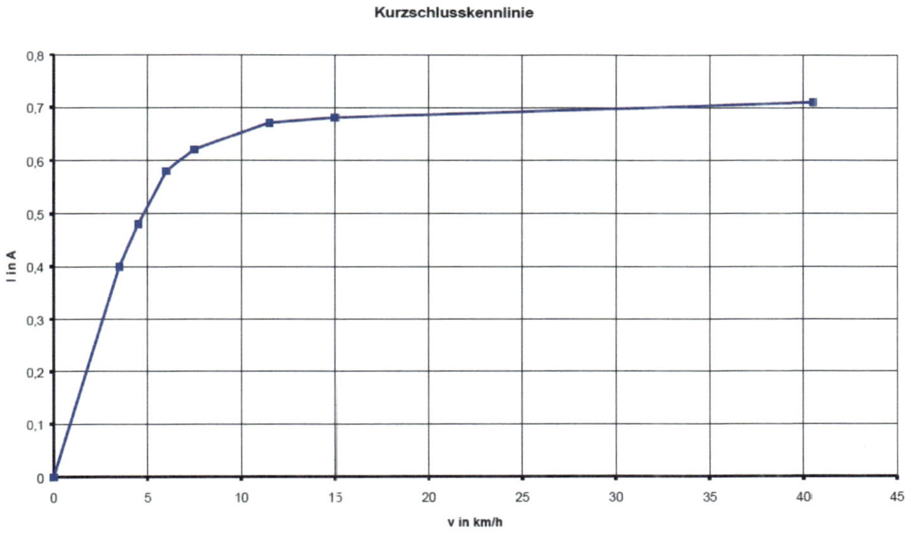

Bild 2.49: Kurschlusskennlinie des Klauenpolgenerators (Fahrrad-Nabendynamo) aus Bild 2.48. Das Stromquellenverhalten ist deutlich zu erkennen.

Da sich die Ausgangsfrequenz proportional mit der Drehzahl und damit mit der Geschwindigkeit des Fahrrades verhält, kann ein Nabendynamo (der sowieso immer in Betrieb ist) auch für die Ermittlung der Fahrgeschwindigkeit eingesetzt werden. Ein Nabendynamo liefert z.B. *4* Sinusvollwellen pro Umdrehung. D.h. wenn man dessen Ausgangsfrequenz (gemessen in *Hz*) durch *4* teilt, erhält man die Drehzahl des Dynamorades in *U/sec*. Bei bekanntem Radumfang lässt sich daraus die Fahrgeschwindigkeit berechnen.

So genannte Seitenläufer-Dynamos liefern eine wesentlich höhere Ausgangsfrequenz als die Nabendynamos, da sie schneller drehen. Im Bild 2.50 ist ein Vorschlag dargestellt, wie man einen Seitenläufer-Dynamo für Stromversorgungszwecke benutzen kann. Hier wurde eine Ausgangsgleichspannung von *5 V* zur Versorgung eines Navigationsgerätes benötigt. Die Kennlinien aus Bild 2.48 und Bild 2.49 zeigen, dass ein Fahrraddynamo erheblich höhere Spannungen liefern kann als die angegebene Nennspannung von *6 V*. Es ist also kein Problem für die Gleichrichtung einen handelsüblichen Silizium-Gleichrichter einzusetzen. Aufgrund der Tatsache, dass der Dynamo sich wie eine Stromquelle verhält, kann er hinter dem Brückengleichrichter durch eine Zenerdiode "kurzgeschlossen" werden. Die Zenerdiode muss den maximalen Ausgangsstrom des Dynamos verkraften können. Damit ist sichergestellt, dass die Spannung hinter dem Brückengleichrichter nicht wesentlich über die Zenerspannung ansteigen kann.

Im vorliegenden Fall (Bild 2.50) wurde eine Zenerdiode (D1) mit einer dauerhaften Verlustleistung von *5 W* eingesetzt (Typ 1N5338B). Der Strom durch die Zenerdiode darf demnach permanent

$$5\,W / 5{,}1\,V = 0{,}98\,A$$

betragen. Das ist mehr als ein zugelassener Fahrraddynamo liefern kann. Die Zenerdiode kann somit die angeschlossenen Verbraucher zuverlässig gegen Überspannung schützen. Parallel zur Zenerdiode sind zwei Kondensatoren angeordnet. Der GoldCap-Kondensator C2 dient zur Überbrückung von Versorgungslücken (z.B. verursacht durch kurze Stopps oder Aussetzer in der Spannungsversorgung während der Fahrt). Der herkömmliche Elektrolytkondensator C1 dient zur Glättung der gleichgerichteten Spannung des Dynamos. Der GoldCap alleine ist für die Spannungsglättung aufgrund seines hohen Innenwiderstandes ungeeignet.

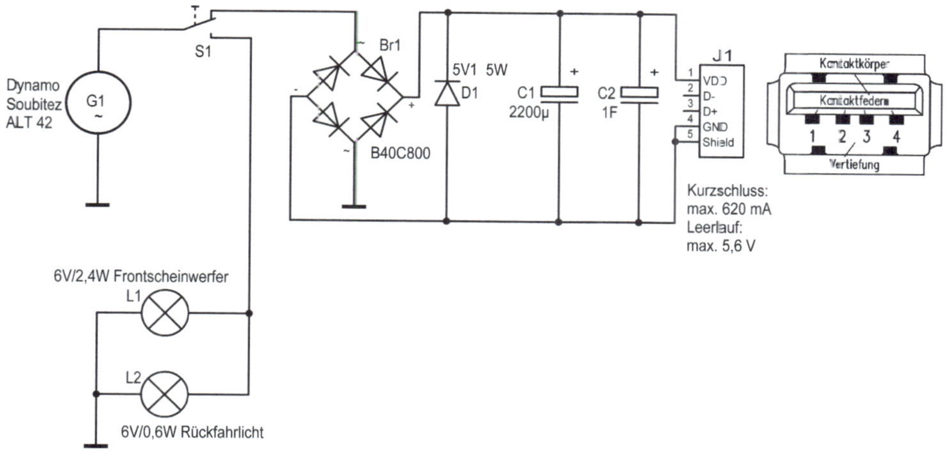

Bild 2.50: Schaltungsvorschlag für die Versorgung von 5-V-Geräten mit Hilfe eines Fahrraddynamos (Seitenläufer). Die angegebenen Werte für Kurschlussstrom und Leerlaufspannung wurden bei Verwendung eines Seitenläufers vom Typ ALT42 der französischen Firma Soubitez ermittelt.

Bild 2.51: Schaltung aus Bild 2.50 eingebaut und montiert. So ausgerüstet habe ich in den Jahren 2008 bis 2013 auf vielen Fahrradtouren ein Navigationsgerät (Marke "MEDION") mit Energie gespeist. Das Navigationsgerät hatte zwar einen Akkumulator eingebaut, dieser hielt aber nur maximal 4 Stunden.

Kapitel 3 • Netzversorgung

Sofern Zugang zu einem Stromversorgungsnetz existiert werden stationär betriebene Geräte meistens über dieses mit Energie versorgt. Das europäische Verbundnetz stellt eine sinusförmige Wechselspannung mit einem Effektivwert von 230 V bei einer Frequenz von *f = 50 Hz* zur Verfügung. In Nordamerika beträgt die Netzfrequenz *60 Hz*. Meistens können elektronische Geräte nicht direkt an der Netzversorgung betrieben werden. Sie benötigen in der Regel eine kleinere Gleichspannung (Kleinspannung). Netzgeräte dienen dem Zweck diese Kleinspannung aus dem Stromversorgungsnetz bereitzustellen. Sie können in einem Gerät fest eingebaut oder als eigenständiges Gerät ausgeführt sein. Letztere Variante bietet bei Ausführungen mit galvanischer Trennung den Vorteil, dass man sich beim zu speisenden Gerät nicht um die bei der Netzspannung notwendigen und vorgeschriebenen Sicherheitsmaßnahmen kümmern muss.

Jedenfalls hat der Praktiker heute die Wahl: im Handel gibt es viele fertige Netzeile für die Energieversorgung elektronischer Schaltungen aus dem Stromnetz. Das können sogenannte Steckernetzteile sein. Meistens handelt es sich dabei um Schaltnetzteile. Für viele einfache Anwendungen können diese genutzt werden. Manchmal soll aber das Netzteil im Gerät integriert sein. Dann ist eine Eigenkonstruktion notwendig. Darüber hinaus gibt es noch Reparaturfälle. Die Ursache von Geräteausfällen ist häufig in der Netzteil-Baugruppe zu finden. In diesem Abschnitt bespreche ich deshalb Aufbau und Funktion konventioneller, linear arbeitende Netzgeräte. Diese liefern nach den Akkumulatoren und Batterien die beste Gleichspannungsqualität bei vergleichsweise simpler Technik. Sie sind deshalb nach wie vor die beste Wahl für die Praktiker, die Maker und Funkamateure.

Grundsätzlich ist zu unterscheiden zwischen Netzgeräte bzw. Netzteile mit oder ohne galvanische Trennung. Bei einer galvanischen Trennung gibt es keine leitende Verbindung zwischen Eingangsseite und Ausgangsseite.

Netzgeräte mit galvanischer Trennung werden mit einem Transformator aufgebaut, der neben der Erzeugung der Kleinspannung auch die galvanische Trennung sicherstellt.

Die Variante ohne galvanische Trennung kann nur dann zum Einsatz kommen, wenn elektrisch leitende Teile des zu versorgenden Gerätes oder des Netzteils selber nicht zugänglich sind. Der Vorteil ist dann das geringere Gewicht und der einfache Aufbau.

3.1 Netzgeräte mit galvanischer Trennung

Einen Übersichtsplan für ein Netzteil, dass z.B. für die Versorgung von elektronischen Geräten eingesetzt werden soll zeigt das Bild 3.1.

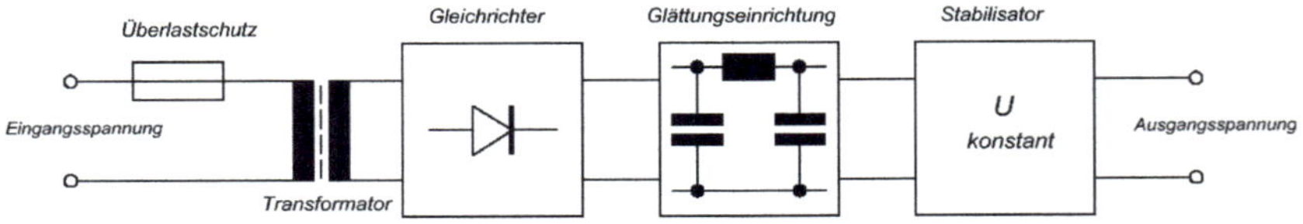

Bild 3.1: Funktionseinheiten eines Stromversorgungsgerätes mit Netztransformator.

Die Eingangswechselspannung (*230 V~ / 50 Hz*) wird mit Hilfe eines Transformators (auch Umformer genannt) auf einen niedrigeren Wert umgeformt. Zum Schutz des Transformators und der nachfolgenden Schaltung ist in der Regel eine träge Schmelzsicherung in die Netzleitung eingeschleift. Die Sicherung muss ein träges Verhalten haben, da der Transformator beim Einschalten kurzzeitig einen hohen Strom zieht.

Nachdem die Wechselspannung auf die richtige Höhe transformiert ist, muss sie gleichgerichtet werden. Zur Gleichrichtung werden heute fast ausschließlich Dioden bzw. Gleichrichter aus Silizium eingesetzt.

Die gleichgerichtete Wechselspannung ist pulsförmig. Um eine echte Gleichspannung daraus zu machen, wird bei den meisten Netzgeräten noch eine Siebung oder Glättung durchgeführt.

Bei anspruchsvollen Anwendungen muss der Wert der Gleichspannung relativ genau eingehalten werden. Diese Spannungskonstanz soll oft unabhängig von der Belastung der Schaltung gewährleistet sein. Dies wird mit einer Stabilisierschaltung bzw. einem Spannungsregler erreicht.

3.1.1 Transformatoren

Bild 3.2: Netztransformator mit M-Kern im Netzteil eines Audio-Vorverstärker. Links sind Glättungskondensatoren zu sehen. Rechts erkennt man zwei Schmelzsicherungen (Feinsicherung 20 x 5 mm).

In den linearen Stromversorgungsgeräten sind Netztransformatoren verbaut (Bild 3.2). Das Schaltzeichen für einen Transformator ist bereits im Bild 3.1 enthalten. Varianten dazu sind dem Bild 3.4 zu entnehmen. Ein galvanisch trennender Transformator besitzt mindestens zwei Wicklungen auf einem gemeinsamen Eisenkern (Bild 3.3). Die Wicklungen sind voneinander elektrisch isoliert.

Die Wicklung auf der Eingangsseite bezeichnet man als Primärwicklung. Die dort anliegende (speisende) Wechselspannung heißt Primärspannung. Die Wicklung auf der Ausgangsseite heißt Sekundärwicklung. Die dort entnehmbare Wechselspannung wird als Sekundärspannung bezeichnet. Das Verhältnis der beiden Wicklungen zueinander wird mit *ü* (Übersetzungsverhältnis) bezeichnet. Es bestimmt das Verhältnis zwischen Eingangs- und Ausgangsspannung:

$$\text{ü} = \frac{U_{\text{sek}}}{U_{\text{prim}}} = \frac{N_{\text{sek}}}{N_{\text{prim}}} \qquad \textit{\{Gleichung 3.1\}}$$

mit

ü = Übersetzungsverhältnis
U_{sek} = Sekundärspannung
U_{prim} = Primärspannung
N_{sek} = Windungszahl der Sekundärwicklung
N_{prim} = Windungszahl der Primärwicklung

Die Sekundärspannung (also die Ausgangsspannung des Transformators) kann sowohl höher als auch niedriger sein als die Primärspannung (also die Eingangsspannung).

Dem beim Transformator ausgenutzten physikalischen Effekt bezeichnet man als Induktionsgesetz (3. Maxwellsche Gleichung). Diese besagt, dass ein sich änderndes magnetisches Feld in einem Leiter eine Spannung hervorruft. Dies geschieht durch Krafteinwirkung auf die im sekundären Leitermaterial befindlichen freien Elektronen. Eine solche Kraft - eine magnetische Kraft die auf freie Ladungsträger wirkt – nennt man Lorentzkraft.

Die Primärspule wird mit Wechselstrom gespeist. Sie erzeugt somit ein sich änderndes magnetisches Feld, das dann in der Sekundärspule eine Wechselspannung erzeugt. Die Netzwechselspannung verläuft sinusförmig. Deshalb verläuft auch die Spannung auf der Sekundärseite sinusförmig.

Der Transformator benötigt im Kern einen sich ändernden magnetischen Fluss ϕ, dessen in die Primärwicklung induzierte Gegenspannung gleich der Primärspannung sein muss (Bild 3.3).

$$U_{prim} = N_{prim} \cdot \frac{d\phi(t)}{dt} \qquad \textit{\{Gleichung 3.2\}}$$

ϕ ist der magnetische Fluss in Weber *(1 Wb = 1 Vs);* die Ableitung nach der Zeit ist notwendig, da ja nur ein sich änderndes Magnetfeld eine elektrische Spannung induzieren kann. Derselbe magnetische Fluss herrscht aber auch innerhalb der Sekundärwicklung.

$$U_{sek} = N_{sek} \cdot \frac{d\phi(t)}{dt} \qquad \textit{\{Gleichung 3.3\}}$$

Im Transformator ist der magnetische Fluss im Kern gebündelt. Relevant ist hier also die magnetische Flussdichte *B:*

$$B = \frac{d\phi(t)}{A} \quad \{\text{Gleichung 3.4}\}$$

A ist die Fläche des Kerns die dem magnetischen Fluss ϕ zur Verfügung steht.

Weiterhin ist die magnetische Flussdichte *B* über die Permeablilität (eine Stoffkonstante) mit der magnetischen Feldstärke *H* verknüpft. Aus z.B. [5]:

$$B = \mu \cdot H = \mu_0 \cdot \mu_r \cdot H \quad \{\text{Gleichung 3.5}\}$$

μ_0 ist die magnetische Feldkonstante in *Vs/Am;* $\mu_0 = 1{,}2566 \cdot 10^{-6}$ *Vs/Am*
μ_r Permeabilitätszahl (Materialabhängig, ohne Einheit); für Luft $\mu_r = 1$, für Eisen (Fe) $300 \leq \mu r \leq 10000$

Für die magnetische Feldstärke *H* gilt aber

$$H = \frac{N \cdot I}{l} \quad \{\text{Gleichung 3.6}\}$$

mit *N* als Windungszahl
l als mittlere Feldlinienlänge in *m*
I als elektrischer Strom, der durch die Wicklung mit der Windungszahl *N* fließt

Damit schließt sich der Kreis: Ein Strom in der Sekundärwicklung erhöht die magnetische Feldstärke *H* und erzeugt somit einen zusätzlichen magnetischen Fluss *B.* Dieser wirkt aber dem Hauptfluss entgegen, was ihn schwächt. Die induzierte Gegenspannung in der Primärwicklung sinkt, was zu einem höheren Strom in die Primärwicklung führt, so dass der ursprüngliche magnetische Fluss wieder hergestellt wird. Durch diese magnetische Kopplung muss die Primärseite bei sekundärseitiger Belastung einen größeren Strom und demzufolge (da die Primärspannung konstant ist) eine größere Leistung liefern.

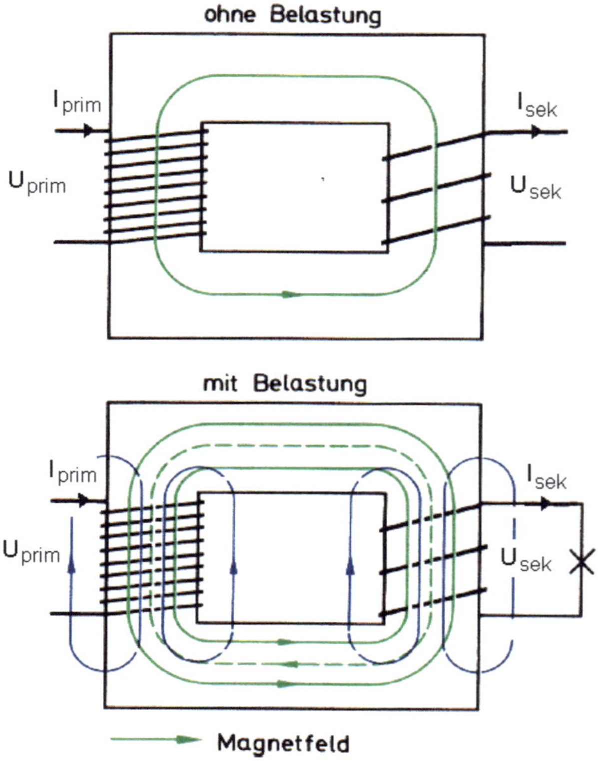

Bild 3.3: Magnetische Kopplung beim Transformator. Die meisten magnetischen Feldlinien verlaufen im Kern. Vor allem bei Belastung entsteht allerdings auch ein Streufeld.

Bei einem verlustfreien Transformator (den es nicht gibt), kann die gesamte auf der Primärseite eingespeiste Leistung auf der Sekundärseite entnommen werden. Es gilt dafür

$P_{prim} = P_{sek}$ bzw. korrekter: $S_{prim} = S_{sek}$ *{Gleichung 3.7}*

$$U_{prim} \cdot I_{prim} = U_{sek} \cdot I_{sek}$$

Bei einem realen Transformator wird ein Teil der eingespeisten Leistung in Wärme umgesetzt. Zu unterscheiden ist die Wärmewirkung durch den Strom, der in den Kupferwicklungen fließt und durch die Ummagnetisierung bzw. durch Wirbelströme im Eisenkern.

Der ohmsche Widerstand der Wicklungen aus Kupferdraht ist die Ursache für die in den Kupferwicklungen entstehende Wärme. Denn es gilt

$$P_{WCu} = I^2 \cdot R_{Cu}$$

P_{WCu} ist die Wärmeleistung im Kupferdraht
I ist der Stromfluss durch die Wicklung
R_{Cu} ist der ohmsche Widerstand der Wicklung; kann leicht mit einem Ohmmeter/ Multimeter gemessen werden

Im Leerlauf, wenn also auf der Sekundärseite kein Strom fließt, ist die Leistung P_{WCu} minimal. Sie steigt dann proportional mit dem Laststrom.

Die Wärme im Eisenkern entsteht einerseits durch Wirbelströme, die durch das magnetische Wechselfeld in den Eisenkern induziert werden und andererseits durch Ummagnetisierarbeit.

Wirbelströme werden in den Eisenkern induziert, da dieser auch elektrisch leitfähig ist. Die Wärme durch Wirbelströme steigt proportional mit dem Quadrat der Frequenz. Um die Wirbelströme zu senken wird der Kern aus einzelnen Blechen aufgebaut (Blechpaketkern). Zusätzlich wird das Trafoblech mit Silizium legiert um die elektrische Leitfähigkeit zu reduzieren. Bei manchen Transformatoren werden auch gesinterte Ferritkerne eingesetzt. Dieses Material hat einen hohen elektrischen Widerstand bei gleichzeitig guten magnetischen Übertragungseigenschaften. Sie entsprechen somit einem sehr fein geblechten Kern.

Die Ummagnetisierungswärme wird verursacht, weil sich Größe und Richtung des magnetischen Feldes ständig ändern. Sie steigt proportional mit der Frequenz. Da der magnetische Fluss im Kern unabhängig von der Belastung immer gleich ist, ist die Ummagnetisierungswärme und die Wärme durch Wirbelströme (zusammen die Eisenverluste) unabhängig von der Belastung konstant. Bei einem unbelasteten Transformator ist die aufgenommene Leistung im wesentlichen die Ummagnetisierungswärme. Die Wärme, die in der primären Wicklung entsteht (Kupferverluste) ist dann minimal, weil auch der zugehörige Strom minimal ist (Leerlauffall).

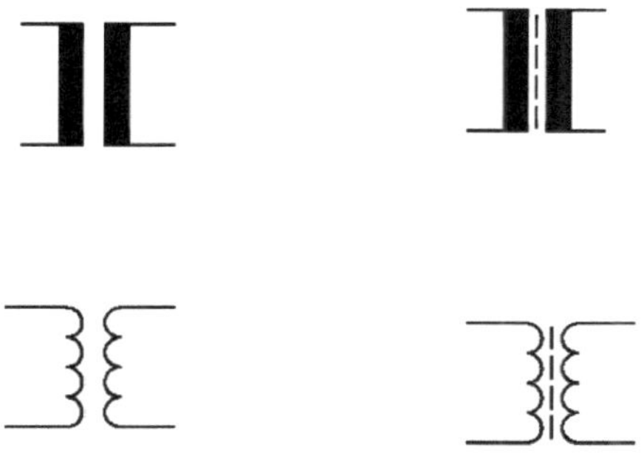

Bild 3.4: Typische Schaltzeichen für Transformatoren mit galvanischer Trennung. Links ohne Darstellung des Kernmaterials (z.B. auch bei kernlosen Transformatoren), rechts mit Darstellung des Kernmaterials (gestrichelt typischerweise für HF-Transformatoren; durchgezogen typischerweise bei Netztransformatoren).

Im Prinzip könnte man einen Transformator auch aus zwei Luftspulen aufbauen. Es würde dann die Erwärmung durch Eisenverluste entfallen. Der Eisenkern hat aber den entscheidenden Vorteil, dass nur geringe magnetische Feldstärken notwendig sind um eine große magnetische Flussdichte im Eisen zu erzeugen. Entscheidend für die Leistungsübertragung ist aber eben die magnetische Flussdichte *{Gleichungen 3.2}* bis *{3.6}*. Transformatoren mit Eisenkern können deshalb bei gleicher Größe erheblich mehr Leistung übertragen als Lufttransformatoren. Außerdem haben sie nur ein minimales Streufeld, da fast alle Feldlinien in den Eisenkern gebündelt werden.

Im Bild 3.5 sind die bei Einphasentransformatoren am häufigsten verwendeten Kerntypen dargestellt. Neben den dort abgebildeten Kernen werden zunehmend auch so genannte Schnittbandkerne eingesetzt. Diese bestehen aus Werkstoffen mit magnetischer Vorzugsrichtungen der Magnetbezirke. Die Bleche werden so gewickelt, dass diese Vorzugsrichtung dem späteren Feldlinienverlauf entspricht. Die Kerne werden dann geklebt und die Schnittflächen geschliffen. Die spätere Montage erfolgt mit Spannhülsen/ Spannbändern, nachdem der Wickelkern eingeschoben wurde. Gegenüber den Standard M- und E-Typen sind Typen mit Schnittbandkernen bei gleicher Leistung leichter, denn die Kerne können mit magnetischen Feldstärken bis zu $B_{max} = 1{,}9\ T$ (Tesla) verwendet werden (zum Vergleich bei geblechten Kernen sind bis ca. *1,5 T* möglich). Außerdem ist aufgrund der optimalen Führung der magnetischen Feldlinien das Streufeld kleiner als bei den Standard-Typen.

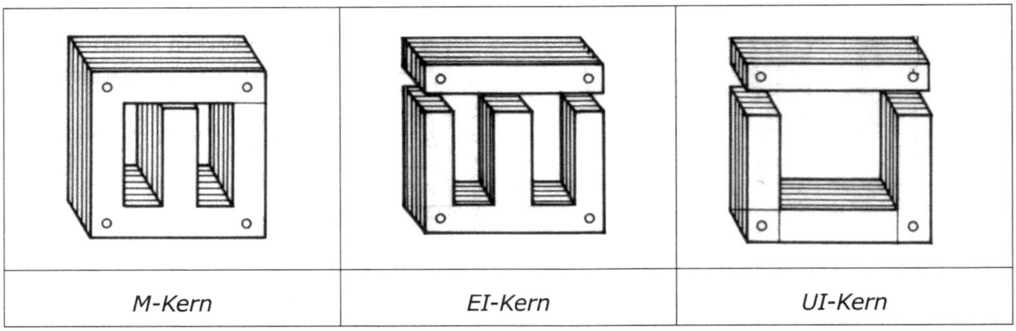

Bild 3.5: Bei Einphasentransformatoren häufig verwendete Standard-Blechkerntypen. Beim M- und EI-Kern sitzen Primär- und Sekundärspule nebeneinander in getrennten Wickelkammern oder übereinander gewickelt (mit einer Isolationsschicht dazwischen) auf dem Mittelschenkel. Beim weniger häufig vorkommenden UI-Kern befinden sich die Wicklungen auf den Schenkeln rechts und links. Weitere Details dazu findet man in [5].

Im Bild 3.6 ist der Verlauf des magnetischen Flusses *B* im Eisenkern in Abhängigkeit von der magnetischen Feldstärke *H* qualitativ dargestellt. Die magnetische Feldstärke *H* ist als Abszisse, der magnetische Fluss *B* ist als Ordinate aufgetragen. Es gilt der Zusammenhang: $B=f(H)$.

Zunächst verläuft der Anstieg annähernd linear. Mit zunehmendem Spulenstrom - und damit steigender magnetischer Erregung - wird der Zusammenhang nichtlinear. Ursache dafür sind die im Kernmaterial vorhandenen Molekularmagnete. Bei kleiner magnetischer Erregung steigt die Anzahl der ausgerichteten Molekularmagnete linear an. Mit zunehmender Erregung wird für die Ausrichtung der restlichen ungeordneten Molekularmagnete eine immer größere Erregung erforderlich. Der Kennlinienverlauf wird ab dem Sättigungspunkt $H > H_2$ zunehmend flacher. Sind nahezu alle Molekularmagnete ausgerichtet, lässt sich auch mit größter magnetischer Erregung keine weitere Steigerung der magnetischen Feldstärke mehr erreichen, da das Kernmaterial maximal ausgenutzt, d.h. gesättigt ist. Netztransformatoren werden bis zum Sättigungspunkt und teilweise auch etwas darüber hinaus betrieben. Das erkennt man im Bild 3.6 am Punkt (H_3 | B_3). Oberhalb des Sättigungspunktes steigt der Primärstrom stark an. Dieser zusätzliche Strom hat keine Auswirkungen auf die Leistungsübertragung – er wird ausschließlich im ohmschen Widerstand der Wicklung in Wärme überführt. Treibt man einen Transformator zu weit und zu lange in den Sättigungsbereich, wird die Primärwicklung überlastet und zerstört.

Bild 3.7 zeigt die Charakteristik verschiedener Kernmaterialien. Der Vorteil bei der Verwendung von speziellem Dynamoblech wird deutlich.

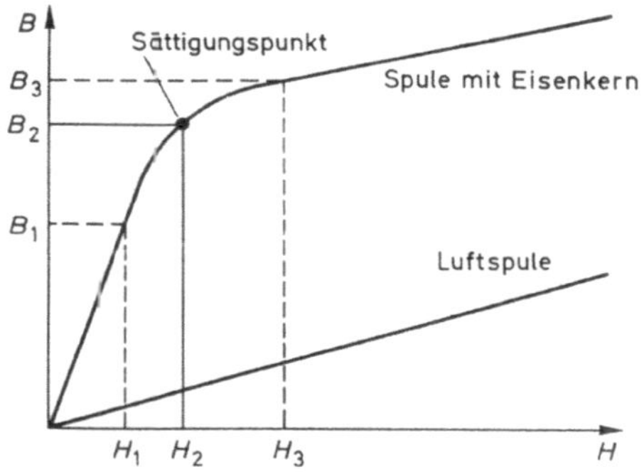

Bild 3.6: Qualitativer Verlauf der Magnetisierungskurven bei Luftspulen und bei Spulen mit Eisenkern.

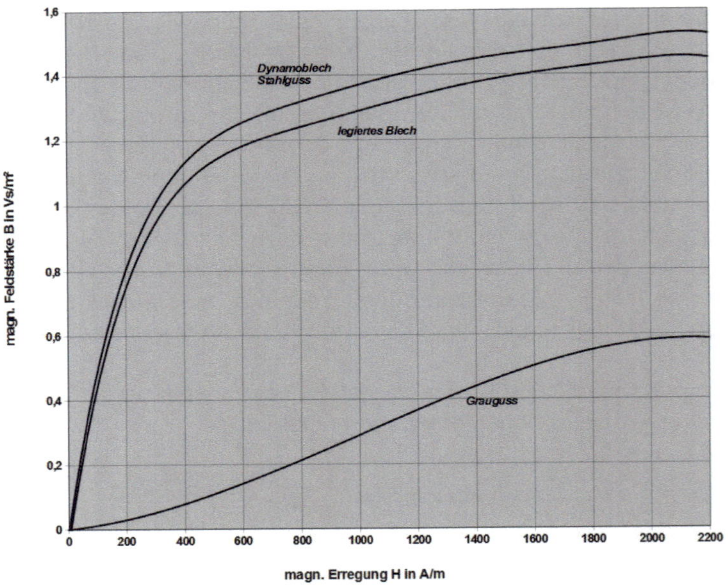

Bild 3.7: Magnetisierungskurven verschiedener Kernmaterialien. Dynamoblech, Elektroblech oder Transformatorenblech bezeichnet Blechmaterial aus einer Eisen-Silizium-Legierung mit weichmagnetischen Eigenschaften, die zur Herstellung von Transformatoren verwendet werden.

3.1.1.1 Berechnung von Netztransformatoren

Mit Berechnen ist hier gemeint:

- finden bzw. festlegen des Transformatorkerns (Material und Abmessungen)
- finden bzw. festlegen der Windungszahlen und des Drahtdurchmesser.

Vor der Berechnung des Netztransformators muss die vom Transformator zu liefernde Leistung bekannt sein.

Speist dabei eine Wicklung eine Gleichrichterschaltung, dann müssen mit Hilfe der in der Tabelle 3.1 enthaltenen Umrechnungsfaktoren aus den Gleichstromgrößen die Transformatorwechselstromgrößen bestimmt werden.

Für die errechnete Transformatorennennleistung ergibt sich aus der Tabelle 3.2 die erforderliche Kerngröße. Beide Tabellen sind ursächlich aus [5]. Die dort angegebenen Werte für den Wirkungsgrad, die Windungen je Volt und die zulässigen Stromdichten ermöglichen die Berechnung der Windungszahlen und Drahtdurchmesser.

Grundsätzlich gilt, dass nach der Gleichrichtung (über die ich im Abschnit 3.1.2 berichte) pulsierender Gleichstrom fließt. Dessen Form ist von der Art des Gleichrichters abhängig. Jedenfalls gibt es auf der Gleichstromseite nur Wirkleistung, weil dort keine Phasenverschiebung zwischen Strom und Spannung existiert.

Auf der Primärseite des Transformators gibt es allerdings Wirkleistung *P* und Blindleistung *Q* – also Scheinleistung *S*. Deshalb wird die Leistung bei Transformatoren mit dem Buchstaben *S* und der Einheit *VA* angegeben. Allgemein gilt [5]:

$$S^2 = P^2 + Q^2$$

Je größer die Differenz zwischen der Nennleistung des Transformators und der entnommenen Leistung, desto größer ist der primäre Blindleistungsanteil. Wird der Transformator mit Nennleistung betrieben ist der Blindleistungsanteil minimal. In den Maker-Anwendungen kann der Blindleistungsanteil in der Regel vernachlässigt werden. Wir können also fast immer von reiner Wirkleistung ausgehen.

Dazu ein Beispiel:
Ein Netztransformator (Primär *230 V / 50 Hz*) soll eine mit LEDs aufgebaute Beleuchtungsanlage versorgen. Die LEDs sind in einem fertig aufgebauten Array angeordnet. Das LED-Array benötigt eine Gleichspannung von $U_{array} = 4{,}8\ V$. Die Stromaufnahme beträgt $I_{array} = 2{,}3\ A$. Die Leistungsaufnahme ist somit

$$P_{Array} = U_{Array} \cdot I_{Array} = 4{,}8V \cdot 2{,}3A = 9{,}6W$$

Da eine Gleichspannung benötigt wird, wird eine Brückengleichrichtung eingesetzt. Die zugehörigen Umrechnungsfaktoren sind der Tabelle 3.1 entnommen. Interessant ist hier die unterste Zeile. Bei der Brückengleichrichtung muss der Transformator eine um *23 %* höhere Leistung aufweisen. Es gilt somit für die sekundäre Scheinleistung, die der Transformator zur Verfügung stellen muss:

$$S_{sek} = 1{,}23 \cdot P_{Array} = 1{,}23 \cdot 9{,}6W = 11{,}808VA$$

Gesucht sind nun

- die erforderliche Kerngröße bei vorgegebenem Kernmaterial
- die Windungszahlen,
- der Drahtdurchmesser.

Der Tabelle 3.2 kann entnommen werden, dass zu der ermittelten Scheinleistung S_{sek} der Kern M55 mit einer übertragbaren Leistung von *S = 12 VA* passt. Der Wirkungsgrad η des Transformators mit diesem Kern beträgt *70 %*. Die Scheinleistung in der Primärwicklung beträgt deshalb

$$S_{prim} = \frac{S_{sek}}{\eta} = \frac{11{,}808VA}{0{,}7} \approx 16{,}7VA$$

In der Tabelle 3.2 steht ebenfalls, dass auf der Primärseite pro Volt *11,4* Windungen erforderlich sind. Daraus ergibt sich für die Primärwicklung eine Windungszahl von

$$N_{prim} = 11{,}4 \cdot \frac{1}{V} \cdot 230V = 2622$$

Der primäre Scheinstrom ergibt sich zu

$$I_{prim} = \frac{S_{prim}}{U_{prim}} = \frac{16{,}7VA}{230V} \approx 0{,}073A$$

Nun ist die Drahtdicke zu klären. Der Tabelle 3.2 kann entnommen werden, dass die Stromdichte innen $J_i = 3{,}8\ A/mm^2$ betragen darf. Außen darf sie $J_a = 4{,}3\ A/mm^2$ betragen. Wird zuerst die Primärwicklung aufgetragen, so gilt dafür die Bedingung "innen". Es gilt somit für den Drahtdurchmesser der Primärwicklung:

$$d_{prim} = \frac{I_{prim}}{J_{i.prim}} = \frac{0{,}073A}{3{,}8A/\mathrm{mm}^2} \approx 0{,}02mm^2$$

Nun wird die notwendige Wicklungszahl für die Sekundärwicklung berechnet. Es gilt dafür:

$$N_{sek} = 14{,}1 \cdot \frac{1}{V} \cdot 4{,}8V \approx 68$$

Für die Berechnung des Drahtdurchmessers kann die höhere Stromdichte (für "außen") verwendet werden, denn die Sekundärwicklung wird auf die Primärwicklung aufgebracht. Sie liegt also weiter außen und kann somit die Wärme besser an die Umgebung abgeben. Man erhält:

$$d_{sek} = \frac{I_{sek}}{J_{a.sek}} = \frac{2{,}3A}{4{,}3\,A/mm^2} \approx 0{,}53mm^2$$

Zwischen Primär- und Sekundärwicklung muss unbedingt eine isolierende Schicht aufgebracht werden (entsprechend Schutzklasse II). Alternativ gibt es Spulenkörper bei denen die Wickelbereiche nebeneinander angeordnet sind. Primär- und Sekundärwicklung sind dann in getrennten Wickelbereichen untergebracht. Weitere Details zur Herstellung von Transformatoren sind unter anderem in [5] zu finden.

Schaltungsart	E Einweg-gleichrichtung	M Mittel-punkt-schaltung	B Brücken-schaltung
Sekundäre Transformatorwechselspannung	2,22	1,11	1,11
Sekundärer Transformatorstrom	1,57	0,79	1,11
Sekundäre Scheinleistung	3,49	1,75	1,23
Primäre Scheinleistung	2,7	1,23	1,23
Transformatorleistung	3,1	1,5	1,23

Tabelle 3.1: Umrechnungsfaktoren zur Berechnung der Transformatorleistung bei verschiedenen Gleichrichterschaltungen.

Berechnungstabelle für Kleintransformatoren mit M- bzw. EI-Kernblechen

Übertragbare Leistung bei: 1 Eingangs- und 1 oder 2 Ausgangswicklungen VA	12	25	50	70	95	120	175	250	320	370	450	550
mehr Wicklungen VA	9	21	40	65	75	100	155	230	290	340	410	510
Kernblech	M 55	M 65	M 74	M 85a	M 85b	M 102a	M 102b	EI 130a	EI 130b	EI 150a	EI 150b	EI 150c
Wirkungsgrad ca.	0,7	0,77	0,83	0,84	0,86	0,88	0,89	0,9	0,91	0,92	0,93	0,94
Primäre Windungszahl je V	11,4	7,8	5,68	4,51	3,2	3,5	2,34	3,3	2,59	2,59	2,08	1,74
Sekundäre Windungszahl je V	14,1	9	6,3	4,95	3,5	3,86	2,46	3,51	2,72	2,72	2,18	1,8
Stromdichte innen in $\frac{A}{mm^2}$	3,8	3,3	3	2,9	2,6	2,4	2,3	1,7	1,7	1,5	1,5	1,5
Stromdichte außen in $\frac{A}{mm^2}$	4,3	3,6	3,4	3,3	3	2,8	2,7	2,2	2,1	1,9	1,9	1,8
Nutzbarer Wickelraum Höhe in mm	7,6	9,1	10,1	9,2	9,2	12,2	12,2	24	24	28	28	28
Nutzbarer Wickelraum Breite in mm	31	36	42	46	46	58	58	61	61	68	68	68

Tabelle 3.2: Berechnungstabelle für Kleintransformatoren mit M- bzw. EI-Kernblechen (aus [5]).

3.1.1.2 Netztransformatorenwahl

Im Alltag der Elektroniker, Maker und Funkamateure werden nur noch selten Transformatoren selbst hergestellt. Meist geht es darum, aus einem Bestand oder aus den am Markt verfügbaren Transformatoren den geeigneten auszuwählen. Bei Geräten mit größerem Stromverbrauch bedeutet eine falsche Entscheidung in diesem Bereich ein nicht zu unterschätzender, vermeidbarer Kostenfaktor. Um Fehler auszuschließen müssen die entsprechenden Daten des zu versorgenden Gerätes hinreichend bekannt sein.

Hinzu kommt, dass der Austausch eines defekten Transformators häufig problematisch sein kann. Sind die Daten des alten Transformators bekannt, reicht unter günstigen Umständen vielleicht eine mechanische Anpassung aus. Schwieriger ist es, wenn die Daten nicht bekannt sind oder ein neuer Transformator mit genau den benötigten Leistungsmerkmalen nicht zu beschaffen ist.

Maker und Funkamateure verwenden oftmals gebrauchte Transformatoren. Diese gibt es auf Trödelmärkten oder man baut sie aus Elektronik-Schrott aus. Dies hat viele Vorteile: die anfallenden Kosten sind gering oder gleich Null. Gleichzeitig werden durch die Wiederverwendung Ressourcen gespart und unsere Umwelt geschont. Die Daten der so gewonnenen Transformatoren sind aber oft unbekannt.

Um die anfallenden Schwierigkeiten zu meistern müssen die Verfahren zur Bestimmung der Transformatordaten sowie deren Anpassung an die Erfordernisse bekannt sein. Der letztgenannte Punkt gilt insbesondere unter dem Aspekt, dass die Vielzahl der Transformatortypen den Aufwand für das Selbstwickeln nicht rechtfertigt. Es ist viel sinnvoller auf einen Transformator zurückzugreifen, der aufgrund seiner technischen Eigenschaften erwarten lässt, die gestellte Aufgabe möglichst gut zu erfüllen. Eventuell notwendige Feinanpassungen verlangen zusätzlich Ideenreichtum und Kreativität.

Um überhaupt eine Lösung zu finden muss bekannt sein, wie man mit Hilfe messtechnischer Methoden die wichtigsten Transformator-Merkmale ermittelt. Nachfolgend sollen allerdings nur die vom angesprochenen Leserkreis in aller Regel verwendeten einphasigen Netztransformatoren betrachtet werden. Da eine rein akademische Betrachtungsweise im Elektroniklabor nicht unbedingt nutzbare Ergebnisse hervorbringt, sind alle gezeigten Verfahren so angelegt, dass sie sich von jedem Praktiker mit wenig Geräteaufwand durchführen lassen.

Bei jedem Netztransformator sind die Nennausgangsdaten natürlich von besonderem Interesse. Das gilt auch für einen Transformator von unbekanntem Typ und/oder bei nicht verfügbaren technischen Daten. Dazu gehören

1. die Nennleistung,
2. die Nennausgangsspannung (Sekundärspannung),
3. der Nennausgangsstrom (Sekundärstrom)
   und, sofern nicht sicher ist ob es sich um einen Netztransformator für das europäische Verbundnetz mit *230 V / 50 Hz* handelt, eventuell auch
4. die Primärspannung.

a) Stichprobe von 11 Transformatoren mit M-Kern

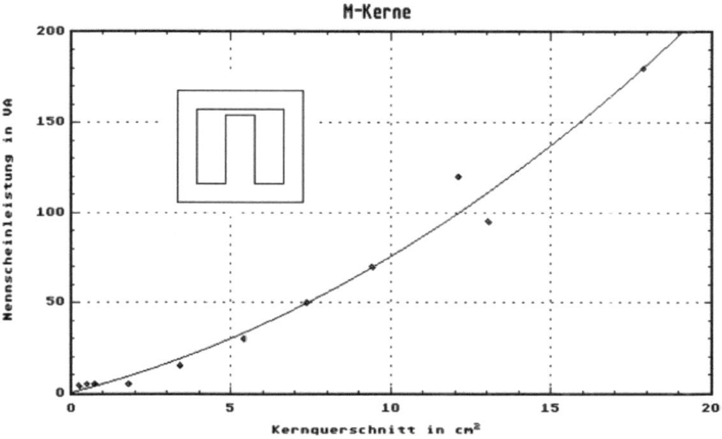

$$\frac{S}{VA} \approx 0{,}3 \cdot \left(\frac{A}{cm^2}\right)^2 + 4{,}52 \cdot \left(\frac{A}{cm^2}\right) - 0{,}05 \quad \text{für} \quad 1cm^2 < A \leq 18cm^2$$

b) Stichprobe von 6 Transformatoren mit UI-Kern

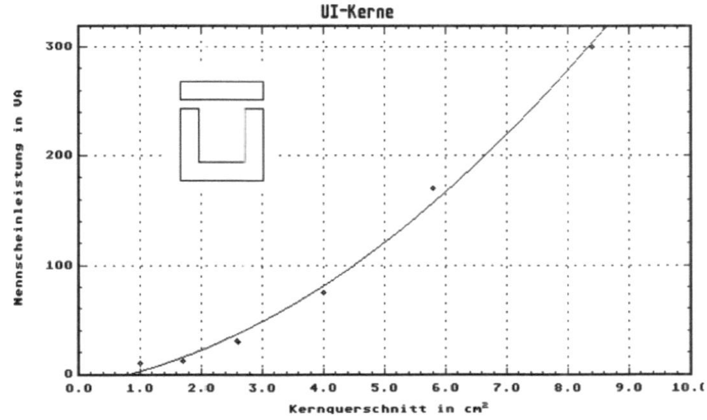

$$\frac{S}{VA} \approx 3{,}29 \cdot \left(\frac{A}{cm^2}\right)^2 + 9{,}82 \cdot \left(\frac{A}{cm^2}\right) - 10{,}75 \quad \text{für} \quad 1cm^2 \leq A \leq 8{,}6cm^2$$

c) Stichprobe von 13 Transformatoren mit EI-Kern

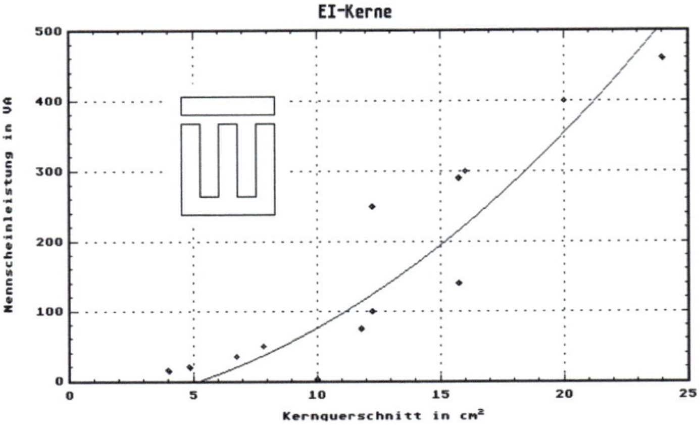

$$\frac{S}{VA} \approx 3{,}19 \cdot \left(\frac{A}{cm^2}\right)^2 + 4{,}34 \cdot \left(\frac{A}{cm^2}\right) + 0{,}291 \quad \text{für} \quad 6cm^2 \leq A \leq 24cm^2$$

d) Stichprobe von 27 Rinkerntransformatoren

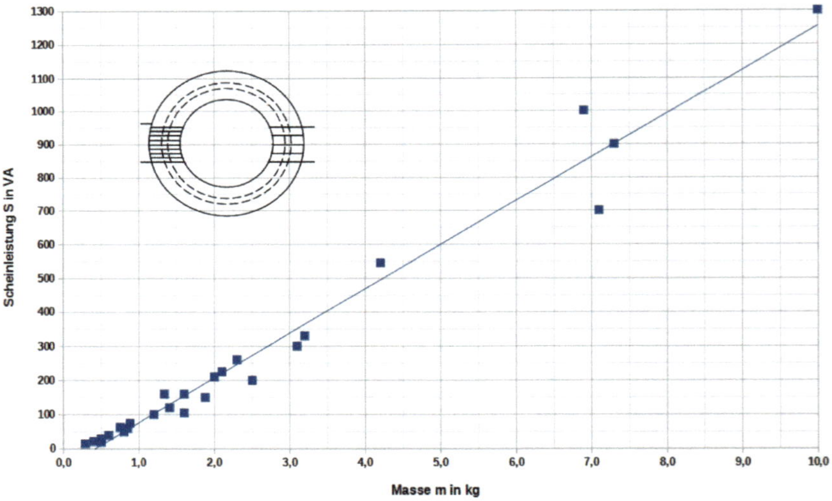

$$\frac{S}{VA} \approx 130{,}85 \cdot \frac{m}{kg} - 54{,}12 \quad \text{für} \quad 0{,}42kg \leq m \leq 10kg$$

Bild 3.8 a bis 3.8 d: Nennscheinleistung in Abhängigkeit vom Kernquerschnitt (bei Blechpaktekernen) und von der Masse (bei Ringkernen) für handelsübliche Transformatoren.

3.1.1.2.1 Abschätzung der Nennleistung

Beschränkt man sich, wie bereits erwähnt, auf Netztransformatoren für 50-Hz-Versorgungsnetze, lassen die Bilder 3.8a bis 3.8c eine Abschätzung der Nennleistung zu. Die Diagramme in diesen Bildern zeigen eine stichprobenartige Auswertung handelsüblicher Netztransformatoren mit Blechpaketen. Es wurde der Zusammenhang

$$S=f(A)$$

mit S = übertragbare Nennscheinleistung in VA
und A = Kernquerschnitt in cm²

untersucht. Mit Kernquerschnitt ist die Fläche des Kerns gemeint, die durch die Wicklung geht. Für M-Kerne und UI-Kerne kristallisierte sich ein recht eindeutiger Zusammenhang heraus. Bei den EI-Kernen streuen die ermittelten Daten etwas mehr. Bei allen drei Diagrammen kann der gemittelte Kurvenverlauf mit einem Polynom zweiten Grades als zugeschnittene Größengleichung beschrieben werden. Dieses Polynom gilt allerdings jeweils nur innerhalb eines sehr engen Definitionsbereiches. Die Polynome sind jeweils unter den Diagrammen im Bild 3.8 angegeben. Sie wurden nach den in [9] beschriebenen Methoden entwickelt.

Voraussetzung für die Benutzung der Diagramme und/oder Gleichungen ist natürlich Zugänglichkeit zum Transformatorkern. Es muss nicht nur die Kernart erkennbar, sondern auch der Kernquerschnitt messbar sein. Die Abschätzung der Nennscheinleistung auf diese Art und Weise funktioniert also nur bei offenen (unvergossenen) Transformatoren. Außerdem sei ausdrücklich darauf hingewiesen, dass der so ermittelte Wert nur als Anhaltswert zu betrachten ist.

Neben den Diagrammen kann auch die in [27] angegebene Gleichung zur Berechnung der Transformatorleistung durch Wiegen helfen.

Im Bild 3.8d ist der Zusammenhang der Scheinleistung über die Masse zu sehen. Grundlage waren hier 27 Transformatoren mit Ringkern. Der gemittelte Kurvenverlauf ist mit der unter dem Diagramm angegebenen Geradengleichung beschrieben.

3.1.1.2.2 Abschätzung der Nennausgangsspannung und des Nennausgangsstroms

Bei der Fahndung nach der Nennausgangsspannung tritt die Schwierigkeit auf, dass die Ausgangsspannung mit steigendem Ausgangsstrom zusammenbricht. Im Leerlauf ist die Ausgangsspannung größer als bei belasteter Sekundärseite. Die Angabe der Nennausgangsspannung erfolgt immer beim Nennausgangsstrom. Beide zusammen ergeben multipliziert die Nennausgangsleistung.

Der Leerlauffaktor F ist der Quotient der Ausgangsspannung im Leerlauf (U_{leer}) zur Ausgangsspannung beim Nennausgangsstrom (U_{last}):

$$F = \frac{U_{leer}}{U_{last}} \quad \text{\{Gleichung 3.8\}}$$

Häufig findet man U_0 anstelle von U_{leer} und U_N anstelle von U_{last}. Die Angaben gelten allerdings nur bei rein ohmscher Belastung. Beim unbekannten Transformator kann die Gleichung für den Leerlauffaktor für die Abschätzung der Nennausgangsspannung und des Nennausgangsstromes herangezogen werden.

Eine Untersuchung von handelsüblichen Netztrafos mit Blechkern im Leistungsbereich *1,5 VA ≤ S ≤ 60 VA* ergab den im Bild 3.9a dargestellten Zusammenhang zwischen Nennscheinleistung und Leerlauffaktor. Mit zunehmender Nennleistung nähert sich der Leerlauffaktor interessanterweise immer mehr der eins. Die mittlere Ausgleichskurve des Zusammenhangs *F=f(S)* lässt sich wieder als zugeschnittene Größengleichung angeben. Sie ist unter dem Bild 3.9a abgedruckt. Sie hat allerdings nur in dem vorhin angegebenen Definitionsbereich Gültigkeit.

Grundlage für das Zustandekommen dieser Gleichung war eine Stichprobe von *35* Transformatoren mit Nennausgangsspannungen zwischen *3 V* und *33 V*.

Bildet man den Mittelwert aller ermittelten Leerlauffaktoren der Stichprobe, so erhält man

$$F \approx 1{,}24$$

Eine zweite Stichprobe, bei der *12* Ringkerntransformatoren im Nennleistungsbereich von *22 VA ≤ S ≤ 1300 VA* beteiligt waren ergab für den Leerlauffaktor das Diagramm im Bild 3.9b. Hier kann die zugeschnittene Größengleichung im erwähnten Definitionsbereich so wie unter dem Bild 3.9b angegeben werden.

a) Stichprobe von 35 Transformatoren (kleine Printtrafos) mit Blechpaketkern

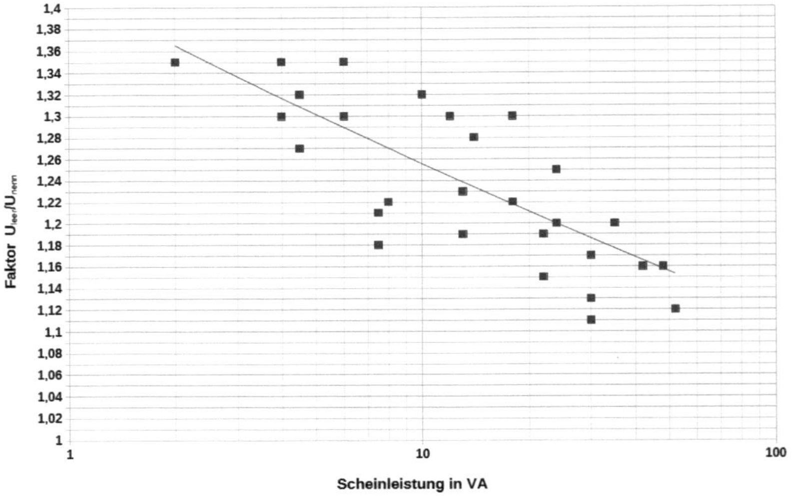

$$F \approx 1{,}415 \cdot \left(\frac{S}{VA}\right)^{(-0{,}0519)} \text{ für } 1{,}5VA \leq S \leq 60VA$$

b) Stichprobe von 12 Ringkerntransformatoren

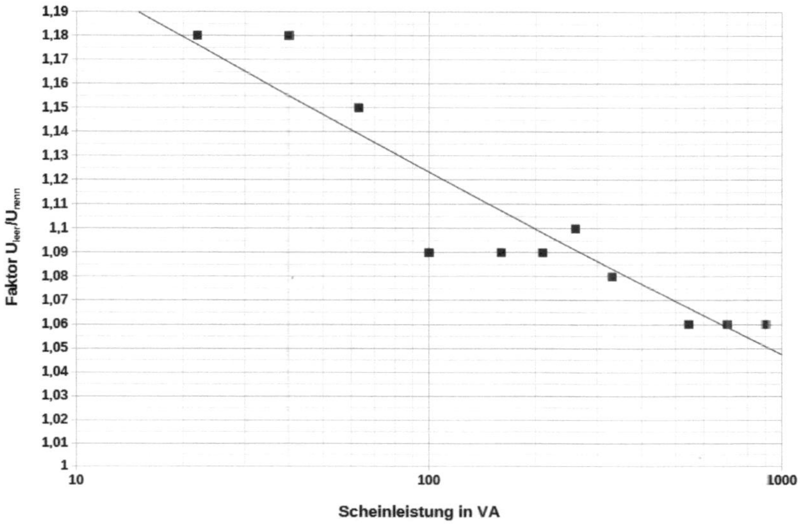

$$F \approx 1{,}292 \cdot \left(\frac{S}{VA}\right)^{(-0{,}030397)} \text{ für } 22VA \leq S \leq 1300VA$$

Bild 3.9a und b: Verlauf des Leerlauffaktors in Abhängigkeit von der Transformatorleistung bei handelsüblichen Netztransformatoren für U_{prim} = 230 V / 50 Hz.

Bei einem Netztransformator mit bekannten Eingangsdaten (Primärspannung, Netzfrequenz) aber unbekannten Ausgangsdaten geht man zweckmäßigerweise wie folgt vor:

1. Mit Hilfe der Kerngröße oder mit Hilfe des Gewichtes und den Diagrammen (oder Gleichungen) aus Bild 3.8 wird die Nennscheinleistung abgeschätzt.

2. Mit Hilfe der Nennscheinleistung und den Diagrammen (oder Gleichungen) aus Bild 3.9 wird der Leerlauffaktor ermittelt.

3. Es wird die sekundäre Spannung im Leerlauf (U_{leer}) gemessen.

4. Die gemessene Leerlaufspannung dividiert durch den Leerlauffaktor ergibt die ungefähre Nennausgangsspannung.

5. Der Ausgang wird mit einem einstellbaren ohmschen Widerstand belastet (siehe auch [27], Kapitel 8). Gleichzeitig wird der Ausgangsstrom I_{sek} und die Ausgangsspannung U_{sek} gemessen (Bild 3.10). Die Last wird so eingestellt, dass die errechnete Nennausgangsspannung angezeigt wird (hier ist wichtig, dass der Widerstand ausreichend belastet werden kann). Der nun fließende Ausgangsstrom ist der ungefähre Nennausgangsstrom.

Alternativ zum Punkt 5 kann auch die Ausgangsspannung bei einer beliebigen Last ermittelt werden. Aus diesen Größen lässt sich die Gradengleichung

$$U_{sek} = f(I_{sek})$$

berechnen (wie im Abschnitt 1.1 bereits beschrieben – Spannungsquellen sowie [2]). Mit dieser Gleichung lässt sich dann der zur ermittelten Ausgangsnennspannung gehörende Ausgangsstrom berechnen.

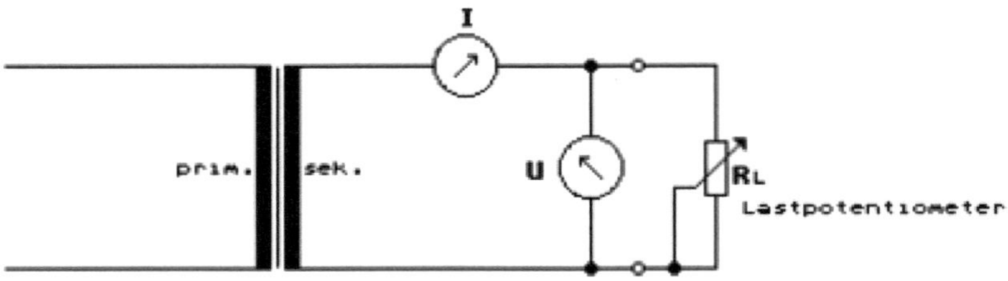

Bild 3.10: Schaltung zur Ermittlung von Nennausgangsspannung und Nennausgangsstrom.

Noch einfacher ist es, das Computerprogramm, das am Schluss dieses Abschnittes abgedruckt ist, zu verwenden. Nach dem Starten wird zunächst erfragt, ob der Kern des Transformators zugänglich ist. Falls ja, werden für die weiteren Berechnungen die oben angeführten Zusammenhänge bzw. Gleichungen herangezogen. Falls nein, werden die Durchschnittwerte benutzt. Anschließend erfolgt die Abfrage der Leerlaufspannung. Als Resultat erhält man die $U=f(I)$-Kennlinie, die $P=f(R_L)$-Kennlinie sowie die ungefähren Ausgangsnenndaten des Transformators. Das Bild 3.11 zeigt das Ablaufschema und das Bild 3.12 gibt einen Eindruck der Bildschirmoberfläche des Programms.

Das Programm ist in VB.NET-Code geschrieben und wurde mit Visual Basic 10 Express Edition entwickelt.

Es sei nochmals darauf hingewiesen, dass es sich bei den so ermittelten Zahlenwerten um ungefähre Daten handelt. Das Verfahren konnte sich allerdings in der Praxis schon öfter bewähren. Wer sicher gehen will, hält zu den so ermittelten Nenndaten (Nennstrom und Nennausgangsleistung) einen gewissen Abstand ein.

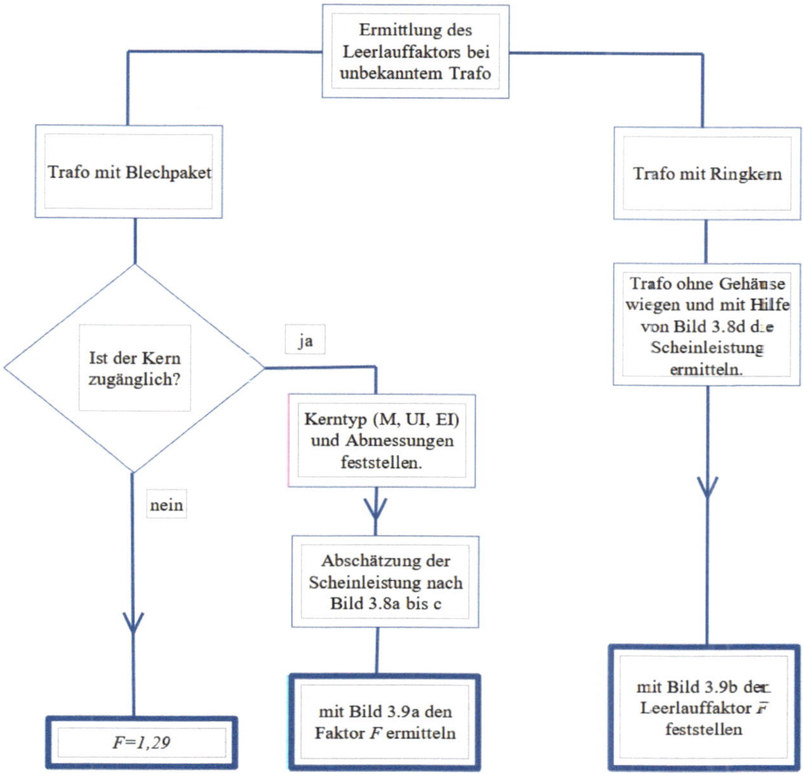

Bild 3.11: Ablaufschema des Programms zur Ermittlung von Nenndaten bei einem unbekannten Transformator.

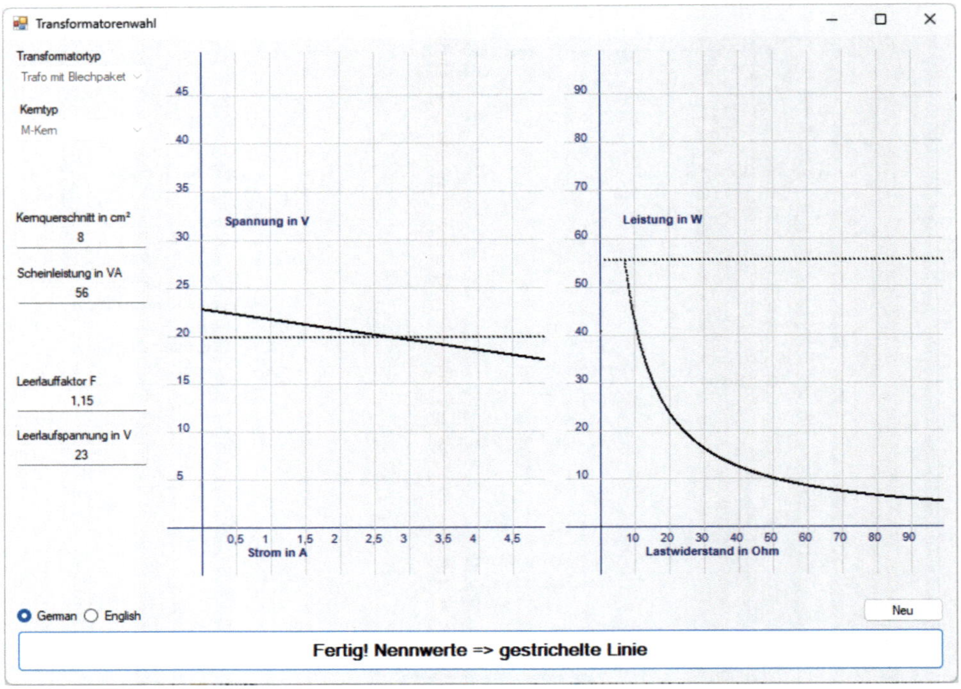

Bild 3.12: Oberfläche des Programms zur Einschätzung der Nenndaten unbekannter Netztransformatoren.

Für eine praxisorientierte Einführung in das Programmieren mit Visual Basic empfehle ich [29].

```
'Programm zur Abschätzung von Transformatordaten; 11. Februar 2025, Franz Peter Zantis, DB7FP
Option Explicit On
Option Strict On
Imports System.Math
Public Class Form1
    'polynomvariablen y=ax2+bx+c
    Dim a As Double
    Dim b As Double
    Dim c As Double
    Dim defunten As Double
    Dim defoben As Double
    Dim y As Double

    Dim leerlauffaktor As Double
    Dim Uleer As Double
    Dim Unenn As Double
    Dim Ulast As Double
    Dim Rlast As Double
    Dim Ri As Double
    Dim weight As Double
```

```
    Dim apparentpower As Double
    Dim Inenn As Double

    Dim result As Integer

    Dim gUI As Graphics
    Dim gPRL As Graphics
    Dim xsize As Integer 'gilt für alle Picture-Boxen; Diagramme müssen gleich gro? sein
    Dim ysize As Integer 'gilt für alle Picture-Boxen; Diagramme müssen gleich gro? sein

    Dim newflag As Boolean = False

    Private Sub Form1_Load(ByVal sender As System.Object, ByVal e As System.EventArgs)
Handles MyBase.Load
        If newflag = False Then
            Me.RadButEng.Checked = False
            Me.RadButGer.Checked = True
            Me.Text = "Transformatorenwahl"
        End If

        gUI = Me.PicbxUfvonI.CreateGraphics
        gPRL = Me.PicBxPfvonRL.CreateGraphics
        xsize = Me.PicbxUfvonI.Width
        ysize = Me.PicbxUfvonI.Height

        Call ChangeLanguage()

        Me.TxtBxKernquerschnitt.Text = "6" 'default value

        Me.CmbxTrafotyp.DropDownStyle = ComboBoxStyle.DropDownList
        Me.CmbxTrafotyp.Enabled = True
        Me.LblKerntyp.Visible = False
        Me.CmbxKerntyp.Enabled = True
        Me.CmbxKerntyp.DropDownStyle = ComboBoxStyle.DropDownList
        Me.CmbxKerntyp.Visible = False
        Me.CmbxKerntyp.Items.Clear()
        Me.CmbxKerntyp.Items.Insert(0, "M-Kern")
        Me.CmbxKerntyp.Items.Insert(1, "UI-Kern")
        Me.CmbxKerntyp.Items.Insert(2, "EI-Kern")
        Me.CmbxKerntyp.SelectedIndex = 0
        Me.LblKerntyp.Visible = False
        Me.LblGewicht.Visible = False
        Me.TxtBxGewicht.Visible = False
        Me.TxtBxGewicht.ReadOnly = False
        Me.TxtBxGewicht.Text = "0,42"
        Me.LblKernquerschnitt.Visible = False
        Me.TxtBxKernquerschnitt.Visible = False
        Me.TxtBxKernquerschnitt.ReadOnly = False
        Me.LblScheinleistung.Visible = False
        Me.TxtBxScheinleistg.Visible = False
        Me.TxtBxScheinleistg.ReadOnly = True
        Me.LblNennspg.Visible = False
        Me.TxtBxNennspg.Visible = False
```

```
        Me.TxtBxNennspg.ReadOnly = False
        Me.Lblleerlauffaktor.Visible = False
        Me.TxtBxleerlauffaktor.Visible = False
        Me.TxtBxleerlauffaktor.ReadOnly = True
        Me.LblLeerlaufspannung.Visible = False
        Me.TxtBxLeerlaufspannung.Visible = False
        Me.TxtBxLeerlaufspannung.ReadOnly = False
        Me.LblLastR.Visible = False
        Me.TxtBxLastR.Visible = False
        Me.TxtBxLastR.ReadOnly = False
        Me.LblUlast.Visible = False
        Me.TxtBxUlast.ReadOnly = False
        Me.TxtBxUlast.Visible = False
        Me.BtnNeu.Visible = True
        Me.BtnStart.Visible = True
    End Sub

    Private Sub BtnStart_Click(ByVal sender As System.Object, ByVal e As System.EventArgs)
Handles BtnStart.Click
        On Error GoTo neu

        If Me.BtnStart.Text = "Bitte den Transformatortyp wählen und dann hier klicken." Or
Me.BtnStart.Text = "Please select the kind of transformer and click here." Then
            Me.CmbxTrafotyp.Enabled = False

            If (Me.CmbxTrafotyp.Text = "Ringkerntrafo") Or (Me.CmbxTrafotyp.Text = "Toroidal
transformer") Then
                If Me.RadButGer.Checked = True Then
                    result = MessageBox.Show("Ist die Scheinleistung S bekannt?", "QUESTION",
MessageBoxButtons.YesNo, MessageBoxIcon.Question, MessageBoxDefaultButton.Button2)
                Else
                    result = MessageBox.Show("Is the apparent power S known?", "QUESTION",
MessageBoxButtons.YesNo, MessageBoxIcon.Question, MessageBoxDefaultButton.Button2)
                End If
                '7=nein; 6=yes
                If result = 7 Then
                    Me.LblGewicht.Visible = True
                    Me.TxtBxGewicht.Visible = True
                    If Me.RadButGer.Checked = True Then
                        Me.BtnStart.Text = "Das Gewicht des Trafos eintragen. 0,42....10 kg"
                    Else
                        Me.BtnStart.Text = "Enter the weight of the transformer. 0,42....10 kg"
                    End If
                Else
                    Me.TxtBxScheinleistg.Visible = True
                    Me.TxtBxScheinleistg.ReadOnly = False
                    Me.LblScheinleistung.Visible = True
                    If Me.RadButGer.Checked = True Then
                        Me.BtnStart.Text = "Scheinleistung S in VA eintragen"
                    Else
                        Me.BtnStart.Text = "Enter apparent power S in VA"
                    End If
                End If
            Else    'Transformatoren mit Blechpaket gewählt
```

```
            If Me.RadButGer.Checked = True Then
                result = MessageBox.Show("Ist der Transformatorkern zugänglich?", 
"QUESTION", MessageBoxButtons.YesNo, MessageBoxIcon.Question, MessageBoxDefaultButton.Button2)
            Else
                result = MessageBox.Show("Is the transformer core accessible?", 
"QUESTION", MessageBoxButtons.YesNo, MessageBoxIcon.Question, MessageBoxDefaultButton.Button2)
            End If
            '7=nein; 6=yes
            If result = 7 Then   '"no" was pressed
                leerlauffaktor = 1.24
                Me.TxtBxLeerlauffaktor.Text = CStr(leerlauffaktor)
                Me.TxtBxLeerlauffaktor.Visible = True
                Me.TxtBxLeerlauffaktor.ReadOnly = True
                Me.LblLeerlauffaktor.Visible = True
                Me.LblGewicht.Visible = True
                Me.TxtBxGewicht.Visible = True
                If Me.RadButGer.Checked = True Then
                  Me.BtnStart.Text = "Das Gewicht des Trafos eintragen. 0,05....1,5 kg"
                Else
                  Me.BtnStart.Text = "Enter the weight of the transformer. 0,05....1,5 kg"
                End If
                Me.TxtBxGewicht.Text = "1"
            Else  '"yes" was pressed
                Me.CmbxKerntyp.Visible = True
                Me.LblKerntyp.Visible = True
                Me.LblKernquerschnitt.Visible = True
                Me.TxtBxKernquerschnitt.Visible = True
                If Me.RadButGer.Checked = True Then
                    Me.BtnStart.Text = "Transformator-Kerntyp wählen und Querschnitt 
eintragen!"
                Else
                    Me.BtnStart.Text = "Select kind of transformer-core and cross 
section!"
                End If
            End If
        End If
        Exit Sub
    End If

    If Me.BtnStart.Text = "Transformator-Kerntyp wählen und Querschnitt eintragen!" Or 
Me.BtnStart.Text = "Select kind of transformer-core and cross section!" Then
        Dim lkernquerschnitt As Double
        Me.CmbxKerntyp.Enabled = False
        Call kerndaten()
        lkernquerschnitt = CDbl(Me.TxtBxKernquerschnitt.Text)
        If lkernquerschnitt < defunten Or lkernquerschnitt > defoben Then
            If Me.RadButGer.Checked = True Then
                MessageBox.Show("Kernquerschnitt außerhalb des Definitionsbereiches!", 
"Kernquerschnittproblem", MessageBoxButtons.OK, MessageBoxIcon.Stop, MessageBoxDefaultButton.
Button1)
            Else
                MessageBox.Show("Core cross-section outside the definition range!", "Core 
cross-section problem", MessageBoxButtons.OK, MessageBoxIcon.Stop, MessageBoxDefaultButton.
Button1)
            End If
        Else
```

```
                Me.TxtBxKernquerschnitt.ReadOnly = True
                apparentpower = polynom2(lkernquerschnitt)
                Me.LblScheinleistung.Visible = True
                Me.TxtBxScheinleistg.Visible = True
                Me.TxtBxScheinleistg.Text = CStr(Math.Round(apparentpower))
                leerlauffaktor = 1.415 * apparentpower ^ (-0.0519)
                Me.TxtBxLeerlauffaktor.Text = CStr(Math.Round(leerlauffaktor, 2))
                Me.TxtBxLeerlauffaktor.Visible = True
                Me.LblLeerlauffaktor.Visible = True

                If Me.RadButGer.Checked = True Then
                    Me.BtnStart.Text = "Leerlaufspannung eintragen. 0......1000 V"
                Else
                    Me.BtnStart.Text = "Enter open circuit voltage. 0......1000 V"
                End If
                Me.TxtBxLeerlaufspannung.Visible = True
                Me.LblLeerlaufspannung.Visible = True
            End If
            Exit Sub
        End If

        If Me.BtnStart.Text = "Das Gewicht des Trafos eintragen. 0,05....1,5 kg" Or
Me.BtnStart.Text = "Enter the weight of the transformer. 0,05....1,5 kg" Then
            If IsNumeric(Me.TxtBxGewicht.Text) Then
                weight = CDbl(Me.TxtBxGewicht.Text)
                If ((weight >= 0.05) And (weight <= 1.5)) Then
                    apparentpower = weight * 40
                    Me.TxtBxScheinleistg.Text = apparentpower.ToString
                    Me.TxtBxScheinleistg.Visible = True
                    Me.LblScheinleistung.Visible = True
                Else
                    GoTo neu
                End If
            Else
                GoTo neu
            End If
            Me.TxtBxGewicht.ReadOnly = True
            If Me.RadButGer.Checked = True Then
                Me.BtnStart.Text = "Leerlaufspannung eintragen. 0......1000 V"
            Else
                Me.BtnStart.Text = "Enter open circuit voltage. 0......1000 V"
            End If
            Me.LblLeerlaufspannung.Visible = True
            Me.TxtBxLeerlaufspannung.Visible = True
            Exit Sub
        End If

        If Me.BtnStart.Text = "Scheinleistung S in VA eintragen" Or Me.BtnStart.Text = "Enter
apparent power S in VA" Then
            If IsNumeric(Me.TxtBxScheinleistg.Text) Then
                apparentpower = CDbl(Me.TxtBxScheinleistg.Text)
                If apparentpower > 0 Then
                    Me.TxtBxScheinleistg.ReadOnly = True
                Else
```

```
                GoTo neu
            End If
        Else
            GoTo neu
        End If

        leerlauffaktor = Math.Round(1.292 * apparentpower ^ (-0.030397), 2)
        Me.TxtBxLeerlauffaktor.Text = leerlauffaktor.ToString
        Me.TxtBxLeerlauffaktor.Visible = True
        Me.TxtBxLeerlauffaktor.ReadOnly = True
        Me.LblLeerlauffaktor.Visible = True

        If Me.RadButGer.Checked = True Then
            Me.BtnStart.Text = "Leerlaufspannung eintragen. 0......1000 V"
        Else
            Me.BtnStart.Text = "Enter open circuit voltage. 0......1000 V"
        End If
        Me.LblLeerlaufspannung.Visible = True
        Me.TxtBxLeerlaufspannung.Visible = True
        Exit Sub
    End If

    If Me.BtnStart.Text = "Das Gewicht des Trafos eintragen. 0,42....10 kg" Or Me.BtnStart.Text
= "Enter the weight of the transformer. 0,42....10 kg" Then
        If IsNumeric(Me.TxtBxGewicht.Text) Then
            weight = CDbl(Me.TxtBxGewicht.Text)
            If ((weight >= 0.42) And (weight <= 10)) Then
                apparentpower = Math.Round(130.85 * weight - 54.12, 2)
                Me.TxtBxScheinleistg.Text = apparentpower.ToString
                Me.TxtBxScheinleistg.Visible = True
                Me.LblScheinleistung.Visible = True
            Else
                GoTo neu
            End If
        Else
            GoTo neu
        End If
        Me.TxtBxGewicht.ReadOnly = True

        leerlauffaktor = Math.Round(1.292 * apparentpower ^ (-0.030397), 2)
        Me.TxtBxLeerlauffaktor.Text = leerlauffaktor.ToString
        Me.TxtBxLeerlauffaktor.Visible = True
        Me.TxtBxLeerlauffaktor.ReadOnly = True
        Me.LblLeerlauffaktor.Visible = True

        If Me.RadButGer.Checked = True Then
            Me.BtnStart.Text = "Leerlaufspannung eintragen. 0......1000 V"
        Else
            Me.BtnStart.Text = "Enter open circuit voltage. 0......1000 V"
        End If
        Me.LblLeerlaufspannung.Visible = True
        Me.TxtBxLeerlaufspannung.Visible = True
        Exit Sub
    End If
```

```
        If Me.BtnStart.Text = "Leerlaufspannung eintragen. 0......1000 V" Or Me.BtnStart.Text
= "Enter open circuit voltage. 0......1000 V" Then
            If IsNumeric(Me.TxtBxLeerlaufspannung.Text) Then
                Uleer = CDbl(Me.TxtBxLeerlaufspannung.Text)
                If ((Uleer > 0) And (Uleer <= 1000)) Then
                    Unenn = Math.Round(Uleer / leerlauffaktor)
                Else
                    GoTo neu
                End If
            Else
                GoTo neu
            End If
            Me.TxtBxLeerlaufspannung.ReadOnly = True

            Inenn = apparentpower / Unenn
            Ri = (Uleer - Unenn) / Inenn
            Call spannungskennlinie(Uleer, leerlauffaktor, Inenn)

            Call leistungskennlinie(Uleer, Ri)

            If Me.RadButGer.Checked = True Then
                Me.BtnStart.Text = "Fertig! Nennwerte => gestrichelte Linie"
            Else
                Me.BtnStart.Text = "Ready! Nominal values => dashed line"
            End If
            Exit Sub
        End If

        Call BtnNeu_Click("", e)
        Exit Sub
neu:
        MessageBox.Show("An Error has occured! Maybe a wrong number was entered.", "ERROR",
MessageBoxButtons.OK, MessageBoxIcon.Error, MessageBoxDefaultButton.Button1)
        Call BtnNeu_Click("", e)
    End Sub

    Private Sub kerndaten()
        If Me.RadButGer.Checked = True Then
            Select Case Me.CmbxKerntyp.Text
                Case "M-Kern"
                    a = 10 / 33
                    b = 95 / 21
                    c = -2 / 37
                    defunten = 1
                    defoben = 18
                Case "UI-Kern"
                    a = 191 / 58
                    b = 167 / 17
                    c = -43 / 4
                    defunten = 1
                    defoben = 8.6
                Case "EI-Kern"
                    a = 23 / 72
```

```
                b = 167 / 17
                c = 57 / 196
                defunten = 6
                defoben = 24
            End Select
        Else
            Select Case Me.CmbxKerntyp.Text
                Case "M-core"
                    a = 10 / 33
                    b = 95 / 21
                    c = -2 / 37
                    defunten = 1
                    defoben = 18
                Case "UI-core"
                    a = 191 / 58
                    b = 167 / 17
                    c = -43 / 4
                    defunten = 1
                    defoben = 8.6
                Case "EI-core"
                    a = 23 / 72
                    b = 167 / 17
                    c = 57 / 196
                    defunten = 6
                    defoben = 24
            End Select
        End If
    End Sub

    Function polynom2(ByVal xvalue As Double) As Double
        polynom2 = CDbl(a * xvalue ^ 2 + b * xvalue + c)
        Return polynom2
    End Function

    Function spannungskennlinie(ByVal lUleer As Double, ByVal lLeerlauffaktor As Double,
lInenn As Double) As String
        Dim lxmax As Double
        Dim lymax As Double
        Dim lxmin As Double
        Dim lymin As Double
        Dim lcounter As Integer

        'Vorgabe der Skalierung
        lymax = lUleer * 1.6          '1.6 -> damit die Kennlinie mittig liegt
        lxmax = lInenn * 2            '2 -> damit die Kennlinie mittig liegt
        lymax = roundit(lymax)
        lymin = 0 - (lymax * 0.1)     'wegen Platz für die Beschriftung
        lxmax = roundit(lxmax)
        lxmin = 0 - (lxmax * 0.1)     'wegen Platz für die Beschriftung

        If Me.RadButGer.Checked = True Then
            spannungskennlinie = koordinatenkreuz(lxmin, lxmax, lymin, lymax, Me.PicbxUfvonI,
"Strom in A", "Spannung in V")
        Else
```

```
            spannungskennlinie = koordinatenkreuz(lxmin, lxmax, lymin, lymax, Me.PicbxUfvonI,
"Current in A", "Voltage in V")
        End If
        'Funktionswerte berechnen
        Const lcx As Integer = 999 'x-Genauigkeit
        Dim lxres(lcx) As Double
        Dim lyres(lcx) As Double
        For lcounter = 0 To lcx
            lxres(lcounter) = (lxmax - lxmin) / lcx * lcounter
            lyres(lcounter) = lUleer - Ri * lxres(lcounter)
        Next lcounter

        'Funktionswerte einzeichnen
        gUI.ResetTransform()
        gUI.ScaleTransform(1, -1)
        gUI.TranslateTransform(CSng(xsize / (lxmax - lxmin) * Abs(lxmin)), CSng(-ysize /
(lymax - lymin) * Abs(lymax)))
        Dim lpx As Integer
        Dim lpy As Integer
        For lcounter = 0 To lcx
            If lyres(lcounter) >= 0 Then
                lpx = CInt(xsize / (lxmax - lxmin) * lxres(lcounter))
                lpy = CInt(ysize / (lymax - lymin) * lyres(lcounter))
                gUI.DrawRectangle(Pens.Black, lpx, lpy, 1, 1)
            End If
        Next lcounter

        'Unenn einzeichnen
        Dim lUnenn As Double
        lUnenn = lUleer / lLeerlauffaktor
        'Funktionswerte berechnen
        For lcounter = 0 To lcx
            lxres(lcounter) = (lxmax - lxmin) / lcx * lcounter
            lyres(lcounter) = lUnenn
        Next lcounter
        'einzeichnen
        Dim lcounteralt As Integer
        For lcounter = 0 To lcx
            If lyres(lcounter) >= 0 Then
                lpx = CInt(xsize / (lxmax - lxmin) * lxres(lcounter))
                lpy = CInt(ysize / (lymax - lymin) * lyres(lcounter))
                If ((lcounter - lcounteralt) > 10) Then     'gestrichelte Linie
                    gUI.DrawRectangle(Pens.Black, lpx, lpy, 1, 1)
                    lcounteralt = lcounter
                End If
            End If
        Next lcounter

        Return spannungskennlinie
    End Function

    Function leistungskennlinie(ByVal lUleer As Double, ByVal lRi As Double) As String
        Dim lxmax As Double
        Dim lymax As Double
```

```
        Dim lxmin As Double
        Dim lymin As Double
        Dim lcounter As Integer
        Dim lSnenn As Double     'Scheinleistung abholen
        lSnenn = CDbl(Me.TxtBxScheinleistg.Text)

        'Vorgabe der Skalierung
        lymax = ((lUleer / (2 * lRi)) ^ 2 * lRi) * 1.2  '1.2 -> wegen Platzierung in der Mitte
        lxmax = 10 * lRi * 8                            '8 -> wegen sinnvollem Anzeigenbereich
        lymax = roundit(lymax)
        lymin = 0 - (lymax * 0.1)    'wegen Platz für die Beschriftung
        lxmax = roundit(lxmax)
        lxmin = 0 - (lxmax * 0.1)    'wegen Platz für die Beschriftung

        If Me.RadButGer.Checked = True Then
            leistungskennlinie = koordinatenkreuz(lxmin, lxmax, lymin, lymax, Me.PicBxPfvonRL,
"Lastwiderstand in Ohm", "Leistung in W")
        Else
            leistungskennlinie = koordinatenkreuz(lxmin, lxmax, lymin, lymax, Me.PicBxPfvonRL,
"Load resistor in Ohm", "Power in W")
        End If
        'Funktionswerte berechnen
        Const lcx As Integer = 999 'x-Genauigkeit
        Dim lxres(lcx) As Double
        Dim lyres(lcx) As Double
        For lcounter = 0 To lcx
            lxres(lcounter) = (lxmax - lxmin) / lcx * lcounter
            lyres(lcounter) = (lUleer / (lRi + lxres(lcounter))) ^ 2 * lxres(lcounter)
        Next lcounter

        'Funktionswerte einzeichnen
        gPRL.ResetTransform()
        gPRL.ScaleTransform(1, -1)
        gPRL.TranslateTransform(CSng(xsize / (lxmax - lxmin) * Abs(lxmin)), CSng(-ysize /
(lymax - lymin) * Abs(lymax)))
        Dim lpx As Integer
        Dim lpy As Integer
        For lcounter = 0 To lcx
            If lyres(lcounter) >= 0 Then
                lpx = CInt(xsize / (lxmax - lxmin) * lxres(lcounter))
                If lyres(lcounter) <= lSnenn Then  'nur zeichnen wenn nicht größer als Snenn
                    lpy = CInt(ysize / (lymax - lymin) * lyres(lcounter))
                    gPRL.DrawRectangle(Pens.Black, lpx, lpy, 1, 1)
                End If
            End If
        Next lcounter

        'Snenn einzeichnen
        'Funktionswerte berechnen
        For lcounter = 0 To lcx
            lxres(lcounter) = (lxmax - lxmin) / lcx * lcounter
            lyres(lcounter) = lSnenn
        Next lcounter
        'einzeichnen
```

```
        Dim lcounteralt As Integer
        For lcounter = 0 To lcx
            If lyres(lcounter) >= 0 Then
                lpx = CInt(xsize / (lxmax - lxmin) * lxres(lcounter))
                lpy = CInt(ysize / (lymax - lymin) * lyres(lcounter))
                If ((lcounter - lcounteralt) > 10) Then     'gestrichelte Linie
                    gPRL.DrawRectangle(Pens.Black, lpx, lpy, 1, 1)
                    lcounteralt = lcounter
                End If
            End If
        Next lcounter

        Return leistungskennlinie
    End Function

    Function koordinatenkreuz(ByVal lxmin As Double, ByVal lxmax As Double, ByVal lymin As
Double, ByVal lymax As Double, ByVal picobj As PictureBox, ByVal Beschriftungx As String,
ByVal beschriftungy As String) As String
        Dim lxright As Integer
        Dim lxleft As Integer
        Dim lyup As Integer
        Dim lybelow As Integer
        Dim lxsize As Integer = picobj.Width
        Dim lysize As Integer = picobj.Height
        Const ltickwide As Integer = 5 'Länge der Ticks
        Dim lg As Graphics
        Dim lcounter As Integer

        lg = picobj.CreateGraphics
        picobj.Refresh()
        lg.ResetTransform()
        lg.ScaleTransform(1, -1)
        lg.TranslateTransform(CSng(lxsize / (lxmax - lxmin) * Abs(lxmin)), CSng(-lysize /
(lymax - lymin) * Math.Abs(lymax)))

        'koordinatenkreuz zeichnen
        lxleft = CInt(lxsize / (lxmax - lxmin) * lxmin)
        lxright = CInt(lxsize / (lxmax - lxmin) * lxmax)
        lg.DrawLine(Pens.Blue, lxleft, 0, lxright, 0)
        lyup = CInt(lysize / (lymax - lymin) * lymax)
        lybelow = CInt(lysize / (lymax - lymin) * lymin)
        lg.DrawLine(Pens.Blue, 0, lybelow, 0, lyup)

        'ticks einzeichnen
        Const lticksnum As Integer = 10 'Anzahl der positiven Ticks
        Dim lxdis As Integer
        Dim lxpos As Integer
        Dim lydis As Integer
        Dim lypos As Integer
        lxdis = CInt(lxright / lticksnum)
        lydis = CInt(lyup / lticksnum)
        For lcounter = 1 To lticksnum
            lxpos = lcounter * lxdis
            lg.DrawLine(Pens.Black, lxpos, -ltickwide, lxpos, ltickwide)
```

```
            lg.DrawLine(Pens.LightGray, lxpos, lybelow, lxpos, lyup)
            lypos = lcounter * lydis
            lg.DrawLine(Pens.Blue, -ltickwide, lypos, ltickwide, lypos)
            lg.DrawLine(Pens.LightGray, lxleft, lypos, lxright, lypos)
        Next lcounter

        'ticks beschriften
        Dim lmFnt As New Font("Arial', 3, FontStyle.Regular, GraphicsUnit.Millimeter)
        Dim lmFntbold As New Font("Arial", 3, FontStyle.Bold, GraphicsUnit.Millimeter)
        Dim ltextx As String
        Dim ltexty As String
        Dim lticktextdis As Double
        Dim lticktext As Double
        Dim ltickteytdis As Double
        Dim lticketeyt As Double
        lticktextdis = (lxmax) / 10
        lticktext = 0
        ltickteytdis = (lymax) / 10
        ltickteyt = 0

        lg.ScaleTransform(-1, 1)
        lg.RotateTransform(180)
        For lcounter = 1 To lticksnum - 1
            lxpos = lcounter * lxdis
            lticktext = lticktextdis + lticktext
            ltextx = CStr(System.Math.Round(lticktext, 2))
            lg.DrawString(ltextx, lmFnt, Brushes.DarkBlue, lxpos - 2 * ltickwide, ltickwide)

            lypos = lcounter * lydis
            ltickteyt = ltickteytdis + ltickteyt
            ltexty = CStr(System.Math.Round(ltickteyt, 2))
            lg.DrawString(ltexty, lmFnt, Brushes.DarkBlue, -ltickwide * 6 + 5, -lypos - 2 *
ltickwide)
        Next lcounter

        lg.DrawString(Beschriftungx, lmFntbold, Brushes.DarkBlue, 40, 18)
        lg.DrawString(beschriftungy, lmFntbold, Brushes.DarkBlue, 20, -300)

        Return " "
    End Function

    Function roundit(ByVal lvalue As Double) As Double
        Dim lexponent As Integer
        Dim lbasis As Double
        Dim lnormiert As Double
        If lvalue <= 0 Then
            lnormiert = 0
            lbasis = 0
        Else
            lexponent = CInt(Math.Floor(Math.Log10(Math.Abs(lvalue))))
            lbasis = 10 ^ lexponent
            lnormiert = lvalue / lbasis
            If lnormiert < 1.5 Then
                lnormiert = 1
```

```
            ElseIf lnormiert < 3.5 Then
                lnormiert = 2
            ElseIf lnormiert < 7.5 Then
                lnormiert = 5
            Else
                lnormiert = 10
            End If
        End If
        roundit = lnormiert * lbasis
    End Function

    Private Sub BtnNeu_Click(ByVal sender As System.Object, ByVal e As System.EventArgs)
Handles BtnNeu.Click
        Dim s As System.Object
        s = ""
        newflag = True
        Call Form1_Load(s, e)
    End Sub

    Private Sub RadButGer_CheckedChanged(ByVal sender As System.Object, ByVal e As System.
EventArgs) Handles RadButGer.CheckedChanged
        Call ChangeLanguage()
    End Sub
    Private Sub ChangeLanguage()
        If Me.RadButEng.Checked = True Then
            Me.RadButGer.Checked = False
            Me.Text = "Transformer selection"
            Me.BtnStart.Text = "Please select the kind of transformer and click here."
            Me.BtnNeu.Text = "New"
            Me.LblTrafotyp.Text = "Kind of transformer"
            Me.LblKerntyp.Text = "Kind of core"
            Me.LblGewicht.Text = "Weight in kg"
            Me.LblKernquerschnitt.Text = "Cross-section in cm²"
            Me.LblLeerlauffaktor.Text = "Idle factor  F"
            Me.LblScheinleistung.Text = "Apparent power in VA"
            Me.LblLeerlaufspannung.Text = "Open circuit voltage in V"
            Me.LblNennspg.Text = "Rated voltage in V"
            Me.LblLastR.Text = "Load resistor in Ohm"
            Me.LblUlast.Text = "Voltage with load in V"

            Me.CmbxTrafotyp.IntegralHeight = False
            Me.CmbxTrafotyp.Items.Clear()
            Me.CmbxTrafotyp.Items.Insert(0, "Transformer with laminations")
            Me.CmbxTrafotyp.Items.Insert(1, "Toroidal transformer")
            Me.CmbxTrafotyp.SelectedIndex = 0
            Me.CmbxTrafotyp.Enabled = True
        End If

        If Me.RadButGer.Checked = True Then
            Me.RadButEng.Checked = False
            Me.Text = "Transformatorenwahl"
            Me.BtnNeu.Text = "Neu"
            Me.LblTrafotyp.Text = "Transformatortyp"
            Me.LblKerntyp.Text = "Kerntyp"
            Me.LblGewicht.Text = "Gewicht in kg"
```

```
            Me.LblKernquerschnitt.Text = "Kernquerschnitt in cm²"
            Me.Lblleerlauffaktor.Text = "Leerlauffaktor F"
            Me.LblScheinleistung.Text = "Scheinleistung in VA"
            Me.LblLeerlaufspannurg.Text = "Leerlaufspannung in V"
            Me.LblNennspg.Text = "Nennspannung in V"
            Me.LblLastR.Text = "Lastwiderstand in Ohm"
            Me.LblUlast.Text = "Spannung mit Rlast in V"

            Me.BtnStart.Text = "Bitte den Transformatortyp wählen und dann hier klicken."
            Me.CmbxTrafotyp.IntegralHeight = False
            Me.CmbxTrafotyp.Items.Clear()
            Me.CmbxTrafotyp.Items.Insert(0, "Trafo mit Blechpaket")
            Me.CmbxTrafotyp.Items.Insert(1, "Ringkerntrafo")
            Me.CmbxTrafotyp.SelectedIndex = 0
            Me.CmbxTrafotyp.Enabled = True
        End If
    End Sub
End Class
```

3.1.1.2.3 Maximale Eingangsspannung

Bisher habe ich unterstellt, dass der anvisierte Transformator für eine Primärspannung von $U_{prim} = 230\,V\sim$ ausgelegt ist. Manchmal ist unbekannt, an welcher maximalen Primärspannung ein Netztransformator betrieben werden kann. Zudem gibt es Anwendungen, bei denen ein Betrieb an unterschiedlichen Netzspannungen (z.B. *110 V....265 V*) gewünscht ist. In beiden Fällen ist zu ermitteln, wie hoch die Primärspannung maximal sein darf ohne das der Transformator zerstört wird. Primärspannungen die unterhalb der Nennspannung liegen sind in jedem Falle unproblematisch. Das Bild 3.6 zeigt die Magnetisierungskurven für die Kernwerkstoffe Luft und Eisen bei Transformatoren. Dieser Zusammenhang hat Auswirkungen. Die Induktivität L einer Spule verhält sich proportional zur Permeabilität μ. Bei einer Luftspule ist $\mu = \mu_0 = 4\pi \cdot 10^{-7}\ Vs/Am$. Bei einer Eisenspule ist μ um ein Vielfaches größer. Kommt ein Eisenkern in die Sättigung, so ist aber im Endeffekt nur noch μ_0 wirksam. Das heißt: die Induktivität der Spule wird mit zunehmendem Sättigungsgrad kleiner. Weiterhin gilt aber für den Scheinwiderstand der Spule:

$$Z = R + j\,2\,\pi\,f\,L = R + jX_L. \qquad \text{\{Gleichung 3.9\}}$$

Bei einem Netztransformator kann grundsätzlich unterstellt werden, dass der ohmsche Anteil am Gesamtwiderstand wesentlich kleiner ist als die Reaktanz:

$$R << jX_L.$$

Damit gilt im Normalbetrieb: $Z \approx jX_L$

Mit abnehmender Permeabilität wird dieser Widerstand immer kleiner. Da die angeschlossene Primärspannung normalerweise als konstant angenommen werden kann steigt der Primärstrom entsprechend an.

Bei Erhöhung der Primärspannung über den zulässigen Wert, kommt es zu einem höheren Stromfluss. Die magnetische Feldstärke steigt proportional zum höheren Stromfluss an. Dies bewirkt wiederum eine Erhöhung der magnetischen Feldstärke, bis dass der Transformatorkern in die Sättigung getrieben wird. Dadurch sinkt die Induktivität und damit auch der induktive Widerstand des Trafos. Wird der Sättigungspunkt überschritten, so wird der primäre Stromfluss nur noch durch den ohmschen Anteil {Gleichung 3.9} begrenzt. Der Strom steigt sehr schnell an. Der erhöhte Stromfluss - und damit die höhere Eingangsleistung - kann aber vom gesättigten Kern nicht mehr zur Sekundärseite übertragen werden. Sie wird in Wärme umgewandelt. Die Transformatortemperatur steigt schnell über den zulässigen Wert und führt zur Zerstörung desselben.

Netztransformatoren werden in der Regel bis zum Sättigungspunkt betrieben. Damit gibt es - bei Berücksichtigung der obigen Ausführungen - eine Möglichkeit, die maximal anschließbare Eingangsspannung über das Auffinden der magnetischen Sättigung abzuschätzen. Der zugehörige Messaufbau ist im Bild 3.13 skizziert. Der Transformator wird an eine einstellbare Wechselspannungsquelle angeschlossen. Über einen Shunt *R* wird die, zum Strom proportionale Spannung mit einem Oszilloskop gemessen. Nun wird die Eingangsspannung langsam solange erhöht, bis der Sättigungseffekt in Form einer Stromspitze auftritt (Bild 3.14). Die maximal mögliche Eingangsspannung ist dann die, bei der die Sättigungsstromspitze gerade noch nicht auftritt. Es trägt natürlich zur Betriebssicherheit bei, wenn ein gewisser Sicherheitsabstand zum Sättigungseffekt eingehalten wird. Wer nicht über ein Oszilloskop verfügt, kann zur Not auch einen Strommesser einsetzen. Der Sättigungspunkt wird überschritten, wenn der Strom bei geringfügiger Erhöhung der Eingangsspannung überproportional ansteigt.

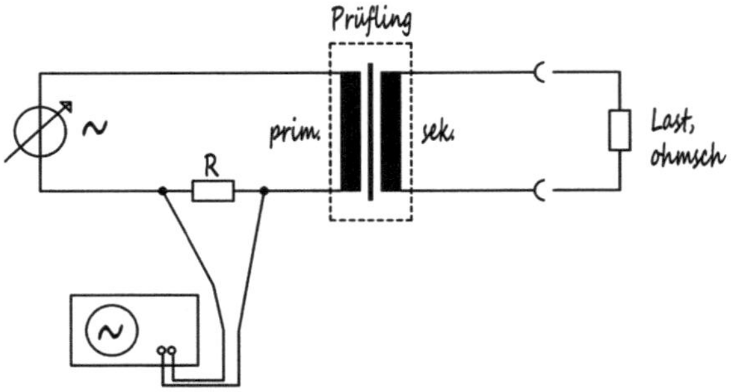

Bild 3.13: Messaufbau zur Abschätzung der maximal anschließbaren Primärspannung. Bezüglich des Messaufbaus siehe auch [5].

Zum Messaufbau im Bild 3.13 ist zu beachten, dass die Massebuchsen und ein metallisches Gehäuse des Oszilloskops unter Umständen Netzspannungspotential annehmen. Am besten ist es, wenn die Quellspannung U~ von einem Regeltrenntransformator kommt. Aber auch dann ist Vorsicht geboten. Die hohe Netzspannung führt zwar dann kein Potential gegen Erde aber wohl gegen den zweiten Leiter (im Bild 3.13 den oberen Leiter). Es gibt mittlerweile batteriebetriebene Oszilloskope im Kunststoffgehäuse. Diese sind für die Messung nach Bild 3.13 besser geeignet.

Um einen sinusförmigen Stromverlauf zu erhalten sollte der Transformator bei der Messung mit ca. einem Fünftel bis einem Zehntel der geschätzten Nennleistung belastet werden. Am besten mit einem Leistungswiderstand oder einer Glühlampe.

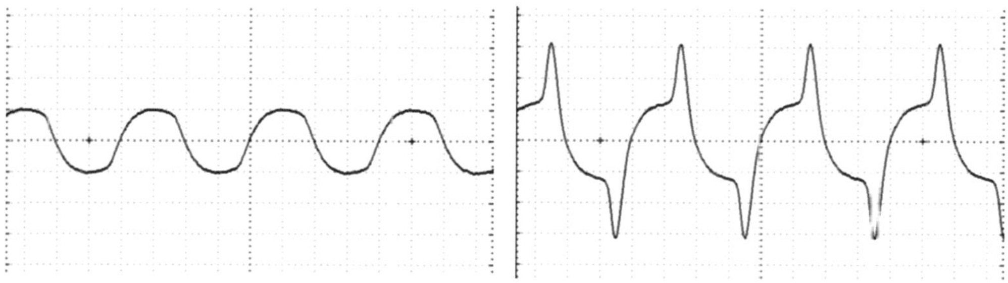

a) Normalbetrieb *b) Betrieb mit erhöhter Primärspannung*

Bild 3.14: Der Sättigungseffekt macht sich durch eine hohe Stromspitze in der Primärwicklung bei sonst nur schwach belastetem Transformator bemerkbar. Beispielhaft ist dies an einem Transformator mit den Daten 220V / 12V; 100VA vorgeführt. Dabei kam der Messaufbau aus Bild 3.13 zum Einsatz. Bei der normalen Nennspannung von 220 V zeigt sich der Primärstrom wie in a) gezeigt. Erhöht man die Eingangsspannung auf 260 V, so steigt der Spitzenstrom überproportional wie in b) an. Erhöht man die Spannung weiter, wird die Stromspitze noch weitaus ausgeprägter. Bleibt dieser Zustand länger, so wird der Transformator zerstört.

Zur Findung der maximalen Eingangsspannung über die magnetische Sättigung nach Bild 3.13, benötigt man eine einstellbare Wechselspannungsquelle - z.B. in Form eines Stelltransformators für Ausgangsspannungen von *0* bis *300 V~*. In den Werkstätten der Macher und Funkamateure sind diese nur selten zu finden. Man kann sich aber behelfen. Auf Trödelmärkten findet man durchaus noch einstellbare Wechselspannungsquellen (Trafos) von alten Modelleisenbahnen. Diese liefern eine einstellbare Spannung im Bereich *0...12...18 V~*. Man kann diese dann verwenden um einen Netztransformator "umgekehrt" zu speisen. Die einstellbare Kleinspannung wird dann an die Sekundärseite eines normalen Netztransformators angeschlossen. An die Primärseite (*230-V*-Seite) wird der zu prüfende Transformator angeschlossen. Dieser sollte mit einer ohmschen Last (z.B. Glühlampe) im Bereich *5 %* bis *10 %* der geschätzten Nennlast beaufschlagt werden. Ohne diese Last hat die Wechselspannung auf dem Schirm des Oszillographen einen dreieckigen statt sinusförmigen Verlauf.

Ich verfüge über ein altes Wechselspannungsgerät von der Firma PHYWE (Physikalische Werkstätten). Es liefert eine galvanisch getrennte, einstellbare Kleinspannung (Wechselspannung). Deshalb habe ich mir ein Hilfgerät angefertigt, welches aus einer Wechselspannung von 0...15 V~ eine Ausgangsspannung von 0...300 V~ erstellt. Die Schaltung ist im Bild 3.15 zu sehen. Zum Einsatz kommt ein Standard-Netztransformator mit den Daten 230V~/12V, 8A. Dieser wird invers betrieben. Die Eingangswechselspannung wird an J2 und J3 (input) angeschlossen. R1 ist ein Shunt mit dessen Hilfe über die BNC-

Buchse J1 der Strom mit einem Oszilloskop beobachtet werden kann. Bei R2 handelt es sich um eine PPTC-Sicherung.

Die Primärwicklung (Wicklung an der die hohe Spannung anliegt) hat einen Anschluss für 230V sowie Anschlüsse für ±*5 %* Abweichung davon. Das nominale Übersetzungsverhältnis ist

$$ü = \frac{U_{prim}}{U_{sek}} = \frac{230V}{12V} = 19{,}167$$

Bei der Nutzung des *+5 %* - Anschlusses und der maximalen Eingangsspannung von *15 V~* ergibt sich daraus eine maximale Ausgangsspannung von

$$U_A = U_{sek} \cdot ü \cdot (1 + 5\%) = 15V \cdot 19{,}167 \cdot 1{,}05 \approx 302V$$

welche an J5 und J6 entnommen werden kann. Auch am Ausgang kann der Strom mit Hilfe eines Oszillokops sichtbar gemacht werden. Dafür ist der Shunt R3 und die BNC-Buche J4 vorgesehen.

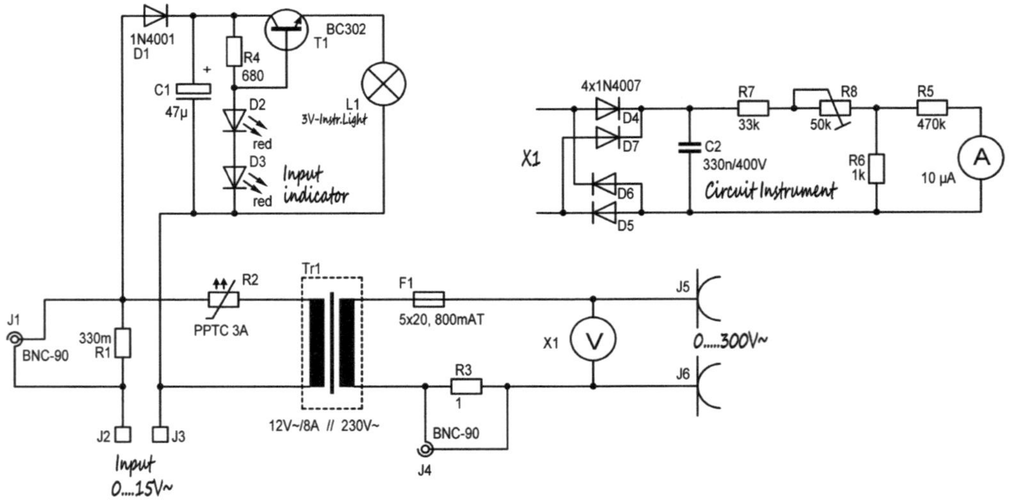

Bild 3.15: Schaltung des Hilfgerätes zur Bereitstellung einer einstellbaren Ausgangsspannung von 0...300 V~.

Für die Anzeige der Ausgangsspannung habe ich ein Drehspulinstrument verwendet, welches ich auf dem Funk-Trödelmarkt in Bergheim erstanden hatte. Das Instrumtent hat Vollausschlag bei einem Strom von *10 µA*. Mit Hilfe der Beschaltung durch vier Gleichrichterdioden, den Kondensator C2 sowie die Widerstände R5, R6, R7, R8 ist es nun ein Spannungsmessgerät mit Vollausschalg bei *300 V~*. Es benötigt keinerlei Betriebsspannung. Die Skala habe ich mit der Software "TARGET" passend geändert. Die Bauteile um den Transistor T1 bilden eine Spannungsversorgung für die Skalenbeleuchtung.

Die Energie dafür wird aus der Eingangsspannung abgeleitet. Die LEDs D2 und D3 sind stellvertretend für eine 3,3-V-Zenerdiode. D3 ist an der Frontplatte befestigt und zeigt an, wenn die Eingangsspannung größer ist als ca. $2{,}9\ V_{eff}$.

Bild 3.16 zeigt das fertige Gerät – eingebaut in einer Holzkiste aus dem 1-Euro-Laden. Mir ist bekannt, dass meine Leser mit Elektrizität Erfahrung haben. Trotzdem der Hinweis, dass Wechselspannungen über *50 V* als gefährlich gelten. Beim Experimentieren und Aufbauen ist deshalb darauf zu achten, dass es keinen Stromfluss durch den eigenen Körper geben kann (siehe auch [13]).

Bild 3.16: Frontansicht des fertigen Geräts gemäß der Schaltung aus Bild 3.15.

3.1.1.2.4 Anpassung

Findet man für eine spezielle Aufgabe keinen handelsüblichen Transformator der die geforderten Daten exakt erfüllt, sind Anpassungen notwendig. Für mit Gleichstrom gespeiste Geräte ergeben sich keine Probleme. Die Lösung erreicht man durch Einsatz eines Spannungsreglers, welche ich im Kapitel 5 beschreibe. Soll aber nur ein defekter Transformator ersetzt werden, können andere Anpassungsmöglichkeiten sinnvoll sein. So kann man, gemäß dem Bild 3.17, bei einem kleineren Transformator mit geringfügig zu hoher Ausgangsspannung - z.B. verursacht von einem abweichenden Leerlauffaktor - durch einen Belastungswiderstand auf der Sekundärseite an die Erfordernisse anpassen. Die Wirkung dieser Maßnahme lässt sich in hartnäckigen Fällen durch Einbau eines zusätzlichen Reihenwiderstandes in die Eingangsleitung auf der Primärseite noch steigern. Der Innenwiderstand des Transformators wird dadurch nämlich erhöht - der Trafo wird ‹spannungsweich›.

Anmerkung: Während normalerweise spannungsharte Transformatoren gefragt sind, da sie dem Verhalten einer idealen Spannungsquelle näher kommen, werden im Handel auch spezielle spannungsweiche Transformatoren angeboten. Diese kommen dann zum Einsatz, wenn Dauerkurzschlussfestigkeit gefordert ist. Dies ist z.B. beim Klingeltransformator der Fall.

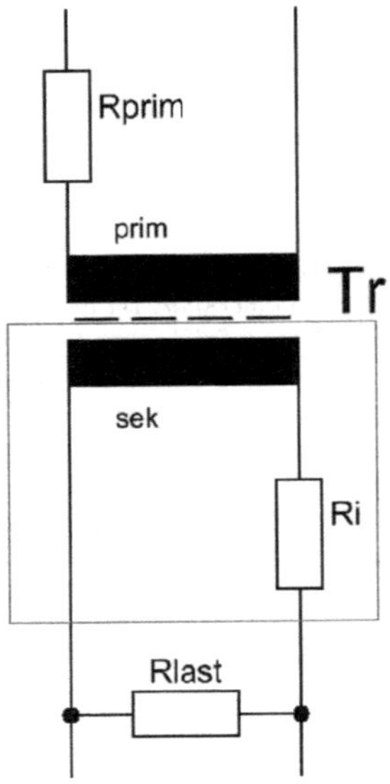

Bild 3.17: Maßnahmen zur Anpassung der Trafospannung an die Erfordernisse (siehe Text). Bei R_i handelt es sich um den Innenwiderstand der als reale Spannungsquelle betrachteten Transformators.

Dazu ein Beispiel: Bei einem Stereo-Vorverstärker mit je Kanal getrennter Stromversorgung musste ein Netztransformator ausgetauscht werden (Bild 3.19). Die Daten der Transformatoren waren nicht bekannt. Ebenso waren weder ein Schaltbild noch sonstige technische Unterlagen vorhanden. Messungen, die mit einem handelsüblichen Multimeter am intakten Kanal durchgeführt wurden, ergaben folgende Resultate:

- das im Bild 3.18 wiedergegebene Schaltbild des Transformators;
- die Spannung an einer sekundären Transformatorwicklung betrug während des Betriebes (also bei normaler Belastung durch den Vorverstärkerkanal) $U_{sek1} = 37\ V_{eff.}$
- die Stromaufnahme des Vorverstärkerkanals liegt bei $I = 45\ mA$.

Als Ersatz stand der Transformator TE140 der Firma Block zur Verfügung. Es geht nun zunächst darum, theoretisch zu untersuchen, ob die Funktion des Verstärkers mit diesem Transformator erfüllt sein wird. Erst wenn dies nachgewiesen ist, steht dem Einsatz nichts mehr im Wege. Der Transformator ist mit folgenden Nenndaten angegeben:

- Primärspannung: *220 V~*
  Laut Hersteller ist der Anschluss an *230-V*-Versorgungsnetze zulässig. Die Ausgangsspannung erhöht sich entsprechend um

$$(\frac{230V}{220V} - 1) \cdot 100\% = 4{,}5\%$$

- Frequenz: *50...60 Hz*
- Sekundärspannung: *5 V* bis *60 V* im Abstand von *5 V*. Für den vorgesehenen Anwendungsfall sind die Anzapfungen so genutzt, dass eine Doppelnennspannung von $U_{sek} = 2 \cdot 30\ V_{eff}$ zur Verfügung steht.
- Ausgangsstrom: $I_{sekmax} = 0{,}25\ A$
- Leerlaufspannung: $U_o = 1{,}2 \cdot U_{sek}$

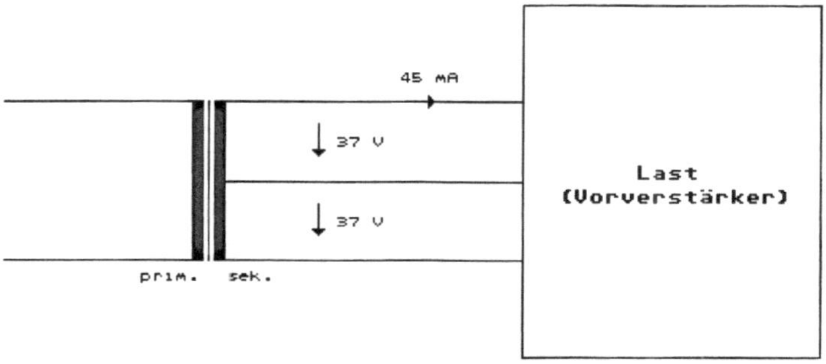

Bild 3.18: Ermittelte Daten zum Finden eines Ersatztransformators aus dem Beispiel.

Die zu erwartende Ausgangsspannung ohne Belastung (Leerlauf) müsste demnach etwa

$U_o = 30\ V \cdot 1{,}2 \cdot 1{,}0455 = 37{,}638\ V$ betragen.

Unter der Voraussetzung rein ohmscher Belastung gilt die angegebene Nennspannung von *30 V* bei Entnahme des Nennausgangsstromes. Geht man von einer mit zunehmendem Strom linear sinkenden Ausgangsspannung aus, so gilt (mit eingeschränktem Definitionsbereich) für die Funktion

$$U_{sek} = f(I_{sek}):$$

$$U_{sek} = U_o - I_{sek} \cdot R_i$$

Um die sich einstellende Ausgangsspannung bei der Belastung durch den Vorverstärker zu ermitteln muss zunächst R_i bekannt sein. Belastet man den Ausgang mit einem *100-Ω*-Widerstand (R_L), so stellt sich eine Ausgangsspannung von *32,2 V* ein. Damit gilt für den Innenwiderstand R_i:

$$R_i = \frac{U_0 - U_{sek}}{I_{sek}} = \frac{U_0 - U_{sek}}{\frac{U_{sek}}{R_L}} = \frac{37{,}638V - 32{,}2V}{\frac{32{,}2V}{100\Omega}} = 16{,}9\Omega$$

Bei einer Belastung durch den Vorverstärker mit $I_{sek} = 0{,}045\ mA$ ergibt sich eine Ausgangsspannung von:

$$U_{sek} = 37{,}638\ V - 0{,}045\ mA \cdot 16{,}9\ \Omega = 36{,}9\ V$$

Der Transformator kann also ohne Anpassungen verwendet werden. Die Ausgangsspannung weicht im Betrieb nur *100 mV* von der Sollspannung ab.

Bild 3.19 zeigt den defekten Transformator. Bild 3.2 zeigt den eingebauten Ersatztyp TE140 der Fa. Block.

Bild 3.19: Defekter Transformator im Netzteil eines Audio-Vorverstärkers. Es handelt sich um eine vergossene Ausführung. Der Kern bzw. die Bauart ist nicht erkennbar.

3.1.1.2.5 Belastungstest

Als Kriterium für die mögliche Dauerbelastung eines Transformators kann die Wicklungstemperatur dienen. Im Betrieb steigt die Wicklungstemperatur an. Sie folgt dabei einer Eulerschen Funktion und strebt gegen einen Grenzwert. Im Labor gilt, dass der Beharrungszustand ungefähr erreicht ist, wenn der Temperaturanstieg pro Stunde weniger als $\Delta T = 2\ K$ beträgt.

Je nach Isolierstoffklasse und Absicherung darf die Wicklungstemperatur bei bestimmungsgemäßer Verwendung des Transformators *90 °C* bis *220 °C* nicht überschreiten. Genaueres dazu findet man z.B. in den Normen DIN EN 60085 (siehe auch in [5]). Es werden acht thermische Klassen unterschieden (Tabelle 3.3).

Qualitätsklasse des Isoliermaterials	Max. zulässige Wicklungstemperatur für Dauerbetrieb
Y	90 °C
A	105 °C
E	120 °C
B	130 °C

F	155 °C
H	180 °C
N	200 °C
R	220 °C

Tabelle 3.3: Maximale Wicklungstemperatur nach DIN EN bei Transformatoren.

Im Zweifelsfall sollte man den Transformator nur soweit belasten, dass die unterste Temperaturklasse (Y) eingehalten wird. Für diese liegt die maximale Temperatur der Wicklungen (Spulen und damit in Verbindung stehende Kernbleche) bei *90 °C*.

Zur Ermittlung der Temperatur im Innern der Wicklung kann man das Widerstandsverfahren einsetzen. Es wird unterstellt, dass zu Beginn der Messung die Temperatur der Wicklung identisch ist mit der Temperatur der Umgebung ϑ_A. Dazu gehört der Widerstand der Wicklung R_{WA} der mit einem Widerstandsmessgerät/Ohmmeter/Multimeter gemessen wird. Nun wird der Transformator mit der vorgesehenen Last betrieben und die Oberflächentemperatur gemessen. Ändert sich die Temperatur der Oberfläche nicht mehr, ist der stationäre Zustand erreicht. Nun wird der Widerstand der Wicklung erneut gemessen. Das ist dann der Widerstand R_{WE}. Ausgehend von der Formel aus [5] und einer konstanten Umgebungstemperatur ϑ_A während der gesamten Messung, kann man rechnen:

$$R_{WE} = R_{WA} \cdot (1 + \alpha \cdot \Delta T) \qquad \textit{\{Gleichung 3.10\}}$$

- R_{WA} ist der Widerstand der Wicklung am Anfang (Start) der Messung bei der Umgebungstemperatur ϑ_A (*A* für engl. Ambient)
- R_{WE} ist der Widerstand der Wicklung am Ende der Messung
- ΔT ist die Temperaturzunahme in der Wicklung; die absolute Temperatur in der Wicklung ist dann $\vartheta_{WE} = \vartheta_A + \Delta T$
- α ist eine Materialkonstante: für Kupfer (Cu) *0,00393 1/K*; für Aluminium (Al) *0,00403 1/K*
- ϑ_A ist die Wicklungstemperatur zu Beginn (= Umgebungstemperatur)
- ϑ_{WE} ist die Wicklungstemperatur am Ende der Messung

Damit tatsächlich eine Temperatur herauskommt wird die *{Gleichung 3.10}* umgestellt:

$$R_{WE} = R_{WA} \cdot (1 + \alpha \cdot \Delta T)$$

$$\frac{\frac{R_{WE}}{R_{WA}} - 1}{\alpha} = \Delta T$$

$$\vartheta_{WE} = \vartheta_A + \frac{\frac{R_{WE}}{R_{WA}} - 1}{\alpha}$$

Konsequenterweise müssen alle Wicklungen geprüft werden. Die Wicklung mit der größten Temperatur ist maßgebend. Die Messung der Wicklungswiderstände (R_{WA} und R_{WE} in *{Gleichung 3.10}* kann wie im Bild 3.20 zu sehen, mit einem handelsüblichen Multimeter erfolgen. Der Transformator hat eine hohe Wärmekapazität. Die Temperatur steigt langsam und fällt langsam, so dass eine kurze Unterbrechung der Stromzufuhr für die Widerstandsmessung zulässig ist.

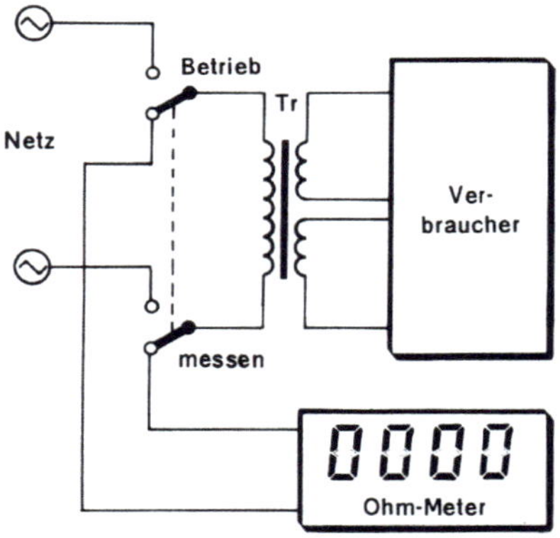

Bild 3.20: Hilfsschaltung zur Messung der Wicklungstemperatur über den Wicklungswiderstand.

3.1.1.2.6 Transformatorwirkungsgrad

Die Angabe über den Wirkungsgrad von Transformatoren in Datenblättern gilt jeweils nur für einen - den nominalen - Arbeitspunkt. Dieser ist dann gegeben, wenn auf der Sekundärseite des Trafos die Nennspannung ansteht und der angegebene Nennstrom entnommen wird.

Interessant wäre es, wenn der Wirkungsgrad in Abhängigkeit vom entnommenen Strom berechnet werden kann. Um dieses Ziel zu erreichen legt man an die Sekundärseite des Transformators wie im Bild 3.21 zu sehen einen ohmschen Widerstand. Man kann nun den Wirkungsgrad η des Transformators aus der Eingangsleistung $U_{prim} \cdot I_{prim}$ der Eisenverlustleistung P_{Fe} und der Wicklungsverlustleistung P_{Cu} wie folgt berechnen:

$$\eta = 1 - \frac{P_{Fe}+P_{Cu}}{U_{prim} \cdot I_{prim}}$$ *{Gleichung 3.11}*

Zur Bestimmung des Wirkungsgrades eines Transformators ist folgende Gleichung weit geläufiger:

$$\eta = \frac{P_{ab}}{P_{zu}} = \frac{P_{ab}}{P_{ab}+P_{Fe}+P_{Cu}}$$ *{Gleichung 3.12}*

Beide Gleichungen haben Gültigkeit. In [6] ist eine Möglichkeit vorgestellt, wie man durch Gleichsetzen der *{Gleichungen 3.10}* und *{3.11}* und Lösen einer Extremwertaufgabe zum gewünschten Ergebnis, nämlich zum Zusammenhang $\eta = f(I_{sek})$ gelangt. Es ergibt sich dort:

$$\eta = f(I_{prim}) = 1 - \frac{P_{Fe}}{U_{prim}} \cdot I_{prim}^{-1} - \frac{P_{CuN}}{I_{primN}^{2} \cdot U_{prim}} \cdot I_{prim} \qquad \{Gleichung\ 3.13\}$$

Dabei handelt es sich bei den Konstanten

I_{NprimN} um den primären Nennstrom

P_{CuN} um die Wärmeleistung in den Wicklungen (Kupferverluste) bei Nennbetrieb

Mit $I_{prim} = \frac{I_{sek}}{ü}$ ergibt sich dann $\eta = f(I_{sek})$

Meistens fehlt in den Transformator-Datenblättern die Angabe der Größen P_{Fe} und P_{CuN}. Stattdessen wird häufig die Wärmeleistung im Leerlauf (Leerlaufverluste) als pauschaler Wert angegeben. Dabei handelt es sich zwar in erster Linie um die Eisenverluste P_{Fe}, ohne Angabe der Nenn-Kupferverluste ist aber *{Gleichung 3.13}* nicht anwendbar. Ist aber zumindest der Wirkungsgrad η für den Nennarbeitspunkt angegeben, so kann man die Komponente P_{CuN} berechnen. Für die Wärmeleistung P_V im Nennarbeitspunkt gilt nämlich:

$$P_V = P_{Fe} + P_{CuN}$$

sowie

$$P_V = 1 - \eta \cdot P_{prim}$$

Somit beträgt die in der Kupferwicklung entstehende Wärmeleistung

$$P_{CuN} = (1 - \eta) \cdot P_{prim} - P_{Fe}$$

Mit Kenntnis dieses Wertes kann man nunmehr für jede sekundäre Belastung den Wirkungsgrad angeben.

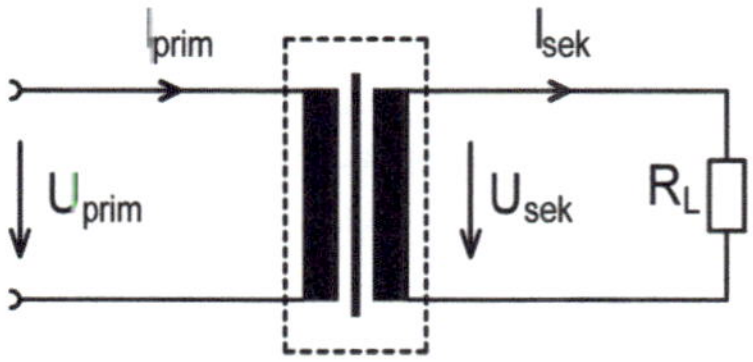

Bild 3.21: Transformator mit ohm'scher Last.

3.1.2 Gleichrichtung und Glättung

Transformatoren stellen auf der Sekundärseite eine Wechselspannung zur Verfügung. Meistens wird eine Gleichspannung benötigt. Deshalb wird gemäß Bild 3.1 hinter dem Transformator eine Gleichrichtereinheit angeordnet. Diese besteht aus Dioden. Das sind Halbleiterbauelemente mit zwei Anschlüssen (Anode und Kathode). Im Bild 3.22a sind verschiedene reale Gleichrichterdioden zu sehen. Bild 3.22b zeigt das Schaltbild. Der Leiterwiderstand ist bei Dioden abhängig von der Strömungsrichtung der Elektronen. Es gibt eine Durchlassrichtung und eine Sperrrichtung. Ist die elektrische Spannung an der Anode etwas positiver als an der Kathode, dann kann der Strom passieren – die Diode ist niederohmig. Ist dagegen die elektrische Spannung an der Kathode größer als an der Anode, dann sperrt die Diode – sie ist hochohmig. Die Kathode ist fast immer durch einen Strich gekennzeichnet (Bilder 3.22).

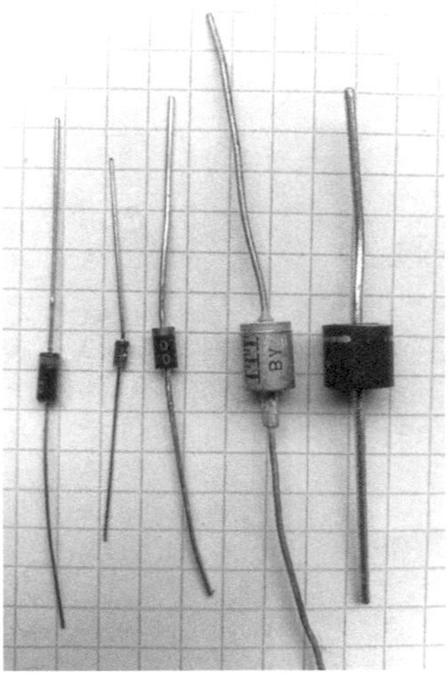

Bild 3.22a (links): Gleichrichterdioden im bedrahteten Gehäuse (THT - Through Hole Technology). Von links nach rechts: Germanium-Spitzendiode im Glasgehäuse (1N60), Silizium-Kleinleistungsdiode im Glasgehäuse (1N4148), Gleichrichterdiode mittlerer Leistung im Kunststoffgehäuse (1N4007), Gleichrichterdiode mittlerer Leistung im Metallgehäuse (BY103), Leistungsdiode im Kunststoffgehäuse (P2000M).

Bild 3.22b (unten): Schaltbilder von links nach rechts: Diode bzw. Gleichrichterdiode, Schottky-Diode. Kathode oben, Anode unten.

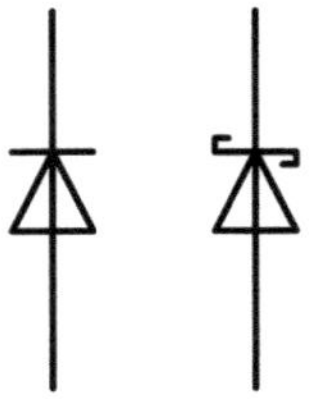

Eine ideale Diode ist wie ein Ventil welches in Durchlassrichtung offen ist und in Sperrrichtung geschlossen ist. Ideale Dioden gibt es nicht. Bild 3.23 zeigt die Kennlinie einer typischen realen Gleichrichterdiode aus Silizium. Zu erkennen ist, dass die Diode erst ab einer Schwellspannung von ca. $U_F = 0{,}7\ V$ durchlässig wird. Die elektrische Spannung an der Anode muss also mindestens um diese Schwellspannung positiver sein als an der Kathode. Der Strom steigt dann sehr steil an. In Sperrrichtung fließt dagegen fast kein Strom. Erst wenn die maximal erlaubte Sperrspannung von in diesem Fall $U_S = 400\ V$ überschritten wird, leitet die Diode auch in der umgekehrten Richtung. Die maximale Sperrspannung ist ein Grenzwert der im Datenblatt der Diode angegeben ist. Er darf nie überschritten werden. Sofern dies gewährleistet ist, müssen wir uns, für unsere Anwendung zur Gleichrichtung von Versorgungsspannungen, um diesen Bereich nicht weiter kümmern. Bleibt der Hinweis, dass die an einer Diode anliegende Spannung, die gesperrt werden soll, von der Gleichrichterschaltung selbst und von der Art der Belastung abhängt. Besonders zu beachten ist, dass in der Verschaltung mit Reaktanzen (Spulen und Kondensatoren) die Spannungsbelastung der Diode über die Eingangsspannung hinaus ansteigen kann.

Die Höhe der Schwellspannung U_F ist abhängig vom Material und vom Aufbau der Diode. Anfangs wurden die Gleichrichterdioden aus Selen gefertigt. Bei diesen war

$U_F \approx 0{,}8...1\ V$. Dioden aus Germanium haben eine Schwellspannung von $U_F \approx 0{,}3\ V$. Diese werden aber nicht zur Gleichrichtung eingesetzt. In der gleichen Größenordnung liegt auch die Schwellspannung bei Schottky-Dioden aus Silizium. Dabei handelt es sich um eine Kombination aus Halbleiter und Metall. Nachteilig ist bei diesen Dioden die niedrigere maximale Sperrspannung.

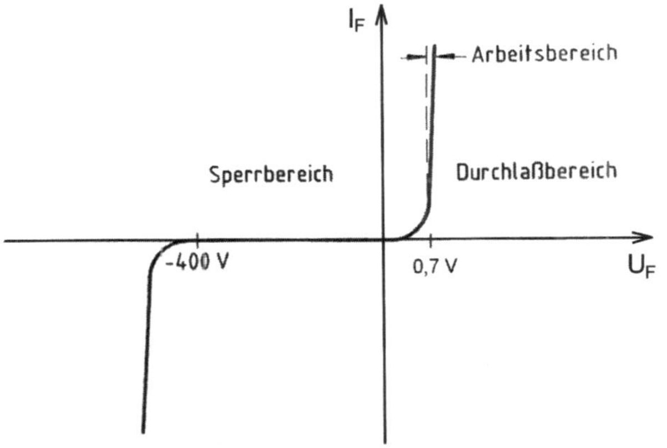

Bild 3.23: Kennlinie einer Gleichrichterdiode.
Durchlasstrom I_F bzw. Sperrstrom I_S über die Spannung zwischen Anode und Kathode U_F.

Theoretisch folgt die Kennlinie der Diode der Gleichung

$$I_F = I_S(e^{(\frac{U_F}{U_T})} - 1) \qquad \{Gleichung\ 3.14\}$$

Dabei ist der Sättigungsstrom I_S ein fundamentaler Parameter in der Diodenkennlinie und beschreibt den kleinen Strom, der im Sperrbetrieb der Diode fließt, wenn eine negative Spannung anliegt. Dieser Strom resultiert aus der thermischen Erzeugung von Elektron-Loch-Paaren im Halbleitermaterial. Auch wenn die Diode gesperrt ist, diffundieren einige dieser Ladungsträger über den pn-Übergang und verursachen einen geringen Strom. Dieser Strom ist sehr klein. Für

Silizium-Dioden gilt $I_S \approx 10^{-12}\ A$. Für
Germanium Dioden gilt $I_S \approx 10^{-9}\ A$ und für
Schottky-Dioden gilt $I_S \approx 10^{-8}\ A$

Die Gleichung liefert eine ästhetisch schöne Durchlasskennlinie, die aber leider nur akademischen Wert hat. Grund dafür sind die vielen unbekannten Größen (Imponderabilien). In der Praxis ist I_S nicht konstant sondern abhängig vom Dotierungsgrad (innerer Aufbau der Diode), der Temperatur und der anliegenden Spannung. Auch U_T ist abhängig von der Temperatur.

In den Datenblättern der Dioden findet man nur noch sehr selten die gemessenen Kennlinien der Dioden. Im Bild 3.24 ist die Durchlasskennlinie der Dioden 1N4001 bis 1N4007 abgebildet. Eine Darstellung die ich in [28] gefunden habe. Diese Dioden unterscheiden sich nur in der maximal erlaubten Sperrspannung (1N4001: U_{Rmax} = *100 V;* 1N4007: U_{Rmax} = *1300 V*).

Wichtig ist sicherzustellen, dass die Diode nicht überlastet wird. Hier ist die Überlastung durch Wärme gemeint, denn diese ist nicht direkt ersichtlich. Interessant dabei ist der differentielle Innenwiderstand r_F der Diode im Arbeitspunkt. Damit es nicht gar so kompliziert wird, linearisiere ich die Durchlasskennlinie vom Arbeitspunkt ausgehend (Bild 3.25), d.h. sie wird durch eine Gerade ersetzt:

$$U_F = U_{F0} + r_F \cdot i_F \qquad \text{für } i_F \geq 0 \qquad \{Gleichung\ 3.15\}$$

bzw. als Umkehrfunktion (entsprechend Bild 3.25)

$$i_F = \frac{U_F - U_{F0}}{r_F} \qquad \text{für } U_F \geq U_{F0} \qquad \{Gleichung\ 3.16\}$$

Dabei ist

U_F Spannung an der Diode in Durchlassrichtung im Arbeitspunkt.
U_{F0} Schwellenspannung (oder Schleusenspannung) der Diode, abhängig vom Halbleitermaterial, dem Strom in Durchlassrichtung und der Temperatur.
r_F Differentieller Innenwiderstand der Diode. Das ist der Widerstand bei einem bestimmten Stromfluss (Arbeitspunkt). Es ist die Steigung der Geraden.
I_F Strom durch die Diode in Durchlassrichtung.

Deutlich sichtbar ist an *{Gleichung 3.15}*, dass der Spannungsabfall an der Diode mit größer werdendem Diodenstrom i_F ansteigt.

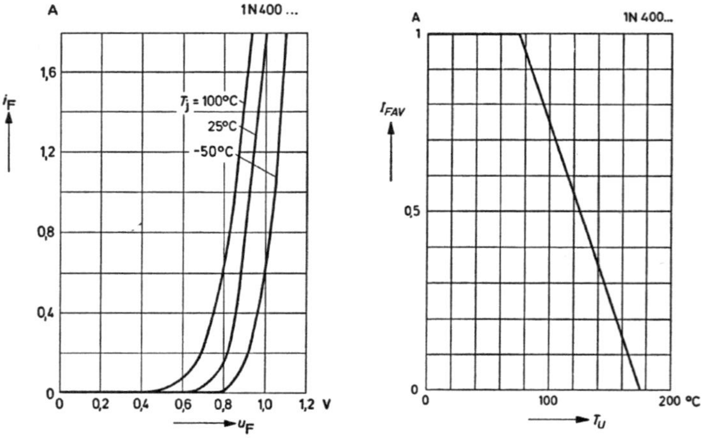

Bild 3.24: Durchlasskennlinie (links) und zulässiger effektiver Strom in Abhängigkeit von der Umgebungstemperatur bei Einweggleichrichtung.

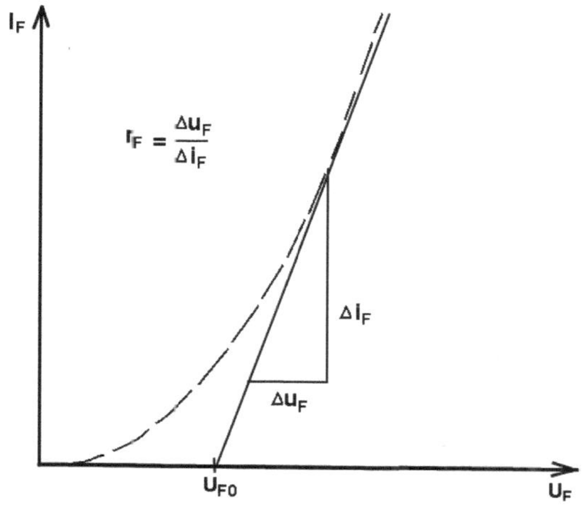

Bild 3.25: Linearisierte Durchlasskennlinie einer Siliziumdiode für einen Arbeitspunkt.

Fließt ein Strom durch die Diode, so entsteht Wärmeleistung. Der mit weitem Abstand größte Anteil der Wärme entsteht in Durchlassrichtung. Alle anderen Wärmeleistungen (in Sperrrichtung oder beim Umschalten durch die Anoden-Kathoden-Kapazität) können hier vernachlässigt werden. Die Wärmeleistung in der Diode ist als Wirkleistung der lineare Mittelwert der Augenblicksleistung $p_F = u_F \cdot i_F$ über einer Periode. Stellt man sich erst mal unwissend, dann kann man unter Berücksichtigung der {Gleichung 3.15} schreiben:

$$P_F = \overline{p_F} = \frac{1}{2 \cdot \pi} \cdot \int_0^{2\cdot\pi} u_F \cdot i_F \cdot d\omega t$$

Da die Diode nur während der halben Periode leitet geht auch

$$P_F = \overline{p_F} = \frac{1}{2 \cdot \pi} \cdot \int_0^{\pi} u_F \cdot i_F \cdot d\omega t$$

Jetzt mir *{Gleichung 3.15}*

$$P_F = \frac{1}{2 \cdot \pi} \cdot \int_0^{\pi} [(U_{F0} + r_F \cdot i_F) \cdot i_F] \cdot d\omega t$$

$$P_F = \frac{U_{F0}}{2 \cdot \pi} \cdot \int_0^{\pi} i_F \cdot d\omega t + \frac{r_F}{2 \cdot \pi} \int_0^{\pi} i_F^2 \cdot d\omega t$$

übersichtlicher ist es, wenn ersetzt wird: $T = 2\pi$

$$P_F = \frac{U_{F0}}{T} \cdot \int_0^{\frac{T}{2}} i_F \cdot dt + \frac{r_F}{T} \int_0^{\frac{T}{2}} i_F^2 \cdot dt$$

Bei einer rein ohmschen Belastung wäre

$$i_F = \hat{\imath}_F \cdot \sin(\omega t)$$

$$P_F = \frac{U_{F0}}{T} \cdot \int_0^{\frac{T}{2}} \hat{\imath}_F \cdot \sin(\omega t) dt + \frac{r_F}{T} \int_0^{\frac{T}{2}} (\hat{\imath}_F \cdot \sin(\omega t))^2 \cdot dt$$

$$P_F = \frac{U_{F0} \cdot \hat{\imath}_F}{T} \cdot \int_0^{\frac{T}{2}} \sin(\omega t) dt + \frac{r_F \cdot \hat{\imath}_F^2}{T} \int_0^{\frac{T}{2}} (\sin(\omega t))^2 \cdot dt$$

$$P_F = \left[\frac{U_{F0} \cdot \hat{\imath}_F}{T} \cdot \left(\frac{-1}{\omega} \cdot \cos(\omega t) \right) \Big|_0^{\frac{T}{2}} \right] + \left[\frac{r_F \cdot \hat{\imath}_F^2}{T} \cdot \left(\frac{1}{2} \cdot t - \frac{1}{4\omega} \cdot \sin(2\omega t) \right) \Big|_0^{\frac{T}{2}} \right]$$

$$P_F = \frac{U_{F0} \cdot \hat{\imath}_F}{\pi} + \frac{r_F \cdot \hat{\imath}_F^{\,2}}{4}$$

Das gilt für einen Arbeitspunkt – also für einen Scheitelstrom $\hat{\imath}_F$. Der differenzielle Widerstand r_F ist leider fast immer unbekannt. Er hängt vom Arbeitspunkt und damit vom Strom ab der durch die Diode fließt. Er liegt bei Gleichrichterdioden im Bereich *0,05 Ω bis 1 Ω*. Wenn man sich nicht die Mühe machen möchte ihn auszumessen kann man ihn auch über die Kristalltemperatur abschätzen:

$$r_F \approx \frac{0{,}0863 \cdot (273 + \vartheta)}{I_F}$$

I_F ist der Effektivwert des Stromes in A
ϑ ist die Kristalltemperatur in $°C$

Wie man die Kristalltemperatur ermittelt erkläre ich dann im Kapitel 6. Allerdings ist der so aus der Halbleiterphysik berechnete Wert meistens zu klein.

Interessant wäre jetzt noch zu wissen, ab welcher Stromstärke die durch den differentiellen Widerstand verursachte Wärme die durch die Schleusenspannung verursachte übersteigt. Dazu werden beide Terme gleich gesetzt:

$$\frac{U_{F0} \cdot \hat{\imath}_F}{\pi} = \frac{r_F \cdot \hat{\imath}_F^{\,2}}{4}$$

$$\hat{\imath}_F = \frac{4 \cdot U_{F0}}{\pi \cdot r_F}$$

Diese Formel kann auch genutzt werden um r_F zu ermitteln. U_{F0} und $\hat{\imath}_F$ werden im Arbeitspunkt gemessen. Es gilt dann

$$r_F = \frac{4 \cdot U_{F0}}{\pi \cdot \hat{\imath}_F}$$

Misst man den Effektivwert $\overline{I_F}$ des Diodenstroms, dann gilt auch:

$$P_F = U_{F0} \cdot \overline{I_F} + r_F \cdot \overline{I_F}^{\,2} \qquad \textit{\{Gleichung 3.17\}}$$

Für die Berechnung der Verlustleistung werden der lineare Mittelwert I_F oder der Effektivwert I_F des Diodenstroms i_F herangezogen. Da nur Gleichspannung betrachtet wird, sind beide Werte identisch (siehe [7]). Wenn die Gleichrichterschaltung mit einem Wirkwiderstand R belastet wird, fließt Strom nur während einer Halbperiode der sinusförmig anliegenden Spannung. Für den linearen Mittelwert des Diodenstroms ergibt sich in diesem Fall:

$$\overline{I_F} = \frac{1}{2 \cdot \pi} \cdot \int_0^{\pi} i_F \cdot d\omega t = \frac{1}{2 \cdot \pi} \cdot \int_0^{\pi} \hat{\imath}_F \cdot \sin\omega t \cdot dt = \frac{\hat{\imath}_F}{\pi}$$

und für den Effektivwert:

$$I_F = \sqrt{\frac{1}{2 \cdot \pi} \cdot \int_0^{\pi} i_F^2 \cdot d\omega t} = \sqrt{\frac{1}{2 \cdot \pi} \cdot \int_0^{\pi} \hat{\imath}_F^2 \cdot \sin^2(\omega t) \cdot dt} = \frac{\hat{\imath}_F}{2}$$

{Gleichung 3.18}

Ein Drehspulinstrument zeigt den arithmetischen Mittelwert eines Stromes bzw. einer Spannung an. Dreheiseninstrumente zeigen den Effektivwert (RMS-Wert) an (siehe dazu auch [7]). Da der Strom nicht mehr sinusförmig ist, wird die Messung mit einem Vielfachinstrument mit vorgeschaltetem Brückengleichrichter oder mit einem Digitalmultimeter ohne eingebauter RMS-Berechnung fehlerhaft.

3.1.2.1 Einwegschaltung (E)

Im Bild 3.26 ist die Einwegschaltung (E) sowie der Spannungsverlauf dieser Schaltung unter Verwendung einer idealen Diode dargestellt. Der Stromverlauf bei reiner Widerstandslast folgt dem Verlauf der Ausgangsspannung U_a. Die Gleichrichterdiode D leitet nur während der positiven Halbschwingung der Transformator-Wechselspannung; Ausgangsspannung und Ausgangsstrom setzen sich demnach aus je einer Sinushalbschwingung pro Periode zusammen. Wird eine komplette Sinusschwingung über einen Kreiswinkel von 2π (oder *360°*) aufgetragen, dann beträgt der Stromflusswinkel in der Diode bei rein ohmscher Last π (oder *180°*; positive Halbschwingung). Der Stromflusswinkel ist der Winkelbereich während dessen die Diode Strom leitet.

Die ausgegebene Gleichspannung ist pulsförmig.

Ein Drehspulmesswerk ohne besondere Skalierung zeigt den arithmetischen Mittelwert U_{AV} der pulsierenden Gleichspannung an (siehe dazu auch [5] und [7]). Dieser wird auch oft Gleichrichtwert genannt. Um diesen zu berechnen setze ich die Integration einer Halbschwingung über die Zeit geteilt durch die Periodendauer an:

$$U_{AV} = \frac{1}{2\pi} \cdot \int_0^{\pi} \hat{U} \cdot \sin(\omega t) \cdot dt$$

$$U_{AV} = \frac{\hat{U}}{2\pi} [\frac{-1}{\omega} \cdot \cos(\omega t)]|_0^{\pi}$$

$$U_{AV} = \frac{\hat{U}}{2\pi} [\frac{-1}{\omega} \cdot \cos(\omega \pi) - \frac{-1}{\omega} \cdot \cos(\omega \cdot 0)] \qquad T = 2\pi \rightarrow f = \frac{1}{2\pi} \quad \text{deshalb: } \omega = 1$$

$$U_{AV} = \frac{\hat{U}}{2\pi} [-\cos(\pi) + \cos(0)] = \frac{2\hat{U}}{2\pi} = \frac{\hat{U}}{\pi} \qquad \text{\{Gleichung 3.19\}}$$

U_{AV} ist der arithmetische Mittelwert der Ausgangsspannung U_a aus Bild 3.26.
$\hat{U}$ ist der Scheitelwert der Sekundärspannung U_{sek} aus Bild 3.26.

Unter Einsatz einer realen Diode gilt natürlich dann: $U_{AV} = \frac{\hat{U} - U_{F0}}{\pi}$

Oft findet man auch die Schreibweise mit Überstrich: $U_{AV} = \overline{U_a}$

Ein Multimeter mit RMS-Verarbeitung (**R**oot **M**ean **S**quare; Echteffektivwert) zeigt den Effektivwert der Ausgangsspannung (bzw. des Ausgangsstromes) an. Dafür addiere ich die quadrierten Spannungen zu jedem infinitesimal kleinen Zeitpunkt, teile das Ergebnis durch die Periodendauer und ziehe zum Schluss die Wurzel:

$$U_{=\mathrm{RMS}} = \sqrt{\frac{1}{T} \cdot \int_{t_0}^{t_0+T} u^2(t)dt} = \sqrt{\frac{1}{2 \cdot \pi} \cdot \int_{0}^{\pi} \hat{U}^2 \cdot \sin^2\omega t \cdot dt}$$

$$U_{=\mathrm{RMS}} = \sqrt{\frac{\hat{U}^2}{2 \cdot \pi} \cdot \frac{1}{2} \cdot \left[t - \frac{1}{2\omega} \cdot \sin(\omega t) \right] \Bigg|_0^{\pi}}$$

$$U_{=\mathrm{RMS}} = \sqrt{\frac{\hat{U}^2}{2 \cdot \pi} \cdot \frac{1}{2} \cdot \left[\left(\pi - \frac{1}{2} \cdot \sin(\pi)\right) - \left(0 - \frac{1}{2} \cdot \sin(0)\right) \right]}$$

$$U_{=\mathrm{RMS}} = \sqrt{\frac{\hat{U}^2}{2 \cdot \pi} \cdot \frac{\pi}{2}} = \frac{\hat{U}}{2} \qquad \textit{\{Gleichung 3.20\}}$$

U_{RMS} ist der Effektivwert der Ausgangsspannung U_a aus Bild 3.26.
$\hat{U}$ ist der Scheitelwert der Sekundärspannung U_{sek} aus Bild 3.26.

Bei Verwendung einer realen Diode gilt natürlich

$$U_{=\mathrm{RMS}} = \sqrt{\frac{(\hat{U} - U_{F0})^2}{4}} = \frac{\hat{U} - U_{F0}}{2}$$

Dieser Wert entspricht einer Gleichspannung, die am selben ohmschen Widerstand die gleiche Leistung hervorruft.

Bei einem Transformator wird immer der Effektivwert der Sekundärspannung U_{sekRMS} angegeben. Damit ergibt sich für den Effektivwert der Ausgangsspannung mit realer Diode:

$$U_{=\mathrm{RMS}} = \frac{U_{sekRMS} \cdot \sqrt{2} - U_{F0}}{2} \qquad \textit{\{Gleichung 3.21\}}$$

Eine andere übliche Schreibweise ist U_{eff} anstelle von $U_{=RMS}$.

Die Formel *{Gleichung 3.21}* ist ziemlich hilfreich, denn einem Netzteil möchte man eine bestimmte Leistung entnehmen. Steht auf einem Netztransformator auf der Sekundärspannung die Angabe *"12V"* dann ist das die Spannung U_{sekRMS}. Unter Verwendung einer einfachen Einweggleichrichtung könnte ich also diesem Transformator eine effektive Gleichspannung von knapp $U_= = 8\ V$ entnehmen (mit einer Diode die eine Schleusenspannung von $U_{F0} = 1\ V$ hat).

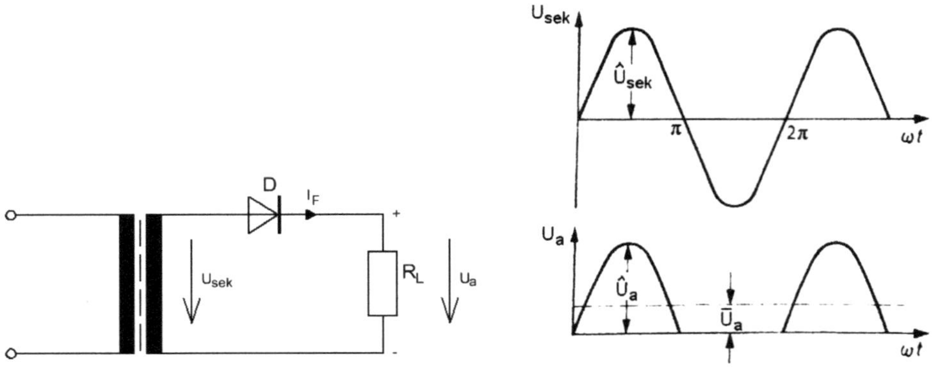

Bild 3.26: Einwegschaltung (E) und deren Spannungsverläufe bei ohmscher Belastung.
Û ist der höchste Spannungswert (Scheitelwert)
ist das selbe wie U_{AV}: der arithmetische Mittelwert von $U_a(t)$

Da nur eine Gleichrichterdiode in der Schaltung enthalten ist, ist der Effektivwert des Ausgangstromes gleich dem Effektivwert des Diodenstromes I_F.

Die *{Gleichungen 3.19}* bis *{3.21}* haben Gültigkeit, sofern der Innenwiderstand des Transformators wesentlich kleiner ist als der Lastwiderstand R_L. Geht es um die Ausgangsspannung und ist die Sekundärspannung wesentlich größer als die Schleusenspannung U_{F0}, dann kann U_{F0} oftmals vernachlässigt werden. Details zur Schleusenspannung von Dioden findet man z.B. auch in [5]. Bei kleiner Sekundärspannung (Größenordnung: Spannungen unter *10 V*) muss die Schleusenspannung hingegen berücksichtigt werden.

Für die Auswahl der Diode ist die Schleusenspannung relevant, denn diese erzeugt zusammen mit dem Effektivstrom Wärme, die abgeführt werden muss. Daneben ist noch der Scheitelwert des Diodenstroms I_F wichtig. Dieser ergibt sich zu

$$\hat{I}_F = \frac{\hat{U}_{sek}}{R_L}$$

Auch die maximale Spannung *Û* in Sperrrichtung muss die Diode aushalten können.

Beispiel: Für die Diode *P600B* (Hersteller: herrmann Gleichrichter, 90537 Feucht) ist angegeben:

$V_F = 1\ V$ *(bei* $I_F = 5\ A$*)* Schleusenspannung
$I_{FAVM} = 9{,}5\ A$ maximal erlaubter Effektivwert des Stroms in Durchlassrichtung
$V_{RRM} = 100\ V$ maximale Sperrspannung

Die maximal erlaubte elektrische Leistung, die in der Diode in Wärme umgesetzt wird ist nicht angegeben. Allerdings ist die maximale Sperrschichttemperatur mit $T_{Jmax} = 175\ °C$

angegeben und der Wärmeübergangswiderstand zwischen Sperrschicht und Gehäuse mit R_{thJC} = *30 K/W* → daraus lässt sich die maximal erlaubte elektrische Leistung

$$P_{tot} = U_{FRMS} \cdot I_{FRMS}$$

bei vorgegebener Umgebungstemperatur errechnen (siehe dazu Kapitel 6). Jedenfalls: schafft man es, dass die Gehäusetemperatur nicht höher wird als ϑ_C = *50 °C*, dann kann diese Diode eine elektrische Leistung von

$$P_{tot} = \frac{125K}{30\frac{K}{W}} = 4{,}17W$$

in Wärme umsetzen.

Der Effektivwert (U_{aRMS} oder U_{aeff}), der arithmetische Mittelwert (U_{aAV} oder $\overline{U_a}$) und der Wechselanteil der gleichgerichteten Spannung oder des gleichgerichteten Stroms hängen zusammen:

$$U_{aRMS}^2 = \overline{U_a}^2 + U_{a\sim}^2 \text{ bzw. } I_{aRMS}^2 = \overline{I_a}^2 + I_{a\sim}^2 \qquad \textit{\{Gleichung 3.22\}}$$

Damit kann der Effektivwert des Wechselanteils der gleichgerichteten Spannung aus der Sekundärspannung des Transformators berechnet werden:

$$U_{a\sim} = \sqrt{U_{aRMS}^2 - \overline{U_a}^2}$$

Die Welligkeit w einer periodischen Mischgröße ist das Verhältnis von Effektivwert des Wechselanteils der Mischgröße $U_a\sim$ zu ihrem arithmetischen Mittelwert (Gleichwert) $\overline{U_a} = U_{AV}$. Für die Welligkeit sind auch die Bezeichnungen Wechselspannungs- oder Wechselstromgehalt üblich. Für die Ausgangsspannung bei der Einweggleichrichterschaltung gilt:

$$w = \frac{U_\sim}{U_{AV}} = \frac{\sqrt{\frac{\hat{U}_{sek}^2}{4} - \frac{\hat{U}_{sek}^2}{\pi^2}}}{\frac{\hat{U}_{sek}}{\pi}} = \frac{\hat{U}_{sek} \cdot \sqrt{\frac{1}{4} - \frac{1}{\pi^2}}}{\frac{\hat{U}_{sek}}{\pi}} = \frac{\sqrt{\frac{1}{4} - \frac{1}{\pi^2}}}{\pi} \approx 1{,}2274$$

Die Welligkeit ist hier größer als *1*.

Die Beschreibung der Ausgangsspannung einer Einwegschaltung mit reiner Widerstandslast nach einer Fourier-Reihenentwicklung zeigt die in der Ausgangsspannung enthaltenen Frequenzen. Auf Grundlage zum Bild 3.26, rechte Seite, unten, ergibt sich:

$$u_a(t) = \frac{\hat{U}}{\pi} \cdot \left[1 + \frac{\pi}{2}\cos\omega t + \frac{2}{1 \cdot 3}\cos 2\omega t - \frac{2}{3 \cdot 5}\cos 4\omega t + \frac{2}{5 \cdot 7}\cos 6\omega t - \frac{2}{7 \cdot 9}\cos 8\omega t + \frac{2}{9 \cdot 11}\cos 10\omega t - + ...\right]$$

{Gleichung 3.23}

Die Ausgangsspannung setzt sich also zusammen aus der Gleichspannungskomponente

$$U_= = U_{AV} = \overline{U_a} = \frac{\hat{U}}{\pi}$$

und der Welligkeitsspannung (Wechselspannung)

$$u_a(t) = \frac{\hat{U}}{\pi} \cdot \left[\frac{\pi}{2} \cos \omega t + \frac{2}{1 \cdot 3} \cos 2 \omega t - \frac{2}{3 \cdot 5} \cos 4 \omega t + \frac{2}{5 \cdot 7} \cos 6 \omega t - \frac{2}{7 \cdot 9} \cos 8 \omega t + \frac{2}{9 \cdot 11} \cos 10 \omega t - + \ldots \right]$$

deren Grundschwingung ω gleich der Schwingung der Netzfrequenz ist (in der Europäischen Union *50 Hz*).

Die Grund- und Oberschwingungen sind reine Wechselgrößen. Ihre Summe entspricht dem Wechselanteil der gleichgerichteten Spannung. Die *{Gleichung 3.23}* stellt die Zeitfunktion der gleichgerichteten Spannung $u_a(t)$ dar.

Zu sehen ist, dass bei einer Netzfrequenz von $f_N = 50\ Hz$ im Ausgangssignal viele Frequenzen auftauchen. Das ist durchaus gut zu wissen. In einer Audioschaltung kann man diese Frequenzen hören, wenn man nichts dagegen unternimmt. Maschinenteile könnten mit diesen Frequenzen vibrieren und entsprechende Geräusche abgeben. Wie *{Gleichung 3.23}* zeigt, hat die Grundschwingung (*50 Hz*) aber nur die halbe Amplitude des Scheitelwertes. Die Frequenzanteile stellen sich wie in Tabelle 3.4 dar.

Gleichanteil/ Schwingung	**Verhältnisse bei Einweggleichrichtung**	**Verhältnisse bei Zweiweggleichrichtung**
Gleichanteil	$\frac{U_{AV}}{\hat{U}_{sek}} = 0{,}3183$	$\frac{U_{AV}}{\hat{U}_{sek}} = 0{,}6366$
Grundschwingung	$\frac{\hat{U}_{50Hz}}{\hat{U}_{sek}} = 0{,}5$	$\frac{\hat{U}_{50Hz}}{\hat{U}_{sek}} = 0$
erste Oberschwingung	$\frac{\hat{U}_{100Hz}}{\hat{U}_{sek}} = \frac{2}{3 \cdot \pi} \approx 0{,}2122$	$\frac{\hat{U}_{100Hz}}{\hat{U}_{sek}} = \frac{4}{3 \cdot \pi} \approx 0{,}4244$
zweite Oberschwingung	$\frac{\hat{U}_{200Hz}}{\hat{U}_{sek}} = \frac{2}{3 \cdot 5 \cdot \pi} \approx 0{,}04244$	$\frac{\hat{U}_{200Hz}}{\hat{U}_{sek}} = \frac{4}{3 \cdot 5 \cdot \pi} \approx 0{,}08488$
dritte Oberschwingung	$\frac{\hat{U}_{300Hz}}{\hat{U}_{sek}} = \frac{2}{5 \cdot 7 \cdot \pi} \approx 0{,}01819$	$\frac{\hat{U}_{300Hz}}{\hat{U}_{sek}} = \frac{4}{5 \cdot 7 \cdot \pi} \approx 0{,}03638$

vierte Oberschwingung	$\frac{\hat{U}_{400Hz}}{\hat{U}_{sek}} = \frac{2}{7 \cdot 9 \cdot \pi} \approx 0{,}01$	$\frac{\hat{U}_{400Hz}}{\hat{U}_{sek}} = \frac{4}{7 \cdot 9 \cdot \pi} \approx 0{,}02$
fünfte Oberschwingung	$\frac{\hat{U}_{600Hz}}{\hat{U}_{sek}} = \frac{2}{9 \cdot 11 \cdot \pi} \approx 0{,}00643$	$\frac{\hat{U}_{600Hz}}{\hat{U}_{sek}} = \frac{4}{9 \cdot 11 \cdot \pi} \approx 0{,}01286$
....u.s.w		

Tabelle 3.4: Anteile der Grund- und Oberschwingungen bei der Einweg-Gleichrichtung und bei der Zweiweggleichrichtung. Bei einem Netztransformator ist üblicherweise die effektive Sekundärspannung angegeben. Deshalb kann man ersetzen $\hat{U}_{sek} = U_{sek} \cdot \sqrt{2}$.

Bei der Einweggleichrichtung wird nur eine Halbschwingung ausgenutzt. An einem ohmschen Widerstand R_L würde die Leistung

$$P = \frac{U^2}{R_L}$$

entstehen. Mit dem Ergebnis aus *{Gleichung 3.20}* und unter der Annahme einer idealen Diode ist die am Ausgang der Gleichrichterschaltung umgesetzte Leistung

$$P_= = \frac{(\frac{\hat{U}}{2})^2}{R_L}$$

$\hat{U}$ ist der Scheitelwert der Sekundärspannung.

Wenn diese Leistung am Ausgang entsteht, fließt der Strom

$$I_{eff} = \frac{\frac{\hat{U}}{2}}{R_L}$$

Dieser Strom fließt sowohl auf der Sekundärseite des Transformators, als auch durch die Diode und durch den angeschlossenen Lastwiderstand R_L. Der Nennstrom des Transformators wird ohne Gleichrichter von beiden Halbschwingungen erbracht. Bei Verwendung der Einweggleichrichtung wird nur eine Halbschwingung ausgenutzt. Verlangt man den Nennstrom aus nur einer Halbschwingung, so muss die Amplitude den Nennwert deutlich übersteigen. Dies kann zur Überlastung der Wicklung führen. Deshalb fordere ich bei der Einweggleichrichtung besser nur den halben effektiven Nennstrom. Die vom Transformator maximal abgebbare Leistung ist also

$$P_{max} = \frac{I_{effnenn}}{2} \cdot U_{effsek}$$

und unter Einbeziehung der obigen Gleichung

$$P_{max} = \frac{\frac{\hat{U}}{2}}{2 \cdot R_L} \cdot U_{effsek} = \frac{\hat{U}}{4 \cdot R_L} \cdot U_{effsek} = \frac{U^2_{effsek}}{4 \cdot R_L}$$

Der Transformator kann also unter diesen Umständen nur zu einem Viertel ausgenutzt werden. In der Literatur findet man häufig die Angabe das der Transformator eine Leistung haben muss, die um dass 3,1-fache größer ist als die geforderte Leistung hinter dem Gleichrichter. So steht es auch in der Tabelle 3.1. Offensichtlich wird hier ein etwas höherer Impulsstrom zugelassen. Jedenfalls wird aus diesem Grund die Einweggleichrichterschaltung heute fast nur noch für kleine Leistungen genutzt. Etwa wenn eine Hilfsspannung, die wenig belastet wird erforderlich ist, oder dort, wo beginnend von der Sekundärwicklung des Netztransformators ein durchgehendes Bezugspotential (Masseleitung) gefordert ist.

3.1.2.2 Zweiweggleichrichtung

Zu den Zweiweggleichrichterschaltungen gehört die Mittelpunktschaltung (M) und die Brückenschaltung (B), die in der Literatur auch als "Graetz-Gleichrichter" bezeichnet wird. Bei Mittelpunkt- und Brückenschaltung setzen sich Ausgangsspannung und Ausgangsstrom aus zwei Sinushalbschwingungen pro Periode zusammen (Bild 3.27): Bei der Mittelpunktschaltung kommen zwei Gleichrichterdioden zum Einsatz. Die Gleichrichterdiode D1 führt während der ersten Halbschwingung Strom, während der zweiten Halbschwingung die Gleichrichterdiode D2.

Bei der Brückenschaltung werden vier Gleichrichterdioden benötigt. Während der ersten Halbschwingung führen die Gleichrichterzellen D1 und D3 Strom, während der zweiten Halbschwingung die Gleichrichterzellen D2 und D4.

Im Bild 3.28 sind Gleichrichterbauelemente für Zweiweggleichrichtung zu sehen. Diese Bauteile enthalten zwei Dioden oder vier Dioden (beim Brückengleichrichter). Natürlich kann man auch vier Einzeldioden verwenden.

Die Zweiweggleichrichtung wirkt wie ein Umschalter, der die negative Halbschwingung der sinusförmigen Spannung umpolt. Dadurch wird der Transformator gegenüber der Einweggleichrichtung vollständig ausgenutzt. Schaut man sich das Bild 3.27 rechts an, dann ist zu erkennen, dass die gleichgerichtete Spannung eine Periodendauer von einer Sinushalbschwingung hat. Sie ist also nur halb so lang wie die der Wechselspannung vor der Gleichrichtung. Ich gehe mal zunächst von idealen Dioden aus. Zur Berechnung des arithmetischen Mittelwerts U_{AV} der pulsierenden Gleichspannung setze ich die Integration einer Sinus-Halbschwingung über die Zeit geteilt durch die halbe Periodendauer an:

$$U_{AV} = \frac{1}{\pi} \cdot \int_0^{\pi} \hat{U} \cdot \sin(\omega t) \cdot dt$$

$$U_{AV} = \frac{\hat{U}}{\pi}[\frac{-1}{\omega} \cdot \cos(\omega t)]|_0^{\pi} \qquad T = 2\pi \rightarrow f = \frac{1}{2\pi} \text{ deshalb: } \omega = 1$$

$$U_{AV} = \frac{\hat{U}}{\pi}[\frac{1}{\omega} - \frac{-1}{\omega}] = \frac{2 \cdot \hat{U}}{\pi} \qquad \{Gleichung\ 3.24\}$$

U_{AV} ist der arithmetische Mittelwert der Ausgangsspannung U_a aus Bild 3.27.
$\hat{U}$ ist der Scheitelwert der Sekundärspannung U_{sek} aus Bild 3.26.

Unter Einsatz von realen Dioden gilt natürlich dann für die Mittelpunktschaltung (Bild 3.27 links oben):

$$U_{AV} = \overline{U_a} = \frac{2 \cdot (\hat{U} - U_{F0})}{\pi}$$

und $U_{AV} = \overline{U_a} = \frac{2 \cdot (\hat{U} - 2 \cdot U_{F0})}{\pi}$ für die Brückenschaltung (Bild 3.27 links unten)

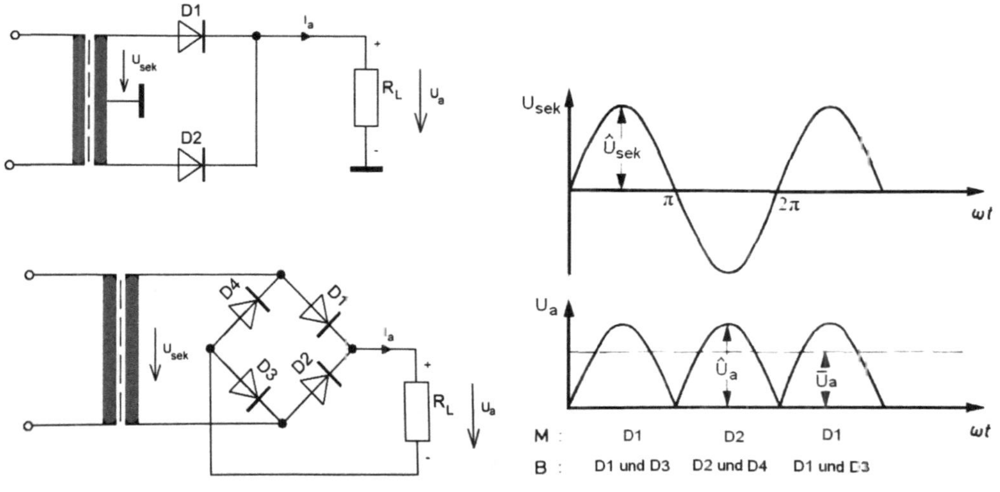

Bild 3.27: Zweiwegschaltung und deren Spannungsverläufe bei ohmscher Belastung. Û ist der höchste Spannungswert (Scheitelwert)

$\overline{U_a}$ ist das selbe wie U_{AV}: der arithmetische Mittelwert von $U_a(t)$
Die Angaben unter dem Diagramm zeigt an welche der Dioden im Schaltbild jeweils aktiv sind. Bei der Brückenschaltung sind immer zwei Dioden aktiv.

Ein Multimeter mit RMS-Verarbeitung (**R**oot **M**ean **S**quare; Echteffektivwert) zeigt den Effektivwert der Ausgangsspannung (bzw. des Ausgangsstromes) an. Dafür addiere ich die quadrieren Spannungen zu jedem Zeitpunkt, teile das Ergebnis durch die Periodendauer der Gleichspannung (die in diesem Fall nur halb so groß ist wie die der Wechselspannung) und ziehe zum Schluss die Wurzel:

$$U_{=\mathrm{RMS}} = \sqrt{\frac{1}{T} \cdot \int_{t_0}^{t_0+T} u^2(t)dt} = \sqrt{\frac{1}{\pi} \cdot \int_0^{\pi} \hat{U}^2 \cdot \sin^2\omega t \cdot dt}$$

$$U_{=\mathrm{RMS}} = \sqrt{\frac{\hat{U}^2}{\pi} \cdot \frac{1}{2} \cdot [t - \frac{1}{2\omega} \cdot \sin(\omega t)]|_0^{\pi}}$$

$$U_{=\mathrm{RMS}} = \sqrt{\frac{\hat{U}^2}{\pi} \cdot \frac{1}{2} \cdot [(\pi - \frac{1}{2} \cdot \sin(\pi)) - (0 - \frac{1}{2} \cdot \sin(0))]}$$

$$U_{=\mathrm{RMS}} = \sqrt{\frac{\hat{U}^2}{\pi} \cdot \frac{\pi}{2}} = \frac{\hat{U}}{\sqrt{2}} \qquad \text{\{Gleichung 3.25\}}$$

$U_{=RMS}$ ist der Effektivwert der Ausgangsspannung U_a aus Bild 3.27.
$\hat{U}$ ist der Scheitelwert der Sekundärspannung U_{sek} aus Bild 3.27 links.

Es ist zu sehen: werden ideale Dioden unterstellt, dann ist der Effektivwert der gleichgerichteten Spannung gleich dem Effektivwert der sekundären Transformatorspannung. Unter Verwendung von realen Dioden, gilt natürlich

für die Mittelpunktschaltung $U_{=\mathrm{RMS}} = \frac{\hat{U} - U_{F0}}{\sqrt{2}}$ und für die Brückenschaltung:

$$U_{=\mathrm{RMS}} = \frac{\hat{U} - 2 \cdot U_{F0}}{\sqrt{2}}$$

Da die Spannungen beim Transformator immer als Effektivwert (U_{sek}) angegeben werden gilt natürlich auch

für die Mittelpunktschaltung $U_{=\mathrm{RMS}} = U_{sek} - \frac{U_{F0}}{\sqrt{2}}$ und für die Brückenschaltung

$$U_{=\mathrm{RMS}} = U_{sek} - \sqrt{2} \cdot U_{F0}$$

Für die Auswahl der Dioden/Gleichrichter gilt dasselbe das, was ich bereits im Abschnitt 3.3.1.2.1 geschrieben habe.

Die Mittelpunktschaltung hat den Vorteil, dass nur eine Diode pro Halbschwingung wirksam ist und somit U_{F0} nur einmal abgezogen werden muss. Außerdem liegt der Mittelpunkt des Transformators direkt auf GND (Masse, Bezug), was manchmal erforderlich ist. In jeder Diode entsteht wieder die Verlustleistung

$$P_{Diode} = U_{FRMS} \cdot I_{DRMS}$$

U_{FRMS} ist der Effektivwert der an der Diode in Durchlassrichtung anliegenden Spannung. I_{DRMS} ist der Effektivwert des durch die Diode hindurchfließenden Stroms.

Bei der Mittelpunktschaltung entsteht diese Verlustleistung zweifach, bei der Brückenschaltung vierfach. Entsprechend hoch ist die Wärmeleistung, die in ihnen auftritt. Gegebenenfalls muss der Gleichrichter gekühlt werden (siehe Kapitel 6). Die niedrigsten Verluste erhält man, wenn die Zweiweggleichrichtung mit einer Mittelpunktschaltung realisiert ist und zwei Schottky-Dioden eingesetz werden. Bei diesen Dioden ist die Schleusenspannung besonders niedrig (*0,3....0,6 V*). Allerdings ist zu beachten, dass Schottky-Dioden erheblich weniger Sperrspannung vertragen. Im Bild 3.35 sind Beispiele für Daten von Schottky-Dioden aufgelistet. Die Schleusenspannung ist in der fünften Spalte zu finden (V_F).

Für die Welligkeit gibt es hier den Ansatz (auch hier ist es natürlich das Verhältnis von Effektivwert des Wechselanteils der Ausgangsspannung zu ihrem linearen Mittelwert U_{AV}):

$$w = \frac{U_{\sim}}{U_{AV}} = \frac{\sqrt{\frac{\hat{U}_{sek}^2}{2} - \frac{4 \cdot \hat{U}_{sek}^2}{\pi^2}}}{\frac{2 \cdot \hat{U}_{sek}}{\pi}} = \frac{\hat{U}_{sek} \cdot \sqrt{\frac{1}{2} - \frac{4}{\pi^2}}}{\frac{2 \cdot \hat{U}_{sek}}{\pi}} = \frac{\pi \cdot \sqrt{\frac{1}{2} - \frac{4}{\pi^2}}}{2} \approx 0{,}4834$$

Wie zu erwarten ist der Wert deutlich kleiner als bei der Einwegschaltung: knapp 50 % des Gleichwertes U_{AV}.

Wie bei der Zweiwegschaltung mit reiner Widerstandslast beschreibe ich die Ausgangsspannung $u_a(t)$ nach einer Fourier-Reihenentwicklung um die enthaltenden Frequenzen zu finden:

$$u_a(t) = \frac{2 \cdot \hat{U}}{\pi} \cdot [1 + \frac{2}{1 \cdot 3}\cos 2\omega t - \frac{2}{3 \cdot 5}\cos 4\omega t + \frac{2}{5 \cdot 7}\cos 6\omega t - \frac{2}{7 \cdot 9}\cos 8\omega t + \frac{2}{9 \cdot 11}\cos 10\omega t - + \ldots]$$

{Gleichung 3.26}

Die Ausgangsspannung setzt sich damit zusammen aus der Gleichspannungskomponente

$$u_{=} = \frac{2 \cdot \hat{U}}{\pi}$$

und der Welligkeitsspannung (Wechselspannung)

$$u_a(t) = \frac{2 \cdot \hat{U}}{\pi} \cdot [\frac{2}{1 \cdot 3}\cos 2\omega t - \frac{2}{3 \cdot 5}\cos 4\omega t + \frac{2}{5 \cdot 7}\cos 6\omega t - \frac{2}{7 \cdot 9}\cos 8\omega t + \frac{2}{9 \cdot 11}\cos 10\omega t - +.....]$$

Die Grund- und Oberschwingungen sind reine Wechselgrößen. Ihre Summe entspricht dem Wechselanteil der gleichgerichteten Spannung. In der Tabelle 3.4 rechts findet man die Anteile der jeweiligen Oberschwingungen. Die Grundschwingung ist in der gleichgerichteten Spannung nicht mehr enthalten. Die Amplituden der Oberschwingungen sind doppelt so groß wie bei der Einweggleichrichtung. Die *{Gleichung 3.26}* stellt die Zeitfunktion der gleichgerichteten Spannung *$u_a(t)$* dar.

Bei der Brückengleichrichtung wird die Wechselspannung vollständig ausgenutzt (wenn man die Schleusenspannung der Dioden nicht beachtet). Tatsächlich geht aber natürlich die im Gleichrichter erzeugte Wärmeleistung für die Ausgangsleistung verloren.

Bei der Mittelpunktschaltung handelt es sich genau genommen um zwei Einweggleichrichterschaltungen mit gemeinsamem Bezug (GND, Masse). Von jeder Teilwicklung wird nur die positive Halbschwingung verwendet. Der Vorteil ist der gemeinsame Bezug (sofern man diesen benötigt).

Bild 3.28: Gleichrichter für die Zweiwegschaltung. Zwei Gleichrichter für Mittelpunktschaltung (links) und vier Brückengleichrichter (rechts).

3.1.2.3 Glättung

Die von den Einweg- bzw. Zweiwegschaltungen gelieferten Ausgangsspannungen setzen sich aus Sinushalbschwingungen zusammen (Bilder 3.26 und 3.27). Elektrotechnische Verbraucher wie Gleichstrommotoren, Heizungen oder Glühlampen können damit fast immer ohne weitere Maßnahmen versorgt werden. Für die Versorgung elektronischer Schaltungen ist diese Spannungsqualität aber ungeeigent. Bei Audioschaltungen würden z.B. die Oberschwingungen hörbar. Auch wenn verstärkte Anforderungen an die EMV bestehen sind gepulste Ströme über Versorgungsleitungen ungünstig.

Es ist somit eine Glättung erforderlich. Für die Glättung der Spannung am Belastungswiderstand wird als Speicherelement ein Kondensator eingesetzt. In manchen Fällen kommen auch Drosseln (Spulen) zum Einsatz. Diese haben zunächst eine glättende Wirkung auf den Strom.

Die Glättungswirkung mit Kondensator zeige ich an der Einweggleichrichterschaltung. Zur Glättung der gleichgerichteten Spannung wird ein Kondensator parallel zum Belastungswiderstand geschaltet (Bild 3.29). Wenn die Gleichrichterdiode Strom führt, dann wird der Kondensator aufgeladen. Die Spannung des Kondensators *C* steigt bis zum Maximum der gleichgerichteten Spannung U_{sek} an (Bild 3.30). Ohne den Lastwiderstand gilt dann:

$$u_{a0} = \hat{U}_{sek} - U_F \quad \text{\{Gleichung 3.27\}}$$

U_F ist die Schleusenspannung der Diode.

Mit dem Lastwiderstand bildet sich ein Spannungsteiler mit dem Innenwiderstand des Transformators und dem dynamischen Widerstand der Diode :

$$u_{a0} = \hat{U}_{sek} - U_F - \hat{I} \cdot R_i = \frac{(\hat{U}_{sek} - U_F) \cdot R_L}{R_i + R_L} \quad \text{\{Gleichung 3.28\}}$$

R_i steht für die Summe aus Innenwiderstand des speisenden Transformators und dynamischem Widerstand der Diode
R_L ist der Lastwiderstand (Bild 3.29).

Die Ausgangsspannung steigt mit der Sinusfunktion der Ausgangsspannung an der Diode auf den Wert u_{a0} an, sie sinkt aber nach überschreiten des Maximalwertes (also gemäß Bild 3.30 nach dem Überschreiten des Zeitpunktes $\omega t_2 = \pi/2$). Jedenfalls gilt bei einer idealen Diode: Wenn die Ausgangsspannung an der Diode unter die Kondensatorspannung fällt, hört der Stromfluss über die Diode auf und die Entladung des Kondensators beginnt. Im Bild 3.30 ist dies bei ωt_2 und ωt_4 der Fall. Wie stark die Spannung zwischen den Halbschwingungen sinkt hängt ab von der Größe des Lastwiderstandes R_L und des Kondensators *C* sowie vom Innenwiderstand R_i des Transformators (der Stromquelle) und der Diode. Der Spannungsverlauf von $u_C(t) = u_a(t)$ ist im Bereich zwischen den Halbschwingungen eine abklingende Eulersche Funktion.

Dort wo die e-Funktion die nächstfolgende positive Halbschwingung schneidet, hört die Entladung des Kondensators auf und es fließt wieder Strom durch die Diode. Der Kondensator wird wieder aufgeladen. Dies ist im Bild 3.30 bei ωt_1 und ωt_3 der Fall.

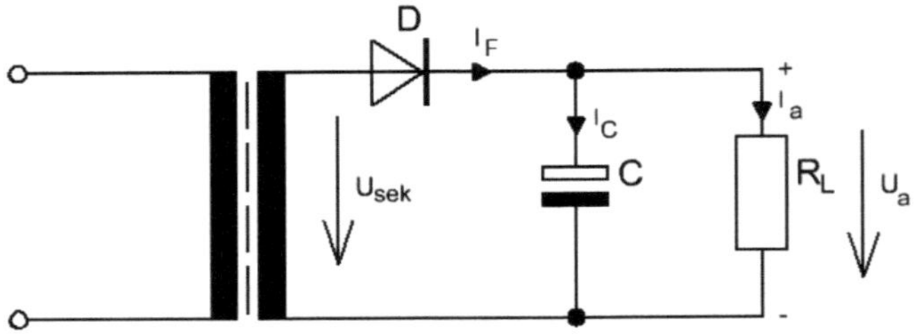

Bild 3.29: Einweggleichrichterschaltung mit Glättungskondensator C.

Der Zeitbereich in welchem Strom über die Diode fließt ist sehr viel kürzer als eine Halbperiodendauer. In dieser kurzen Zeit fließt über die Diode der Belastungsstrom i_a und zusätzlich der Ladestrom i_C. Meistens kann die e-Funktion durch einen geradlinigen Verlauf der an- und absteigenden Spannung u_a am Belastungswiderstand und am parallel dazu liegenden Kondensator angenommen werden. Der Fehler dieser Näherung ist genügend klein, wenn gilt:

$$\Delta u_a \ll \overline{u_a} \quad \textit{\{Gleichung 3.29\}}$$

Δu_a ist die Spannungsänderung (Welligkeit, Wechselanteil) der Ausgangsspannung als Spitze-Spitze-Wert; also eigentlich Δu_{ass}

Das ist bei entsprechender Dimensionierung und Anwendungen bei denen die Welligkeit der gleichgerichteten Spannung sehr klein sein muss immer der Fall. Dazu sind bei Netzfrequenz große Kapazitäten der Kondensatoren notwendig. Die Aufladezeit t_A (Bild 3.30) hängt ab vom Innenwiderstand des Transformators, der Größe des Kondensators und des Ausgangsstroms i_a. Man spricht in diesem Zusammenhang auch vom Stromflusswinkel. Bezogen auf Bild 3.29 und Bild 3.30 ist dann

$$t_A = \omega t_2 - \omega t_1 = \omega t_4 - \omega t_3 \; .$$

Für die Auslegung des Glättungskondensators kann für die Entladezeit bei der Einpulsschaltung die Periodendauer der Netzwechselspannung eingesetzt werden:

$$t_E(Einpuls) = 20ms$$

für die Zweiwege-Gleichrichterschaltung entsprechend die halbe Periodendauer:

$$t_E(Zweipuls) = 10ms$$

Bei genauer Betrachtung ist die Entladezeit etwas kleiner. Das ist im Bild 3.30 gut zu erkennen. Bei einer idealen Diode startet sie zwar im Scheitelpunkt der Sinushalbschwingung (ωt_2 bzw. ωt_4), sie endet aber deutlich vor dem nächsten Scheitelpunkt (ωt_1 bzw. ωt_3). Strenggenommen ist also

$$t_E = \omega t_3 - \omega t_2 \quad \textit{\{Gleichung 3.30\}}$$

Bei akademischer Betrachtung ist der Zusammenhang zwischen Spannung und Strom des Kondensators durch eine Differentialgleichung gegeben. In meiner täglichen Praxis vereinfache ich diese durch eine Differenzengleichung wobei ich nur den Entladevorgang betrachte:

$$i_C = C \cdot \frac{\Delta u_C}{\omega t_2 - \omega t_1} = C \cdot \frac{\Delta u_C}{t_E}$$

Damit lässt sich mit ausreichender Genauigkeit die Größe des Glättungskondensators *C* für eine zulässige Restwelligkeit Δu_a bei einem Verbraucherstrom i_a abschätzen:

$C = i_C \cdot \frac{t_E}{\Delta u_C}$ bzw. weil beim Entladezyklus gilt $i_c = i_a$ auch $C = i_a \cdot \frac{t_E}{\Delta u_C}$

{Gleichung 3.31}

Da der Stromflusswinkel ϕ bei z.B. wechselnder Belastung nicht konstant ist setzt man die Periodendauer ein. Wohlwissend, dass der Entladevorgang tatsächlich etwas kürzer ist (*{Gleichung 3.30}*). Die berechnete Kapazität ist also etwas zu groß – was aber nicht schadet.

Wie groß die Welligkeit sein darf richtet sich nach der Mindestspannung, die nicht unterschritten werden darf. Angenommen es soll eine 12-V-Versorgung gewährleistet werden. Es wird dazu ein Transformator mit einer sekundären Nennspannung von *12 V* eingesetzt. Dann lädt sich der Kondensator bei Nennlast auf bis

$$u_{Cmax} = U_{sek} \cdot \sqrt{2} - U_F = 12V \cdot \sqrt{2} - 0{,}7V \approx 16{,}27V$$

Es wird ein Spannungsregler verwendet (siehe Kapitel 5) mit einem Mindest-Spannungsabfall von $\Delta U = 2\ V$. Dann darf die Spannung am Kondensator bis auf $U_{Cmin} = 14\ V$ abfallen. Die erlaubte Welligkeit ist somit:

$$\Delta u_C = u_{Cmax} - U_{Cmin} = 16{,}27V - 14V = 2{,}27V$$

Bei einem angenommenen Nennstrom von $I_N = I_a = 200\ mA$ ergibt sich dann mit *{Gleichung 3.32}* ein Kondensator mit

$$C = 0{,}2A \cdot \frac{0{,}02s}{2{,}27V} \approx 0{,}00176F = 1{,}76mF$$

Aus der E7-Reihe [siehe 5] würde ich die nächstgrößere Kapazität wählen. Das ist dann ein Kondensator mit einer Kapazität von *2200 µF*. Damit wird die Brummspannung zu

$$\Delta u_C = i_C \cdot \frac{t_E}{C} = 0{,}2A \cdot \frac{0{,}02s}{2200 \cdot 10^{-6}F} \approx 1{,}82V$$

Die Welligkeit ist dann

$$w = \frac{U_{\sim}}{U_{AV}} = \frac{1{,}82V}{\frac{16{,}27V + 14V}{2}} \approx 0{,}1203$$

Ohne Kondensator war sie größer als 1. Diese Rechnung ist in allen Fällen anwendbar, bei denen die Bedingung gilt

$R_i \ll R_L$ *{Gleichung 3.32}*

R_i ist der Innenwiderstand der Quelle: also des Transformators und der Diode

In Ausnahmefällen, bei denen diese Bedingung nicht erfüllt ist, kann man die folgenden Formeln nutzen:

$$u_a = U_{a0} \cdot [1 - \sqrt{\frac{R_i}{R_L}}]$$

U_{a0} ist die Ausgangsspannung bzw. die Spannung am Glättungskondensator ohne Belastung ($R_L \to \infty$)

$$C \geq \frac{I_a}{\Delta u_c \cdot f_N} \cdot [1 - (\frac{R_i}{R_L})^{\frac{1}{4}}]$$

R_i ist der Innenwiderstand der Quelle: also des Transformators und der Diode
f_N ist die Netzfrequenz (in Europa *50 Hz*)

Verglichen mit der Einwegschaltung wird bei der Zweiweggleichrichtung (Bild 3.32) der Transformator viel besser ausgenutzt, da beide Halbschwingungen für die Gewinnung der Gleichspannung verwendet werden. Außerdem ist die Welligkeit der Gleichspannung niedriger und die Frequenz der Brummspannung höher (Tabelle 3.4; *{Gleichung 3.26}*). Beides vereinfacht die Glättung (Siebung). Die Entladezeit t_E des Kondensators ist nur noch halb so groß wie bei der Einweggleichrichtung. Somit ist nach *{Gleichung 3.31}* die notwendige Kapazität nur halb so groß wie bei der Einwegschaltung.

Auch bei der Zweiweggleichrichtung ist die *{Gleichung 3.31}* nur anwendbar wenn die Bedingung *{Gleichung 3.32}* erfüllt ist. Ansonsten kann man rechnen:

$$U_{a0} = \hat{u}_{sek} - 2 \cdot U_F = u_{sek} \cdot \sqrt{2} \cdot -2 \cdot U_F$$

$$u_a = U_{a0} \cdot [1 - \sqrt{\frac{R_i}{2 \cdot R_L}}]$$

$$C \geq \frac{I_a}{2 \cdot \Delta u_c \cdot f_N} \cdot [1 - (\frac{R_i}{2 \cdot R_L})^{\frac{1}{4}}]$$

R_i ist der Innenwiderstand der Quelle: also des Transformators und der Diode
f_N ist die Netzfrequenz (in Europa *50 Hz*)

Wichtig für die Dimensionierung ist noch die Tatsache, dass sich die Belastung der Gleichrichterdiode durch die Glättung mit einem Kondensator sowohl strom- als auch spannungsmäßig gegenüber der Belastung der Gleichrichterschaltung mit nur einem Wirkwiderstand ändert. Je größer die Kapazität des Glättungskondensators, desto kleiner wird der Stromflusswinkel ϕ. Das liegt daran, dass der Kondensator sich langsamer entlädt. Die Spannung die zum nächsten Ladevorgang ansteht ist also größer und damit die Zeit für das Aufladen – also der Stromflusswinkel kleiner. Für die Abschätzung des Stromflusswinkels gibt es eine Näherungsformel die z.B. auf "Electronic StackExchange" erläutert wird:

$$\phi \approx 2\sqrt{\frac{2 \cdot I_{Last}}{\omega \cdot C \cdot \hat{U}}}$$

Wenn die Zeit für das Aufladen aber kleiner wird, muss der Stromimpuls durch die Diode größer werden. Wenn der arithmetische Mittelwert des Stroms über den Belastungswiderstand konstant bleiben soll, dann muss bei kleiner werdender Dauer des Stromflusses (kleinerer Stromflusswinkel) der Maximalwert des Diodenstroms steigen. Damit steigt auch dessen Effektivwert. Die thermische Belastung der Diode wird also größer mit größer werdender Kapazität des Glättungskondensators. Ab einer bestimmten Kapazität kann es notwendig werden, die Diode zu kühlen. Manchmal kann es auch sinnvoll sein einen zusätzlichen Widerstand in Reihe mit der Diode zu schalten, wenn der Innenwiderstand des Transformators und der Zuleitungen nicht für eine Strombegrenzung ausreicht. Auch die Verwendung einer Induktivität kann hier angebracht sein. Im Zweifelsfall ist angeraten, die Stromimpulsbreite und die Impulsform mit einem Oszilloskop zu überprüfen und daraus die an die Diode zu stellenden Anforderungen zu ermitteln.

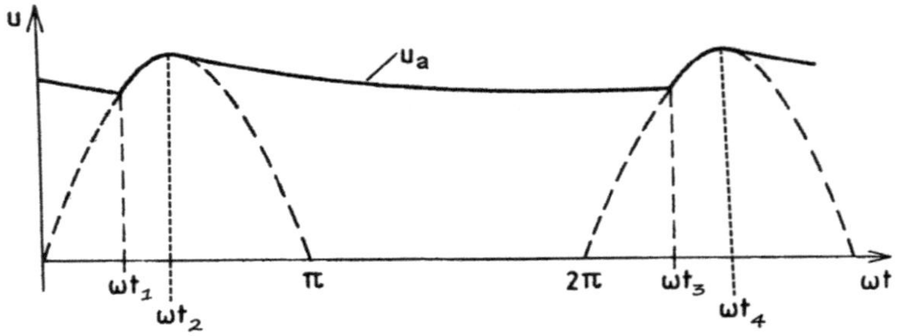

Bild 3.30: Spannungs-Zeit-Diagramm für die Glättung mit Kondensator bei einer Einweggleichrichterschaltung. Die Winkel (Zeitbereiche) für Beginn und Ende des Diodenstroms sind mit $\omega \cdot t_1$ und $\omega \cdot t_2$ bzw. $\omega \cdot t_3$ und $\omega \cdot t_4$ bezeichnet.

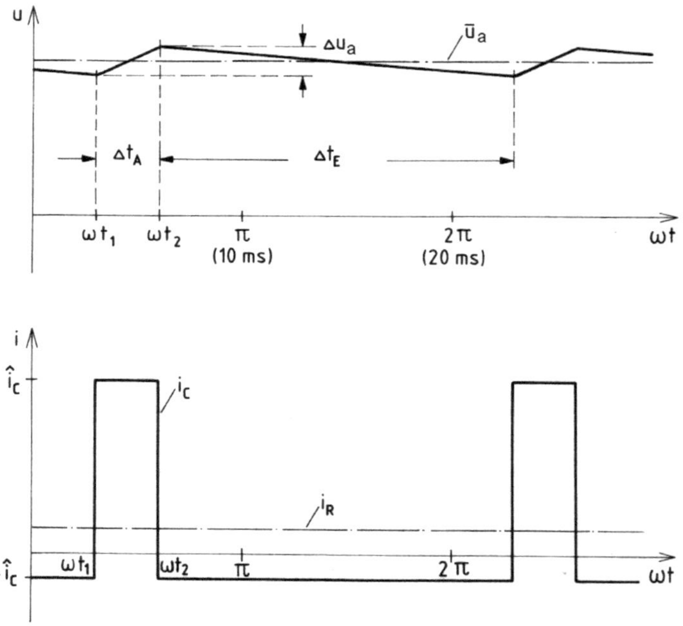

Δt_A Stromflußdauer des Diodenstroms, Aufladedauer des Kondensators
Δt_E Entladedauer des Kondensators
Δu_a Spannungsänderung
$\hat{i}_C$ Maximalwert des Kondensatorstroms

Bild 3.31: Idealisierte Spannung-Zeit- und Stom-Zeit-Diagramme bei der Glättung mit Kondensator. Stromflusswinkel $\phi = \omega \cdot t_2 - \omega \cdot t_1$

Die von der Diode zu tragende Sperrspannung ist doppelt so groß wie der Scheitelwert der sekundären Wechselspannung. Das liegt daran, dass während der Sperrphase an der Kathode die gegenüber Masse positive Kondensatorspannung anliegt und an der Anode die gegenüber Masse negative Halbschwingung der Wechselspannung. Zwischen Katode und Anode ist dann der höchste Spannungswert:

$$\hat{U}_{KA} = U_C - (-\hat{U}_{sek})$$

Ohne Belastung ist dies aber identisch mit

$$\hat{U}_{KA} = 2 \cdot |\hat{U}_{sek}|$$

Die ausgewählte(n) Diode(n) sollten in Sperrrichtung mehr als dieses Spannung aushalten können. Mit Standard-Gleichrichterdioden aus Silizium ist das in den meisten Fällen leicht zu erfüllen. Das Bild 3.33 zeigt beispielhaft die Daten von Gleichrichterdioden der Typenreihe 1N540x. Das x steht für eine Zahle zwischen 0 und 8. Dies Zahl steht stellvertretend für die erlaubte Sperrspannung (im Datenblatt V_{RRM}). Der maximale Dauerstrom ist angegeben mit $I_{FAV} = 3\ A$, sofern die Anschlussdrähte im Abstand von *10 mm* auf Umgebungstemperatur gehalten werden. Der sich periodisch wiederholende Stoßstrom darf $I_{FAV} = 30\ A$ erreichen, sofern eine Wiederholfrequenz von mindestens *15 Hz* garantiert ist. Dies entspricht einer Sinushalbschwingung mit einer Dauer von maximal *66 ms* mit anschließend gleichlanger Pause. Dieser Wert ist dann maßgebend für den Impulsstrom während der Aufladung des Kondensators. Es ist auch noch ein weiterer Impulsstrom für eine 50/60-Hz-Frequenz angegeben. Dieser ist aber nicht als periodischer Strom bezeichnet. Nach diesem Strompuls bedarf es also einer größeren Pause.

Ebenfalls interessant ist die Durchlassspannung – also die Schleusenspannung (im Datenblatt bezeichnet mit V_F). Beim Nennstrom von *3 A* wird lediglich ein Wert kleiner *1,2 V* garantiert. Also deutlich mehr als die oft angenommenen *0,7 V* für Siliziumdioden.

Schön ist, dass in diesem Datenblatt vom deutschen Halbleiterhersteller Diotec Semiconductor AG aus Heitersheim auch Diagramme angegeben sind. Das erste zeigt, dass der maximal erlaubte Dauerstrom nur entnommen werden darf, wenn die Umgebungstemperatur nicht größer ist als *50 °C*. Bei höheren Umgebungstemperaturen ist nur ein prozentualer Teil des Dauerstroms erlaubt. Weiterhin gibt es ein Diagramm, dass die Durchlasskennlinie $I_F = f(U_F)$ der Diode zeigt. Der Strom in Durchlassrichtung ist logarithmiert aufgetragen. Deshalb sieht die Kennlinie anders aus als in den Bildern 3.23 bzw. 3.24. Es zeigt die starke Temperaturabhängigkeit mit negativem Temperaturkoeffizienten. Beim Nenndauerstrom von *3 A* und einer Sperrschichttemperatur von $T_J = 125\ °C$ beträgt die Schleusenspannung $U_F = 1\ V$.

Das dritte Diagramm zeigt den maximal erlaubten Scheitelstrom für eine Anzahl von Sinushalbschwingungen bei der Frequenz *50 Hz*. Es zeigt sehr große Ströme. Relevant ist dies für den Einschaltmoment - wenn der Kondensator noch vollständig entladen ist und somit für kurze Zeit der Kurzschlusstrom des Transformators fließt.

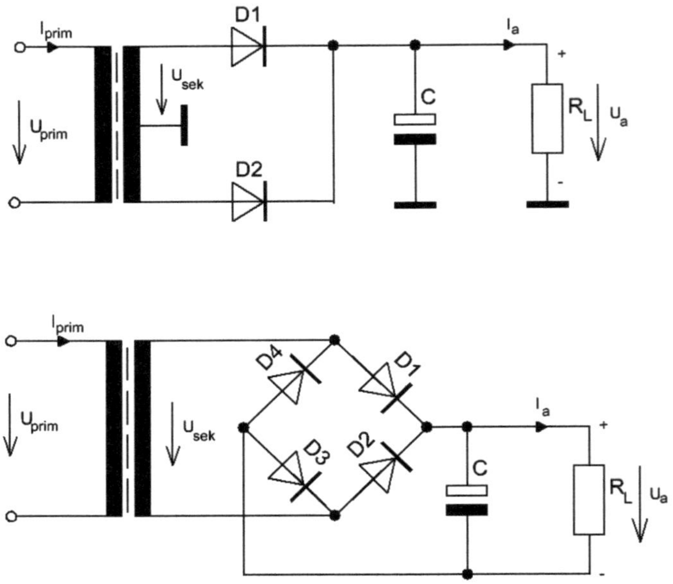

Bild 3.32: Zweiweggleichrichterschaltungen mit Glättungskondensator C.

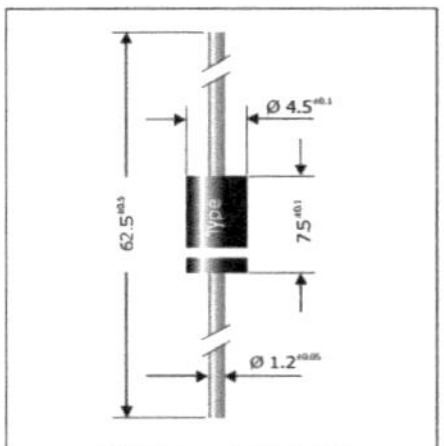

Dimensions - Maße [mm]

Nominal current Nennstrom	3 A
Repetitive peak reverse voltage Periodische Spitzensperrspannung	50...1000 V
Plastic case Kunststoffgehäuse	~ DO-201
Weight approx. Gewicht ca.	0.8 g
Plastic material has UL classification 94V-0 Gehäusematerial UL94V-0 klassifiziert	
Standard packaging taped in ammo pack Standard Lieferform gegurtet in Ammo-Pack	

Maximum ratings **Grenzwerte**

Type Typ	Repetitive peak reverse voltage Periodische Spitzensperrspannung V_{RRM} [V]	Surge peak reverse voltage Stoßspitzensperrspannung V_{RSM} [V]
1N5400	50	50
1N5401	100	100
1N5402	200	200
1N5404	400	400
1N5406	600	600
1N5407	800	800
1N5408	1000	1000

Max. average forward rectified current, R-load Dauergrenzstrom in Einwegschaltung mit R-Last	$T_A = 50°C$	I_{FAV}	3 A [1])
Repetitive peak forward current Periodischer Spitzenstrom	f > 15 Hz	I_{FRM}	30 A [1])
Peak forward surge current, 50/60 Hz half sine-wave Stoßstrom für eine 50/60 Hz Sinus-Halbwelle	$T_A = 25°C$	I_{FSM}	180/200 A
Rating for fusing, Grenzlastintegral, t < 10 ms	$T_A = 25°C$	i^2t	166 A^2s
Junction temperature – Sperrschichttemperatur Storage temperature – Lagerungstemperatur		T_j T_S	-50...+175°C -50...+175°C

1 Valid, if leads are kept at ambient temperature at a distance of 10 mm from case
Gültig, wenn die Anschlussdrähte in 10 mm Abstand von Gehäuse auf Umgebungstemperatur gehalten werden

Characteristics			Kennwerte
Forward voltage – Durchlass-Spannung	T_j = 25°C I_F = 3 A	V_F	< 1.2 V
Leakage current – Sperrstrom	T_j = 25°C $V_R = V_{RRM}$	I_R	< 10 µA
Thermal resistance junction to ambient air Wärmewiderstand Sperrschicht – umgebende Luft		R_{thA}	< 25 K/W [1])
Thermal resistance junction to leads Wärmewiderstand Sperrschicht – Anschlussdraht		R_{thL}	< 10 K/W

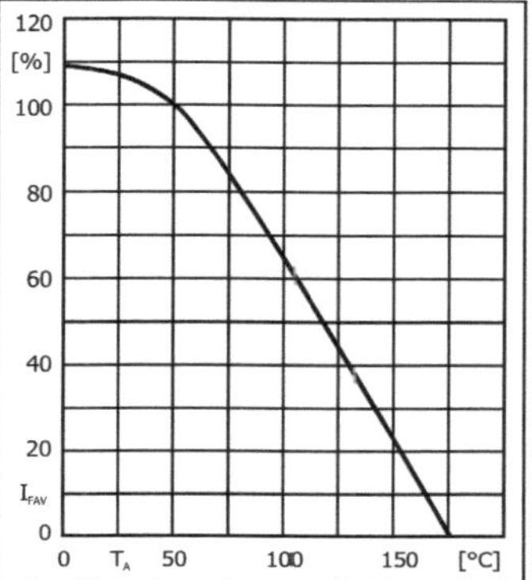

Rated forward current versus ambient temperature[1])
Zul. Richtstrom in Abh. von der Umgebungstemp.[1])

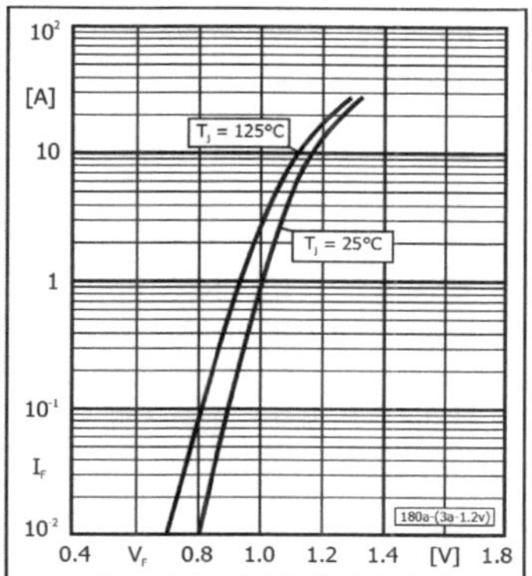

Forward characteristics (typical values)
Durchlasskennlinien (typische Werte)

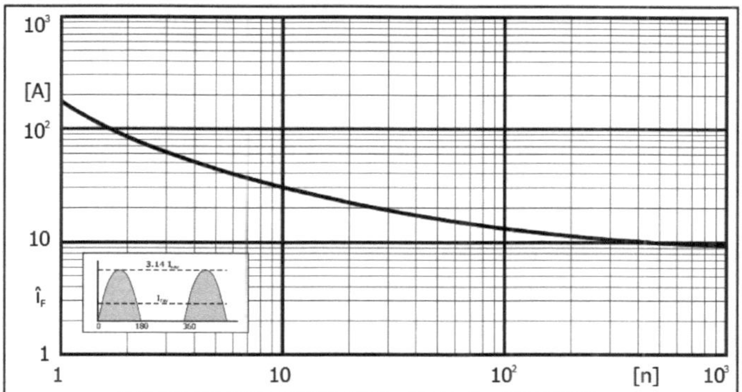

Peak forward surge current versus number of cycles at 50 Hz
Durchlaß-Spitzenstrom in Abh. von der Zahl der Halbwellen bei 50 Hz

1 Valid, if leads are kept at ambient temperature at a distance of 10 mm from case
Gültig, wenn die Anschlussdrähte in 10 mm Abstand von Gehäuse auf Umgebungstemperatur gehalten werden

Bild 3.33: Daten einer typischen Gleichrichterdiode (1N540x) aus Silizium.

Ab und an findet man Schaltbilder von Brückengleichrichtern bei denen jede Diode mit einem parallel geschalteten Kondensator versehen ist (Bild 3.34). Meist sind es Audioschaltungen bei denen das Netzteil so ausgestattet ist. Die Kapazität dieser Kondensatoren liegt meist im Bereich von etwa einigen *100 pF bis 50 nF*. Dieses Kondensatoren sind zur Störunterdrückung gedacht.

Netzgleichrichter sind nichtlineare Bauteile. Sie können interne oder externe Hochfrequenzen mit der niederfrequenten Netzspannung modulieren und so Störungen verursachen, die schwer zu beseitigen sind.

Weiterhin verursacht auch der Gleichrichter während des Betriebs Rauschen. Die Eingangswechselspannung ist unter Idealbedingungen rein sinusförmig. Nach dem Brückengleichrichter sollte die Sinusform jeder Halbwelle erhalten bleiben. Dem ist aber nicht so. In der Ausgangsspannung treten in der Nähe des Nullpunktes Sprünge auf. An den Gleichrichtern fällt bekanntlich in Durchlaßrichtung die Schleusenspannung U_F ab. Bei einem Brückengleichrichter liegen immer die beiden gegenüberliegenden Dioden in Reihe. Deshalb muss die Eingangsspannung erst einmal die doppelte Schleusenspannung $2 \cdot U_F$ überwinden, bevor der Gleichrichter leitend wird.

Gleichzeitig tritt noch ein anderer Effekt auf: Wenn die Schleusenspannung der Diode erreicht ist, wird sie nicht sofort leitend. Das geschieht erst nach einer gewissen Verzögerungszeit. Dies führt zu einer Spannungsspitze, die erst nach dem leitend werden der Dioden wieder zusammenbricht. Dieses Verhalten lässt sich mit einem geeigneten Oszilloskop beobachten. Ebenso sperrt die Diode nicht sofort, wenn die Schleusenspannung unterschritten wird bzw. sich die Spannung umkehrt. In den Datenblättern ist diese als t_{rr} (Erholungszeit in Sperrrichtung) angegeben.

Diese Effekte führen zu einer Störstrahlung der Gleichrichterbrücke. Die Größe der Störstrahlung hängt von der Höhe (und damit der Anstiegsgeschwindigkeit) der Eingangsspannung und vom Zeitverhalten der Dioden ab. Sie kann hochempfindliche Geräte wie z.B. Empfängerschaltungen stören.

Wegen der nur einfach auftretenden Flussspannung bei Einweggleichrichtern ist dieses Problem dort nicht ganz so kritisch.

Noch etwas ist im Bild 3.34 auffallend: parallel zu den Glättungskondensatoren C16 und C17 sind die Kondensatoren C18 und C19 geschaltet. Diese Kombination: ein großer Elektrolytkondensator und ein kleiner Keramikkondensator stellt sicher, dass sowohl niedrigfrequente als auch hochfrequente Störungen effektiv gefiltert werden. Elektrolytkondensatoren haben zwar eine vergleichsweise hohe Kapazität, sie sind aber mit parasitären Belägen beaufschlagt. Für höherfrequente Störanteile sind Elektrolytkondensatoren hochohmig – also wenig wirkungsvoll. Dagegen haben keramische Vielschichtkondensatoren sehr gute Hochfrequenzeigenschaften. Allerdings gibt es diese Kondensatoren mit nur vergleichsweise kleiner Kapazität. Schaltet man die Kondensatoren parallel, verbessert der Keramikkondensator sozusagen die Hochfrequenzeigenschaften der wirksamen Gesamtkapazität.

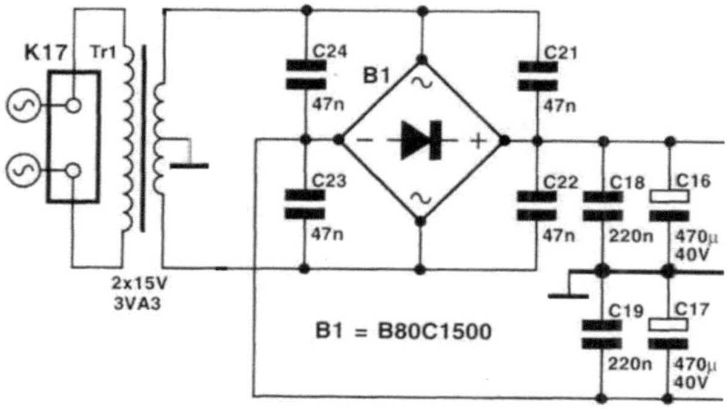

Bild 3.34: Das Netzteil eines Audiogerätes (entnommen aus einer Elektor-Zeitschrift). Auffallend sind die Kondensatoren C21 bis C24, die jeweils parallel zu einer Gleichrichterdiode des Brückengleichrichters geschaltet sind.

Im Bild 3.36 wurde die Glättungsschaltung durch eine Drossel *L* und den weiteren Kondensator C2 zu einer Siebschaltung ergänzt. Die Drossel glättet den Strom. Es wird dadurch erreicht, dass die Stromimpulse über der Gleichrichterdiode (die durch die reine Kondensatorglättung sehr viel kürzer als eine Halbperiode werden) sich wieder verbreitern. Dies ist durch das Einfügen der Drossel bedingt. Die thermische Belastung der Gleichrichterdioden wird verringert.

Bei der Auslegung von Netzgleichrichterschaltungen mit Glättungselementen ist zu berücksichtigen, dass eine Drossel, bezogen auf ihre Glättungswirkung, unverhältnismäßig teuer und schwerer als ein Glättungskondensator ist. Die Verhältnisse ändern sich, wenn bei Schaltnetzteilen die Frequenz der Wechselspannung sehr viel größer als die Netzfrequenz ist. In diesem Fall müssen die Gleichrichterdioden für sehr kurze Schaltzeiten ausgelegt werden. Die Kondensatoren müssen dann induktivitätsarm sein und eine Wechselspannungsüberlagerung bei diesen hohen Frequenzen thermisch aushalten können. Aber dieses Thema wird im Kapitel 8 näher besprochen.

Type	V_{RRM} V	I_{FAVM} A T_A = 25°C	I_{FSM} A 10 ms	V_F V $i_F = I_{FAVM}$ T_{vj} = 25°C	R_{thJC} °C/W	R_{thJA} °C/W	$T_{vj\,max}$ °C
BYS 21-45	45	1,0	50	0,55	-	20	125
BYS 21-90	90	1,0	30	0,90	-	30	125
BYS 22-45	45	1,7	100	0,55	-	8	125
BYS 22-90	90	2,0	60	0,90	-	12	125
BYS 24-45	45	2x5,0	120	0,55	3/3,5 *	-	125
BYS 24-90	90	2x5,0	80	0,90	3/3,5 *	-	125
BYS 26-45	45	3,0	120	0,55	-	8	125
BYS 26-90	90	3,0	80	0,80	-	12	125
BYS 27-45	45	5,0	120	0,55	-	12	125
BYS 28-45	45	2x15,0	250	0,55	1,4/1,7 *	-	125
BYS 28-90	90	2x12,5	150	0,90	1,2	-	125
PBYR 1645	45	16,0	135	0,63	1,4	60	150
SC 802-04	45	1,0	40	0,55	-	10	125
30 CPQ 05	50	2x16,5	200	0,91	13,0	-	125

Bild 3.35: Elektrische Daten von Schottkydioden aus Silizium.

V_{RRM} ist die maximale Sperrspannung.
I_{VAVM} ist der maximal erlaubte, effektive Strom in Durchlassrichtung.
I_{FSM} ist der erlaubte Spitzenstrom in Durchlassrichtung für maximal 10 ms mit anschließender Pause von mindestens 10 ms.
V_F ist die Schleusenspannung beim Strom I_{VAVM}.
R_{thJC} ist der Wärmeübergangswiderstand zwischen Sperrschicht und Gehäuse.
R_{thJA} ist der Wärmeübergangswiderstand zwischen Sperrschicht und Umgebung.
T_{vjmax} ist die maximal erlaubte Temperatur der Sperrschicht.

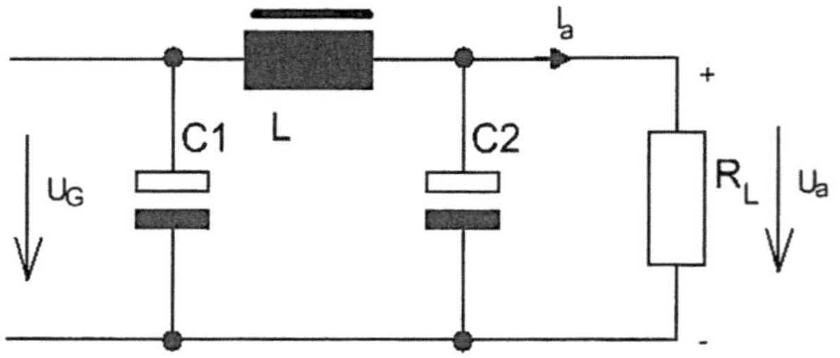

Bild 3.36: Siebkette aus Kondensatoren und Spule. U_G ist die ungeglättete Spannung, die vom Gleichrichter kommt.

In jedem Fall ist die Ausgangsspannung auch mit nachgeschalteter Siebschaltung nicht wirklich stabil. In Abhängigkeit vom Innenwiderstand des Gesamtsystems – Transformator mit Gleichrichter und Glättungseinrichtung – sinkt die Ausgangsspannung mit steigender Belastung. Gleichzeitig steigt die Brummspannung an.

Abhilfe schafft in diesem Fall ein Spannungsregler oder Spannungskonstanthalter (Bild 3.37), der als integrierte Schaltung mit nur drei Anschlüssen für eine feste Ausgangsspannung zur Verfügung steht. Durch den Einbau eines Spannungskonstanthalters wird aber der Wirkungsgrad des gesamten Gerätes kleiner. Details zu diesem Thema folgen im Kapitel 5.

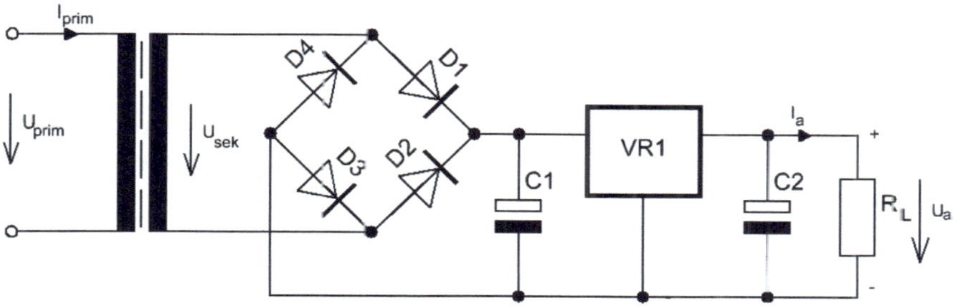

Bild 3.37: Netzteil mit galvanischer Trennung durch einen Netztransformator, Brückengleichrichter, Glättungskondensatoren und Festspannungsregler.

3.2 Netzgeräte ohne galvanische Trennung

Bei Netzgeräten ohne galvanische Trennung können nur eingesetzt werden, wenn sichergestellt ist, dass kein Netzpotential von außen zugänglich ist. Das trifft zu bei Geräten die keine elektrischen Zugänge nach Außen benötigen. Diese Geräte dürfen keine spannungsführenden Teile aufweisen, die von außen zugänglich sind. Das Berühren der Netzwechselspannung ist lebensgefährlich!

Alle nachfolgend vorgestellten Schaltungen arbeiten mit lebensgefährlicher Netzspannung! Unter diesem Aspekt sind die nachfolgenden Schaltungen zu sehen. Zum Überprüfen einer derartigen Schaltung muss unbedingt der Netzstecker gezogen werden!

3.2.1 Spartransformatoren

Ein Spartransformator (auch Spartrafo oder Autotransformator genannt) besteht im Gegensatz zu anderen Transformatoren aus nur einer Spule, die zur Entnahme der Ausgangsspannung(en) eine oder mehrere Anzapfungen hat. Primär- und Sekundärseite sind damit in einer einzigen Spule vereint (Bild 3.38). Durch das Einsparen einer Wicklung ergibt sich eine geringere Baugröße als bei einem Volltransformator. Außerdem werden Kosten gespart. Spartransformatoren spielen im Kleinleistungsbereich kaum eine Rolle. Allerdings werden Strelltransformatoren, bei denen die Ausgangsspannung über einen Schleifer einstellbar ist (z.B. *0.....250 V*) oft als Spartransformator ausgeführt. Beim Spartransformator sind Primär- und Sekundärseite über die gemeinsame Wicklung elektrisch verbunden. Es gibt keine galvanische Trennung wie beim herkömmlichen Transformator. Zwischen dem Eingangs- und Ausgangskreis besteht eine leitende Verbindung.

Je näher die Werte von Ein- und Ausgangsspannung beieinander liegen, desto mehr Masse und Material lässt sich durch Einsatz eines Spartransformators einsparen, da nur ein Teil des Stromes und der Spannung transformiert werden muss. Das ermöglicht unterschiedliche Drahtstärken in den beiden Wicklungsteilen.

Bei den meisten Anwendungen der Maker und Funkamateure spielt der Spartransformator kaum eine Rolle. Der Hauptgrund dafür ist die fehlende galvanische Trannung und die Tatsache, dass Volltransformatoren in verschiedenster Ausführung neu im Handel oder als Gebrauchtteile auf Trödelmärkte erhältlich sind.

Ein wenig genutzter, aber eventuell interessanter Einsatz für den Spartransformator ist dessen Kombination mit einem galvanisch getrennten Volltransformator zur Erzeugung einer zusätzlichen Spannung auf der Sekundärseite. Wenn zum Beispiel der vorhandene Volltransformator eine Sekundärspannung von *24 V* aufweist, zusätzlich aber noch *48 V* benötigt werden, dann kann man dazu einen (eventuell selbst gefertigten) Spartransformator verwenden.

Im Bild 3.38 gilt:

$$\frac{U_{sek}}{U_{prim}} = \frac{N_2}{N_1+N_2} \qquad \{Gleichung\ 3.33\}$$

Zur Realisierung des Spartransformators kann man so vorgehen wie im Abschnitt 3.1.1.1 beschreiben. Die Besonderheit ist lediglich, dass nur eine Wicklung mit einer Anzapfung auf den Kern gebracht wird.

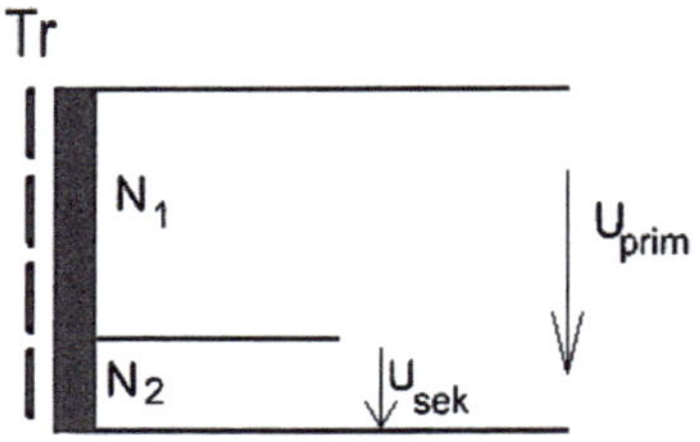

Bild 3.38: Schaltzeichen für einen Spartransformator.

3.2.2 Stromversorgung über Vorwiderstand oder Vorkondensator

Wenn keine galvanische Trennung notwendig ist, kann die Spannungsversogung bei kleinen Leistungen auch über einen Vorwiderstand realisiert werden. Zu beachten ist die Wärme, die im Vorwiderstand entsteht. Außerdem ist zu beachten, dass die zu versorgenden Komponenten/Geräte meistens eine Gleichspannung bzw. einen Gleichstrom benötigen.

Das Prinzip zeige ich am Beispiel der Versorgung einer LED gemäß Bild 3.39. LEDs benötigen einen konstanten Strom. Die Spannung stellt sich dann entsprechend ein. Es soll eine rote LED, an der sich beim Nennstrom von $I_F = 5\ mA$ eine Spannung von $U_F = 1{,}7\ V$ aufbaut, an die 230-V-Netzversorgung betrieben werden. Zu berücksichtigen ist, dass die LED einen Gleichstrom benötigt. Da in der Anordnung nach Bild 3.39 kein Glättungskondensator vorgesehen ist, wird die LED mit einer Frequenz von $f_N = 50\ Hz$ flackern (vergleiche Abschnitt 3.1.2.1, Einwegschaltung). Sofern es nicht um Beleuchtung, sondern lediglich um Signalisierung geht, spielt das meistens keine Rolle.

Zu beachten ist, dass für die Effektivspannung hinter der Diode gemäß der *{Gleichung 3.21}* gilt:

$$U_{eff} = \frac{U_{Netz} \cdot \sqrt{2} - U_{F0}}{2} = \frac{230V \cdot \sqrt{2} - 0{,}7V}{2} \approx 162V$$

Um einen Effektivstrom von $I_F = 5\ mA$ zu erhalten kann man somit nach dem Ohmschen Gesetzt wie folgt rechnen:

$$R = \frac{U_{eff} - U_{LED}}{I_F} = \frac{162V - 1{,}7V}{0{,}005A} = 32060\Omega$$

Ich würde einen *33-kΩ*-Widerstand aus der E12-Reihe [5] einsetzen. In diesem Widerstand wird dann die folgende Leistung umgesetzt:

$$P_R = I^2 \cdot R = (0{,}005A)^2 \cdot 33000\Omega = 0{,}825W$$

Die in der LED umgesetzte Leistung beträgt dagegen nur:

$$P_{LED} = I \cdot U_{LED} = 0{,}005A \cdot 1{,}7V = 0{,}0085W$$

Die von der Schaltung aufgenommene Leistung wird im Vorwiderstand in Wärme umgesetzt. Der Widerstand wird warm. Dies ist bei der mechanischen Konstruktion zu beachten. Zu beachten ist weiterhin, dass die Scheitelspannung nach wie vor einen Wert aufweist von

$$\hat{U} = U_{Netz} \cdot \sqrt{2} = 230V \cdot \sqrt{2} \approx 325{,}3V$$

Es fließt somit ein impulsförmiger Strom mit einem Effektivwert von *5 mA* und einem Scheitelwert von

$$I = \frac{\hat{U} - U_{LED}}{R} = \frac{325{,}3V - 0{,}7V}{33000\Omega} \approx 10mA$$

Bei der Auswahl der LED ist dies zu beachten. Sie muss diesen Spitzenstrom verkraften.

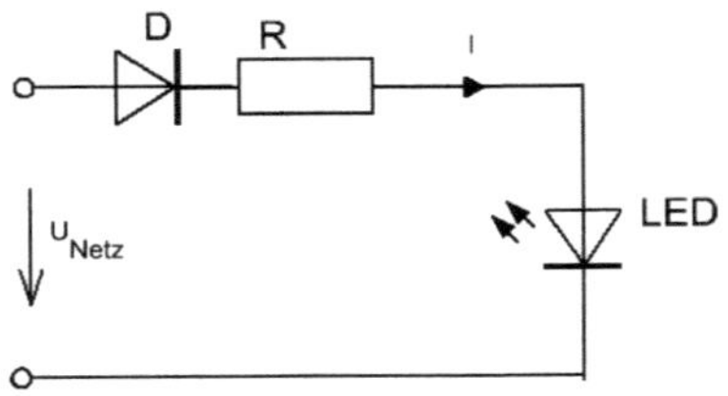

Bild 3.39: Versorgung einer LED über einen Vorwiderstand.

$U_{netz} = 230\ V$

$I = I_F = 5\ mA_{eff}$

$U_{LED} = 1{,}7\ V_{eff}$

In Fällen, bei denen der Vorwiderstand wesentlich hochohmiger ist als der Verbraucher (hier die LED), wirkt die Schaltung wie eine Stromquelle. Ist eine Spannungsquelle erwünscht, so kann dies durch Parallelschaltung einer Zenerdiode und eines Glättungskondensators erreicht werden (Bild 3.40). Das funktioniert wenn die Bedingung

$I >> I_{R2}$ erfüllt ist.

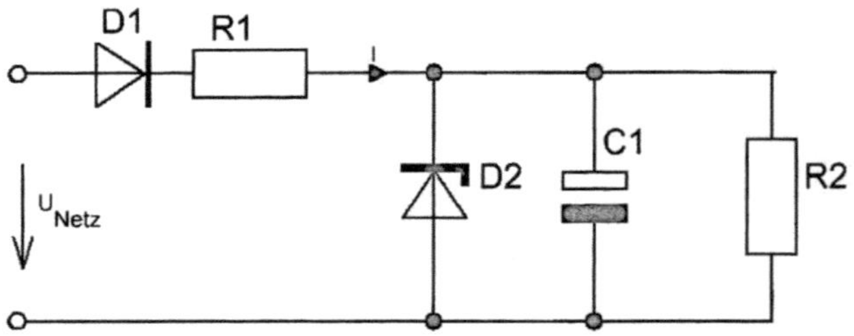

Bild 3.40: Versorgung des Verbrauchers R2 direkt aus dem Versorgungsnetz.

Während der Vorwiderstand sowohl bei Wechselspannungen als auch bei Gleichspannungsversorgung einsetzbar ist, kann ein Vorkondensator nur dann eingesetzt werden, wenn die Versorgungsspannung eine Wechselspannung ist. Die zugehörige Schaltung ist im Bild 3.41 zu sehen. Der Kondensator liegt in Reihe mit dem Lastwiderstand. Damit ein Wechselstrom fließt, muss die negative Halbschwingung über eine separate Diode (*D1*) geleitet werden. Ohne diese Diode würde sich der Kondensator kurz aufladen und dann den Stromfluss unterbrechen. Über den (hochohmigen) Widerstand *R2* wird der Kondensator entladen, wenn die Eingangssspannung abgeschaltet wurde. Dies ist wichtig, weil sich ansonsten beim nächsten Einschalten im Einschaltaugenblick die Eingangsspannung zur bestehenden Kondensatorspannung hinzuaddiert. Im schlimmsten Fall (wenn der Kondensator auf den Scheitelwert der Eingangssspannung aufgeladen ist) ergibt sich die doppelte Eingangsspannung.

Ein weiteres Problem ist der hohe Einschaltstrom. Im Einschaltaugenblick wirkt der Kondensator wie ein Kurzschluss. Im schlimmsten Fall erfolgt das Einschalten beim Spannungsmaximum (Scheitelwert) der Eingangsspannung. Dies ist zu berücksichtigen. Verbraucher, die dies nicht verkraften können, müssen entsprechend geschützt werden.

Lösungsmöglichkeiten sind: Hinzufügen eines ohm'schen Widerstandes in Reihe mit dem Kondensator (*R1* im Bild 3.41) und Hinzufügen einer Zenerdiode parallel zum Verbraucher wie im Bild 3.40. Anders als im Bild 3.40 hat der Widerstand *R1* im Bild 3.41 nur die Aufgabe, den Einschaltstrom zu begrenzen. Die Begrenzung des Betriebsstrom geschied hingegen mit dem Kondensator *C1*.

Bei der Berechnung der Kondensatorkapazität kann man vom notwendigen Widerstandswert bei Betrieb mit Vorwiderstand ausgehen. Dieser Widerstandswert ist dann der erforderliche Scheinwiderstand *Z*, der sich aus dem ohm'schen Widerstandswert *R* des Verbrauchers und dem kapazitiven Widerstanswert X_C des Kondensators ergibt:

$$Z = \sqrt{R^2 + X_C^2} \quad \text{\{Gleichung 3.34\}}$$

Dabei gilt:

$$R = R1 + R_{Last} \quad \text{und entsprechend} \quad Z = \sqrt{(R_1 + R_{Last})^2 + X_C^2}$$

Meistens ist aber R_{Last} viel kleiner als *R1* und X_C, so dass man in diesen Fällen schreiben kann

$$Z = \sqrt{R1^2 + X_C^2}$$

Auch der Widerstand *R2* kann bei der Berechnung völlig unberücksichtigt bleiben, denn sein Wert muss erheblich größer sein als X_C . Er dient nur dazu den Kondensator nach dem Abschalten der Netzspannung zu entladen. Dafür reicht ein typischer Wert von 5.....*22 MΩ*.

Hinter dem Kondensator *C1* teilt sich der Strom auf. Die positive Hälfte fließt durch die LED. Die negative Hälfte fließt durch die Diode *D1*. Vor dem Knoten muss der effektive Strom also doppelt so groß sein wie der benötigte Strom durch die LED.

$$I_C = 2 \cdot I_{LED} = 2 \cdot 0{,}005A = 0{,}01A$$

I_C ist dann der Strom durch den Kondensator.

In einem Datenblatt einer 3-mm-LED der Farbe rot habe ich für den maximalen Stoßstrom (Forward Pulse Current) einen Wert von *100 mA* gefunden. Setze ich diesen Wert an, dann sollte der Widerstand *R1* einen Wert haben von

$$R1 = \frac{\hat{U}_{Netz}}{I_{puls}} = \frac{230V \cdot \sqrt{2}}{0{,}1A} \approx 3253\Omega$$

Hier würde ich den nächst größeren Wert aus der E12-Reihe [5] verwenden. Also dann *R1 = 3300 Ω*. Nach dem Einschaltvorgang soll der effektive Betriebsstrom von *10 mA* fließen. Somit kann man schreiben:

$$Z = \frac{U_{Netz}}{I_C} = \frac{230V}{0{,}01A} = 23000\Omega$$

Den Kondensatorwiderstand erhält man nun durch Umstellen der *{Gleichung 3.34}*

$$Z^2 = R1^2 + X_C^2$$

$$X_C = \sqrt{Z^2 - R1^2}$$

Somit gilt für die Kapazität des Kondensators im vorliegenden Fall:

$$C = \frac{1}{\omega \cdot \sqrt{Z^2 - R1^2}} = \frac{1}{2\pi \cdot 50Hz \cdot \sqrt{(23000\Omega)^2 - (3300\Omega)^2}} = 139nF$$

Der nächstpassende Wert aus der E12-Reihe [5] wäre dann *150 nF*. Der Strom ist dann ca. 700 µA zu groß – was aber für den Betrieb einer Leuchtdiode unproblematisch ist. Eine relevante Wärmeleistung tritt nur im Widerstand R1 auf. Dafür gilt die Rechnung

$$P_{R1} = I^2 \cdot R1 = (0{,}01A)^2 \cdot 3300\Omega = 0{,}33W$$

Die im Widerstand auftretende Wärmleistung ist also gegenüber der Variante aus Bild 3.39 um mehr als die Hälfte geringer. Im Kondensator C1 tritt keine praxisrelevante Wärme auf.

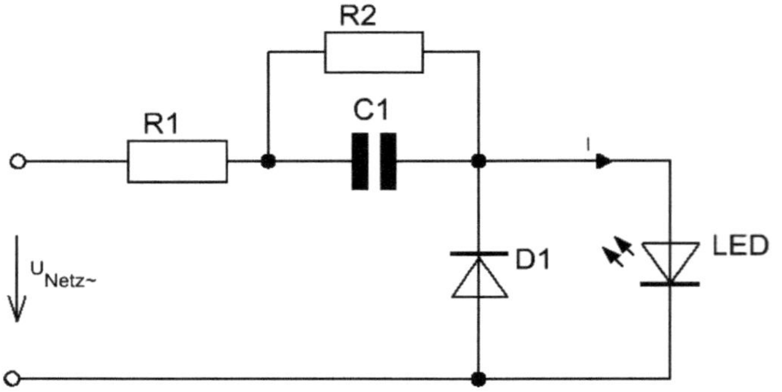

Bild 3.41: Versorgung einer LED über einen Vorkondensator.
U_{Netz} = 230 V_{eff}; I = 0,005 A_{eff} (siehe Text)
Der Spannungsabfall an den Dioden bleibt unberücksichtigt wegen $U_{LED} \ll U_{Netz}$.

Eine Variante zu der Schaltung in Bild 3.41 ist die Verwendung von zwei LEDs in Antiparallelschaltung. Dann ist die Sperrspannung der einen Diode gleich der Flussspannung der anderen Diode. Die Diode D1 aus Bild 3.41 wird dann durch eine zweite LED ersetzt. Der Betriebsstrom wird durch den Kondensator begrenzt. Man braucht allerdings immer noch den Widerstand R1 um den Einschaltstrom zu begrenzen. Allerdings wird der Strom besser ausgenutzt. Beide Halbwellen tragen hier zur Lichterzeugung bei.

3.2.3 Gleichstromsteller

Zur Bereitstellung größerer Leistungen ist die Methode mit Vorwiderstand nicht geeignet. Es wird dabei viel Wärme erzeugt. Auch die Verwendung eines Vorkondensators stößt an Grenzen. Es wären große Kapazitäten notwendig, die zudem auch hohe Ströme liefern müssen. Abgesehen davon, dass diese Spezialkondensatoren auf Trödelmärkte selten und als Neuteil teuer sind, würde das Versorgungsnetz mit Blindleistung belastet.

Wesentlich bessere Ergebnisse liefert in diesem Fall ein Gleichstromsteller. Im Bild 3.42 wird die Netzwechselspannung gleichgerichtet und dann einem gesteuerten Schalter (Choppertransistor) zugeführt. Dieser lädt über eine Spule die nur zur Strombegrenzung dient den Glättungskondensator C1. Bei der Auslegung ist zu beachten, dass Gleichrichter und Choppertransistor hohe Spannungen aushalten müssen. Eine Regelschaltung steuert das Ein-/Ausschaltverhältnis des Choppertransistors um eine bestimmte Ausgangsspannung einzuhalten.

Im Bild 3.43 werden zwei der vier Gleichrichterdioden durch Thyristoren ersetzt. Damit ergibt sich eine Phasenanschnittschaltung. Mit Hilfe einer Regelschaltung werden die Thyristoren so angesteuert, dass sich die gewünschte Ausgangsspannung einstellt. Zu beachten ist, dass die Phasenanschnittschaltung im Netz störende Oberwellen verursacht. Im Eingangsbereich ist deshalb ein Störfilter anzuordnen. Eine derartige Schaltung wird in [8] innerhalb einer Unterbrechungsfreien Stromversorgung (USV) eingesetzt.

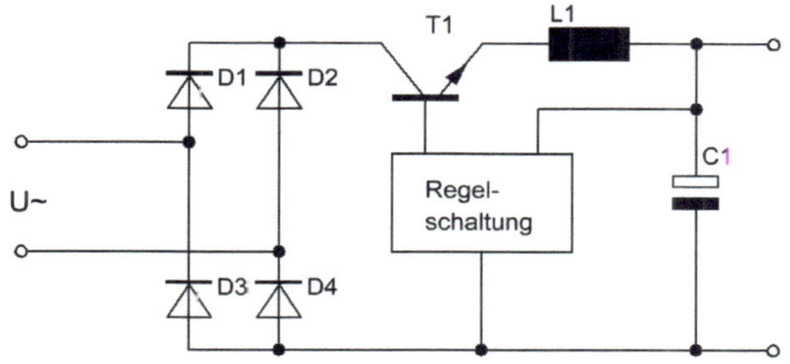

Bild 3.42: Bereitstellung einer Gleichspannung aus dem Versorgungsnetz ohne galvanische Trennung mit Hilfe eines "Chopper-Transistors".

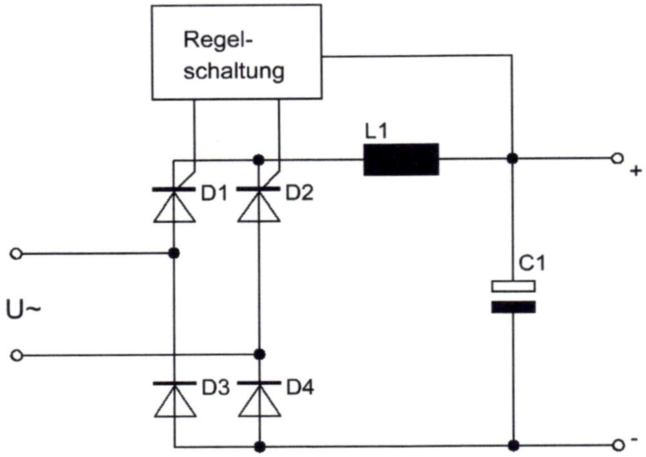

Bild 3.43: Bereitstellung einer Gleichspannung aus dem Versorgungsnetz ohne galvanische Trennung durch Phasenanschnitt.

Bild 3.44: Gleichrichtmodul mit halbgesteuerter Brücke (gemäß Bild 3.43).

3.3 Sicherheit

Elektrische Spannung ab einer gewissen Höhe stellt für Menschen und Tiere eine nicht zu unterschätzende Gefahrenquelle dar. Die Höhe des Stroms, der für den menschlichen Körper gefährlich werden kann, schwankt individuell je nach Art der Durchströmung durch den Körper, der Frequenz und der Zeitspanne des Stromflusses. Einiges dazu findet man in [13].

Gerade bei der Konstruktion und dem Bau von Netzstromversorgungsgeräten ist dies zu beachten. Soll das Gerät im späteren Betrieb auch von Laien gefahrlos bedient werden, dann müssen die aktuellen Vorschriften zur Einhaltung der Sicherheit im Zusammenhang mit elektrischem Strom berücksichtigt werden. Aktuell (im Jahre 2025) sind zu nennen:

EN 60335-1 für Hausgeräte
EN 61010-1 für Geräte im Labor
EN 62368-1 für IT- und Multimediageräte

EN steht dabei für "Europäische Norm". Die Vorschriften sollen der Gefahr eines elektrischen Schlages bei bestimmungsgemäßem Gebrauch und im Fehlerfall vorbeugen. Sie gelten für Geräte die "in Umlauf" oder "in Verkehr" gebracht werden. Von der Bundesnetzagentur zugelassene Funkamateure, die Geräte für ihren eigenen Bedarf nutzen, dürfen diese modifizieren. Im übrigen darf man natürlich Geräte selbst bauen und betreiben und diese für den privaten Gebrauch nutzen auch wenn die o.a. Vorschriften nicht alle erfüllt sind.

Geräte mit Netzspannungsanschluss werden in drei Schutzklassen eingeteilt. Die zugehörigen Symbole findet man in der Tabelle 3.5.

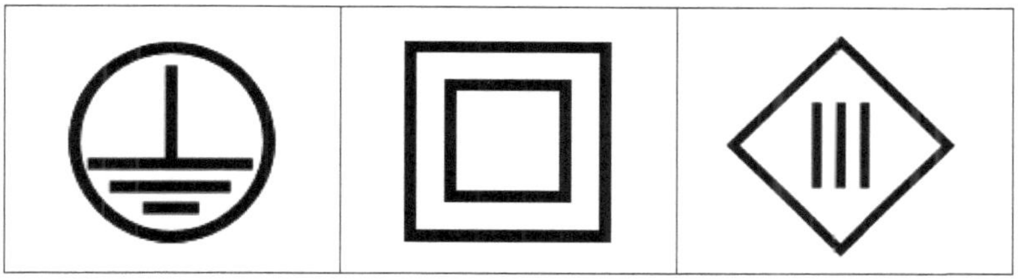

Tabelle 3.5: Symbole der Schutzklassen. Von links nach rechts: Schutzklasse I, Schutzklasse II, Schutzklasse III.

3.3.1 Schutzklasse I

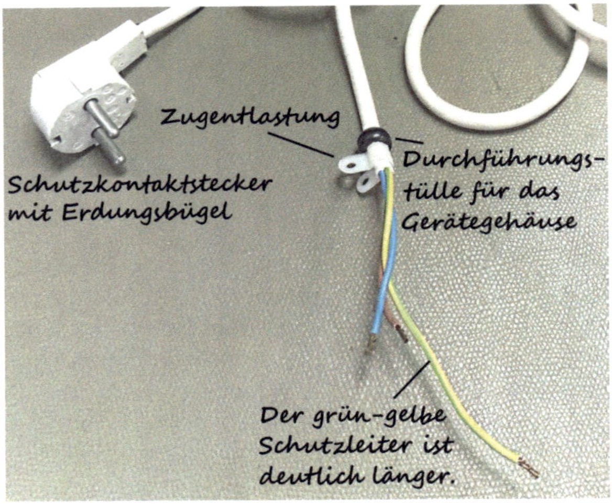

Bild 3.45: Netzzuleitung für Geräte der Schutzklasse I. Der grün-gelbe Schutzleiter ist deutlich länger als die beiden spannungsführenden Leitungen. Dadurch wird sichergestellt, dass dieser bei unzulässiger Zugbelastung der Zuleitung als letzter abreißt.

Bei der Schutzklasse I sind alle elektrisch leitfähigen Gehäuseteile des Gerätes mit dem Schutzleitersystem der festen Elektroinstallation verbunden, welches sich auf Erdpotenzial befindet. Dies bedeutet, dass die Zuleitung neben den beiden spannungsführenden Leitungen noch eine dritte Leitung, den sogenannten Schutzleiter aufweisen muss (Bild 3.45). Dieser ist grün-gelb gekennzeichnet und muss mit allen Teilen, die elektrisch leitend sind und von Menschen berührt werden können elektrisch niederohmig verbunden sein. Dazu gehören auch Bedienelemente wie Potentiometer oder Schalter. Als DIYer empfielt es sich, der Einfachheit halber Bedienelemente aus Kunststoff zu verwenden.

Wenn im Fehlerfall ein stromführender Leiter das mit dem Schutzleiter verbundene, elektrisch leitende Gehäuse berührt, entsteht ein Körperschluss, so dass der Leitungsschutzschalter (Sicherung) oder ein Fehlerstromschutzschalter (wird heute als RCD "Residual Current Device" bezeichnet) auslöst und den Stromkreis unterbricht.

Die Schutzleiterverbindung ist so ausgeführt, dass sie beim Einstecken des Steckers als erste hergestellt wird und beim Ausstecken als letzte getrennt wird. Dies wird in Deutschland und vielen weiteren europäischen Ländern durch die Verwendung von Schukosteckern (Bild 3.45) erreicht. Die Einführung der Anschlussleitung in das Gerät muss mechanisch zugentlastet sein. Der gelb/grüne Schutzleiter muss direkt neben der Durchführung leitend mit dem Gehäuse und - wenn möglich - mit dem Trafokern verbunden werden. Außerdem ist darauf zu achten, dass der Schutzleiter mit allen sonstigen berührbaren leitfähigen Teilen, also auch Potiachsen und Kühlkörper verbunden ist.

Beim Herausreißen der Leitung aus dem Schukostecker oder aus dem Gehäuse, muss der Schutzleiter zuletzt abreißen. Man erreicht dies am einfachsten, indem der Schutzleiter im Gerät deutlich länger ausgeführt ist (Bild 3.45, Bild 3.46).

Bild 3.46: 230-V-Anschluss an einem DIY-Gerät der Schutzklasse I.

Das Gehäuse im Bild 3.46 ist aus Stahlblech. Das Netzkabel (ähnlich wie im Bild 3.45) ist mit Hilfe einer Gummitülle durch die Rückwand des Gehäuses geführt (rechts im Bild zu sehen) und im Innern des Gerätes zugentlastet. Der Schutzleiter (grün-gelbe Leitung) ist überlang ausgeführt. Bei Zugbelastung reißt dieser zuletzt. Er ist mit Hilfe eines Kabelschuhs mit dem Eisenkern des Transformators und dem Gehäuse elektrisch leitend verbunden. Die braune Zuleitung ist in der Länge knapp ausreichend und an der Netzsicherung verlötet (links im Bild zu erkennnen). Die blaue Zuleitung ist ebenfalls in der Länge knapp ausgeführt und mit einem Anschluss des Netztransformators verbunden. Noch besser wäre es, wenn auf Lötverbindungen zugunsten von Schraubklemmen, Schnappklemmen oder Crimpverbindungen verzichtet werden kann.

3.3.2 Schutzklasse II

Geräte mit Schutzklasse II (Schutzisolierung) sind doppelt isoliert. Es gibt von außen keine Berührungsmöglichkeit mit elektrisch leitenden Teilen, die Netzpotential führen könnten – auch nicht im Fehlerfall. Um dies zu erreichen wird das Gerät in einem zusammenhängenden Gehäuse aus nicht leitendem Material (typ. Kunststoff) eingebaut, das alle leitfähigen Teile umfasst. Berührbare Schilder, Schrauben, Nieten, Bedienelemente wie Potentiometer oder Tasten müssen in gleicher Weise gegen spannungsführende Teile isoliert sein.

Wird das Gerät dagegen in einem im Wesentlichen zusammenhängenden, leitfähigen Gehäuse untergebracht (das könnte bei Geräten der Hochfrequenztechnik hilfreich sein), muss beim Netzteil durchweg eine doppelte Isolierung angewendet werden. Eine Ausnahme stellt die sogenannte "verstärkte Isolierung" dar. Sie wird dann angewendet, wenn sich eine doppelte Isolierung konstruktiv nicht realisieren lässt.

Es ist nach den Regelwerken unzulässig, die Zusatzisolation durch nichtleitende Schrauben, Muttern oder Montageteile erreichen zu wollen. Die Begründung dafür ist, dass bei einer Reparatur aus versehen die nichtleitenden Montageteile durch leitende ersetzt werden.

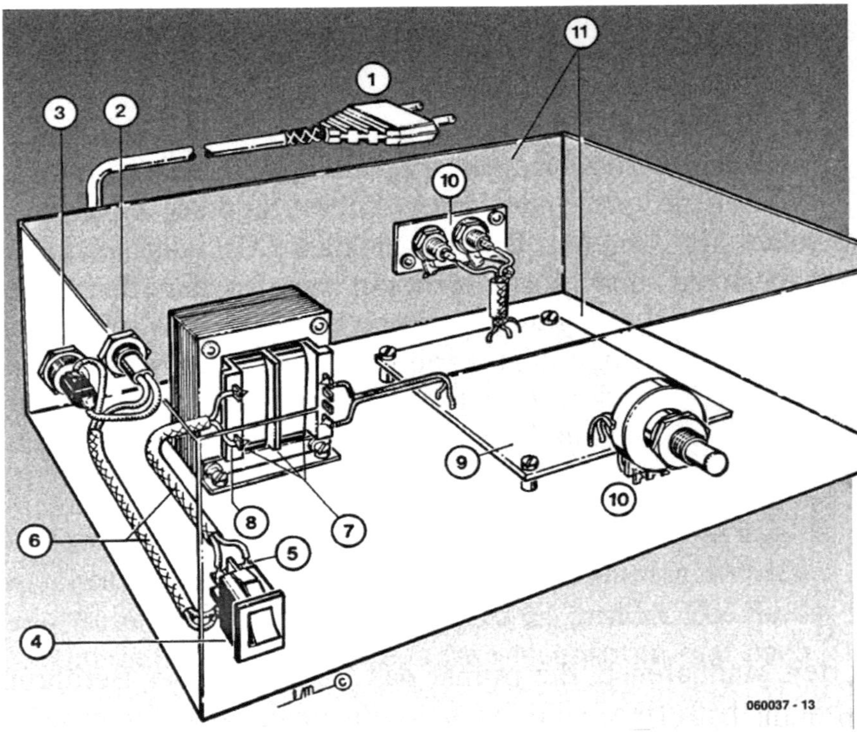

Bild 3.47: Skizze mit den für ein Klasse-II-Gerät zu beachtenden Details.

1. Netzkabel mit angegossenem 2-poligen Eurostecker.
2. Zugentlastung.
3. Sicherungshalter.
4. 2-poliger Netzschalter (für Klasse II geeignet).
5. Befestigung am Netzschalter durch Kabelschuhe (Steckhülsen etc.) und Zugentlastung.

6. Netzkabel mit doppelter Isolierung.

7. Abstand zwischen Primäranschlüssen zum Trafokern oder anderen Bauteilen mindestens *6 mm* (bei Sekundärspannungen $< 250\ V$).

8. Kabel mit mindestens $2 \cdot 0{,}75\ mm^2$ Kupferquerschnitt und *0,4 mm* Isolation (bei Stromaufnahmen $< 6\ A$).

9. Die Platine wird sicher am und in ausreichendem Abstand ($> 6\ mm$) vom Gehäuseboden befestigt.

10. Berührbare Teile (Potiachsen, Buchsen) dürfen leitend mit dem Gehäuse verbunden werden.

11. Gehäuse aus Kunststoff. Bei Metallgehäusen ist eine doppelte Isolation des Primärkreises vom Sekundärkreis notwendig.

3.3.3 Schutzklasse III

Geräte mit der Schutzklasse III werden ausschließlich aus besonders zuverlässigen Stromquellen mit Schutzkleinspannung gespeist. Ortsveränderliche Transformatoren müssen schutzisoliert und gemäß DIN EN 61558 ausgeführt sein. Aktive Teile, die betriebsmäßig Spannung führen, dürfen nicht mit dem Schutzleiter, der Erde oder mit aktiven Leitern anderer Stromkreise verbunden sein. Stecker an Geräten der Schutzklasse III dürfen keinen Schutzleiteranschluss besitzen und auch nicht in Steckdosen für höhere Spannung passen.

Wenn die Versorgungsspannung nicht größer ist als *25 V* Wechselspannung oder *60 V* Gleichspannung, dann kann sogar auf jeden Schutz gegen direkte Berührung verzichtet werden. Geräte mit Schutzklasse III, die mit Wechselspannungen bis *50 V* oder mit Gleichspannungen bis *120 V* betrieben werden (dies sind die Maximalspannungen für Geräte der Schutzklasse III), müssen mit einem Schutz gegen direktes Berühren versehen sein.

3.3.4 Schutz vor Brand

Neben den angeführten Maßnahmen, die primär das Vermeiden der Berührung der 230-V-Netzspannung betreffen, sind noch Maßnahmen zum Brandschutz notwendig. Nicht nur wegen des Berührungsschutzes müssen alle eingesetzten Bauteile für Netzspannung ausgelegt sein. Die Bauteile dürfen nicht überlastet werden. Dies könnte zu Hitzeentwicklung und Brand führen.

In die 230-V-Zuleitung ist in jedem Fall eine Sicherung einzufügen. Bei Überlastung unterbricht diese den Stromkreis und verhindert so z.B. eine Überhitzung des Transformators. Neben den irreversiblen Schmelzsicherungen gibt es auch reversible Bauarten die unter dem Namen "Multifuse" gehandelt werden (Bild 3.48).

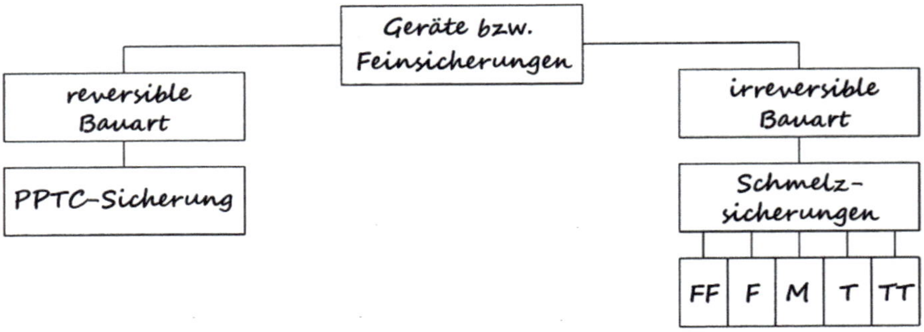

Bild 3.48: Einteilung der Gerätesicherungen.

Das Bild 3.49 zeigt den Aufbau der Geräte-Schmelzsicherungen (auch Feinsicherungen genannt). Die Sicherung besteht aus einem Glaskolben, der an beiden Enden eine Metallhülse trägt, die als Kontakte dienen. Dazwischen befindet sich ein Schmelzdraht. Steigt der Strom über den zulässigen Wert an, wird der im Glaskörper befindliche Schmelzdraht so stark erhitzt, dass er schmilzt und den Stromkreis trennt.

Die Nennstromstärken I_N liegen beim Typ 5x20 zwischen *0,032 A* bis *6,3 A*. Beim Typ 6,3x32 bis *20 A*. Bei $I_N \geq 3A$ ist der Glaskörper häufig mit Löschsand gefüllt.

Beim angegebenen Nennstrom I_N findet keine Auslösung statt. Er soll etwa dem Betriebsstrom des zu schützenden Gerätes entsprechen. Bei Strömen größer $1{,}5 \times I_N$ kommt man in den Bereich, der zur Auslösung führt. Das Auslöseverhalten ist in fünf Stufen unterteilt (Tabelle 3.6) und kann dem Diagramm aus Bild 3.50 entnommen werden. Man erkennt, dass bis zum 1,5-fachen Nennstrom keine Auslösung stattfindet. Die superflinke Schmelzsicherung (Kennzeichen FF) löst am schnellsten aus. Dem Bild kann entnommen werden, dass beim 2-fachen Nennstrom die Sicherung nach ca. *50 ms* auslöst. Die Sicherung mit mittelträger Charakteristik löst beim zweifachen Nennstrom erst nach ca. *20 s* aus. Weitere Details zu Schmelzsicherungen für Geräte findet man in [5].

Kurzbezeich-nung	**Auslöseverhalten**	**Minimaler Auslösestrom für eine Sicherung mit I_N = 500 mA und einer Auslösung innerhalb von 50 ms**
FF	superflink	$2{,}0 \cdot I_N = 1{,}00$ A
F	flink	$4{,}5 \cdot I_N = 2{,}25$ A
M	mittelträge/normal	$8{,}5 \cdot I_N = 4{,}25$ A
T	träge	$15{,}0 \cdot I_N = 7{,}50$ A
TT	superträge	$30{,}0 \cdot I_N = 15{,}00$ A

Tabelle 3.6: Einteilung des Auslöseverhaltens bei Geräte-Schmelzsicherungen.

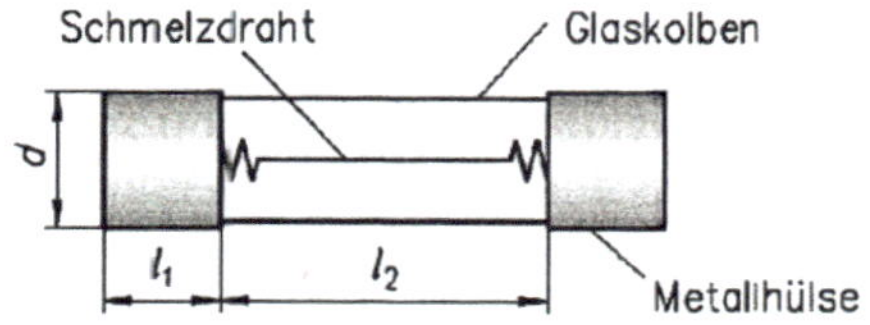

Standard-Abmessungen:

Typ	d	l1	l2
5x20	5,2 mm	5 mm	10 mm
6,3x32	6,3 mm	5 mm	32 mm

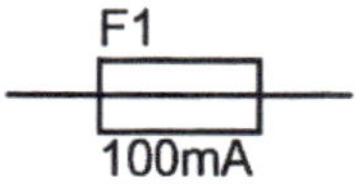

Bild 3.49: Aufbau von Geräte-Schmelzsicherungen und das zugehörige Schaltbild.

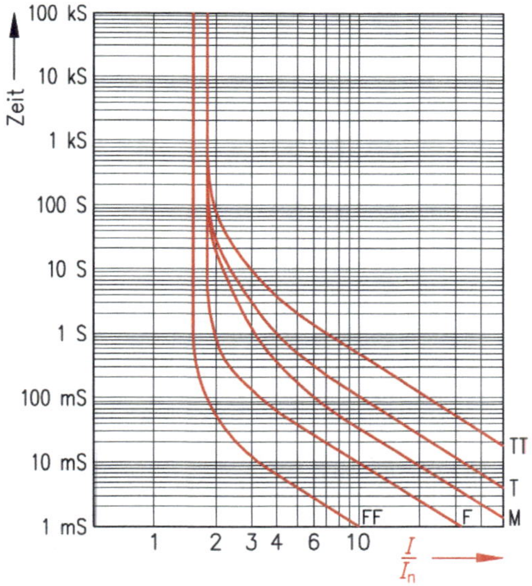

Bild 3.50: Auslösecharakteristik von Geräte-Schmelzsicherungen.

Selbstrückstellende Sicherungen (PPTC-Sicherungen) reagieren auf Überstrom wie Gerätesicherungen. Dabei ist die PPTC-Sicherung aber in der Lage, sich selbstständig wieder zurück zu stellen, sobald der Stromkreis unterbrochen wird. Ein Austausch des Sicherungselementes ist nicht notwendig. Diese Sicherungen gehören zur Gruppe der Kaltleiter (PTC, Positive Temperature Coefficient). Im Handel heißen die selbstrückstellenden Sicherungen auch Multifuse-Sicherungen oder engl. PolySwitch. Im Bild 3.51 sind einige zu sehen. Sie sind nicht für alle Anwendungsfälle geeignet. Zum Beispiel ist das Auslöseverhalten von der Umgebungstemperatur abhängig. Bei einer höheren Umgebungstemperatur (z.B. *60 °C*) löst das PPTC-Element bei einem kleineren Strom und/oder früher aus als bei einer niedrigen Umgebungstemperatur (von z.B. *0 °C*). Es bleibt auch nach der Auslösung eine (wenn auch schwache) galvanische Verbindung. Außerdem ist das Auslöseverhalten immer träge. Das liegt daran, dass das Element zunächst auf die Auslösetemperatur aufgeheizt werden muss. Wie schnell das geht hängt davon ab um wie viel der fließende Strom größer ist als der Nennstrom bei dem noch keine Auslösung stattfinden würde.

Ich verwende PPTC-Sicherungen gerne für die grobe Absicherung auf der Kleinspannungsseite - also hinter dem Netztransformator. In allen anderen Fällen greife ich lieber zu Schmelzsicherungen, denn nur bei dieser wird der Stromkreis wirklich unterbrochen und nur bei dieser kann man ein flinkes Verhalten wählen.

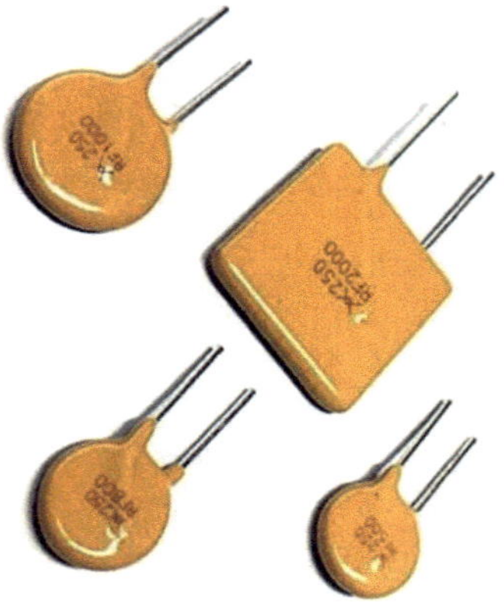

Bild 3.51: Verschiedene PPTC-Sicherungen.

3.3.5 Auswahl der Bedienelemente und der Verdrahtung

Bei der Auswahl des Netzschalters ist auf die nötige Spannungsfestigkeit von mindestens *250 V* Wechselspannung zu achten. Diese Information findet man üblicherweise auf der Rückseite des Schalters. Ebenso wie die Angabe über den maximalen Strom. Der Nennwert der Netzspannung ist zwar *230 V*, es ist aber eine Toleranz von *+10 %* zulässig. Dies bedeutet, dass die Netzspannung auch *253 V* betragen kann.

Oftmals findet man auf dem Schalter zusätzlich zum maximalen Nennstrom einen geklammerten Wert. Dieser bezeichnet den maximalen Strom bei induktiver oder kapazitiver Last. Schließt man beispielsweise einen Motor als Last an, ist der niedrigere Wert gültig. Die auf den Schaltern angegebene Spannung ist die Schaltspannung und betrifft nicht den Berührungsschutz.

Im Bereich des Netzteils sollten jedenfalls nur Bauteile (Netzschalter, Sicherungshalter etc.) mit VDE-Zeichen verwendet werden. Dieses Zeichen garantiert die Einhaltung der Kriech- und Luftstrecken nach außen. Sofern man Geräte in Umlauf bringen möchte (also z.B. verkaufen möchte), sind viele VDE- bzw. EN-Normen und EU-Richtlinien zu beachten. Für den Eigengebrauch dürfen zugelassene Funkamateure nach "naturwissenschaftlichen Regeln" bauen. Von den Naturwissenschaften lässt sich ableiten wie man sich vor gefährlicher Spannung oder vor gefährlichen Strömen schützen kann bzw. wie man bauen muss, damit das Gerät sicher betrieben werden kann.

Neben der Verwendung geeigneter Bauteile (Transformator, Netzschalter, Kontrolllampe, etc.) und dem Einsatz von Sicherungen erfordert auch die Verdrahtung der Teile, die Netzspannung führen, erhöhte Aufmerksamkeit. Das Netzkabel muss einen Querschnitt von mindestens *0,75 mm²* und eine Isolationsschicht von mindestens *0,4 mm* Stärke aufweisen. Der Schutzleiter darf nicht dünner als die beiden stromführenden Zuleitungen (N und L) sein. Doppelt isolierte Netzkabel (beispielweise NYLHY) sind sicherer als einfach isolierte (wie NYFAZ). Die Adern können - wenn an der Kabeldurchführung entsprechend isolierte Lötstützpunkte vorhanden sind - verlötet oder besser an Platinen- /Lüsterklemmen festgeschraubt werden. Keinesfalls darf man das Netzkabel einer mechanischen Spannung aussetzen. Die Enden von Litzen, die in einer Lüster- oder Platinenklemme verschraubt werden, müssen mit einem Spleißschutz (Aderendhülsen) versehen sein. Verdrehen und Verzinnen ist als Spleißschutz nach den Vorschriften (unabhängig von den Naturwissenschaften) unzureichend. Neben diesen Maßnahmen ist natürlich noch für eine ausreichende Entlüftung elektronischer Baugruppen zu sorgen.

3.4 Spannungsvervielfacher

In der Praxis werden oftmals Spannungen benötigt, die von der vorhandenen bzw. Standardspannung abweichen. In solchen Fällen bieten Spannungsverdoppler oder Spannungsvervielfacher eine mögliche Lösung. Sie haben gleichrichtende Wirkung und werden meistens mit Wechselspannung gespeist. Es gibt aber auch Verdopplerschaltungen, mit denen sich Gleichspannungen verdoppeln lassen. Diese heißen Ladungspumpen oder DC/DC-Wandler und werden in einem anderen Kapitel dieses Buches beschrieben.

3.4.1 Symmetrischer Spannungsverdoppler (Delon-Greinacher-Schaltung)

Die symmetrische Verdopplerschaltung nach Bild 3.52 besteht aus zwei Einweg-Gleichrichterschaltungen und wird als Delon-Greinacher-Schaltung bezeichnet. Bei ihr wird der Kondensator C1 über die Diode D1 auf den positiven Spitzenwert der Eingangswechselspannung - und der Kondensator C2 über die Diode D2 auf den negativen Spitzenwert der Eingangswechselspannung aufgeladen. Die Ausgangsspannung ist gleich der Differenz zwischen den Ausgangsspannungen bzw. gleich der Summe der beiden Kondensatorenspannungen und zwar (ohne Berücksichtigung der Schleusenspannung U_F der Dioden):

$$U_= \leqslant U_{C1} - (-U_{C2}) = 2 \cdot \hat{U}_\sim = 2{,}83 \cdot U_{eff}$$

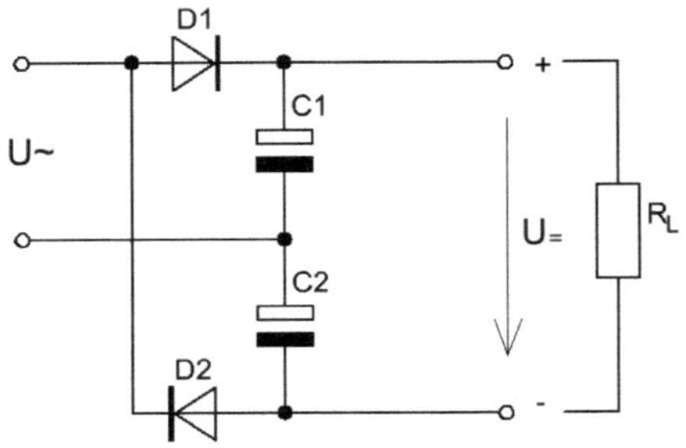

Bild 3.52: Delon-Schaltung zur Spannungsverdopplung.

Die Delon-Schaltung ist eine Zweipuls-Schaltung, bei der zwei Gleichrichterdioden zum Einsatz kommen, die im Gegentakt arbeiten. Aus diesem Grund ist die Frequenz der Welligkeitsspannung am Ausgang gleich der doppelten Netzfrequenz. Da in beiden Fällen die Kondensatoren C1 und C2 in Serie geschaltet sind, spielen diese für die Belastung hinsichtlich der Höhe der Brummspannung eine ausschlaggebende Rolle. Mit $C = C1 = C2$ ist die Brummspannung demnach wie folgt abschätzbar:

$$\Delta u_{ass} \approx \frac{0{,}63 \cdot U_{=}}{f \cdot R_L \cdot C}$$

Dabei ist f die Frequenz der Eingangsspannung und R_L der Lastwiderstand (Verbraucher).

Zu beachten ist, dass bei der Delon-Schaltung keiner der beiden Ausgänge auf festem Potenzial liegt und auch kein Anschluss der Transformatorwicklung geerdet werden darf. Weiterhin lässt sich die Spannung nur verdoppeln, nicht aber noch weiter vervielfachen.

Bei der Dimensionierung ist vor allem der Blindwiderstand der Kondensatoren zu beachten. Für diesen gilt:

$$X_C = \frac{1}{2\pi f \cdot C}$$

Dieser Widerstand addiert sich zum Innenwiderstand der speisenden Wechselspannungsquelle. Je größer die Betriebsfrequenz und je größer die Kapazität des Kondensators, desto kleiner ist der Blindwiderstand.

Auf Grund der niedrigeren Schleusenspannung und der damit einhergehenden, niedrigeren Verluste empfiehlt es sich, Schottkydioden einzusetzen. Dabei ist aber zu berücksichtigen, dass die Dioden mit einer Sperrspannung U_R von

$$U_R = 2 \cdot \hat{U}_{\sim}$$

belastet werden.

Im Abschnitt 2.6 habe ich einen Vorschlag für die Sicherstellung einer *5-V*-Versorgung für Fahrräder vorgestellt. Alternativ wäre denkbar, wie in Bild 3.53 zu sehen, statt des Brückengleichrichters eine mit Schottkydioden bestückte Delonschaltung zu verwenden. Dann stellt sich die Nennspannung von *5 V* bereits bei sehr geringer Geschwindigkeit ein. Allerdings nur unter der Voraussetzung, dass der angeschlossene Verbraucher die Leistungsfähigkeit des Dynamos nicht überfordert. Da sich der Fahrrraddynamo wie eine Stromquelle verhält, kann die Spannungsbegrenzung, wie angegeben, mit einer Zenderdiode gewährleistet werden.

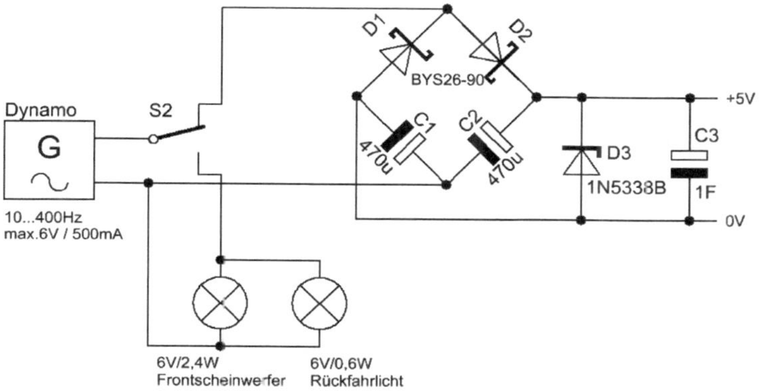

Bild 3.53: Spannungsverdopplerschaltung nach Delon zur Versorgung von 5-V-Verbrauchern am Fahrrad. Für D1 und D2 könnte der Typ BYS 26-90 (U_{RRM} = 90 V; I_{FAVM} = 3 A) eingesetzt werden.

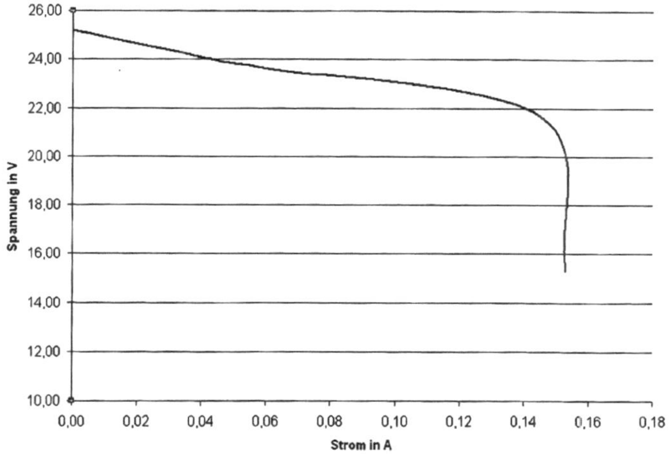

Bild 3.54: Belastungskurve der Delon-Schaltung aus Bild 3.53.

Ein Test, bei dem die im Bild 3.53 eingesetzte Delonschaltung an einer Wechselspannung mit einer Frequenz von *50 Hz* eingesetzt wurde, führte zum Diagramm in Bild 3.54. Der Innenwiderstand der Schaltung liegt bei einem Laststrom bis zu *140 mA* bei ca. *26 Ω*.

Beim Fahrraddynamo sind die Frequenzen der Versorgungssspannung um den Faktor *2* bis *8* höher, so dass der Innenwiderstand der Schaltung dort entsprechend kleiner ist.

3.4.2 Spannungsverdreifacher (Witka-Schaltung)

Den dreifachen Scheitelwert erhält man bei der Verdreifacherschaltung nach Witka (Bild 3.55). Während der negativen Halbwelle sind beide Dioden leitend. Der Kondensator C1 wird über D1 und der Kondensator C2 über D2 mit der angegebenen Polarität auf den Spitzenwert der Betriebsspannung aufgeladen. In der folgenden Halbwelle sind die Dioden gesperrt. Der Spitzenwert dieser Halbwelle wird zu den beiden Kondensatorspannungen hinzuaddiert, so dass man am Ausgang eine Gesamtspannung erhält von (ohne Berücksichtigung der Schleusenspannung U_F der Dioden):

$$U_= = U_{C1} + \hat{U}_\sim + U_{C2} = 3 \cdot \hat{U}_\sim$$

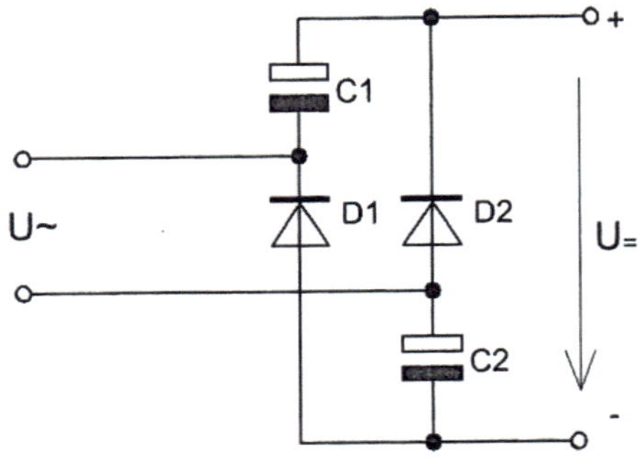

Bild 3.55: Spannungsverdreifacher

Auch bei der Witka-Schaltung liegt keiner der beiden Ausgangsanschlüsse auf festem Potential und eine Erweiterung zu höheren Vervielfachungsfaktoren ist nicht möglich.

3.4.3 Villard-Schaltung

Bei den unsymmetrischen Vervielfacherschaltungen, z.B. die nach Villard genannte Kaskadenschaltung, liegt ein Pol auf festem Potential, was im Interesse der Störspannungsunterdrückung erwünscht und oft unbedingt erforderlich ist. Weiterhin lässt sie sich in gewissem Umfange erweitern. Wirkt am Anschluss a im Bild 3.56 die negative Halbwelle der Wechselspannung, so ist die Diode D1 leitend, und der Kondensator C1 wird auf den Spitzenwert der Wechselspannung aufgeladen. In der folgenden Halbwelle ist die Diode D1 gesperrt und dafür die Diode D2 leitend. Über diese wird jetzt der Kondensator C2 auf die Summe aus dem Spitzenwert der Halbwelle und der Ladespannung des Kondensators C1 aufgeladen.

$$U_= = 2 \cdot \sqrt{2} \cdot U_\sim$$

Die Aufladung des Ausgangskondensators erfolgt über mehrere Stufen, bis die unbelastete Gleichspannung den doppelten Scheitelwert der Eingangswechselspannung erreicht hat. Die Brummspannng lässt sich wie folgt abschätzen:

$$\Delta u_{ass} \approx \frac{I_{RL}}{2 \cdot f \cdot C_2}$$

Dabei ist I_{RL} der Laststrom und f die Netzfrequenz.

Mit wenig zusätzlichem Aufwand lässt sich die Villard-Schaltung zu einem Spannungsvervielfacher erweitern (Bild 3.57). Im vorliegenden Fall hat die Ausgangsspannung den vierfachen Wert der Spitzenspannung. Fügt man weitere Dioden und Kondensatoren hinzu, so lässt sich der Vervielfachungsfaktor erhöhen. Er ist gleich der Anzahl der verwendeten Dioden. Die in Reihe geschalteten Kondensatoren *C1, C3* ... C_{n-1} nennt man Schubsäule, weil die Energie der einzelnen Halbwellen über diese nachgeschoben und deren Spitzenwert zu den Ladespannungen der Kondensatoren addiert wird. Die Reihenschaltung der Kondensatoren *C2, C4* ... C_n wird als Glättungssäule bezeichnet, weil deren Kondensatorladungen die stromlosen Zeiten zwischen den einzelnen Halbwellen überbrücken und damit die Schwankungen der Ausgangsspannung mindern.

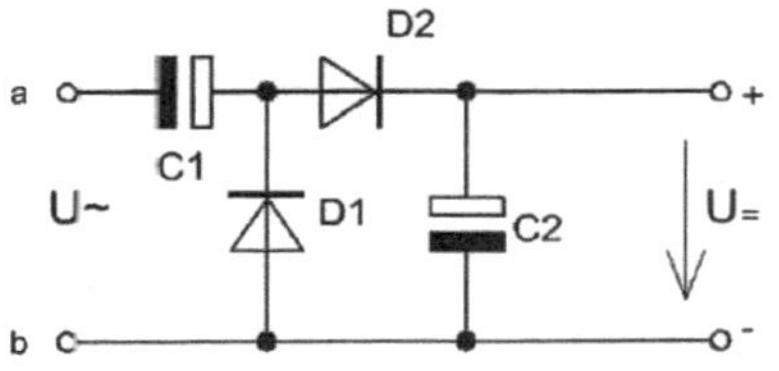

Bild 3.56: Unsymmetrische Spannungsverdopplerschaltung (Villardschaltung).

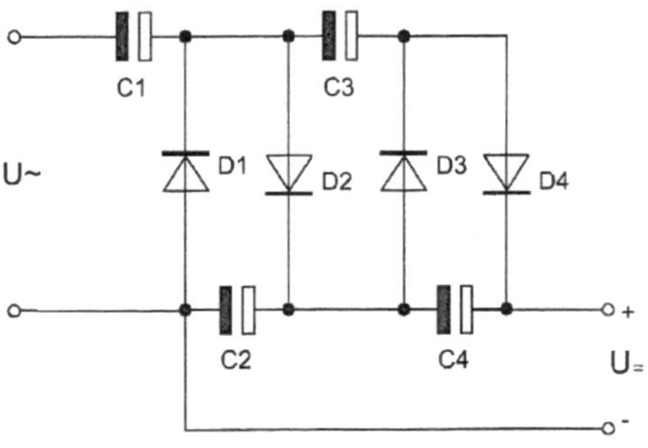

Bild 3.57: Unsymmetrische Spannungsvervierfacherschaltung (Villardschaltung).

$$C2 = C3 = C4$$

$$C1 = 2 \cdot C2$$

Die Dimensionierung der Bauelemente hängt von der Ladespannung und dem möglichen Ladestrom ab. Allerdings ist immer *C2 = C3 = C3 = ... Cn* sowie $C1 = 2 \cdot C_n$.

Der effektive Eingangsstrom ist nach dem vollständigen Aufladen der Ladesäulse um den Vervielfachungsfaktor multipliziert größer, als der Ausgangsstrom. Die speisende Wechselspannungsquelle "sieht" im Eingang der Villardschaltung den Widerstand:

$$R_E = \frac{R_L}{8 \cdot n^2}$$

Darin ist n die Anzahl der in Reihe geschalteten Glättungskondensatoren (im Bild 3.57 ist $n=2$, denn dort sind die Kondensatoren *C2* und *C4* die Glättungskondensatoren). Um den Innenwiderstand und die Welligkeit klein zu halten, wählt man die mittleren Ladeströme etwa acht- bis zehnmal größer als den Laststrom.

Außer Kondensator *C1* werden alle Kondensatoren mit $U_C = 2 \cdot \hat{U}_\sim$ geladen. Die Ausnahme bildet der Kondensator *C1* der Schubsäule, an dem nur die Spannung $\hat{U}_\sim$ wirkt. Um durch ihn genügen viel Ladung hindurch schieben zu können, muss sein Kapazitätswert doppelt so groß wie der der anderen Kondensatoren sein.

Der Innenwiderstand der sich ergebenden Hochspannungsquelle ist

$$R_i = \frac{2 \cdot n^3 + n}{3 \cdot f \cdot C}$$

Darin ist n die Anzahl der Glättungskondensatoren, C deren Kapazität und f die Netzfrequenz.

R_i am Ausgang der Schaltung nimmt mit steigendem n sehr schnell hohe Werte an. Deshalb kann man die hohe Ausgangsspannung nur im Leerlauf voll nutzen. Unter Belastung bricht die Ausgangsspannung zusammen.

Kapitel 4 • Messtechnik

Dieses Kapitel basiert auf [7]. In der Stromversorgungstechnik treten unterschiedlichste Spannungs- und Stromverläufe auf. Das haben die vorherigen Kapitel bereits deutlich gezeigt. Diese Spannungs- und Stromverläufe gilt es korrekt zu messen und zu interpretieren. Nur wenn es sich bei der zu messenden Größe um eine reine Gleichgröße (Gleichspannung oder Gleichstrom) handelt ist wenig zu beachten. Sobald es sich um Wechsel- oder Mischgrößen (also mit Gleichanteil überlagerte Wechselgrößen) handelt, müssen das Messverfahren des Messgerätes sowie die ungefähre Signalform bekannt sein. Andernfalls läuft man Gefahr etwas falsches zu messen oder den Messwert falsch zu interpretieren.

Um eine Wechsel- oder Mischgröße anhand fester Zahlenwerte zum Beispiel hinsichtlich ihres Energieinhaltes beurteilen zu können, wurden einige Kenngrößen definiert. Dazu gehören:

- der arithmetische Mittelwert,
- der Gleichrichtwert,
- der quadratische Mittelwert (Effektivwert),
- der Formfaktor und
- der Scheitelfaktor.

4.1 Kenngrößen

In diesem Kapitel beschreibe ich die oben genannten Kenngrößen.

4.1.1 Arithmetischer Mittelwert

Der arithmetische Mittelwert eines Signals lässt sich ermitteln, indem die Summe der Signal-Zeitflächen (z.B. der Spannungszeitflächen bei der Spannungsmessung) durch das betrachtete Zeitintervall dividiert wird. Das gilt allgemein, wenn das betrachtete Zeitintervall unendlich groß ist. Bei periodischen Signalen genügt die Betrachtung über eine Periodendauer *T*. Für reine (nicht mit einem Gleichanteil überlagerte) Wechselgrößen ist der arithmetische Mittelwert immer gleich Null. Bei Mischgrößen gibt der arithmetische Mittelwert die Höhe des Gleichanteiles an. Im Bild 4.1 ist dies anhand einer rechteckförmigen Größe verdeutlicht. Das Vorzeichen des des arithmetischen Mittelwertes wird durch die Polarität des überlagerten Gleichanteils bestimmt. Bei einem zeitperiodischen Signal ergibt sich der arithmetische Mittelwert zu:

$$\bar{u} = \frac{1}{T} \cdot \sqrt{\int_{t_0}^{t_0+T} \quad u(t)} \cdot dt \qquad \{Gleichung\ 4.1\}$$

Dabei ist T die Periodendauer und t_0 ein beliebiger Zeitpunkt im Verlauf der Spannung $u(t)$.

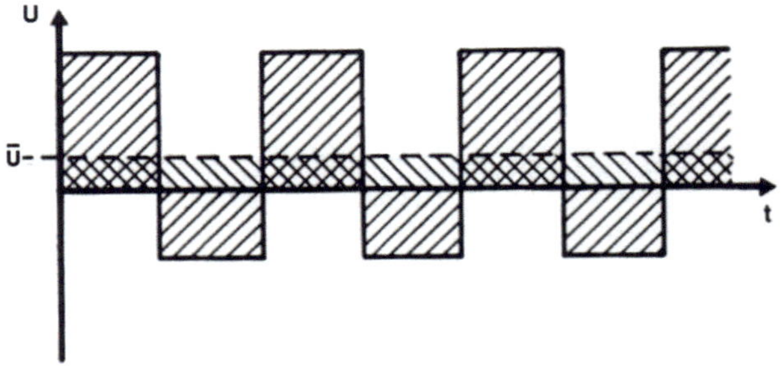

Bild 4.1: Arithmetischer Mittelwert der Rechteckspannung U=f(t).

4.1.2 Gleichrichtwert

Der Gleichrichtwert (engl. *Average Rectified Value*, ARV) bzw. der Gleichricht-Mittelwert ist der arithmetische Mittelwert des Betrags einer Wechselgröße. Zur Veranschaulichung denke man sich eine mit einem Zweiweggleichrichter gleichgerichtete Wechselspannung mit beliebiger Kurvenform. In der Regel erhält man am Ausgang des Gleichrichters eine Mischgröße. Der arithmetische Mittelwert dieser Mischgröße heißt *Gleichrichtwert*. Bild 4.2 macht den Gleichrichtwert anhand einer sinusförmigen Wechselgröße deutlich.

Gleichrichtwerte werden häufig durch ein ARV oder AV gekennzeichnet, zum Beispiel U_{AV}; $12\ V_{AV}$

Wenn *u(t)* eine Spannung mit zeitperiodischem Verlauf ist, dann ergibt sich der Gleichrichtwert zu:

$$|\bar{u}| = U_{AV} = \frac{1}{T} \cdot \sqrt{\int_{t_0}^{t_0+T} |u(t)| \cdot dt} \qquad \text{\{Gleichung 4.2\}}$$

Dabei ist T die Periodendauer und t_0 ein beliebiger Zeitpunkt im Verlauf der Spannung *u(t)*.

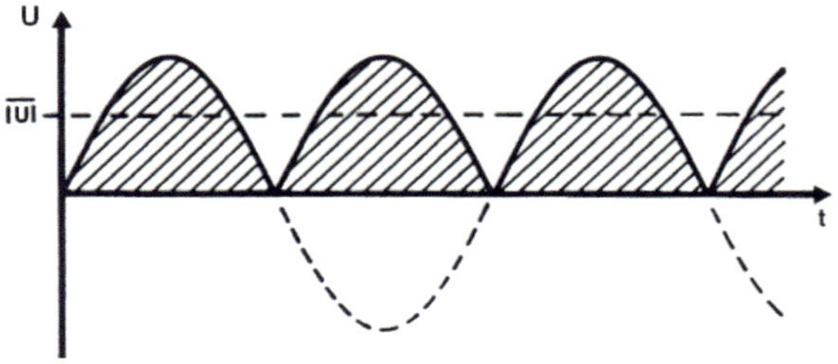

Bild 4.2: Gleichrichtwert einer sinusförmigen Wechselspannung.

4.1.3 Effektivwert (quadratischer Mittelwert, RMS)

Eine Aussage darüber, welche Wirkung eine Spannung oder ein Strom verursachen kann, ist mit den bis jetzt beschriebenen Größen nicht ohne weiteres möglich. Angenommen man brechnet den arithmetischen Mittelwert einer Spannung und nutzt das Ergbnis für eine Leistungsberechnung. Das Ergebnis ist in diesem Fall zu niedrig. Beim arithmetischen

Mittelwert heben sich nämlich positive und negative Anteile auf – tatsächlich bewirken aber sowohl positive als auch negative Spannungsanteile Wirkleistung.

$$P = \frac{U^2}{R} = I^2 \cdot R \qquad \text{\{Gleichung 4.3\}}$$

Verwendet man den Gleichrichtwert der Spannung, dann heben sich die positiven und negativen Anteile nicht mehr auf. Allerdings ist das Ergebnis immer noch zu niedrig, weil die Höhe der Spannung in die Berechnung der Leistung quadratisch eingeht. Das ist beim Gleichrichtwert nicht berücksichtigt.

Zur Lösung verwende ich die *{Gleichung 4.3}* und bilde die Summe aller infinitesimaler Anteile der Spannung. Das sieht dann so aus:

$$P = \frac{U^2}{R} = \frac{1}{T}\int_{t_0}^{t_0+T} \frac{{u_{(t)}}^2}{R} dt$$

R und *T* sind konstant. Nur die Spannung *u* ändert sich in Abhängigkeit von der Zeit *t*. Jetzt löse ich die Gleichung nach *U* auf (*P* lasse ich weg):

$$U^2 = \frac{1}{T}\int_{t_0}^{t_0+T} {u_{(t)}}^2 dt$$

Das Ergebnis ist der quadratische Mittelwert. Dieser wird auch als Effektivwert oder RMS (engl. Root Mean Square = Wurzel aus dem Mittelwert des Quadrats) bezeichnet.

$$U_{RMS} = \sqrt{\frac{1}{T}\int_{t_0}^{t_0+T} {u_{(t)}}^2 dt} \qquad \text{\{Gleichung 4.4\}}$$

Wie der Name schon sagt, wird das Signal vor der Mittelwertbildung quadriert. Dadurch werden alle Signalanteile positiv. Der quadratische Mittelwert liefert einen Wert, der in der Wirkung einer Gleichgröße mit gleicher Höhe entspricht. Anders ausgedrückt: Der Effektivwert einer Wechselspannung entspricht einer Gleichspannung, die in der gleichen Zeit die gleiche Wärmeentwicklung in einem rein ohmsch'en Widerstand hervorruft. Der Effektivwert hat deshalb für die Beurteilung einer Wechselgröße die größte Aussagekraft.

Effektivwerte werden häufig durch *eff* oder durch *RMS* gekennzeichnet, zum Beispiel im Formelzeichen für die Spannung: U_{eff} oder U_{RMS}
oder in der Einheit: *12* V_{eff} bzw. *12* V_{RMS}

Effektivwert und Gleichrichtwert sind über den Formfaktor *F* miteinander verknüpft. Der Formfaktor ist der Quotient des Effektivwertes zum Gleichrichtwert. Bei einer reinen Sinusgröße beträgt der Formfaktor (ohne Herleitung):

$$F = \frac{U_{RMS}}{U_{AV}} = 1{,}11\overline{1} \quad \{Gleichung\ 4.5\}$$

Dieser Zusammenhang kann sehr nützlich sein bei der Beurteilung von Messgrößen die nicht sinusförmig sind.

4.1.4 Scheitelwert

Beim Scheitelwert handelt es sich um den höchsten Wert in einem periodischen Signal. Also den Wert, bei dem die Amplitude maximal ist. Bei einer Wechselgröße kann man einen positiven und einen negativen Scheitelwert angeben. Bei einer sinusförmigen Spannung ergibt sich der Scheitelwert wie folgt:

$$\hat{U} = \sqrt{2} \cdot U_{RMS} \quad \{Gleichung\ 4.6\}$$

Häufig wird auch der Spitze-Spitze-Wert U_{SS} (oder U_{pp} für Peak-to-Peak) angegeben, der sich aus der Differenz von positivem und negativem Scheitelwert ergibt. Bei einer rein sinusförmigen Größe also

$$|U_{SS}| = 2 \cdot \hat{U}$$

4.1.5 Scheitelfaktor

Der Scheitelfaktor (auch *Crest Faktor* genannt) gibt das Verhältnis des Betrages des größten Augenblickwertes zum Effektivwert eines Messsignals an.

$$F_{Crest} = \frac{|\hat{u}|}{U_{RMS}}$$

Der Scheitelfaktor ist ein Maß dafür wie "spitz" oder "impulsartig" eine Messgröße ist. In der Mess- und Gerätetechnik (z.B. bei Multimetern) gibt er Hinweise, ob ein Gerät auch bei verzerrten Signalen noch richtig messen kann. In der Leistungselektronik beeinflusst er die Auslegung von Bauteilen wie Transformatoren, Kondensatoren oder Sicherungen. Für eine rein sinusförmige Größe gilt

$$F_{Crest} = \frac{|\hat{u}|}{U_{RMS}} = \sqrt{2}$$

4.2 Messgeräte

Netzteile die in einem Gerät fest verbaut sind um dieses mit elektrischer Energie zu versorgen kommen in der Regel ohne Messgerät aus. In Labornetzteilen sind aber Messgeräte unabdingbar. Auch bei der Entwicklung von Netzteilschaltungen oder beim Reparieren werden Messgeräte benötigt.

4.2.1 Messgeräte mit Zeiger- oder Ziffernanzeige

Alle üblichen Vielfachmessgeräte zeigen den Effektivwert an, wenn das Messsignal einen sinusförmigen Verlauf hat. Tatsächlich messen die meisten Geräte den Gleichrichtwert. Die Skalierung ist dann so ausgeführt, dass der Effektivwert angezeigt wird, wenn die zu messende Spannung bzw. der zu messende Strom einen rein sinusförmigen Verlauf hat. Daher ist die Anzeige des Effektivwertes durch solche Messgeräte nur für harmonische (sinusförmige) Spannungen richtig. Da in der Stromversorgungstechnik häufig stark von der Sinusform abweichende Spannungs- und Stromverläufe auftreten, können hiermit erheblich falsche Messwerte entstehen. Analog arbeitende Vielfachmessgeräte mit Drehspulinstrument und Gleichrichter (Bild 4.3) zeigen den Gleichrichtwert an. Bei der Skala ist dann der Formfaktor für sinusförmige Signalverläufe berücksichtigt *{Gl. 4.5}*. Somit kann beim Messen von sinusförmigen Spannungen/Strömen der Effektivwert direkt abgelesen werden. Entspricht eine gemessene Wechselspannung zum Beispiel ein Gleichrichtwert von *90,1 V*, so wird diese Stellung des Zeigers mit $90{,}1\ V \cdot 1{,}11 = 100\ V$ beschriftet. Verläuft das zu messende Signal nicht sinusförmig, so ist der Zeigerausschlag beim Drehspulmesswerk zwar immer noch proportional zum Gleichrichtwert, der zugehörige Formfaktor ist aber nicht mehr 1,11. Die Anzeige liefert daher in diesem Fall einen falschen Wert. Unter der Voraussetzung, dass der Formfaktor der zu messenden Größe bekannt ist, lässt sich der richtige Effektivwert aus dem Messwert berechnen. Teilt man nämlich den angezeigten Wert durch 1,11, so erhält man, unabhängig von der Kurvenform des Messsignals, deren Gleichrichtwert, der mit dem kurvenspezifischen Formfaktor multipliziert den Effektivwert ergibt. In der Tabelle 4.1 sind die Formfaktoren für einige rauschfreie Kurvenverläufe aufgeführt.

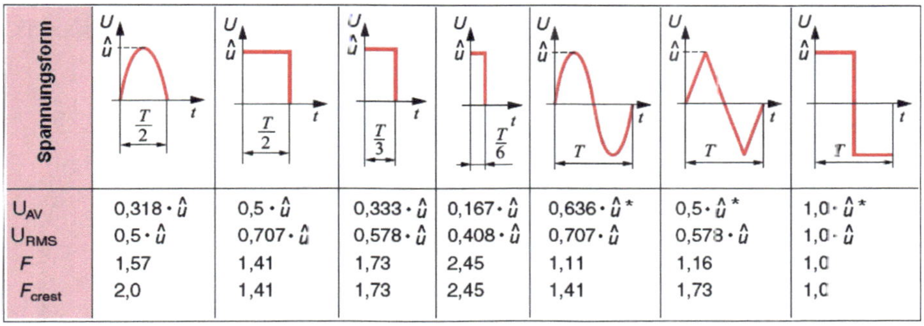

U_{AV}	$0{,}318 \cdot \hat{u}$	$0{,}5 \cdot \hat{u}$	$0{,}333 \cdot \hat{u}$	$0{,}167 \cdot \hat{u}$	$0{,}636 \cdot \hat{u}$ *	$0{,}5 \cdot \hat{u}$ *	$1{,}0 \cdot \hat{u}$ *
U_{RMS}	$0{,}5 \cdot \hat{u}$	$0{,}707 \cdot \hat{u}$	$0{,}578 \cdot \hat{u}$	$0{,}408 \cdot \hat{u}$	$0{,}707 \cdot \hat{u}$	$0{,}578 \cdot \hat{u}$	$1{,}0 \cdot \hat{u}$
F	1,57	1,41	1,73	2,45	1,11	1,16	1,0
F_{crest}	2,0	1,41	1,73	2,45	1,41	1,73	1,0

*Tabelle 4.1: Formfaktoren ($U_{RMS\,/\,UAV}$) für verschiedene, reine Kurvenformen. Entnommen aus [5]. Die mit einem * versehenen Werte gelten nach Zweiweggleichrichtung.*

Da der Formfaktor für eine symmetrische, rechteckförmige Größe gleich 1 ist, können Spannungen und Ströme mit rein recheckförmigem Verlauf gemessen werden, indem der angezeigte Wert durch 1,11 dividiert wird. Eine Messung nach diesem Prinzip ist jedoch nur mit Instrumenten möglich, deren Wechselspannungs- und Wechselstromeingang gleichspannungsgekoppelt ist. Ist das Messwerk nicht gleichspannungsgekoppelt, zum Beispiel, wenn sich ein Kondensator im Signalweg befindet, so wird ein eventueller Gleichanteil unterdrückt und die Anzeige ist falsch. Solche Instrumente, auch digitale, sind also in diesem Fall nur zur Messung einer Wechselgröße, dann jedoch auch wie oben beschrieben, geeignet.

Beispiel: Mit dem Drehspulmessgerät aus Bild 4.3 messe ich im Gleichspannungsbereich einen Wert von 9,8 V. Der Gleichrichtwert (arithmetischer Mittelwert des gleichgerichteten Signals) ergibt sich dann zu

$$U_{AV} = \frac{U_{abgelesen}}{1{,}11\bar{1}} = \frac{9{,}8V}{1{,}11\bar{1}} \approx 8{,}82V$$

Handelte es sich um das Signal eines Einweg-Gleichrichters, so ist der Effektivwert nach der Tabelle 4.1:

$$U_{RMS} = 0{,}5 \cdot \hat{u}$$

$$\hat{u} = \frac{U_{AV}}{0{,}318}$$

$$U_{RMS} = \frac{0{,}5 \cdot U_{AV}}{0{,}318} = \frac{0{,}5 \cdot 8{,}82V}{0{,}318} \approx 13{,}87V$$

Messgeräte, die den Effektivwert tatsächlich gemäß seiner Definition bestimmen und damit den Effektivwert unabhängig von der Kurvenform des zu messenden Signals anzeigen, werden zur Verdeutlichung "Echteffektivwert-Messgerät" genannt und mit der Bezeichnung True RMS bzw. TRMS ausgewiesen. Am weitesten verbreitet sind digital arbeitende Messgeräte. Bei diesen wird der Effektivwert mit Hilfe eines Mikrocontrollers aus dem Eingangssignal berechnet. Zu beachten ist der meist begrenzte Frequenzbereich und Crest-Faktor dieser Geräte.

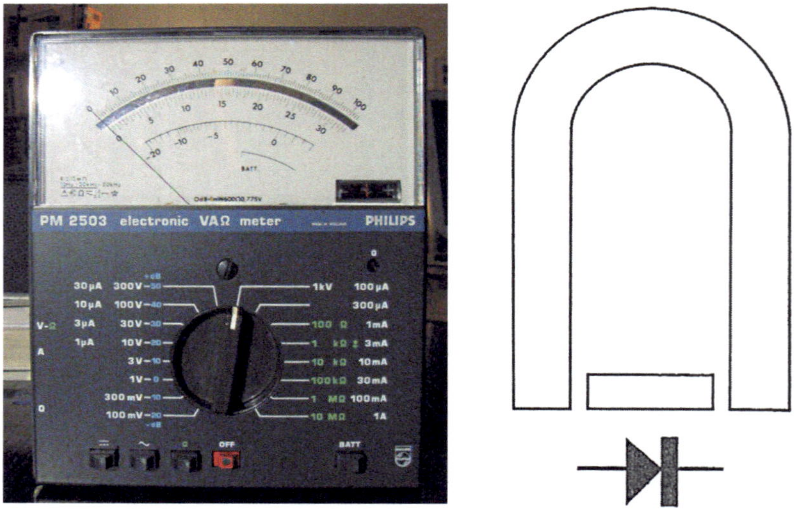

Bild 4.3: Präzises Vielfachmessgerät mit Drehspulmesswerk für den Frequenzbereich 30 Hz bis 30 kHz (links) und das Symbol für ein Drehspulmesswerk mit Gleichrichter (rechts).

Elektromechanische Dreheiseninstrumente arbeiten grundsätzlich "TRMS"-bildend und zeigen daher unabhängig vom zeitlichen Verlauf den Effektivwert an. Auch sie sind nur für einen begrenzten Frequenzbereich geeignet. Sie werden fast nur noch als fest eingebaute Anzeigegeräte z.B. in Schaltschränken verwendet.

Eine andere Lösung ist es, mit dem Messstrom einen Widerstand zu erwärmen und dessen Temperatur zu messen (Thermo-Umformer). Durch Vergleich mit einem Gleichstrom kann diese Messanordnung auf den Effektivwert kalibriert werden. Mit dieser Messmethode können auch noch sehr hochfrequente Frequenzanteile richtig erfasst werden.

Eine vertrauenswürdige Vergleichbarkeit liefern nur Messgeräte, die den tatsächlichen Gleichrichtwert oder besser den Echteffektivwert anzeigen. Bei allen anderen Geräten ist Vorsicht geboten, wenn das zu messende Signal keine Gleichspannung ist und/oder von der idealen Sinusform abweicht.

4.2.2 Oszilloskop

Den tatsächlichen Spannungs- und Stromverlauf in Abhängigkeit von der Zeit misst man mit einem Oszilloskop. Strommessungen erfolgen damit indirekt über einen niederohmigen Shunt. An diesem fällt die zum Strom proportionale Spannung ab. Näheres dazu findet sich in [5] oder [14].

Moderne Oszilloskope (z.B. auch PC-gestützte) zeigen neben der Kurvenform häufig auch Zahlenwerte wie Effektivwert oder Gleichrichtwert an.

Auch die Ermittlung des Scheitelwertes erfolgt am besten mit einem Oszilloskop. Man betrachtet mindestens eine Periode des zu messenden Signals und sucht sich den höchsten positiven und den höchsten negativen Wert. Dabei handelt es sich dann um den positiven bzw. negativen Scheitelwert. Die Differenz zwischen beiden Werten ist die Spitze-Spitze-Spannung U_{SS}.

Für rein sinusförmige Spannungs-/Stromverläufe kann man auch rechnen:

$$\hat{U} = \frac{U_{SS}}{2}$$

$$U_{eff} = \frac{\hat{U}}{\sqrt{2}} = \frac{\frac{U_{SS}}{2}}{\sqrt{2}} = \frac{U_{SS}}{2 \cdot \sqrt{2}}$$

Kapitel 5 • Spannungsstabilisierung und Spannungsregelung

Bei der Stromversorgung elektronischer Schaltungen benötigt man zumeist stabile Verhältnisse. Das bedeutet eine Quelle, die je nach Anwendungsfall eine konstante Spannung oder einen konstanten Strom liefert. Konstant heißt in diesem Zusammenhang, dass die Ausgangsspannung oder der Ausgangsstrom sich auch bei variierender Belastung oder instabilen Eingangsgrößen oder schwankender Temperatur nicht ändert. In diesem Kapitel werden Schaltungen zur Spannungsstabilisierung und/oder Spannungsregelung mit Linearregler vorgestellt.

5.1 Spannungsstabilisierung

Die wenigsten Spannungsquellen sind aus sich selbst heraus ausreichend stabil. Meist bedarf es zum Erreichen der erforderlichen Stabilität eine Stabilisierungs- oder Regelschaltung. Konventionelle, lineare Regelschaltungen arbeiten wie ein Spannungsteiler. Ein variabler Widerstand bildet mit der Spannungsquelle oder mit dem Verbraucher einen Spannungsteiler. Der variable Widerstand wird so eingestellt, dass am Verbraucher die gewünschte Spannung abfällt. Der variable Widerstand wird "Stellglied" genannt. Es ist tatsächlich ein Transistor.

Bei der Parallelstabilisierung liegt das Stellglied parallel zum Verbraucher und zur Spannungsquelle. Das Stellglied bildet mit dem Innenwiderstand der Spannungsquelle bzw. mit einem zwischengeschalteten Widerstand einen Spannungsteiler. Es stellt sich so ein, dass am Ausgang immer die gleiche Spannung ansteht.

Der Eingangsstrom ist konstant. Er teilt sich auf in den Strom, der durch den Verbraucher fließt und in den Strom der durch das Stellglied fließt. Im Leerlauf, wenn also kein Verbraucher angeschlossen ist, erreicht die in der Stabilisierungsschaltung umgesetzte Wärmeleistung ihr Maximum.

Bei der Serienstabilisierung liegt das Stellglied zwischen Versorgungsspannung und Verbraucher. Es bildet mit dem Verbraucher einen Spannungsteiler. Der Widerstand des Stellgliedes stellt sich nun so ein, dass am Verbraucher unabhängig von der Eingangsspannung und unabhängig vom Laststrom immer die gleiche Spannung ansteht. Der Eingangsstrom entspricht in etwa dem Ausgangsstrom – also dem Strom, den der angeschlossene Verbraucher gerade benötigt. Die im Stellglied umgesetzte Wärmeleistung ist umso größer, je mehr Strom vom Verbraucher gefordert wird. Im Leerlauf, wenn kein Verbraucher angeschlossen ist, ist die Wärmeleistung im Stellglied minimal bis nicht vorhanden.

5.1.1 Stabilisierung mit Z-Dioden

Eine Zener-Diode, auch Z-Diode genannt, ist eine besonders dotierte Silizium-Diode, die nach dem amerikanischen Physiker Clarence Melvin Zener, dem Entdecker des Zener-Effekts, benannt ist.

Z-Dioden verhalten sich in Durchlassrichtung wie normale Dioden. In Sperrrichtung werden sie ab einer bestimmten Spannung, der so genannten Sperrspannung oder Durchbruchspannung oder Zenerspannung, niederohmig. Z-Dioden werden somit immer in Sperrrichtung betrieben. Die Kennlinie einer Z-Diode ist im Bild 5.2 qualitativ wiedergegeben. Die Höhe der Zenerspannung U_Z lässt sich bei der Herstellung der Z-Dioden über die Dotierung bestimmen.

Liegt die Zenerspannung unterhalb von *5 V*, so wird der Durchbruch überwiegend durch den sogenannten Zener-Effekt hervorgerufen, der mit einem negativen Temperaturkoeffizient behaftet ist. Steigt die Temperatur, dann sinkt die Zenerspannung.

Bei Zenerspannungen über *6,5 V* wird der Durchbuch überwiegend vom Lawinen-Effekt verursacht, der auch als Avalanche-Effekt (englisch: avalanche effect) bekannt ist. Dieser weist einen positiven Temperaturkoeffizienten auf. Steigt die Temperatur, dann steigt die Zenerspannung. Z-Dioden mit einer Durchbruchspannung von mehr als *6,5 V* werden deshalb manchmal auch als Avalanche-Dioden bezeichnet.

Im Bereich zwischen *5 V* und *6,5 V* wirken beide Effekte in ähnlicher Stärke. Die Temperaturkoeffizienten heben sich somit auf. Der Knick der Kennlinie ist zwar in diesem Bereich nicht so scharf, dafür aber ist die Temperaturdrift der Zenerspannung besonders niedrig ausgeprägt.

Z-Dioden können in Reihe geschaltet werden. Die Zenerspannungen addieren sich dann. Zur Erlangung einer größtmöglichen Temperaturunabhängigkeit kann man bei Spannungen ab ca. *12 V* jeweils eine Z-Diode mit positivem Temperaturkoeffizeint und eine mit negativem Temperaturkoeffizient in Reihe schalten. Z.B. *3,3 V* (negativer Temperaturkoeffizient) und *8,2 V* (positiver Temperaturkoeffizient) ergibt eine Zenerspannung von insgesamt *11,5 V*.

Ansonsten kann die Temperaturdrift durch eine in Flussrichtung gepolte normale Diode kompensiert werden. Derartige Kombinationen sind als integrierte Referenzelemente im Elektronikhandel erhältlich. Sie lassen sich aber auch aus Einzeldioden nachbilden.

Die Qualität einer mit einer Z-Diode verwirklichten Spannungstabilisierung ist umso besser, je steilflankiger die Kennlinie der Z-Diode und umso kleiner der Temperaturkoeffizient ist.

Ein Maß für die Steilflankigkeit ist der dynamische bzw. differentielle Widerstand r. Bei Mischspannungen ist der Widerstand r für die Wechselgröße ein anderer als der Widerstand R für die Gleichgröße. Der Widerstand für die Wechselgröße heißt differentieller oder dynamischer Widerstand. Allgemein berechnet sich der differentielle Widerstand r aus dem Quotienten der Spannungsänderung zur Stromänderung in der Umgebung des Arbeitspunktes (angestrebt ist die infinitesimale Umgebung). Praktisch kann er aus der Steigung der Tangente an die Kennlinie im Arbeitspunkt ermittelt werden (Bild 5.1). Es gilt also:

$$r = \frac{\Delta u}{\Delta i} \qquad \textit{\{Gleichung 5.1\}}$$

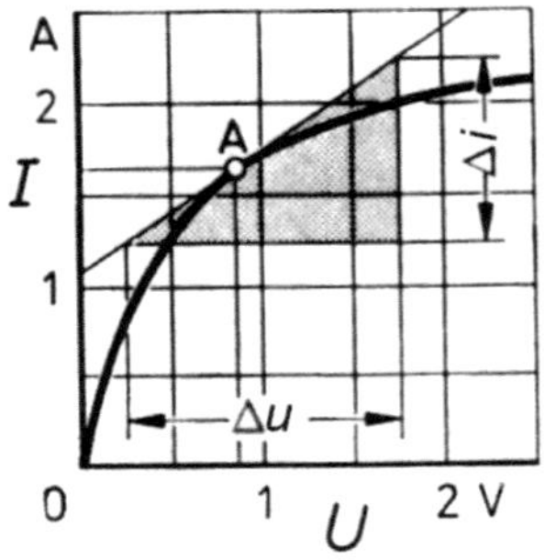

Bild 5.1: Ermittlung des differentiellen Widerstandes für den Arbeitspunkt A durch Anlegen einer Tangente.

Anschaulich handelt es sich dabei um den Widerstand, der um den Arbeitspunkt herum wirksam ist. Angenommen der Arbeitspunkt *a* liegt bezogen auf das Bild 5.2 genau zwischen U_{Z0} und U_{zmax}, dann gilt für den differenziellen Widerstand im Arbeitspunkt *a*:

$$r_a = \frac{U_{Zmax} - U_{Z0}}{I_{Zmax} - I_{Zmin}} \qquad \{Gleichung\ 5.2\}$$

I_{Zmax} ist der Strom, der fließt, wenn U_{Zmax} anliegt und I_{Zmin} ist der Strom der fließt, wenn U_{Z0} anliegt.

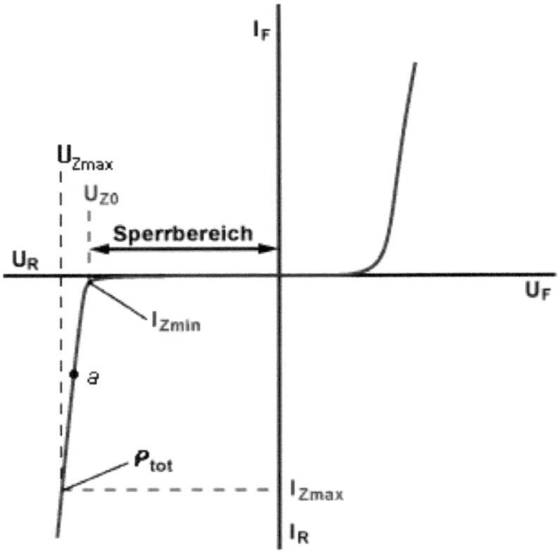

Bild 5.2: Typische Kennlinie einer Z-Diode.

Die einfachste Schaltung zur Spannungsstabilisierung besteht aus einem Widerstand und einer Z-Diode (Bild 5.3) in Sperrrichtung. Dabei handelt es sich um eine Parallelstabilisierung, denn die Z-Diode ist das Stellglied, das parallel zum Verbraucher angeordnet ist, der die stabile Spannung benötigt. Es gilt hier:

$U_Z = U_{OUT}$ sowie $I_{IN} = I_Z + I_{OUT}$

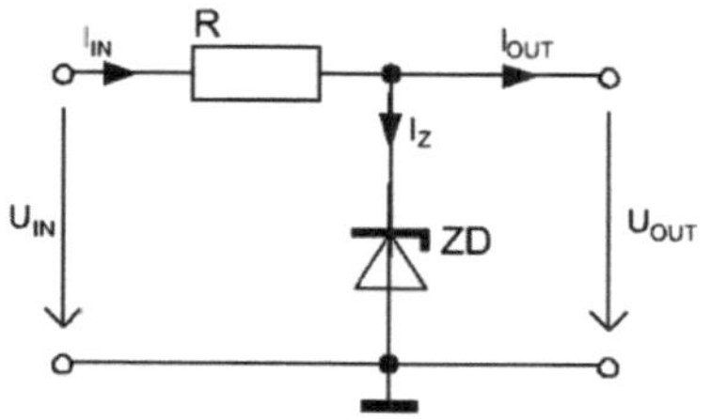

Bild 5.3: Spannungsstabilisierung mit Z-Diode.

Der Vorwiderstand *R* in der Stabilisierungsschaltung nach Bild 5.3 muss so bemessen sein, dass bei der kleinsten Eingangsspannung U_{INmin} und dem größten Ausgangsstrom (Laststrom) I_{OUTmax} der kleinstzulässige Z-Strom I_{Zmin} nicht unterschritten wird und dass bei der größten Eingangsspannung U_{INmax} und dem kleinsten Laststrom I_{OUTmin} der höchstzulässige Z-Strom I_{Zmax} nicht überschritten wird.

Somit gilt für den Vorwiderstand:

$$R_{max} = \frac{U_{INmin} - U_Z}{I_{Zmin} + I_{OUTmax}} \qquad \{Gleichung\ 5.3\}$$

$$R_{min} = \frac{U_{INmax} - U_Z}{I_{Zmax} + I_{OUTmin}} \qquad \{Gleichung\ 5.4\}$$

I_{Zmin} ergibt sich aus der Kennlinie der Z-Diode (Bild 5.2). Bei einer präzisen Stabilisierung muss ausreichend Abstand zum Knickbereich der Z-Diodenkennlinie gehalten werden. Der maximal erlaubte Z-Dioden-Strom I_{Zmax} kann dem Datenblatt entnommen werden. Als Faustregel kann man annehmen:

$$I_{Zmin} = I_{Zmax} / 10$$

In manchen Fällen ist ein Unterschreiten der Nennspannung nicht kritisch. Lediglich Überspannungen sind unbedingt zu vermeiden. In diesen Fällen kann für I_{Zmin} auch *0* eingesetzt werden.

Beispiel:
Die Stabilisierungsschaltung aus Bild 5.3 wird verwendet um aus dem KFZ-Boardnetz eine Spannung von *5 V* zu gewinnen. Zum Einsatz kommt eine Z-Diode mit $U_Z = 5{,}1\ V$ und mit $P_{tot} = 1{,}3\ W$. Die Eingangsspannung schwankt zwischen *10,5 V* (Entladeschlussspannung des Bleiakkus im KFZ) und *14,5 V* (bei laufendem Motor). Der Laststrom I_{OUT} schwankt zwischen *0* (kein Verbraucher angeschlossen) und *100 mA*. Das Unterschreiten der Nennspannung ist zulässig.

Der höchstzulässige Diodenstrom ergibt sich zu:

$$I_{Zmax} = \frac{P_{tot}}{U_Z} = \frac{1{,}3W}{5{,}1V} \approx 0{,}255A$$

Für den maximalen Widerstandswert, bei dem der Verbraucher auch bei niedrigster Eingangsspannung gerade noch so mit Betriebsstrom ausreichend versorgt wird, erhält man wie folgt:

$$R_{max} = \frac{U_{INmin} - U_Z}{I_{Zmin} + I_{OUTmax}} = \frac{10{,}5V - 5{,}1V}{0A + 0{,}1A} \approx 54\Omega$$

Der nächste darunter liegende Standardwert aus der E12-Reihe ist hier *47 Ω*. Bei der Auswahl des Widerstandes ist der Betriebsfall zu berücksichtigen, bei dem in ihm die maximale Wärmeleistung anfällt. Das wäre dann, wenn die maximale Eingangsspannung anliegt. Also rechne ich

$$P = \frac{U^2}{R} => P_{Rmax} = \frac{(U_{INmax} - U_Z)^2}{R_{max}} = (14{,}5V - 5{,}1V)^2 \cdot 47\Omega = 1{,}88W$$

Für den minimal notwendigen Widerstandswert, bei dem eine Überlastung der Z-Diode bei maximaler Eingangsspannung und unbelastetem Ausgang gerade noch so vermieden wird gilt:

$$R_{min} = \frac{U_{INmax} - U_Z}{I_{Zmax} + I_{OUTmin}} = \frac{14{,}5V - 5{,}1V}{0{,}255A + 0A} \approx 36{,}86\Omega$$

Hier muss der nächst höhere Standardwert genommen werden. Der passende Wert aus der E12-Reihe ist dann *39 Ω*. Die maximal Wärmeleistung tritt auch hier auf, wenn die maximale Eingangsspannung anliegt. Also

$$P = \frac{U^2}{R} => P_{Rmin} = \frac{(U_{INmax} - U_Z)^2}{R_{min}} = (14{,}5V - 5{,}1V)^2 \cdot 39\Omega \approx 2{,}27W$$

Falls sich für eine Konstellation die Relation $R_{min} > R_{max}$ ergibt, so ist der Entwurf unbrauchbar. Dies kann auftreten, wenn der Laststrom größer ist als der maximale Strom durch die Z-Diode und/oder der Unterschied zwischen kleinster und größter Eingangsspannung einen kritischen Wert überschreitet.

Im vorliegenden Beispiel würde ich den *47-Ω*-Widerstand verwenden. Soll die Schaltung kurzschlussfest sein, so muss dieser Widerstand in der Lage sein, eine Leistung von

$$P = \frac{U^2}{R} => P_{max} = \frac{U_{INmax}^2}{R_{max}} = \frac{(14{,}5V)^2}{47\Omega} \approx 4{,}47W$$

unbeschadet in Wärme umzuwandeln. Empfehlenswert ist die Verwendung eines zementierten *5-W*-Leistungswiderstands, der in belüfteter Umgebung montiert ist.

Man kann den Widerstand durch ein passendes Glühlämpchen ersetzen. Jedenfalls hat ein Glühlämpchen kein Problem mit Hitze. Im Beispiel könnte man eine Reihenschaltung aus zwei Fahrrad-Glühlämpchen (*6 V / 2,4 W*) und einem Widerstand von *10 Ω / 0,65 W* verwenden. Eine *12 V / 3 W* - KFZ-Glühlampe erfüllt den gleichen Zweck.

Ein Maß für die Güte einer Spannungsstabilisierung ist der Stabilisierungsfaktor *S*, der sich aus dem Verhältnis der relativen Änderung der Eingangsspannung zur relativen Änderung der Ausgangsspannung definiert:

$$S = \frac{\frac{\Delta U_{\mathrm{IN}}}{U_{\mathrm{IN}}}}{\frac{\Delta U_{OUT}}{U_{OUT}}} \qquad \text{\{Gleichung 5.5\}}$$

Unter der Voraussetzung $R_L > R$ kann für den Stabilisierungsfaktor *S* geschrieben werden:

$$S \approx \frac{R_L}{r_Z} \cdot \frac{U_{OUT}}{U_{\mathrm{IN}}} \qquad \text{\{Gleichung 5.6\}}$$

Das geht deshalb, weil man schreiben kann $\Delta U_{\mathrm{IN}} = \Delta I \cdot R$ sowie $\Delta U_{OUT} = \Delta I \cdot r_Z$. Der Stabilisierungsfaktor ist somit umso größer, je steiler die Z-Dioden-Kennlinie ist.

Bild 5.4 gibt einen Überblick über typische Parameter von gängigen Z-Dioden aus Europa mit einer maximalen Leistung von *500 mW*. Die Zenerspannung ist für einen Zenerstrom von *5 mA* angegeben. Zur Ermittlung des dynamischen Widerstands wurde eine Änderungsfrequenz der angeschlossenen Spannung u_Z von *1000 Hz* angegeben. Die Angabe für den Sperrstrom gilt unterhalb der Zenerspannung.

Typ	Nennspannung U_Z (V) [1]	Durchbruchspannungsbereich I_Z = 5 mA U_Z (V)	dyn. Widerstand f = 1000 Hz I_Z = 5 mA r_Z (Ω)	I_Z = 1 mA r_Z (Ω)	Sperrstrom I_R (nA)	bei U_R (V)
BZX 97/C0V8[2])	0,78	0,73 bis 0,83	< 8	—	—	—
BZX 97/C2V4	2,4	2,28 bis 2,56	< 85	< 600	< 10000	1
BZX 97/C2V7	2,7	2,5 bis 2,9	< 85	< 600	< 10000	1
BZX 97/C3V0	3,0	2,8 bis 3,2	< 85	< 600	< 4000	1
BZX 97/C3V3	3,3	3,1 bis 3,5	< 85	< 600	< 2000	1
BZX 97/C3V6	3,6	3,4 bis 3,8	< 85	< 600	< 2000	1
BZX 97/C3V9	3,9	3,7 bis 4,1	< 85	< 600	< 2000	1
BZX 97/C4V3	4,3	4,0 bis 4,6	< 75	< 600	< 1000	1
BZX 97/C4V7	4,7	4,4 bis 5,0	< 60	< 600	100 < 500	1
BZX 97/C5V1	5,1	4,8 bis 5,4	< 35	< 550	10 < 100	1
BZX 97/C5V6	5,6	5,2 bis 6,0	< 25	< 450	10 < 100	1
BdX 97/C6V2	6,2	5,8 bis 6,6	< 10	< 200	10 < 100	2
BZX 97/C6V8	6,8	6,4 bis 7,2	< 8	< 150	10 < 100	3
BZX 97/C7V5	7,5	7,0 bis 7,9	< 7	< 50	10 < 100	5
BZX 97/C8V2	8,2	7,7 bis 8,7	< 7	< 50	10 < 100	6
BZX 97/C9V1	9,1	8,5 bis 9,6	< 10	< 50	10 < 100	7
BZX 97/C10	10	9,4 bis 10,6	< 15	< 70	10 < 100	7,5
BZX 97/C11	11	10,4 bis 11,6	< 20	< 70	10 < 100	8,5
BZX 97/C12	12	11,4 bis 12,7	< 20	< 90	10 < 100	9
BZX 97/C13	13	12,4 bis 14,1	< 26	< 110	10 < 100	10
BZX 97/C15	15	13,8 bis 15,6	< 30	< 110	10 < 100	11
BZX 97/C16	16	15,3 bis 17,1	< 40	< 170	10 < 100	12
BZX 97/C18	18	16,8 bis 19,1	< 50	< 170	10 < 100	14
BZX 97/C20	20	18,8 bis 21,2	< 55	< 220	10 < 100	15
BZX 97/C22	22	20,8 bis 23,3	< 55	< 220	10 < 100	17
BZX 97/C24	24	22,8 bis 25,6	< 80	< 220	10 < 100	18
BZX 97/C27	27	25,1 bis 28,9	< 80	< 220	10 < 100	20
BZX 97/C30	30	28 bis 32	< 80	< 220	10 < 100	22
BZX 97/C33	33	31 bis 35	< 80	< 220	10 < 100	24

Bild 5.4: Typische technische Daten von Z-Dioden mit einer maximalen Verlustleistung von P_{tot} = 500 mW.

Die Schaltung aus Bild 5.3 hat den Nachteil, dass sie nur für kleine Leistungen anwendbar ist. Bei großen Lastschwankungen sind zudem die dann noch auftretenden Spannungsänderungen der Ausgangsspannung für präzise Konstantspannungsquellen eventuell zu hoch.

Die Belastung der Z-Diode ist im Leerlauf am höchsten, wodurch sich die Diode erwärmt, was eine Änderung der Zenerspannung nach sich zieht. Bei Belastung fließt weniger Strom durch die Diode. Sie kühlt sich ab, und die stabilisierte Spannung ändert sich in die andere Richtung. Um die mögliche Belastbarkeit zu erhöhen, kann man gemäß Bild 5.5 eine Kombination aus Z-Diode und Transistor aufbauen. Die Ausgangsspannung erhöht sich damit um die Basis-Emitter-Spannung des Transistors (U_{BE}, typ. *0,7 V* bei Silizium-Transistoren).

$$U_{OUT} = U_Z + U_{BE}$$

Die Funktionsweise der Schaltung kann wie folgt beschrieben werden: Bei größerer Belastung steigt der Laststrom, und proportional dazu die Spannung über dem Vorwiderstand. Das heißt: die Ausgangsspannung wird kleiner. Da die Spannung an der Z-Diode annähernd konstant bleibt, muss die Basis-Emitter-Spannung des Transistors U_{BE} absinken. Der Transistor verringert seine Leitfähigkeit und damit verringert sich auch I_C. Der Gesamtstrom durch *R* wird kleiner, was dazu führt, dass die Spannung über dem Vorwiderstand ebenfalls geringer wird. Die Ausgangsspannung erhöht sich um diesen Betrag und erreicht ihren ursprünglichen Wert - bleibt also konstant.

Geringe Änderungen der Eingangsspannung kann die Schaltung ebenfalls ausgleichen. Sollte U_{IN} größer werden, dann erhöht sich am Transistor U_{BE}. Die Spannung an der Z-Diode bleibt konstant. Bezieht man sich auf die Ströme, so erhöht sich der Strom durch die Z-Diode und damit I_B. In Folge nimmt die Leitfähigkeit des Transistors und damit I_C zu. Der Strom durch *R* steigt und die Spannung über dem Vorwiderstand erhöht sich um den Betrag der Eingangsspannungsänderung. Die Ausgangsspannung bleibt konstant.

Die Parallelstabilisierung mit Z-Diode und Quertransistor gemäß dem Bild 5.5 bringt keine Verbesserung hinsichtlich eines geringeren Innenwiderstandes r_Z, des Stabilitätsfaktors *S* oder der Wärmeleistung. Der Vorteil ist die geringe Strombelastung der Z-Diode. Sie ist um den Stromverstärkungsfaktor des Transistors geringer.

Der dynamische Innenwiderstand der Konstantstromquelle nach Bild 5.5 kann in guter Näherung durch die nachfolgende Rechnung ermittelt werden. Der Wert wird überwiegend von r_{BE} bestimmt, ist aber recht klein, da er durch die Stromverstärkung *B* des Transistors dividiert wird.

$$\Delta U_{OUT} = \Delta U_Z + \Delta U_{BE}$$

$$\Delta I_{OUT} \approx \Delta I_C = B \cdot \Delta I_B$$

$$r_i = \frac{\Delta U_{OUT}}{\Delta I_{OUT}} = \frac{\Delta U_Z + \Delta U_{BE}}{B \cdot \Delta I_B} \qquad \{Gleichung\ 5.7\}$$

dabei ist $\Delta I_B = \Delta I_Z$

Durch Separieren der rechten Seite und Einsetzen folgt:

$$r_i = \frac{\Delta U_Z}{B \cdot \Delta I_Z} + \frac{\Delta U_{BE}}{B \cdot \Delta I_B}$$

und damit

$$r_i = \frac{r_Z}{ß} + \frac{r_{BE}}{ß}$$

mit *ß* als differenzielle Stromverstärkung.

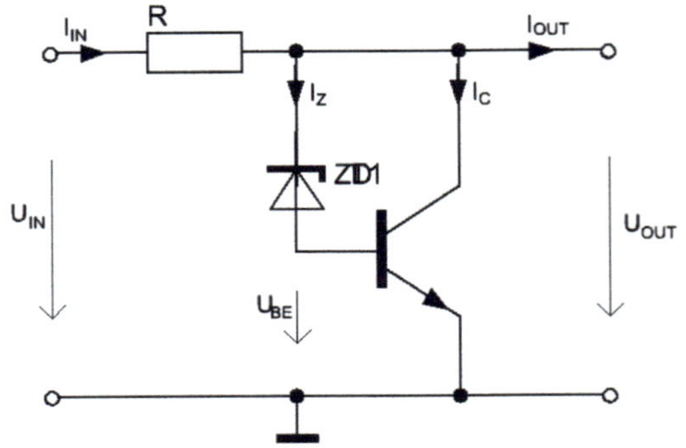

Bild 5.5: Spannungsstabilisierung mit Z-Diode und Transistor zur Leistungssteigerung.

5.1.2 Stabilisierung mit Längstransistor

Wie bereits erwähnt, handelt es sich bei der Stabilisierung mit Z-Diode gemäß dem Bild 5.5 um eine Parallelstabilisierung. Anders ist dies bei der Stabilisierung mit Längstransistor. Hier ist der Transistor mit dem Verbraucher in Reihe geschaltet (Bild 5.6). Es handelt sich um eine Serienstabilisierung. Diese Schaltungsart wird für einfache Stabilisierungsschaltungen benutzt, an deren Genauigkeit keine großen Anforderungen gestellt werden. Die Basisspannung des Längstransistors wird dabei auf ein konstantes, durch eine Z-Diode gebildetes Potenzial abgestützt.

Die Ausgangsspannung ist um die Basis-Emitter-Spannung des Transistors kleiner als die Zenerspannung.

$$U_{OUT} = U_Z - U_{BE} \qquad \text{\{Gleichung 5.8\}}$$

Je nach Last (also Ausgangsstrom) liegt U_{BE} bei Siliziumtransistoren zwischen *0,55 V* und *0,85 V*. Die Eingangsspannung muss größer sein als die Summe aus der Ausgangsspannung und der Spannung, die über den Transistor T abfällt:

$$U_{\mathrm{IN}} > U_{OUT} + U_{CE} \qquad \text{\{Gleichung 5.9\}}$$

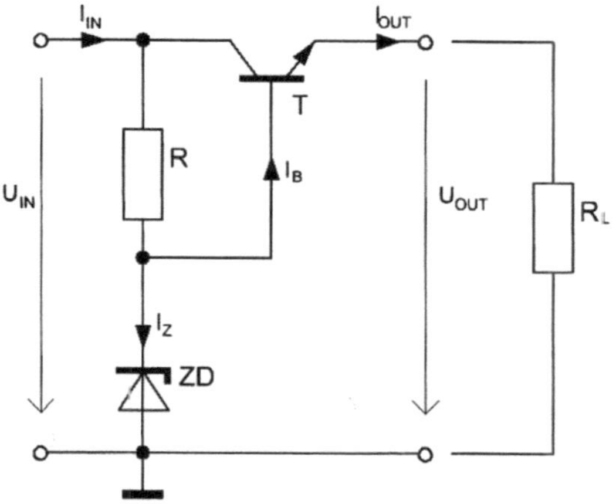

Bild 5.6: Spannungsstabilisierung mit Z-Diode und Transistor zur Leistungssteigerung.

Für den Basisstrom gilt:

$$I_B = \frac{I_{OUT}}{B} \qquad \text{\{Gleichung 5.10\}}$$

Für die Gleichstromverstärkung *B* findet man in der Literatur häufig auch die Bezeichnung h_{FE}. Berücksichtigt man, dass gelten sollte:

$$I_B \ll I_Z$$

dann kann I_B vernachlässigt werden und es gilt für die Dimensionierung von *R* grundsätzlich das, was bereits im Abschnitt 5.1.1 ausgeführt wurde.

Beispiel:
Die 5-V-Spannungsversorgung aus dem Abschnitt 5.1.1 soll nun mit Längstransistor aufgebaut werden. Zum Einsatz kommt ein Silizium-NPN-Leistungstransistor vom Typ BC141. Nach Gleichung *{5.8}* erhält man unter der Annahme

$$U_{BE} = 0{,}7V$$

nach Umstellung für die Zenerspannung den Wert

$$U_Z = U_{OUT} + U_{BE} = 5V + 0{,}7V = 5{,}7V$$

Aus dem Bild 5.4 kann entnommen werden, dass dazu die Diode BZX97/C5V6 am besten passt. Der maximale Strom der durch diese Diode fließen darf, ergibt sich aus:

$$I_{Zmax} = \frac{P_{tot}}{U_Z} = \frac{0{,}5W}{5{,}6V} \approx 0{,}0893A \qquad \text{\{Gleichung 5.11\}}$$

Der Strom durch die Z-Diode fließt auch wenn kein Ausgangsstrom entnommen wird. Im Bereich der Krümmung - also dort, wo die Z-Diode zu leiten beginnt, erzeugt die Z-Diode viel Rauschen. Deshalb ist es gut, wenn der minimale Strom durch die Z-Diode *5 mA* nicht unterschreitet. Durch den Widerstand R fließt der Diodenstrom I_Z und der Basisstrom I_B des Transistors. Der verwendete Transistor BC141 hat eine minimale Stromverstärkung von *40*. Das ist der kleinste Wert für h_{FE} bzw. *B*, den ich auf dem Datenblatt (Bild 5.7) gefunden habe. Der maximal zulässige Kollektorstrom ist mit *1 A* angegeben. Somit wird für den Basistrom ein maximaler Wert angesetzt von

$$I_{Bmax} = \frac{I_{Cmax}}{h_{FEmin}} = \frac{1A}{40} = 25mA$$

Zusammen mit dem minimalen Strom, der durch die Z-Diode auf jeden Fall fließen soll, gilt dann für den Widerstand *R*:

$$R = \frac{U_{INmin} - U_Z}{I_Z + I_B} = \frac{10{,}5V - 5{,}6V}{0{,}005A + 0{,}025A} = 163{,}33\bar{3}\Omega$$

Hier würde ich den nächstkleineren Wert aus der E12-Reihe einsetzen. Das wären dann *150 Ω*. Der Diodenstrom wird minimal, wenn die niedrigste Eingangsspannung anliegt und der maximale Basisstrom fließt.

$$I_{Zmin} = \frac{U_{INmin} - U_Z}{R} - I_{Bmax} = \frac{10{,}5V - 5{,}6V}{150\Omega} - 0{,}025mA \approx 0{,}0077A$$

Der Diodenstrom wird maximal, wenn die höchste Eingangsspannung anliegt, und kein Basisstrom fließt (keine Last am Ausgang).

$$I_{Zmax} = \frac{U_{INmax} - U_Z}{R} = \frac{14{,}5V - 5{,}6V}{150\Omega} \approx 0{,}059A \qquad \text{\{Gleichung 5.12\}}$$

Bei diesem Strom erreicht die Leistung, die im Widerstand *R* in Wärme umgesetzt wird, den maximalen Wert. Sie beträgt:

$$P_R = \frac{(U_{INmax} - U_Z)^2}{R} = \frac{(14{,}5V - 5{,}6V)^2}{150\Omega} \approx 0{,}53W \qquad \text{\{Gleichung 5.13\}}$$

Bei Belastung wird im Transistor die Leistung

$$P_T = I_{OUT} \cdot (U_{\mathrm{IN}} - U_{OUT})$$

in Wärme umgesetzt. Hier ist die maximale Verlustleistung des Transistors zu beachten. Dafür gilt:

$$P_{Tmax} = I_{OUTmax} \cdot (U_{\mathrm{INmax}} - U_{OUT})$$

Fast immer ist ein Kühlblech notwendig. Näheres dazu wird in einem späteren Kapitel behandelt. Gemäß den technischen Daten (Bild 5.7) kann der Transistor BC141 bei optimaler Kühlung eine Verlustleistung von $P_{tot} = 3{,}7\ W$ verkraften. Hierdurch sind dem maximal entnehmbaren Ausgangsstrom Grenzen gesetzt. Diese liegen unterhalb des maximal möglichen Ausgangsstroms von *1 A*:

$$I_{OUTmax} = \frac{P_{tot}}{U_{\mathrm{IN}} - U_{OUT}} = \frac{3{,}7W}{14{,}5V - 5V} \approx 0{,}39A$$

Im Leeraluf ergibt sich die Ausgangssspannung der Schaltung rein rechnerisch wie folgt:

$$U_{OUT} = U_Z - U_{BE}$$

Sie liegt somit um etwa *0,7 V* unterhalb der Zenerspannung. Da aber im Leerlauf kein Basisstrom fließt und damit an der Basis-Emitter-Strecke kein Spannungsabfall auftreten kann, nähert sich die Ausgangsspannung praktisch der Zenerspannung. Bei Belastung gilt für die Ausgangsspannung aber

$$U_{OUT} = \frac{U_Z - U_{BE}}{r_{CE} + R_L} \cdot R_L$$

Die kleinste Eingangsspannung muss signifikant über der Ausgangsspannung liegen. Der Widerstand r_{CE} ist nichtlinear und in der Regel unbekannt. Bei voll aufgesteuertem Transistor setzt man besser die Kollektor-Emitter-Sättigungsspannung an. Diese ist bei dem verwendeten Transistor angegeben mit maximal $U_{CEsat} = 1\ V$.

Demnach muss für eine Ausgangsspannung von *5 V* eine Eingangsspannung von mindestens *6 V* vorliegen. Das reicht jedoch nicht, denn wie ich gezeigt habe, braucht der Transistor zum vollständigen Öffnen einen Basisstrom von *25 mA*. Damit dieser fließt ist über dem Widerstand *R* eine Spannung notwendig in Höhe von

$$U = I \cdot R = 0{,}025A \cdot 150\Omega = 3{,}75V$$

Zusammen mit der Zenerspannung sind demnach am Eingang mindestens notwendig:

$$U_{\mathrm{INmin}} = I \cdot R + U_Z = 0{,}025A \cdot 150\Omega + 5{,}6V = 9{,}35V$$

In der geplanten Anwendung ist dies kein Problem, denn die Mindestspannung ist *10,5 V*.

5.1.2.1 Optimierung

Die vorgestellte Stabilisierungsschaltung aus Bild 5.6 bietet noch Verbesserungspotenzial:

Falls die minimal notwendige Eingangsspannung U_{INmin} zu groß ist, könnte man den Widestand *R* so verkleinern, dass im Falle der Gleichung *{5.12}* für I_{zmax} der maximal mögliche Wert fließt der in Gleichung *{5.11}* ermittelt wurde:

$$I_{Zmax} = \frac{U_{INmax} - U_Z}{R}$$

$$R_{min} = \frac{U_{INmax} - U_Z}{I_{Zmax}} = \frac{U_{INmax} - U_Z}{\frac{P_{tot}}{U_Z}} = \frac{14{,}5V - 5{,}6V}{\frac{0{,}5W}{5{,}6V}} \approx 100\Omega$$

Die minimale Eingangsspannung wäre dann

$$U_{\mathrm{INmin}} = I \cdot R + U_Z = 0{,}025A \cdot 100\Omega + 5{,}6V = 8{,}1V$$

Allerdings würde sich in diesem Fall die Wärmeabgabe des Widerstandes *R* und die der Z-Diode erhöhen.

Wie erwähnt, nähert sich im Leerlauffall die Ausgangsspannung der Zenerspannung U_Z an. Bei Belastung ergibt sich dann ein Spannungssprung um ungefähr *0,4* bis *0,7 V*. Dieser Spannungssprung läßt sich vermeiden, wenn eine Vorlast durch einen permanent anliegenden Lastwiderstand gebildet wird. Praktische Versuche haben gezeigt, dass ein Vorlaststrom von $I_V = 100\mu A$ in fast allen Fällen ausreichend ist. Im Beispiel müsste also am Ausgang ein Widerstand von

$$R_{OUT} = \frac{U_{OUT}}{I_V} = \frac{5V}{0{,}0001}A = 50000\Omega$$

als permanente Last angeschlossen sein. Damit wird der Spannungssprung verhindert.

Wird die Eingangsspannung aus einer Gleichrichterschaltung gewonnen, so ist die Versorgungsspannung vor der Stabilisierungsschaltung mit einer Brummspannung überlagert. Die tiefsten Einbrüche der Rest-Wechselspannung (Brummspannung) müssen noch über der minimal erlaubten Eingangsspannung U_{INmin} liegen.

Um zu verhindern, dass diese Brummspannung die Zenerspannung und damit den Basisstrom beeinflusst, kann eine Siebschaltung wie im Bild 5.8 hinzugefügt werden.

BC 140 · BC 141

Silizium-NPN-Epitaxial-Planar-NF-Transistoren

Anwendungen: NF-Verstärker und Schalter

Besondere Merkmale:

- Verlustleistung 3.7 W
- In Gruppen sortiert
- Gepaart lieferbar
- BC 140, BC 141 sind komplementär zu BC 160, BC 161

Abmessungen in mm

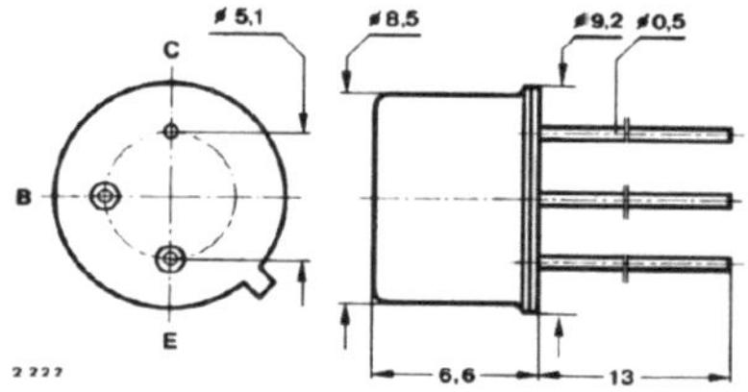

Kollektor mit Gehäuse verbunden

Normgehäuse
5 C 3 DIN 41873
JEDEC TO 39
Gewicht max. 1.5 g

Absolute Grenzdaten		**BC 140**		**BC 141**	
Kollektor-Emitter-Sperrspannung	U_{CES}	80		100	V
	U_{CEO}	40		60	V
Emitter-Basis-Sperrspannung	U_{EBO}		7		V
Kollektorstrom	I_C		1		A
Basisstrom	I_B		100		mA
Gesamtverlustleistung					
$T_{amb} \leq 45\,°C$	P_{tot}		650		mW
$T_{case} \leq 45\,°C$, $U_{CE} \leq 7.0\,V$	P_{tot}	3.7			W
$T_{case} \leq 45\,°C$, $U_{CE} \leq 8.5\,V$	P_{tot}			3.7	W
Sperrschichttemperatur	T_j		175		°C
Lagerungstemperaturbereich	T_{stg}		−55...+175		°C

Wärmewiderstände		**Min.**	**Typ.**	**Max.**	
Sperrschicht-Umgebung	R_{thJA}			200	K/W
Sperrschicht-Gehäuse	R_{thJC}			35	K/W

Bild 5.7a: Datenblatt des Transistors BC141.

BC 140 · BC 141

Statische Kenngrößen			Min.	Typ.	Max.	
T_{amb} = 25 °C, falls nicht anders angegeben						
Kollektorreststrom						
U_{CE} = 60 V		I_{CES}		10	100	nA
U_{CE} = 60 V, T_{amb} = 150 °C		I_{CES}		10	100	µA
Kollektor-Emitter-Durchbruchspannung						
I_C = 30 mA	**BC 140**	$U_{(BR)CEO}$ [1]	40			V
	BC 141	$U_{(BR)CEO}$ [1]	60			V
I_C = 100 µA	**BC 140**	$U_{(BR)CES}$	80			V
	BC 141	$U_{(BR)CES}$	100			V
Emitter-Basis-Durchbruchspannung						
I_E = 100 µA		$U_{(BR)EBO}$	7			V
Kollektor-Sättigungsspannung						
I_C = 1 A, I_B = 100 mA		U_{CEsat} [1]		0.6	1	V
Basis-Emitter-Spannung						
U_{CE} = 1 V, I_C = 1 A		U_{BE} [1]		1.2	1.8	V
Kollektor-Basis-Gleichstromverhältnis						
U_{CE} = 1 V, I_C = 0.1 mA		h_{FE}		40		
U_{CE} = 1 V, I_C = 100 mA						
	Gruppe: 6	h_{FE}	40		95	
	10	h_{FE}	67		150	
	16	h_{FE}	106		236	
U_{CE} = 1 V, I_C = 1 A		h_{FE} [1]		20		
Für Paare gilt das h_{FE}-Verhältnis						
U_{CE} = 1 V, I_C = 100 mA					1.4	
Dynamische Kenngrößen						
T_{amb} = 25 °C						
Transitfrequenz						
U_{CE} = 10 V, I_C = 50 mA, f = 20 MHz		f_T	50			MHz
Kollektor-Basis-Kapazität						
U_{CB} = 10 V, f = 1 MHz		C_{CBO}			25	pF
Emitter-Basis-Kapazität						
U_{EB} = 0.5 V, f = 1 MHz		C_{EBO}		80		pF
Schaltzeiten			**Min.**	**Typ.**	**Max.**	
$I_C \approx$ 100 mA, $I_{B1} \approx -I_{B2} \approx$ 5 mA, T_{amb} = 25 °C		siehe Meßschaltung				
Einschaltzeit		t_{on}			250	ns
Ausschaltzeit		t_{off}			850	ns

1) $\frac{t_p}{T}$ 0.01, t_p = 0.3 ms

Bild 5.7b: Datenblatt des Transistors BC141.

Die Siebschaltung wird aus R1 und C gebildet. Die Summe von R1 und R2 entspricht dem Wert R aus der Schaltung im Bild 5.6. Für die Siebschaltung hat sich in der Praxis bewährt:

$$R1 \approx 0{,}8 \cdot R = 0{,}8 \cdot (R1 + R2)$$

und entsprechend

$$R2 \approx 0{,}2 \cdot R = 0{,}2 \cdot (R1 + R2)$$

Zu Beachten: Den "Spannungsverlust" an der Basis-Emitter-Strecke des Transistors kann man kompensieren, wenn man zur Zenerdiode eine "normale" Diode in Reihe schaltet (entsprechend der Schaltung 5.9).

Nebenbei wird damit auch die Temperaturdrift der Ausgangsspannung (Ausgangspannung steigt mit zunehmender Temperatur, weil U_{BE} sinkt) kompensiert. Wenn die Zenerspannung dann noch im Bereich *5...6 V* liegt, ist die Schaltung sehr temperaturstabil. Dabei können auch zwei oder drei 6-V-Zenerdioden in Reihe geschaltet sein um höhere Ausgangsspannungen zu generieren.

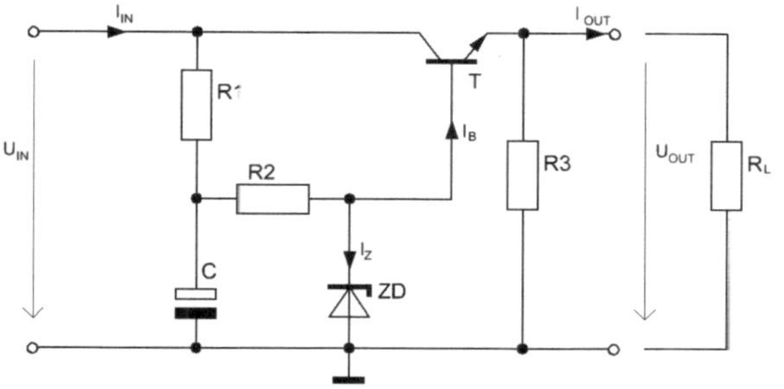

Bild 5.8: Schaltung mit Längstransistor und mit verbesserter Referenzspannung durch Siebung.

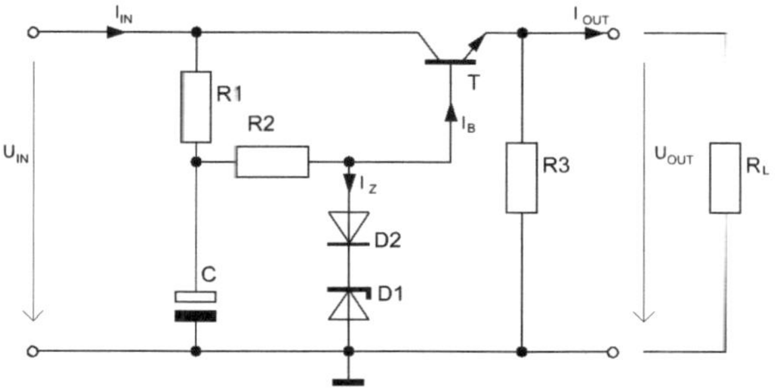

Bild 5.9: Schaltung mit Längstransistor, verbesserter Referenzspannung durch Siebung und mit Kompensation der Temperatur sowie des Basis-Emitter-Spannungsabfalls.

Einfache Emitterfolger sind für hohe Ausgangsströme oft ungünstig, denn Transistoren mit hoher Stromverstärkung sind fast immer nur für kleine Leistungen geeignet. Will man nicht auf seltene Spezialtransistoren zurückgreifen, kann der Transistor T durch eine aus zwei Transistoren bestehende Darlingtonschaltung ersetzt werden (Bild 5.10). Besonders praktisch ist die Verwendung von Darlingtontransistoren, die bereits beide Transistoren in einem Gehäuse enthalten. Zu beachten ist, dass dann die Ausgangsspannung um zwei Basis-Emitter-Spannungen kleiner ist als die Durchbruchspannung der Z-Diode. Damit verstärkt sich auch die Drift der Ausgangsspannung bei Temperaturänderungen.

Durch den Widerstand R3 sollten *1...10 %* des Basisstroms von T2 fließen. Dieser Widerstand verringert den Kollektor-Emitter-Reststrom des Transistors T2, der sonst im Leerlauf unkontrollierbare Spannungsüberhöhungen verursachen kann. Aus diesem Grund sollte auch immer ein permanenter Laststrom fließen. Dafür reicht in der Regel *0,1...3 mA* aus. Im Bild 3.10 fließt dieser Laststrom durch R4.

Wenn die Ausgangsspannung einstellbar sein soll, kann, wie im Bild 5.11 gezeigt, ein Potentiometer parallel zur Z-Diode geschaltet werden. Bei der Dimensionierung ist zu beachten, dass ausreichend Basisstrom zur Verfügung steht.

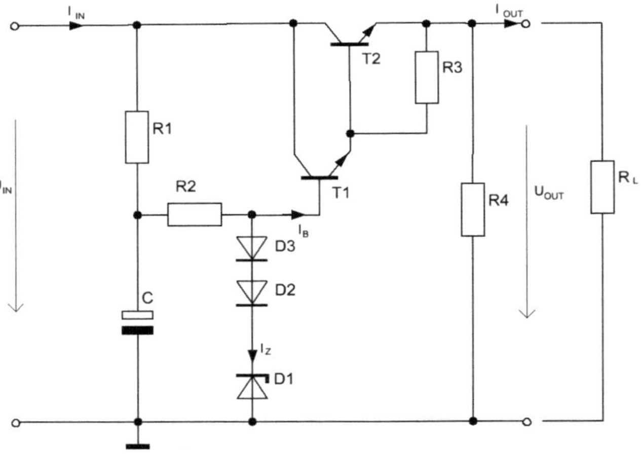

Bild 5.10: Längstransistor in Darlingtonschaltung.

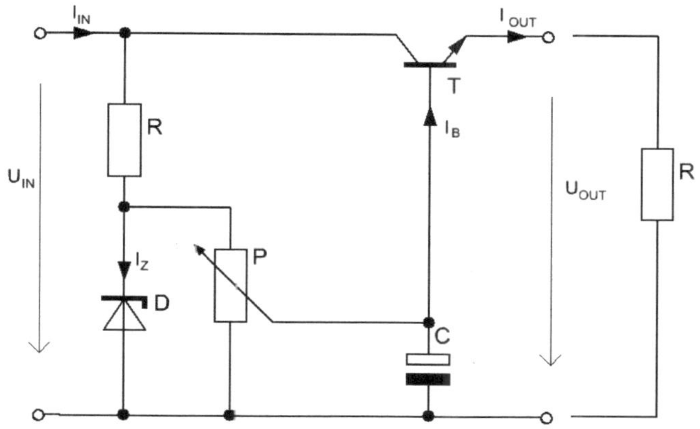

Bild 5.11: Schaltung mit Längstransistor und einstellbarer Ausgangsspannung.

Alle bisher gezeigten Schaltungen sind nur dann kurzschlussfest, wenn der Leistungstransistor den Kurzschlussstrom des speisenden Transformators verkraften kann und er auch die bei einem Kurzschluss am Ausgang die im Transistor auftretende Wärmeleistung aushält. Um dies zu erreichen muss der Leistungstransistor *T* (bzw. *T1+T2* im Bild 5.10) meist extrem überdimensioniert sein und auch auf einen sehr großen Kühlkörper montiert werden.

Einen sehr einfachen Kurzschlussschutz kann eine herkömmliche Niederspannungs-Glühlampe bieten. Diese wird vor dem Kollektor des Leistungstransistors angeordnet. Glühlampen verhalten sich wie Kaltleiter. Sie haben einen niedrigen Kaltwiderstand. Bei richtiger Dimensionierung stört dieser nicht. Im Kurzschlussfall fließt ein hoher Strom, der die Wendel der Glühlampe zum Leuchten bringt. Dadurch steigt der Widerstand der Lampe stark an und der Strom wird bei richtiger Dimensionierung auf einen ungefährlichen Wert begrenzt.

Üblicher ist es, den Kurzschlussschutz gemäß Bild 5.12 mit Hilfe eines zusätzlichen Transistors zu verwirklichen. Der Widerstand R3 ist so zu dimensionieren, dass der Transistor T2 im Normalbetrieb sperrt. Bei steigendem Strom wird die Spannung an R3 so lange größer, bis ab ca. *0,6 V* (bei Silizium) der Transistor T2 leitend wird und die Z-Diode bis auf eine Restspannung in der Größenordnung von *300 mV* kurzschließt. Der Widerstand R3 erhöht den Innenwiderstand der Schaltung und verschlechtert so die Spannungsstabilität.

$$R3 = \frac{0{,}6V}{I}$$

Verwendet man einen Germaniumtransistor (heute selten), so liegt die Schwellspannung, bis der Transistor leitet, bei ca. *0,3 V*. Dies hat den Vorteil, dass der Widerstand R3 nur noch etwa halb so groß ist wie bei der Verwendung eines Siliziumtransistors und die Verschlechterung des Innenwiderstandes der Gesamtschaltung entprechend geringer ausfällt.

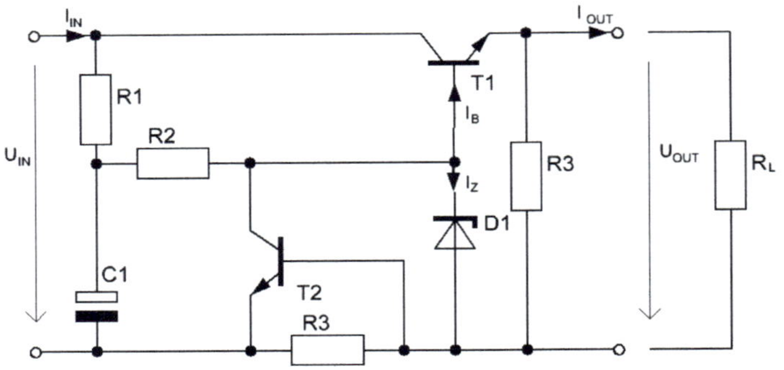

Bild 5.12: Schaltung mit Längstransistor und mit Kurzschlussschutz.

5.2 Konstantspannungsquellen

Alle im Abschnitt 5.1 beschriebenen Spannungsstabilisatoren arbeiten im Prinzip wie eine geänderte Z-Diode. Auch die im Abschnitt 5.1.2 beschriebenen Längsregler haben keine besseren Eigenschaften hinsichtlich der Spannungsstabilität als die einfache Schaltung mit Z-Diode und Vorwiderstand. Alleine die Wärmeleistung ist meist geringer, da sie nicht permanent entsteht (wie bei den einfachen Schaltungen aus Abschnitt 5.1.1), sondern proportional mit dem entnommenen Strom steigt oder fällt.

Wesentlich besser hinsichtlich der Ausregeleigenschaften und Spannungsstabilität verhalten sich Regelschaltungen, die den Sollwert (Referenzsspannung) mit einem Istwert (Ausgangsspannung) vergleichen und mit dem Ergebnis ein Stellglied (Transistor) so ansteuern, dass die gewünschte Ausgangsspannung stabil bleibt. Grundprinzipien des "Regelns" und die Unterschiede zum "Steuern" findet man in [5].

Derartige Spannungsregler können leicht auf konventionelle Weise mit einzelnen Bauelementen aufgebaut werden. Es gibt jedoch mittlerweile eine Vielzahl fertiger Spannungsregler, die als integrierten Schaltungen zur Verfügung stehen. Mit diesen integrierten Schaltungen lassen sich komplette, hochwertige Spannungsregler mit wenigen zusätzlichen Bauteilen aufbauen. Allerdings birgt das die Gefahr der Nichtverfügbarkeit. Besonders Neuerscheinungen im Bereich integrierte Schaltungen sind bald nicht mehr verfügbar oder schwer zu beschaffen oder von minderwertiger Qualität (z.B. Imitate aus China).

5.2.1 Konventionell aufgebaute Spannungsregler

Eine "historische" Schaltung eines Transistor-Spannungsreglers ist im Bild 5.13 zu sehen. Sinkt die Ausgangsspannung U_{OUT} ab, so sinkt über dem Spannungsteiler R4, R3 auch die Spannung an der Basis von T2 gegenüber dem auf der Zenerspannung U_Z festgehaltenem Emitter. Der Transistor T2 wird hochohmiger und über R2 kann so mehr Strom in die Basis von T1 fließen; die Störung wird ausgeglichen. Die Ausgangsspannung ergibt sich aus der Gleichung:

$$U_{OUT} = (U_Z + U_{BE.T2}) \cdot \frac{R3 + R4}{R3}$$

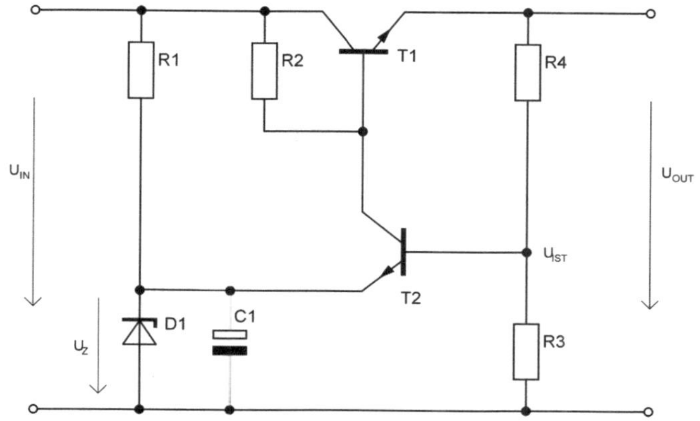

Bild 5.13: Spannungsregelschaltung mit Längstransistor.

Das Temperaturverhalten der Basis-Emitterstrecke des Steuertransistors T2 wirkt sich, um das Spannungsteilerverhältnis bestehend aus R4 und R3 vergrößert, direkt auf die Ausgangsspannung aus. Der Temperaturgang lässt sich aber, wie in den vorherigen Abschnitten beschrieben, mittels einer Kompensationsdiode stark verringern.

Hinsichtlich Temperaturabhängigkeit und Regelverhalten zeigt die Schaltung in Bild 5.14 bessere Eigenschaften. Die Transistoren T2 und T3 bilden dort einen Differenzverstärker. Dieser vergleicht die über R4 und R3 heruntergeteilte Ausgangsspannung U_{IST} mit der Spannung der Z-Diode U_Z und regelt über T1 die Ausgangspannung nach. Im ausgeregelten Zustand gilt:

$$U_{IST} = U_Z$$

Für die Berechnung der Ausgangsspannung gilt:

$$U_{OUT} = (R4 + R3) \cdot \frac{U_Z}{R3} = (1 + \frac{R4}{R3}) \cdot U_Z$$

Es ist zu erkennen, dass die niedrigste Ausgangsspannung erreicht wird, wenn R4 den Wert Null annimmt. Dann ergibt sich am Ausgang eine Spannung, die gleich U_Z ist. U_Z kann aber nicht beliebig klein gewählt werden, da mindestens die Spannung über dem Widerstand R5 zuzüglich der Basis-Emitter-Spannung von T3 ($U_{BE.T3}$) zur Verfügung stehen muss.

Der Widerstand R1 wird sinnvollerweise so ausgelegt, dass die Z-Diode mit ausreichendem Abstand zum Knickbereich betrieben wird. Nach meinem Geschreibsel im Abschnitt 5.1.1 reicht dafür ein Strom von $I_Z = 5...10\ mA$ aus. Zum Beispiel:

$$R1 = \frac{U_{INmin} - U_Z}{0{,}005A}$$

Der Widerstand R2 muss bei der niedrigsten Eingangsspannung U_{INmin} und der höchsten Ausgangssspannung U_{OUTmax} den für den maximalen Ausgangsstrom I_{OUTmax} erforderlichen Basisstrom für den Längstransistor T1 liefern. Damit wird

$$R2_{max} = \frac{U_{INmin} - U_{BE.T1} - U_{OUTmax}}{\frac{I_{OUTmax}}{B_{T1}}}$$

Die Bauteile T2 und R5 übernehmen bei offenem Ausgang den Strom durch R2. T3 darf dabei nicht gesperrt werden, damit in Grenzfällen die Regelung nicht aussetzt.

$$R5_{max} = \frac{U_Z \cdot 1{,}5}{\frac{U_{INmax} - U_{OUTmin}}{R2}}$$

Für den Stabilisierungsfaktor gilt:

$$S = \frac{R1}{r_Z}$$

Zur Variation der Ausgangsspannung bzw. zum Abgleich werden die Widerstände R3 und R4 durch einen variablen Spannungsteiler ersetzt. Der Querstrom durch den Spannungsteiler sollte 10- bis 100-fach größer sein als der Basisstrom des Transistors T2. Für symmetrische Verhältnisse wäre es ideal, wenn er etwa gleich dem Strom durch die Z-Diode wäre; nach den obigen Arbeitsgleichungen also *5* bis *10 mA.* Somit kann R3 zum Beispiel wie folgt dimensioniert werden:

$$R3 = \frac{U_Z}{0{,}005A}$$

Entsprechend gilt (unter Vernachlässigung der Belastung durch T2) für den Widerstand R4:

$$\frac{U_Z}{R3} = \frac{U_{OUT} - U_Z}{R4}$$

$$R4 = \frac{U_{OUT} - U_Z}{U_Z} \cdot R3$$

Soll die Ausgangsspannung gleich der Zenerspannung U_Z werden, so kann R4 durch eine Brücke ersetzt werden. R3 darf in diesem Sonderfall unendlich werden, also entfallen. Die Baiss von T2 ist dann direkt mit der Ausgangsspannung U_A zu verbinden.

Für eine variable Ausgangsspannung wird der Spannungsteiler durch eine Potentiometerschaltung wie im Bild 5.14 ersetzt. Bei der Schaltung im Bild 5.14 links verhält sich die Ausgangsspannung proportional zum Widerstandswert des Potentiometers. Eine eventuelle Skalierung für das Potentiometer ist linear. Man kann das Poteniometer durch einen Stufenschalter mit Festwiderständen ersetzen, wenn nur bestimmte Spannungen eingestellt werden sollen. Bei der Berechnung von R4 ist dann von der niedrigsten Ausgangsspannung auszugehen:

$$R4 = \frac{U_{OUTmin} - U_Z}{U_Z} \cdot R3$$

Es gilt für U_{OUT}:

$$R_{OUT}(P1) = \frac{U_Z}{R3} \cdot (P1 + R3 + R4)$$

Die Ausgangsspannung lässt sich also einstellen zwischen

$$\frac{U_Z}{R3} \cdot (R3 + R4) \leqslant U_{OUT} \leqslant \frac{U_Z}{R3} \cdot (P1 + R3 + R4)$$

Soll die Ausgangsspannung bis zur Referenzspannung herab eingestellt werden, so wird R4 durch eine Brücke ersetzt. Bei der Schaltung nach Bild 5.14 rechts gehe ich für die einfache Berechnung des Widerstandes R4 davon aus, dass das Potentiometer am oberen Anschlag steht. Unter der Voraussetzung, dass der Basisstrom in T2 vernachlässigt werden kann schreibe ich:

$$\frac{U_{OUTmin}}{R4 + P1 + R3} = \frac{U_Z}{P1 + R3}$$

$$R4 = \frac{U_{OUTmin}}{U_Z} \cdot (P1 + R3) - P1 - R_3$$

$$R4 = (\frac{U_{OUTmin}}{U_Z} - 1) \cdot (P1 + R_3)$$

An dieser Formel kann man sehr schön sehen, dass U_{OUTmin} nicht kleiner werden kann als U_Z.

Für die Ausgangsspannung gilt in diesem Fall:

$$\frac{U_Z}{R3 + P1} \cdot (R3 + R4) \leqslant U_{OUT} \leqslant \frac{U_Z}{R3} \cdot (P1 + R3 + R4)$$

Mit der Spannungsteiler-Variante Bild 5.15 rechts kann U_{OUT} offensichtlich kleinere Werte annehmen als bei der Variante Bild 5.15 links.

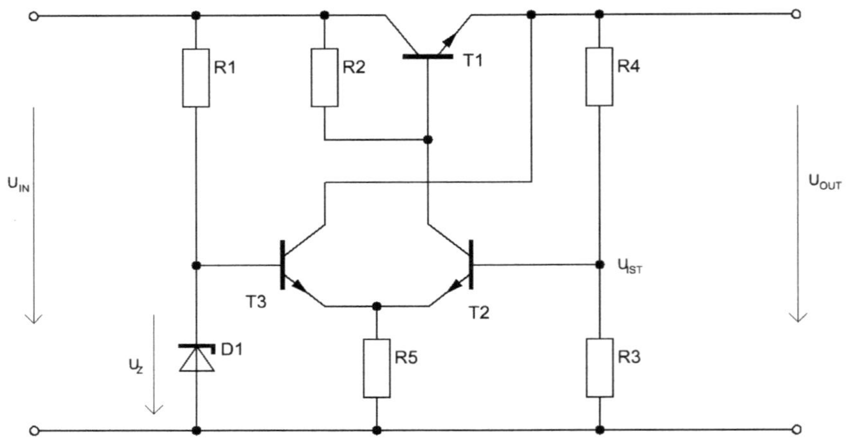

Bild 5.14: Spannungsregelschaltung mit Differenzverstärker. Die Kondensatoren habe ich der besseren Übersicht wegen weggelassen.

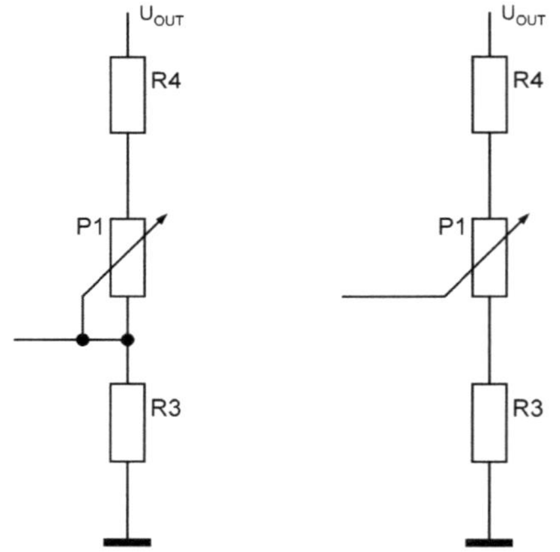

Bild 5.15: Spannungsteiler zur Erzeugung der Spannung U_{IST} in der Schaltung nach Bild 5.14.

Damit die bis hierher vorgestellten Schaltungen mit Differenzverstärker ordnungsgemäß arbeiten können, ist ein vergleichsweise hoher Unterschied zwischen Eingangsspannung und Ausgangsspannung erforderlich. Das liegt daran, dass durch den Widerstand R2 der für den Längstransistor T1 erforderliche Basisstrom geliefert werden muss. Entsprechend hoch muss der Spannungsabfall an diesem Widerstand sein.

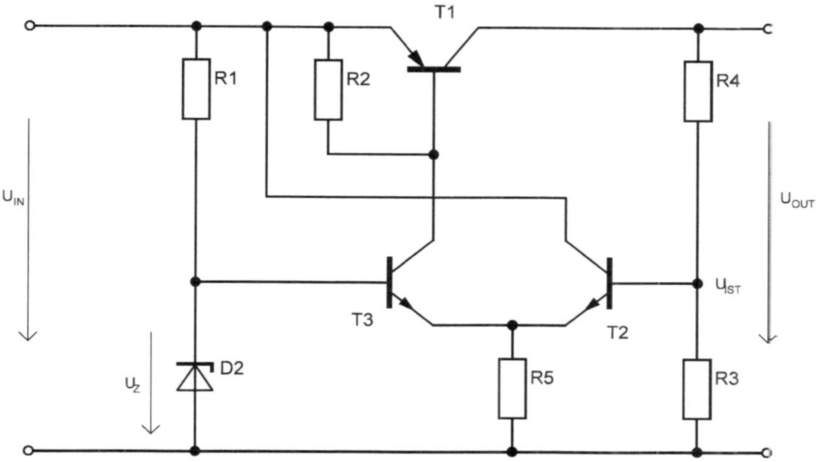

Bild 5.16: Diese Schaltungsvariante benötigt zur Regelung der Ausgangsspannung einen geringeren Unterschied zwischen Eingangs- und Ausgangsspannung.

Um jedoch Batterien und Akkus zur Stromversorgung möglichst effizient ausnutzen zu können, wird eine Regelschaltung notwendig, die auch noch bei einer Differenz zwischen Ein- und Ausgangsspannung von unter *0,5 V* einwandfrei arbeitet. Dies ermöglicht die Schaltung nach Bild 5.16 mit gegenüber dem Stelltransistor komplementären Transistoren im Differenzverstärker T2/T3.

Der Emitter des Stelltransistors T1 ist jetzt mit der Eingangsspannung U_{IN} verbunden. Deshalb wird der Strom für die Basis von T1 auch nicht mehr vom Widerstand R2, sondern vom Kollektor des Transistors T3 des Differenzverstärkers geliefert. R2 dient nur noch zur Verbesserung der Sperreigenschaften von T1. Somit arbeitet bei absinkender Eingangsspannung die Regelschaltung so lange, bis die Differenz zwischen Ein- und Ausgangsspannung unter die Kollektor-Emitter-Sättigungsspannung des Stellstransistors T1 fällt. Dieses U_{CEsat} liegt bei guten Leistungstransistoren unter *0,1....0,5 V* und steigt erst bei Hochvolttypen ($U_{CE} > 50\ V$) unter Umständen auf über *1 V* an.

Wird für die Referenzspannung eine eigene Hilfsspannung vorgesehen, so kann die Ausgangssspannung U_{OUT} bis *0 V* eingestellt werden (Bild 5.17). Bei der Berechnung des Spannungsteilers R3, P1 muss berücksichtigt werden, dass R3 und R5 nicht mit Bezugsnull, sondern mit der negativen Vergleichspannung $-U_Z$ verbunden sind. Die Hilfsspannung $-U_H$ sollte im Interesse guter Stabilisierung mindesttens doppelt so groß sein wie $-U_Z$.

Selbstverständlich lassen sich bei allen vorgestellten Schaltungen Strombegrenzungen hinzufügen. Dies kann analog zu der im Bild 5.12 vorgestellten Variante geschehen, oder, wie im Bild 5.17 mit R6 und T4. Die Spannung an R6 steigt proportional zum entnommenen Strom. Werden *0,6 V* erreicht, so öffnet T4 und schließt die Basis-Emitter-Strecke des Längstransistors T1 kurz. Dieser Vorgang erfolgt nicht abrupt.

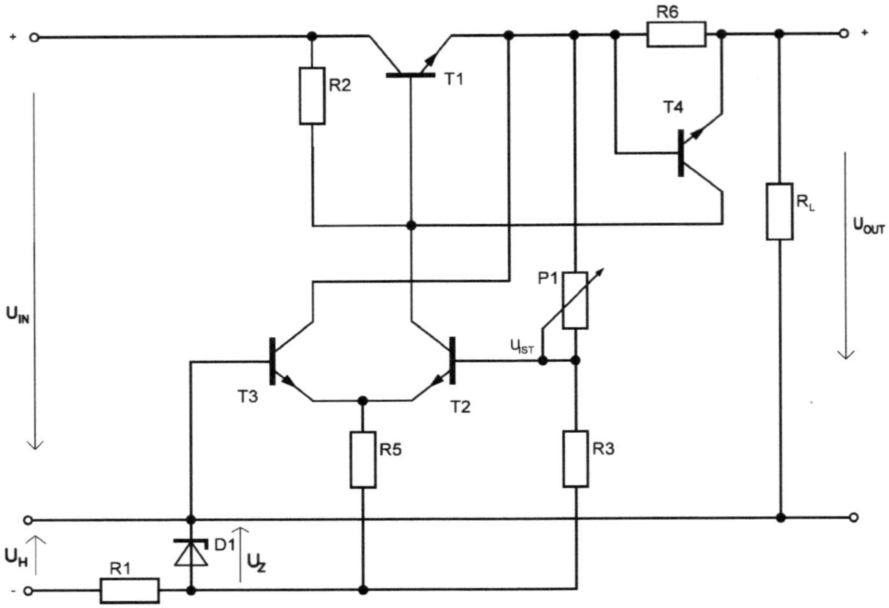

Bild 5.17: Schaltung für Ausgangsspannungen bis herab zu 0 V mit eingebauter Strombegrenzung.

Bei Operationsverstärkern handelt es sich um integrierte Differenzverstärker, die sich auch für den Aufbau von Spannungsreglern eignen. In Bild 5.18 ist eine Schaltung mit invertierendem Betrieb gezeigt, mit der sich eine Ausgangsspannung erreichen lässt, die größer ist als die Zenerspannung U_Z. In Bild 5.19 ist eine Schaltung dargestellt, mit der eine Ausgangsspannung erreicht wird, die kleiner ist als die Zenerspannung U_Z.

Mit einem Operationsverstärker werden gute Regeleigenschaften erreicht, so dass es gerechtfertigt ist, die Zenerspannung möglichst stabil aufzubauen. Aus diesem Grunde ist in Serie mit der Z-Diode eine Siliziumdiode geschaltet. Diese Maßnahme ist aber nur zweckmäßig bei Zenerspannungen oberhalb von *6 V* (vergleich Abschnitt 5.1.1).

Operationsverstärker haben einen hohen Eingangswidesrtand. Die Belastung der Zenerspannung durch den Operationsverstärker kann deshalb in der Regel völlig vernachlässigt werden.

Die Ausgangsspannung der Schaltung in Bild 5.18 ergibt sich wie folgt:

$$U_{OUT} = U_Z \cdot (1 + \frac{R3}{R4})$$

Der Widerstand R2 hat die Aufgabe, den Basisstrom auf einen ungefährlichen Wert zu begrenzen. Durch den Kondensator C1 wird nicht nur die Zenerspannung beruhigt – im Einschaltmoment bildet er zunächst einen Kurzschluss, so dass ein "sanftest" Hochlaufen der Ausgangsspannung erreicht wird. Somit sind Überschwinger der Ausgangsspannung beim Einschalten ausgeschlossen.

Für die Ausgangsspannung bei der Schaltung nach Bild 5.19 gilt die gleiche Formel, wenn anstelle von U_Z die Spannung am Schleifer des Potentiometers eingesetzt wird. Bei der Dimensionierung ist zu berücksichtigen, dass der Strom durch das Potentiometer wesentlich kleiner sein muss als der Strom durch die Z-Diode. Allerdings muss der Strom durch das Potentiometer wesentlich größer sein als der Eingangsstrom in den Operationsverstärker. Letzteres ist aber im Normallfall immer ohne weitere Beachtung gegeben.

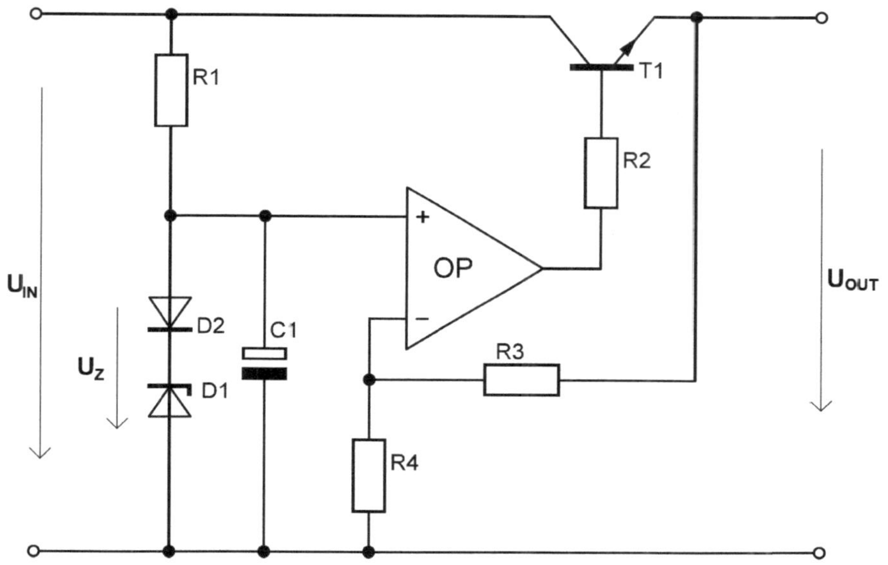

Bild 5.18: Spannungsregler mit einem Operationsverstärker für Ausgangsspannungen größer U_Z. D2 ist nur dann geeignet den Temperaturgang zu kompensieren, wenn die Zenerspannung von D1 größer als 6 V ist.

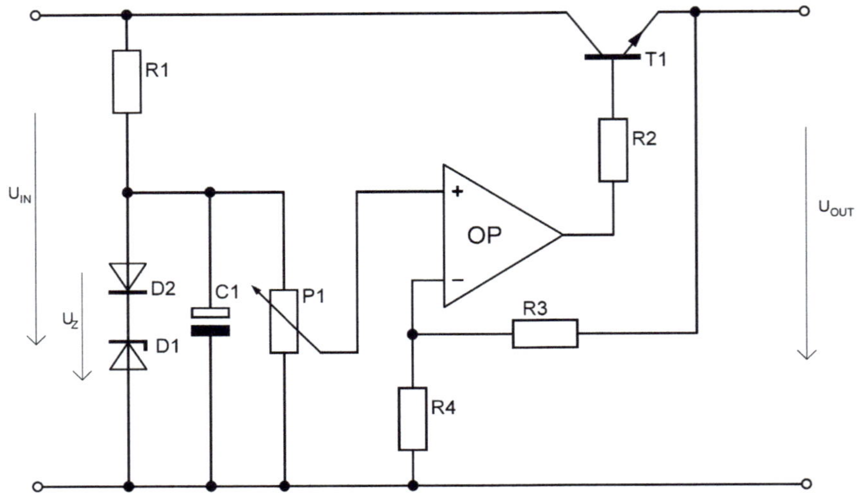

Bild 5.19: Spannungsregler mit einem Operationsverstärker für Ausgangsspannungen kleiner U_Z. D2 ist nur dann geeignet den Temperaturgang zu kompensieren, wenn die Zenerspannung von D1 größer als 6 V ist.

5.2.2 Integrierte Regler

Fertig integrierte Spannungsregler minimieren den Bauteilaufwand. Es gibt Spannungsregler, die für eine fest Ausgangsspannung ausgelegt sind und solche, die für eine variabel Ausgangsspannung vorgesehen sind.

5.2.2.1 Festspannungsregler

Festspannungsregler sind besonders einfach anwendbar. Sie weisen in den meisten Fällen lediglich drei Anschlüsse auf: 1. Eingang, 2. Masse, 3. Ausgang. Die Regler erhalten zur Klassifizierung einen Buchstaben- und Zahlencode, wobei die letzten beiden Ziffern meistens die Ausgangsspannung angeben. Die vermutlich bekanntesten Regler sind die 78xx-Typen für positive Spannungen (xx bezeichnet den Wert der Ausgangsspannng in zwei Zahlen - zum Beispiel für einen 5-V-Regler: 7805) und die 79xx-Typen für negative Spannungen. In der Tabelle 5.1 ist die Stromentnahme bei Kühlung durch ein Kühlblech oder einen Kühlkörper angegeben. Ist keinerlei Kühlung möglich, so ist nur ein Bruchteil des Nennstromes entnehmbar. Eine thermische Zerstörung ist allerdings unwahrscheinlich, denn diese Typenreihe besitzt einen thermischen Überlastschutz (der integrierte Längsregler sperrt bei einer Chiptemperatur von $T_J = 165$ °C) und außerdem eine Kurzschlussstrombegrenzung.

Bei Verwendung dreibeiniger Festspannungsregler besteht der Stromversorgungsteil eines elektronischen Gerätes nur noch aus wenigen Bauelementen: Netztrafo, Gleichrichter, Glättungskondensator und Spannungsregler. Zusätzlich sind gegebenenfalls noch zwei (Elektrolyt-)kondensatoren (C1 und C2 im Bild 5.20) empfehlenswert. Sie verbessern die Eigenschaften der Stabilisatorschaltung. Die Dimensionierung solcher Stromversorgungsschaltungen ist nicht besonders schwierig. Gleichrichter und Glättungskondensator werden entsprechend den geforderten Leistungen berechnet.

Unbedingt zu beachten ist die maximal zulässige Eingangsspannung. Eine Überschreitung führt zur Zerstörung des Reglers. Der im Datenblatt angegeben Grenzwert für die maximale Eingangsspannung darf auf keinen Fall überschritten werden. Damit die Spannungsregler der Typenreihe 78xx und 79xx einwandfrei arbeiten, sollte die Eingangsspannung jedoch mindestens *2* bis *3 V* über der Ausgangsspannung liegen.

Die im Regler entstehende Wärmeleistung P_W steigt proportional zum Strom I, der in den Regler hineinfließt:

$$P_W = (U_{\mathrm{IN}} - U_{OUT}) \cdot I \qquad \{\text{Gleichung 5.14}\}$$

Der Strom, der durch den Masse-Anschluss fließt, ist in der Regel sehr viel kleiner als der Ausgangsstrom. Deshalb kann in guter Näherung für I auch der entnommene Ausgangsstrom eingesetzt werden.

Bezeichnung		Stromentnahme mit Kühlung
78Lxx	79Lxx	0,1 A
78Mxx	79Mxx	0,5 A
78xx	79xx	1,0 A
78Sxx	79Sxx	2,0 A
78Txx	79Txx	3,0 A
78Hxx	79Hxx	5,0 A

Tabelle 5.1: Bezeichnung und maximale Stromentnahme bei Festspannungsreglern der Typen 78xx und 79xx.

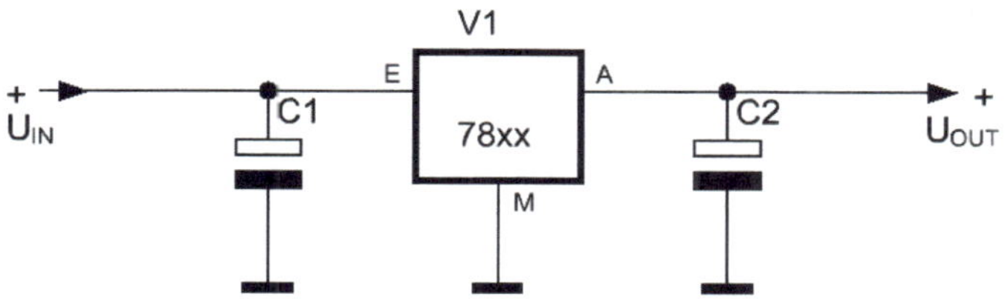

Bild 5.20: Grundschaltung eines 78xx-Festspannungsreglers mit drei Anschlüssen.

Zur Leistungserhöhung kann gemäß Bild 5.21 ein Leistungstransistor parallel zum Regler geschaltet werden. Die Basis-Emitterstrecke von T1 in Verbindung mit R3 steuert die Spannung am Reglereingang. Jede Änderung der Ausgangspannung wirkt über R3 am Reglereingang. Dadurch wird die Ausgangspannung korrigiert. Für T1 kann zum Beispiel ein BD246C verwendet werden. Seine charakteristischen Daten sind: $U_{CEmax} = 115\ V$, $I_{Cmax} = 10\ A$, $P_{tot} = 80\ W$. Der Transistor benötigt ein Kühlblech, denn die in ihm umgesetzte Wärmeleistung ergibt sich überschlägig aus der Gleichung:

$$P_W = (U_{IN} - U_{OUT}) \cdot I_C$$

In der Praxis ist sie jedoch etwas geringer, da ein Teil dieser Wärmeleistung in R1 entsteht. Das Dioden-Widerstandsnetzwerk ist erforderlich, um die Kurzschluss-Sicherheit der Schaltung zu erhalten und um eine entsprechende Stromaufteilung zu gewährleisten. Die Dimensionierung wird so vorgenommen, dass bei maximaler Last das Regler-IC den maximalen zulässigen Strom erhält.

Annahme: Es ist ein Laststrom von $I_L = 5\ A$ gefordert und der maximal zulässige Strom des Regler-ICs ist $I_{V1} = 1\ A$. Damit muss der Transistor T1 einen Strom von $I_C = 4\ A$ am Kollektor zur Verfügung stellen. Die Widerstände R1 und R2 werden im Verhältnis der Stromaufteilung ermittelt. Unter der Bedingung:

$$U_{R1} = U_{R2}$$

ist dann

$$\frac{I_2}{I_1} = \frac{4A}{1A} = 4$$

Wird R2 mit *2,2 Ω* festgelegt, so ist

$$R1 = \frac{1\Omega}{4} = 0{,}25\Omega$$

Ein passender Wert aus der E12-Reihe [5] wäre dann zum Beispiel *0,22 Ω*. Die Spannung U_{R3} entspricht U_{BE} bzw. der Schleusenspannung der Diode D1. Der Widerstand R3 bestimmt den Einsatzpunkt der Stromübernahme von T1. Soll der Transistor bei Strömen ab *0,5 A* öffnen, so lässt sich mit $U_{BE} \approx 0{,}7\ V$ der Wert von R3 wie folgt berechnen:

$$R3 = \frac{0{,}7V}{0{,}5A} = 1{,}4\Omega$$

Mit dem Zusammenhang

$$U_{R3} \approx U_{BE} \approx 0{,}7V$$

entspricht die weitere Lastverteilung den Werten von R1 und R2. Bei der Auswahl der Diode D1 ist zu berücksichtigen, dass diese den vom Regler V1 aufgenommenen Strom verkraften muss - auch im Kurzschlussfall.

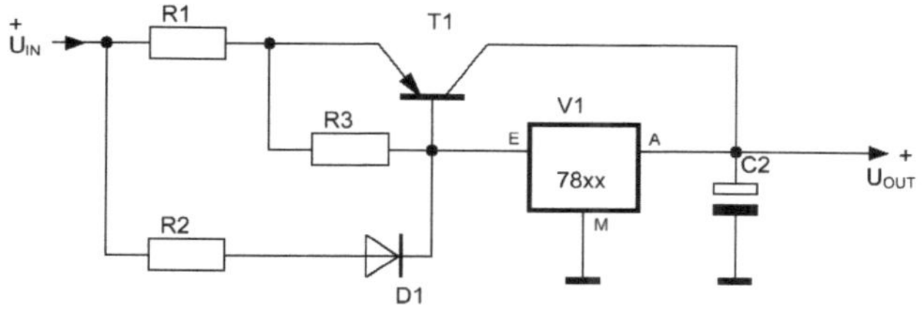

Bild 5.21: Erhöhung der Ausgangsleistung durch einen Paralleltransistor.

Zu Empfehlen ist die Montage von T1 und V1 dicht nebeneinander auf dem gleichen Kühlkörper. Dadurch kann der in V1 feingebaute Überlastschutz auch den Transistor T1 schützen.

Die maximale Eingangsspannung ist bei den Reglern der 78xx-Reihe meist *35 V*. Bei höheren Eingangsspannungen kann gemäß Bild 5.20 ein Serientransistor vorgeschaltet werden.

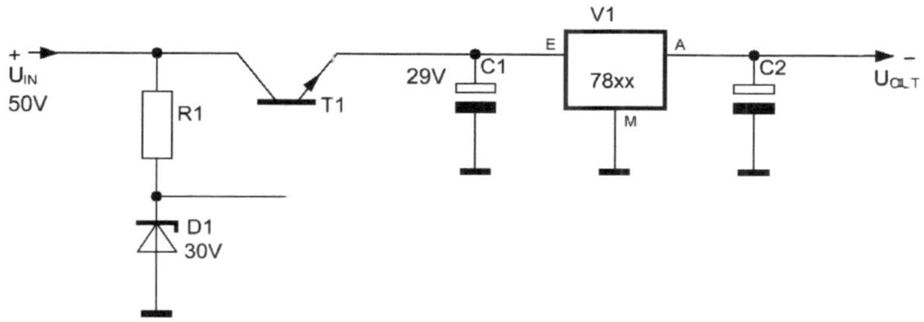

Bild 5.22: Aufteilung der Eingangsspannung über einen Serientransistor mit Basisvorspannungsgewinnung über eine Z-Diode.

Die Ausgangsspannung des Festspannungsreglers lässt sich durch Einschleifen einer Z-Diode in die Masseleitung erhöhen. Im Bild 5.23 ergibt sich so für die Ausgangsspannung:

$$U_{OUT} = U_{AM} + U_Z$$

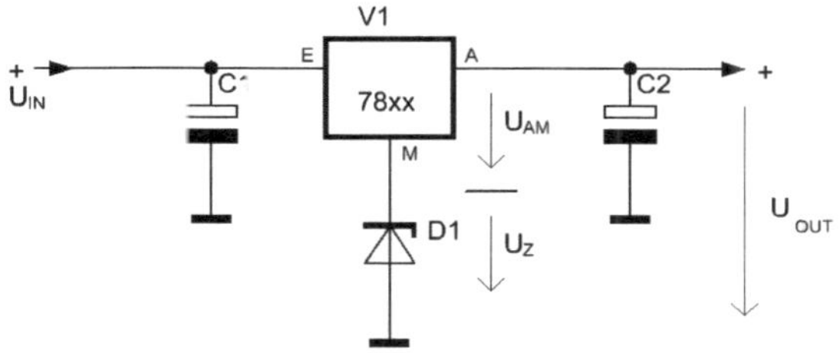

Bild 5.23: Erreichen einer höheren Ausgangsspannung durch Einschleifen einer Z-Diode in die Masseleitung des Reglers.

Ebenso ist eine individuelle Einstellung der Ausgangsspannung mit Hilfe eines Spannungsteilers nach Bild 5.24 möglich. Es gilt für die Dimensionierung:

$$U_{OUT} = U_{R1} \cdot (1 + \frac{R1}{R2}) + I_M \cdot R2 \qquad \{Gleichung\ 5.15\}$$

Dabei sind U_{R1} die Nennausgangsspannung des Reglers und I_M der Ruhestrom des Reglers, der in der Praxis zwischen *1,5 mA* und *6 mA* liegt.

Durch beide Maßnahmen (Z-Diode in der Masseleitung, Spannungsteiler) werden die Regeleigenschaften etwas verschlechtert. R1 wird so dimensioniert, dass durch diesen Widerstand mindestens ein gleichgroßer Strom wie der Ruhestrim I_M fließt. Bei einem 5-V-Regler bedeutet dies, dass der Widerstand R1 mit

$$R1 = \frac{5V}{0{,}01A} = 500\Omega$$

gut dimensioniert ist. Der nächste Wert aus der E12-Reihe wäre dann *470 Ω*.

Ersetzt man R2 durch einen variablen Widerstand (Potentiometer oder Trimmwiderstand), so ist die Ausgangsspannung innerhalb gewisser Grenzen einstellbar. Um die Abhängigkeit der Ausgangsspannung vom Widerstand R2 beurteilen zu können, ist es hilfreich, die Gleichung *{5.15}* etwas umzustellen:

$$U_{OUT} = f(R2) = U_{R1} + R2 \cdot (\frac{U_{R1}}{R1} + I_M)$$

Bei den Größen U_{R1}, *R1* und I_M handelt es sich um Konstanten. Unter diesen Voraussetzungen ist leicht zu erkennen, dass die kleinste einstellbare Ausgangsspannung identisch ist mit der Nennspannung des Reglers (bei einem 7805-Regler also *5 V*). Sie steigt dann linear mit dem Widerstand R2 an. Voraussetzung ist, dass der Strom durch R1 mindestens gleich I_M ist.

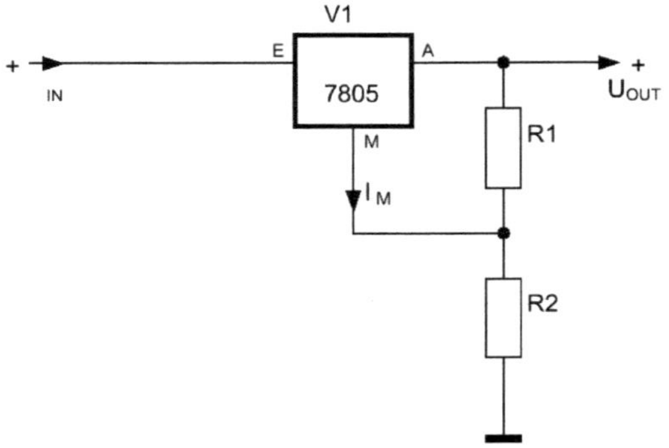

Bild 5.24: Einstellung einer individuellen Ausgangsspannung mit Hilfe eines Spannungsteilers am Ausgang.

Ein Nachteil der 78xx oder 79xx – Serie kann die relativ große, notwendige Differenz zwischen Eingangsspannung und Ausgangsspannung sein (Spannungsverlust bzw. engl. Dropout Voltage). Bei den 78xx-Reglern ist man erst ab ca. *ΔU = 3 V* Differenz auf der sicheren Seite. Bei den 79xx sind mindestens *2 V* notwendig. Sieht man über die damit einhergehende Wärmeleistung bei Nennstrom hinweg, dann ist dies zumindest bei mobiler Versorgung durch Batterien oder Akkus ärgerlich. Die in den Akkus enthaltene Energie kann nicht vollständig ausgenutzt werden. Die Nennspannung von NiMH-Akkus liegt bei *1,2 V* (siehe Kapitel 2 "Mobile Versorgung"). Die Entladeschlussspannung ist gerade einmal *200 mV* niedriger. Für eine 5-V-Stromversorgung mit einem 7805-Regler benötigt man demnach 8 in Reihe geschaltete Zellen (*5 · 1,0 V + 3 V* Spannungsdifferenz zwischen Ausgang und Eingang des Reglers). Die Nennspannung dieses Akku-Packs ist dann $U_N = 8 \cdot 1{,}2\ V = 9{,}6\ V$.

Inzwischen gibt es Spannungsregler, die auch mit erheblich geringerer Differenz auskommen. Diese werden häufig als Low-Drop-Regler bezeichnet. Ein Beispiel dafür ist der Typ L4941 (Bild 5.25). Dabei handelt es sich um einen 5-V-Spannungsregler mit einem Spannungsverlust von nur *450 mV* bei einem Strom von *1 A*.

Baut man die gleiche 5-V-Stromversorgung mit einem L4941 auf, dann benötigt man hier nur 6 Zellen in Reihenschaltung (*5 · 1,0 V + 0,45 V* Spannungsdifferenz zwischen Ausgang und Eingang des Reglers). Die Nennspannung dieses Akku-Packs ist dann *7,2 V* (*5 · 1,2 V*).

Bild 5.25: 5-V-Low-Drop-Spannungsregler Typ L4941 im Gehäuse TO220. Die Anschlüsse von links nach rechts: Eingang, Masse, Ausgang.

5.2.2.2 Universalregler

Neben den Festspannungsreglern sind auch diverse Universalregler verfügbar. Bei diesen ist die Ausgangsspannung nicht fest vorgegeben, sondern von vorn herein als einstellbar vorgesehen. Dazu zählen zum Beidpiel die Typen 317 und 723. Diese Bausteine bieten sehr viele Funktionen zum Aufbau von Stromversorgungsschaltungen.

Der Typ 723 kann Ausgangsströme bis 100 mA liefern. Für höhere Ströme ist ein zusätzlicher Leistungstransistor notwendig. Der Baustein wird unter anderem auch im bequem zu verarbeitenden, 14-poligen DIL-Gehäuse angeboten. Im Bild 5.26 sind die Innenschaltung und die Pinbelegung dargestellt. Es ist zu erkennen, dass alle besprochenen Schaltungskomponenten im IC enthalten sind:

- Stromquellen gespeiste Referenzspannungsquelle (Q2, Q3, Q4, Q5, D2)
- Differenzverstärker (Q11, Q12)
- Leistungstreiber (Q14, Q15)
- Stromsensor (Q16)

Die wichtigsten technischen Daten sind im Bild 5.27 zusammengestellt.

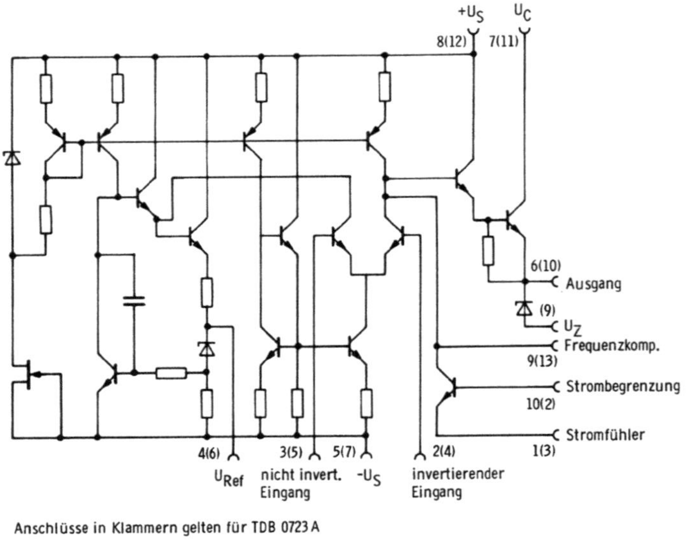

Bild 5.26a: Innenschaltung des Bausteins 723.

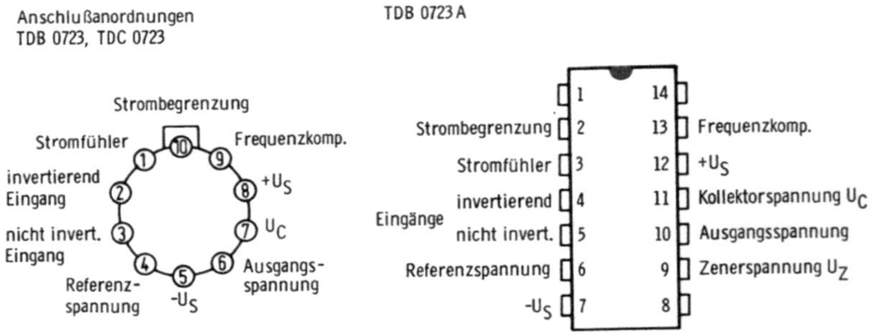

Bild 5.26b: Pinbelegung beim Baustein 723 für zwei Gehäuseformate. Heute findet man das IC häufig unter der Bezeichnung LM723 oder μA723.

Maximale Eingangsspannung	40 V
Maximale Differenzspannung zwischen Eingang und Ausgang	40 V
Maximale differentielle Eingangsspannung zwischen den Anschlüssen 3(5) und 2(4)	5 V
Maximale Spannung zwischen nichtinvert. Eingang und -U	+8 V
Maximaler Strom Referenz-Z-Diode	15 mA
Maximaler Strom Ausgangs-Z-Diode	25 mA
Maximale Verlustleistung Metallgehäuse	800 mW
Maximale Verlustleistung Plastik-DIL-Gehäuse	1000 mW
Arbeitstemperaturbereich 723C	0 °C bis +70 °C

Bild 5.27: Technische Daten des Bausteins 723.

Kapitel 6 • Verlustleistung und Wärmeabführung

Verlustleistung ist eigentlich falsch – es handelt sich um Wärmeleistung. Zumindest in Innenräumen, die geheizt werden, ist dies ein Beitrag zur Raumheizung. Heute im Jahre 2025 wird die elektrische Energie zu mehr als die Hälfte aus erneuerbaren Energien hergestellt. Unter diesem Gesichtspunkt ist die Wärme, die in Spannungs- oder Stromreglern auftritt sogar nachhaltig und umweltfreundlich.

Tatsache ist aber, dass für alle nach dem im Kapitel 5 beschriebenen Prinzip arbeitenden Spannungsstabilisatoren oder Regler, aber auch für entsprechende Stromstabilisierer oder Stromregler gilt: Im Stellglied (hier der Längstransistor) entsteht Wärme. Der Transistor bzw. das Regler-IC muss diese Verlustleistung verkraften können. Wenn nicht, sind Maßnahmen zu ergreifen, um die entstehende Wärme abzuführen, das thermische Gleichgewicht zu erhalten und die Bauelemente vor Überhitzung zu schützen.

6.1 Bestimmung der Wärmeleistung

Wie bereits aus Kapitel 5 ersichtlich, benötigen Spannungsregler eine Differenz zwischen Eingangsspannung und Ausgangsspannung:

$$\Delta U = U_{\mathrm{IN}} - U_{OUT}$$

Dabei gilt die Bedingung:

$$U_{\mathrm{IN}} > U_{OUT}$$

Das Stellglied setzt eine in vielen Fällen nicht vernachlässigbare elektrische Leistung P_V in Wärme um. Diese ist proportional zum Quadrat des Ausgangsstroms I_{OUT} und zum Spannungsabfall ΔU am Regler:

$$P_V = \Delta U \cdot I_{OUT}$$

$$P_V = (U_{\mathrm{IN}} - U_{OUT}) \cdot I_{OUT} \qquad \text{\{Gleichung 6.1\}}$$

Bei netzversorgten Stromversorgungsgeräten speist in aller Regel ein Transformator mit nachgeschaltetem Gleichrichter und Glättungskondensator den Spannungsregler. Die am Glättungskondensator anstehende Spannung U_{IN} ist nicht konstant, sondern ändert sich in Abhängigkeit vom Belastungsstrom und auch von der Primärspannung. Damit ändert sich jedoch die Größe ΔU, und folglich auch die Wärmeleistung im Stellglied. Aus diesem Grund ist für Berechnung der Wärmeleistung das Verhalten der Spannung U_{IN} zu berücksichtigen. In einem Ersatzschaltbild kann man den Transformator, den Gleichrichter sowie den Glättungskondensator vereinfachend durch eine Spannungsquelle mit Innenwiderstand R_i ersetzen, wie es im Bild 6.1 dargestellt ist. Für die Spannung U_{IN} gilt somit die Funktionsgleichung einer Spannungsquelle (siehe Kapitel 1 "Spannungsquellen, Stromquellen"). Ist U_{IN0} die Spannung am Glättungskondensator ohne Belastung, dann kann ich schreiben:

$$U_{\mathrm{IN}} = U_{\mathrm{IN0}} - I_{\mathrm{IN}} \cdot R_i$$

Hierbei stehen die Größen U_{IN0} für die Leerlaufspannung, R_i für den Innenwiderstand und I_{IN} für den Ausgangsstrom der Spannungsquelle.

Der Regler selbst kann unterschiedlich aufgebaut sein. Für die folgenden Betrachtungen ist die Schaltung des Spannungsreglers jedoch nicht relevant, so dass eine Darstellung als "Black-Box" (Bild 6.1) genügt. In jedem Fall entnimmt der Spannungsregler der Spannungsquelle einen zumeist relativ geringen Betriebsstrom I_M . Schaltet man den Regler an die Spannungsquelle, so kann man für den Strom I_{IN} folgende Gleichung aufstellen:

$$I_{\mathrm{IN}} = I_{OUT} + I_M$$

Ferner gilt für die Spannung U_{IN}:

$$U_{\mathrm{IN}} = U_{\mathrm{IN0}} - (I_{OUT} + I_M) \cdot R_i$$

Die Funktionsgleichung für die Wärmeleistung P_V am Stellgied erhält man durch Einsaetzen von U_{IN} in die Ausgangsgelichung *{6.1}*:

$$P_V = ((U_{\mathrm{IN0}} - (I_{OUT} + I_M) \cdot R_i) - U_{OUT}) \cdot I_{OUT}$$

Diese Formel ist sehr unübersichtlich, so dass einige Umformungen angebracht sind. Zunächst erfolgt das Einmultiplizieren der Variablen R_i und I_{OUT} :

$$P_V = (U_{\mathrm{IN0}} - (I_{OUT} \cdot R_i + I_M \cdot R_i) - U_{OUT}) \cdot I_{OUT}$$

$$P_V = (U_{\mathrm{IN0}} - I_{OUT} \cdot R_i - I_M \cdot R_i - U_{OUT}) \cdot I_{OUT}$$

$$P_V = U_{\mathrm{IN0}} \cdot I_{OUT} - R_i \cdot I_{OUT}^2 - I_M \cdot R_i \cdot I_{OUT} - U_{OUT} \cdot I_{OUT}$$

Als Ergebnis erhält man eine quadratische Gleichung, in der alle Terme mit Ausnahme von I_{OUT} Konstanten sind. Somit lautet die Funktionsgleichung nach einer Umstellung:

$$P_V = f(I_{OUT}) = -R_i \cdot I_{OUT}^2 + I_{OUT} \cdot (U_{\mathrm{IN0}} - I_M \cdot R_i - U_{OUT})$$

Diese Funktionsgleichung beschreibt die Abhängigkeit der Wärmeleistung P_V des Stellglieds vom Ausgangsstrom I_{OUT}. Die Gleichung gilt nur unter den Bedingungen:

$$I_{OUT} \geq 0$$

$$U_{\mathrm{IN}} > U_{OUT}$$

Nach dem Umstellen der zweiten Bedingung lautet diese:

$$U_{\mathrm{IN0}} - (I_{OUT} + I_M) \cdot R_i > U_{OUT}$$

Bei der Dimensionierung des Stellgliedes (Längstransistor) ist die maximal auftretende Verlustleistung zu berücksichtigen. Dieser Maximalwert lässt sich nunmehr berechnen. Da es sich bei der Funktionsgleichung um eine quadratische Gleichung beziehungsweise um ein Polynom 2. Grades handelt, existiert maximal ein Extremwert. Dessen Berechnung erfolgt z.B. gemäß dem in [3] angegebenen Verfahren. Für die erste Ableitung der Funktionsgleichung gilt:

$$P_V' = f'(I_{OUT}) = -2 \cdot R_i \cdot I_{OUT} + U_{\text{IN0}} - I_M \cdot R_i - U_{OUT}$$

Die zweite Ableitung der Funktionsgleichung lautet:

$$P_V'' = f''(I_{OUT}) = -2 \cdot R_i$$

Da es keine negativen Innenwiderstände gibt, ist der Wert der zweiten Ableitung kleiner als Null. Beim untersuchten Extremwert handelt es sich somit - wie erwartet – um ein Maximum; es ist sogar ein absolutes Maximum. Durch Nullsetzen der ersten Ableitung erhält man die Lage des Extremwertes:

$$0 = -2 \cdot R_i \cdot I_{OUT} + U_{\text{IN0}} - I_M \cdot R_i - U_{OUT}$$

$$2 \cdot R_i \cdot I_{OUT} = U_{\text{IN0}} - I_M \cdot R_i - U_{OUT}$$

$$I_{OUT} = \frac{U_{\text{IN0}} - I_M \cdot R_i - U_{OUT}}{2 \cdot R_i}$$

$$P_{Vmax} = \frac{U_{\text{IN0}} - I_M \cdot R_i - U_{OUT}}{2 \cdot R_i} \cdot U_{OUT} \qquad \textit{Gleichung 6.2\}}$$

Es ist dafür Sorge zu tragen, dass diese Leistung während des Betriebs bei der maximal erlaubten Umgebungstemperatur (Betriebstemperatur des Gerätes) sicher abgeführt wird.

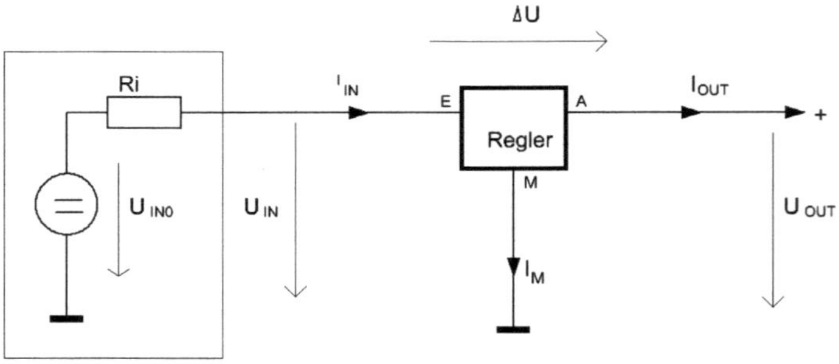

Bild 6.1: Ersatzschaltbild einer Spannungsquelle mit nachgeschaltetem Regler.

6.2 Abführen der Wärmeleistung

Mit welcher Leistung ein Halbleiterbauteil belastet werden kann, hängt in hohem Maße davon ab, wie gut die entstehende Verlustleistung abgeführt wird. Die Angabe für die maximal verkraftbare Wärmeleistung P_{tot} eines Halbleiters beruht auf der maximalen Sperrschichttemperatur, die wiederum vom Wärmewiderstand, also der Verlustleistung an der Sperrschicht und der Wärmeleitfähigkeit des Bausteins und des Kühlkörpers, bestimmt wird. Ein statischer (ausgeglichener) Zustand wird erreicht, wenn die erzeugte Wärmemenge gleich der abgeleiteten ist. Für die Grundbeziehung bei der Wärmeableitung kann geschrieben werden:

$$P_V = \frac{\Delta T}{\Sigma R_{th}} \qquad \{Gleichung\ 6.3\}$$

Dabei bedeuten:

P_V	Wärmeleistung, die im Halbleiterbauteil umgesetzt wird (in W)
ΔT	Temperaturdifferenz, die aufgrund der Verlustleistung P_V zwischen zwei wärmeleitenden Bauteilen entsteht (in Kelvin K)
ΣR_{th}	Summe der thermischen Widerstände entlang ΔT (in K/W)

Bild 6.2 gibt einen Überblick über die Wärmewiderstände bei einem auf einem Kühlkörper aufgebauten Leistungshalbleiter. Dazu lässt sich ein elektrisches Analogon wie in Bild 6.3 darstellen. Die in der Sperrschicht erzeugte Wärme wird hauptsächlich durch Wärmeleitung zur Gehäuseoberfläche oder zum Gehäuseboden abgeführt. Ein Maß dafür ist immer der thermische Widerstand Sperrschicht-Gehäuse R_{thJC}, dessen Wert durch die Konstruktion des Bauelementes festgelegt ist. Die Wärmeabgabe vom Gehäuse zur Umgebungsluft erfolgt durch Wärmeabstrahlung, Konvektion und Wärmeableitung. Sie wird durch den äußeren, bzw. den thermischen Widerstand zwischen Gehäuse und Umgebung R_{thCA} ausgedrückt. Der gesamte thermische Widerstand zwischen Sperrschicht und Umgebungsluft ist:

$$R_{thJA} = R_{thJC} + R_{thCA}$$

Die maximal zulässige Wärmeleistung P_{tot} eines Halbleiterbauelementes lässt sich mit der folgenden Gleichung berechnen:

$$P_{tot} = \frac{T_{Jmax} - T_A}{R_{thJA}} = \frac{T_{Jmax} - T_A}{R_{thJC} + R_{thCA}} \qquad \{Gleichung\ 6.4\}$$

Dabei sind

T_{Jmax}	Der maximal zulässige Wert der Sperrschichttemperatur.
TA_{max}	Der größte Wert der Umgebungstemperatur (in den Datenblättern wird meist ϑu = 25 °C zu Grunde gelegt).
R_{thJC}	Thermischer Widerstand zwischen Sperrschicht und Gehäuse des Halbleiters. Dabei steht *J* für die Sperrschicht (engl. Junction) und *C* für Gehäuse (engl. Case).
R_{thJA}	Thermischer Widerstand zwischen Sperrschicht und Umgebung (engl.: Ambient).
R_{thCA}	Thermischer Widerstand zwischen dem Gehäuse des Halbleiters und der Umgebung. Dieser Wert hängt von den Kühlbedingungen ab.

Bei Verwendung eines Kühlbleches oder eines Kühlkörpers wird R_{thCA} von folgenden Faktoren bestimmt: Wärmekontakt zwischen Gehäuse und Kühlkörper, Wärmeausbreitung im Kühlkörper und Wärmeabgabe des Kühlkörpers an die Umgebung.

Die maximal zulässige Gesamtwärmeleistung lässt sich demnach für ein gegebenes Halbleiterbauelement nur durch Ändern von T_{Amax} und R_{thCA} beeinflussen. Der thermische Widerstand R_{thCA} muss den Angaben der Kühlkörperhersteller entnommen und/oder durch Messungen bestimmt werden.

Wenn bei gegebener Wärmeleistung eine minimale Sperrschichttemperatur erzielt werden soll, müssen die einzelnen Wärmewiderstände so gering wie möglich sein. Dabei können die die einzelnen Elemente nahezu als Konstanten angesehen werden. R_{thJC} ist der im Datenblatt angegebenen Wert für den Wärmewiderstand zwischen Sperrschicht und Gehäuse. Dieser Wert ist eine Worst-Case-Angabe. Das heißt, er ist mit entsprechenden Toleranzen insbesondere für produktionsbedingte Streuungen versehen. Bei ein und demselben Baustein kann (bei gleicher Leistung, aber unterschiedlichen Spannungs-/ Stromprodukten) der Wert von R_{thJC} um bis zu *10 %* differieren.

Auch der Wärmewiderstand R_{thCS} kann infolge unterschiedlicher Befestigungsdrucke, verschiedener Kühlkörper-Oberflächen, Unebenheiten des Halbleitergehäuses oder Isolator-Ungleichförmigkeiten verschieden hoch ausfallen. Der Wärmewiderstand eines Kühlkörpers wird durch dessen Lage im Raum (horizontal oder vertikal) und durch die Umgebungstemperatur (R_{thSA} geht mit wachsendem T_A geringfügig zurück) beeinflusst.

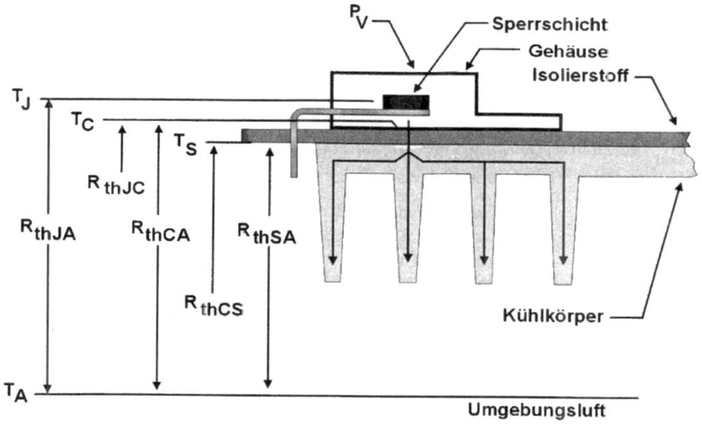

Bild 6.2: Wärmemodell zur Kühlung eines Halbleiters.

Bedeutung der Abkürzungen in Bild 6.2:

P_V	Verlustleistung, die im Halbleiter entsteht.
R_{thJA}	Wärmewiderstand zwischen Sperrschicht und Umgebung
R_{thJC}	Wärmewiderstand zwischen Sperrschicht und Gehäuse
R_{thCA}	Wärmewiderstand zwischen dem Gehäuse des Halbleiters und der Umgebung
R_{thCS}	Wärmewiderstand zwischen dem Gehäuse des Halbleiters und dem Isolierstoff
R_{thSA}	Wärmewiderstand zwischen Isolierstoff und Umgebung
T_A	Umgebungstemperatur

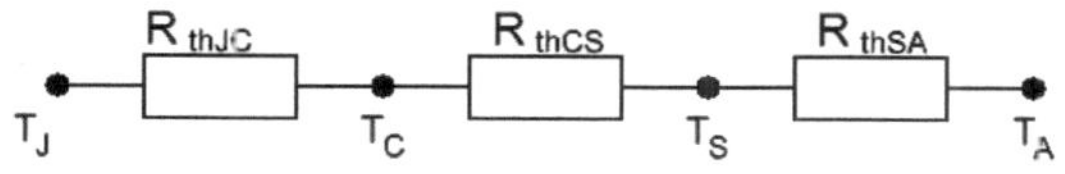

Bild 6.3: Elektrisches Analogon zu Bild 6.2.

T_J	Sperrschichttemperatur
T_C	Gehäusetemperatur des Halbleiters
T_S	Temperatur des Kühlkörpers
T_A	Umgebungstemperatur

Werden einfache Blechabschnitte als Kühlbleche vorgesehen und ist keine otimierte Auslegung erforderlich, dann genügen die nachfolgenden Ausführunen für die Dimensionierung. Die Kurven in Bild 6.4 geben den thermischen Widerstand

$$R_{thCA} = R_{thCS} + R_{tjSA}$$

an, der bei Verwendung quadratischer Kühlbleche aus Stahl, Aluminium und Kupfer mit einer Fläche *A*, gilt, wenn das Gehäuse des Bauelements mit einer ebenen Fläche direkt auf dem Kühlblech aufliegt. Die aus dem Diagramm abgelesene Fläche *A* bei vorgegebenen R_{thCA} müssen noch je nach Einbaulage und Oberfläche des Kühlbleches mit den Faktoren *α* und *ß* aus der Tabelle 6.1 multipliziert werden.

Montageart	Faktor
senkrechte Montage	α = 0,70
waagerechte Montage	α = 1,70
blanke Oberfläche	ß = 1,00
Mattschwarze Oberfläche	ß = 0,85

Tabelle 6.1: Korrekturwerte für die aus Bild 6.4 ermittelten Kantenlängen in Abhängigkeit von der Montageart.

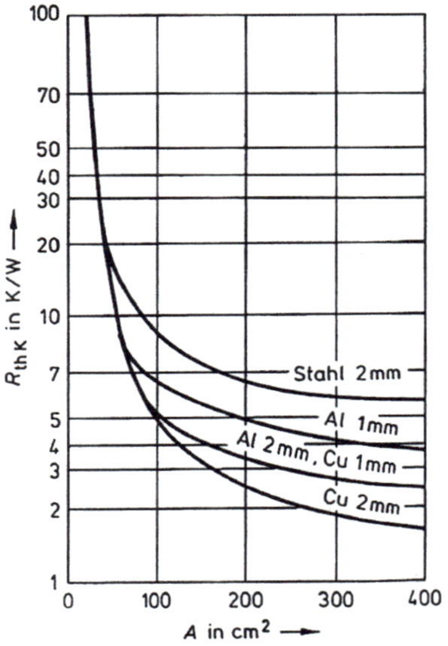

Bild 6.4: Wärmewiderstand von quadratischen Blechen. Die Tabelle 6.1 ist zu beachten.

Beispiel:
Ein Spannungsregler soll im KFZ eine stabile 5-V-Spannung zur Verfügung stellen. Die maximale Strombelastung ist I_{OUT} = 1 A. Die maximale Eingangsspannung beträgt im KFZ U_{IN} = 14,5 V. Für die höchstmögliche Umgebungstemperatur während des Betriebes wird ϑ_U = 30 °C angesetzt. Im Datenblatt des Spannungsreglers LM317 im TO220-Gehäuse ist angegeben: T_{Jmax} = 125 °C und R_{thJC} = 5 K/W sowie R_{thJA} = 50 K/W.

Die maximal auftretende Wärmeleistung im Regler beträgt dann nach Gleichung {6.1}:

$$P_V = (U_{IN} - U_{OUT}) \cdot I_{OUT} = (14{,}5V - 5V) \cdot 1A = 9{,}5W$$

Die maximal zulässige Wärmeleistung ohne Kühlkörper beträgt dann nach Gleichung {6.4}:

$$P_V = \frac{T_{Jmax} - T_A}{R_{thJA}} = \frac{125°C - 30°C}{50\,K/W} = \frac{95K}{50\,K/W} = 1{,}9W$$

Maßnahmen zur Kühlung sind also unbedingt erforderlich. Um eine Verlustleistung von *9,5 W* bei *30 °C* Umgebungstemperatur abführen zu können, benötigt man einen Wärmeübergangswiderstand von:

$$P_{thJA} = \frac{T_{Jmax} - T_A}{P_V} = \frac{125°C - 30°C}{9{,}5W} = \frac{95K}{9{,}5W} = 10\,K/W$$

Da der Wärmeübergangswiderstand zwischen Sperrschicht und Gehäuse beim LM317 mit $R_{thJC} = 5\ K/W$ angegeben ist, bleibt für den Kühlkörper samt Befestigung und eventueller Isolierung noch ein Wert von ebenfalls $R_{thCA} = 5\ K/W$ zwischen Halbleitergehäuse und Umgebung.

Bild 6.4 in Verbindung mit Tabelle 6.1 kann entnommen werden, dass bei Verwendung von senkrecht angeordnetem Aluminiumblech mit einer Dicke von *2 mm* dafür eine Fläche von

$$100\ cm^2 \cdot 0{,}7 = 70\ cm^2$$

benötigt wird, also zum Beispiel ein quadratisches Blech mit einer Kantenlänge von etwa *8,5 cm*. Weil dabei der Wärmeübergangswiderstand zwischen Halbleitergehäuse und Kühlkörper nicht berücksichtigt ist, muss das Kühlblech aber tatsächlich größer ausfallen.

6.3 Impulsbetrieb

Die unter 6.1 und 6.2 dargestellten Zusammenhänge gelten für den Linearbetrieb. Sie sind für Linearregler-ICs und Längstransistoren gleichermaßen gültig. Anders ist es bei Transistoren im Impulsbetrieb. Ein Transistor kann während kurzer Impulse bedeutend mehr Leistung verkraften als im statischen Zustand. Details dazu, sowie Informationen darüber, wie thermische Widerstände ermittelt werden, finden sich in [15].

Kapitel 7 • Stromkonstanter

Der steigende Bedarf an mobiler Energieversorgung durch Akkumulatoren, die mit Konstantstrom geladen werden, sowie der zunehmende Einsatz der LED-Beleuchtungstechnik, haben dazu geführt, dass Stromkonstanter eine immer größere Bedeutung erlangen. In diesem Abschnitt werden die linearen Stromstabilisierungsschaltungen und Stromregelschaltungen vorgestellt.

Zur Erinnerung aus Kapitel 1: die ideale Stromquelle hat eine hohe Urspannung U_0 und einen sehr hohen Innenwiderstand. Vor allem eine hohe Urspannung lässt sich in Elektronikschaltungen nur schwer realisieren.

7.1 Stromstabilisierung

Bild 7.1 zeigt zwei Prinzipschaltungen von Konstantstromquellen mit Transistoren. Bei der einen Schaltung liegt der Lastwiderstand R_L an der Betriebsspannung, bei der anderen dagegen an Masse, was in den meisten Anwendungsbereichen von Vorteil ist. Beide Konstantstromquellen arbeiten jedoch nach dem gleichen Grundprinzip. Hier wird nicht der relativ kleine, statische Ausgangswiderstand R_{CE}, sondern der viel größere dynamische Ausgangswiderstand r_{CE} der Transistoren ausgenutzt.

In beiden Schaltungen nach Bild 7.1 wird durch den Spannungsteiler aus R1 und R2 eine feste Basisspannung U_{R2} erzeugt. Unter der Voraussetzung, dass die Transistoren nicht im Sättigungsbereich arbeiten, stellt sich der Emitterstrom so ein, dass gilt:

$$I_E = \frac{U_E}{R_E}$$

Für U_E kann man aber schreiben:

$$U_E = U_{R2} - U_{BE}$$

Mit der Basisspannung U_{R2} ist also auch U_E festgelegt und damit auch I_E. Bei Stromverstärkungen ab etwa $B > 50$ kann in guter Näherung gesetzt werden $I_C = I_E$. Damit ergibt sich als Näherungsgleichung:

$$I_L = I_C \approx \frac{U_E}{R_E} = \frac{U_{R2} - U_{BE}}{R_E}$$

Sollte bei einer Schaltung nach Bild 7.1 der Laststrom I_L aus irgendeinem Grund zum Beispiel geringfügig ansteigen, so muss zwangsläufig auch die Emitterspannung U_E ansteigen. Da U_{R2} aber durch den Spannungsteiler festgehalten wird, wird U_{BE} kleiner. Dies hat zur Folge, dass I_C und damit auch I_L wieder kleiner werden und der Lasstrom sich wieder auf den ursprünglichen Wert einstellt. Ein entsprechend gegenläufiger Regelvorgang tritt auf, wenn I_L aus irgend einem Grund kleiner werden will. Durch R_E liegt also eine Stromgegenkopplung vor. Auch wenn R_L von seinem Ausgangswert ausgehend vergrößert oder verkleinert wird, will der Laststrom, d.h. der Kollektorstrom sich ändern. Aufgrund des Regelvorgangs in der Schaltung ist dies jedoch nicht möglich. Damit ist gewährleistet, dass bei dieser Schaltung der Laststrom I_L weitestgehend unabhängig von der Größe des Lastwiderstandes R_L ist. Dies ist jedoch die charakteristische Eigenschaft einer Konstantstromquelle. Für den dynamischen Innenwiderstand der so aufgebauten Stromquelle gilt in Näherung:

$$r_i \approx k \cdot r_{CE} = k \cdot \frac{\Delta U_{CE}}{\Delta I_C}$$

Der Faktor k liegt in der Größenordnung von etwa *50.....200* und hängt vom Transistor und der Stromgegenkopplung ab:

$$k = 1 + \frac{ß}{\frac{r_{BE}}{R_E} + 1}$$

Für $R_E >> r_{BE}$ *gilt dann*

$$k \approx ß$$

In der Praxis wird der Widerstand R2, an dem die Basisspannung abfällt, meistens durch eine Z-Diode ersetzt (Bild 7.2). Damit wird dann zusätzlich noch erreicht, dass der eingestellte Konstantstrom weniger abhängig ist von einer konstanten Spannungsversorgung. Die Einstellung des konstanten Stroms erfolgt zumindest bei kleinen Konstantströmen (etwa $I_K < 20\ mA$) in der Regel durch einen veränderlichen Emitterwiderstand R_E.

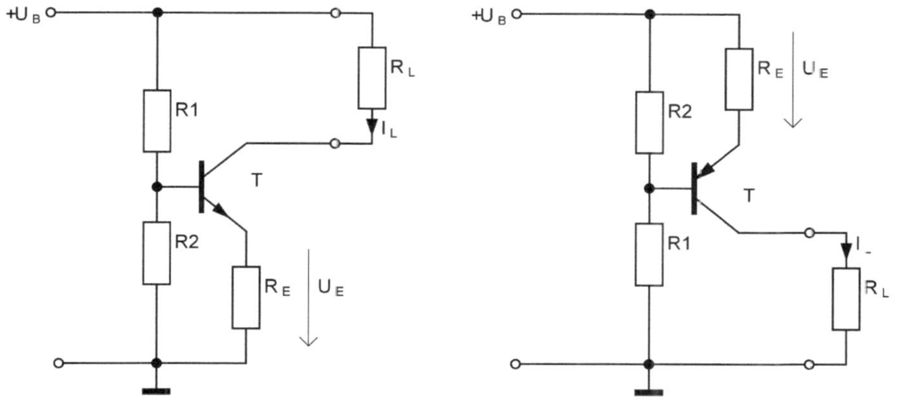

Bild 7.1: Einfache Stromkonstanter mit Transistoren.

Die Schaltungen nach Bild 7.1 sind nicht temperaturstabil. Der Temperaturkoeffizient des Transistors ist negativ. In der Schaltung nach Bild 7.2 wird dieser Temperaturdrift zum Teil oder vollständig kompensiert, wenn die Zenerspannung über *6,5 V* liegt. Dann allerdings ist der Spannungsabfall am Transistor besonders hoch, was eine unverhältnismäßig hohe Eingangsspannung erfordert und die Wärmeleistung in die Höhe treibt. Bei Zenerspannungen unterhalb von *5 V* wird der negative Temperaturkoeffizient des Transistors noch verstärkt und der Temperaturdrift wird umso höher.

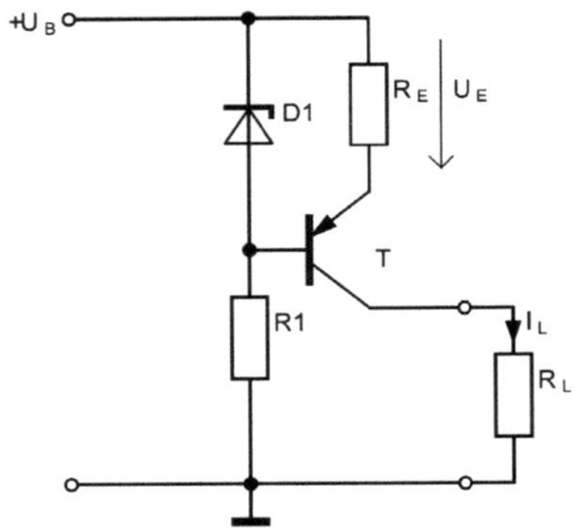

Bild 7.2: Einfacher Stromkonstanter mit Transistor und Z-Diode.

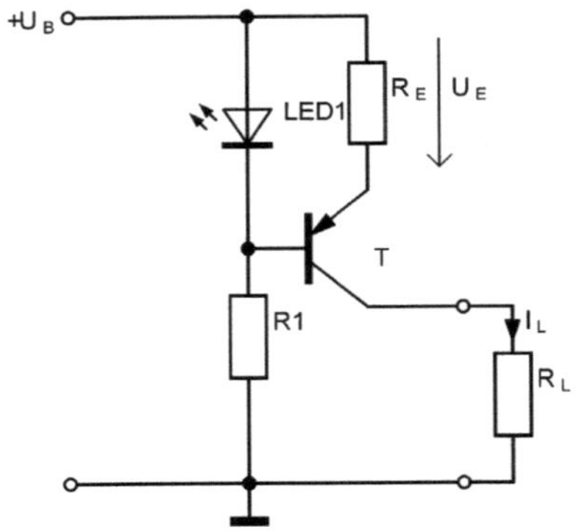

Bild 7.3: Einfacher Stromkonstanter mit Transistor und LED.

Um einen möglichst kleinen Spannungsabfall am Transistor zu haben, kann man die Z-Diode durch zwei einzelne Standard-Siliziumdioden ersetzen. Eine Diode hebt die Basis-Emitter-Spannung des Transistors auf und kompensiert den Temperaturdrift. Die zweite Diode ist erforderlich, um einen Spannungsabfall (hier dann *0,7 V*) am Emitterwiderstand hervorzurufen.

Diese Variante minimiert die notwendige Eingangsspannung bzw. den notwendigen Spannungsabfall am Transistor. Allerdings wird mit der zweiten Diode der Temperaturkoeffizient überkompensiert, so dass die Temperaturabhängigkeit bleibt.

Die Lösung bietet eine rote Standard-LED. Die beiden Kleinsignaldioden bzw. die Z-Diode aus Bild 7.2 werden durch eine rote LED gemäß dem Bild 7.3 ersetzt. Eine solche LED hat fast genau den selben Temperaturdrift von *-2 mV/K*, dafür allerdings eine Durchflussspannung von *1,7 V* (bei etwa *1 mA*), wovon etwa *1 V* für den Emitterwiderstand R_E übrig bleibt. Die Lösung mit LED hat somit viele Vorteile. Man benötigt gegenüber der Methode mit zwei Standard-Dioden ein Bauteil weniger, hat einen geringeren Rest-Temperaturdrift und somit die bessere Konstanz von I_C bzw. I_L. Dies gilt auch in Bezug auf Änderungen der Betriebsspannung $+U_B$.

Der Konstantstrom ergibt sich bei der Schaltung nach Bild 7.3 aus:

$$I_L = I_C = \frac{U_{LED} - U_{BE}}{R_E} - I_B$$

Dabei ist der Basisstrom I_B normalerweise vernachlässigbar. Der Kollektorstrom bleibt konstant für Lastwiderstände R_L:

$$R_L \leqslant \frac{U_B - U_{\mathrm{RE}} - U_{CEmin}}{I_L}$$

U_{CEmin} kann mit *2....3 V* angesetzt werden. Ich habe einen Versuch mit der Schaltung nach Bild 7.3 rechts unternommen. Dabei habe ich den Transistor BC327 sowie eine rote LED genutzt. U_B war *12 V*. Der Emitterwiderstand war mit *130 Ω* und R1 mit *4,7 kΩ* bestückt. Für $0\ \Omega \leq R_L \leq 1400\ \Omega$ änderte sich der Strom I_L von anfänglich *8,0 mA* auf *7,5 mA*. Also nur um knapp *7 %*.

Alle bisher vorgestellten Schaltungen benötigen zum Betrieb eine relativ große Spannungsdifferenz. Diesen Nachteil hat man bei der Schaltung nach Bild 7.4 nicht. Diese Schaltung ist speziell bei niedriger Betriebsspannung empfehlenswert und benötigt zum Betrieb eine Spannung von:

$$U_B > (U_{CE.T1} + U_{BE.T2})$$

Bei Siliziumtransistoren also etwa

$$U_B > (0{,}2V + 0{,}7V) = 0{,}9V$$

Die rechte Schaltungsvariante in Bild 7.4 ist mit PNP-Transistoren bestückt und hat den Vorteil, dass die Last gegen Masse geschaltet wird. Wenn die Spannung über R1 den Wert $U_{R1} = 0{,}7\ V$ überschreitet, schaltet T2 durch, was die Basis von T1 auf negatives Potential bringt. Die Spannung über R1 geht zurück, wodurch T2 wieder sperrt, was der Basis von T1 wieder ein wenig positives Potential zukommen lässt. Dadurch pendelt sich das Ganze auf die Spannung von ca. 0,7 V über R1 ein und damit auf einen konstanten Strom. Der für R1 zu wählende Wert berechnet sich daher wie folgt:

$$R1 = \frac{U_{T2.BE}}{I_L} = \frac{0{,}7V}{I_L}$$

Die Schaltung ist allerdings nicht temperaturkompensiert. Der Strom schwankt um folgenden Wert:

$$\frac{\Delta U_{BE}}{R1} mit \Delta U_{BE}(\Delta\vartheta) \approx -1{,}7 \frac{mV}{K} \cdot \Delta\vartheta$$

R2 wird so ausgelegt, dass T1 bis in die Sättigung ausgesteuert wird. Dabei ist *4,7 kΩ* ein guter Richtwert für den Betrieb mit Standard-Kleinleistungstransistoren (BC107, BC547, BC577, BC327, o.ä.) an einer Spannung von *4 V....16 V*. Die Schaltung lässt sich gut für die Versorgung von LEDs verwenden. Um eine LED mit $I_L = 2\ mA$ aus vier NiMH-Zellen zu betreiben kann man für R1 einen Wert von *330 Ω* und für R2 einen Wert von *4,7 kΩ* einsetzen. Die LED leuchtet dann über die gesamte Entladezeit des Akkumulators ($4\ V \leq U_B \leq 4{,}8\ V$) mit konstanter Helligkeit.

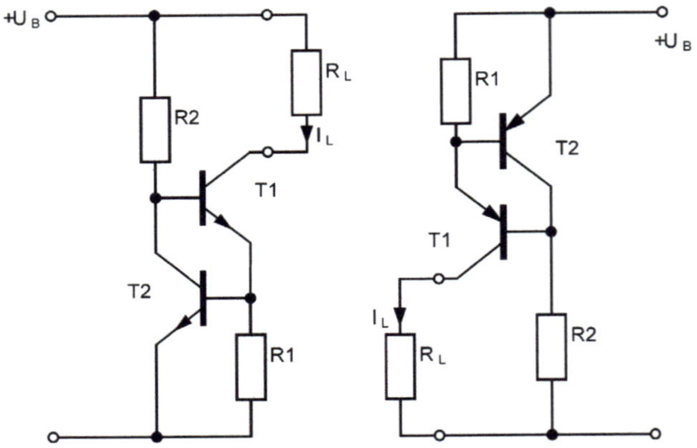

Bild 7.4: Konstantstromquelle mit zwei Transistoren. Der Strom I_L wird jeweils konstant gehalten.

7.2 Stromregelung

Äquivalent zu den Spannungsreglern wird auch bei Stromreglern beim Ausgangsstrom der Istwert erfasst und mit einem Sollwert verglichen. Man kann dazu Operationsverstärker verwenden. Das Prinzip ist im Bild 7.5 dargestellt. Die Ausgangsspannung des Operationsverstärkers stellt sich so ein, dass die Spannung an dem Widerstand R1 gleich U_1 wird. Dies gilt natürlich nur für positive Spannungen, da die Transistoren sonst sperren. Es gilt dann für den konstanten Ausgangsstrom beim Einsatz des Bipolartransistors (Bild 7.5 links)

$$I_L = \frac{U_1}{R1} \cdot \left(1 - \frac{1}{B}\right) \quad \text{für } U1 > 0$$

Bei ausreichend großem *B* also für die Praxis

$$I_L \approx \frac{U_1}{R1}$$

Für den Ausgangswiderstand (der bei einer Stromquelle möglichst groß sein soll) gilt dann:

$$r_a \approx ß \cdot r_{CE}$$

Bei der Schaltungsvariante mit Feldeffekttransistor (Bild 7.5 rechts) fließt praktisch kein Gatestrom. Man kann also durchaus schreiben

$$I_L = \frac{U_1}{R1}$$

Für den Ausgangswiderstand kann man näherungsweise schreiben

$$r_a \approx 150 \cdot V \cdot R1$$

Dabei ist *V* die Differenzverstärkung des Operationsverstärkers.

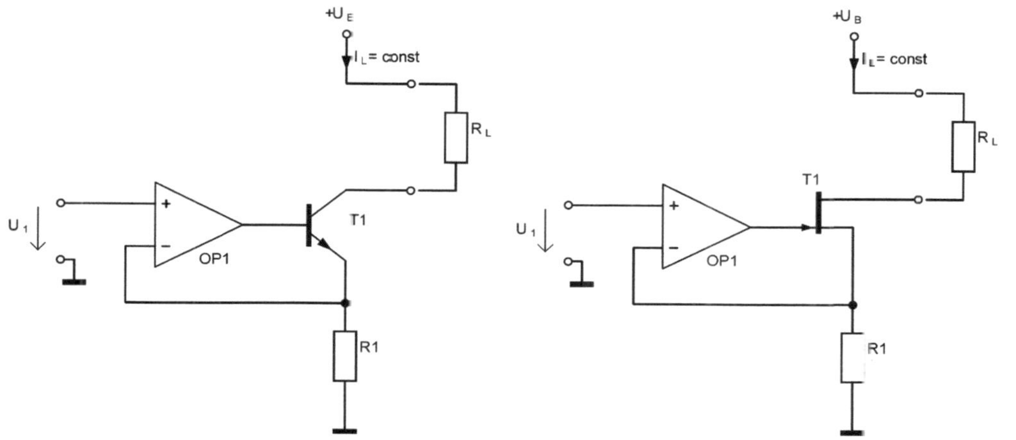

Bild 7.5: Konstantstromquelle mit Operationsverstärker und Bipolartransistor (links) und mit Feldeffekttransistor (rechts).

Im Bild 7.6 wird ein Spannungsregler vom Typ LM317 zur Stromregelung ausgenutzt. Dazu wird die Referenzspannung des Reglers an einen bekannten Widerstand angelegt. Für Bild 7.6 ergibt sich der konstante Strom I_L aus:

$$I_L = \frac{U_{ref}}{R1} = \frac{1{,}25V}{R1}$$

Dabei ist U_{ref} die Konstantspannung des ICs. Der Typ LM317 im TO220-Gehäuse kann Ströme bis *1,5 A* liefern.

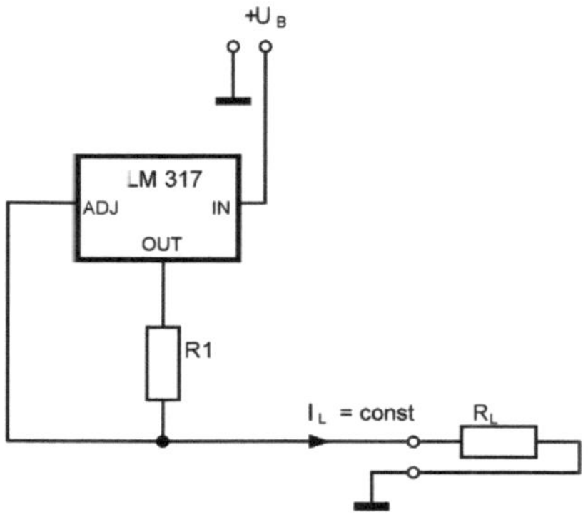

Bild 7.6: Prinzip der Stromregelung mit dem IC LM317.

Zwischen dem Ausgang OUT und dem Steuereingang ADJ (Adjust) des LM317 liegt die konstante Referenzspannung von *1,25 V*. Bei der Anwendung als Spannungsregelschaltung spielt R1, der stets zwischen den Anschlüssen OUT und ADJ liegt, eine wichtige Rolle zur Erzeugung der stabilen Ausgangsspannung. Diese Spannung ergibt sich aus der Summe der Referenzspannung über R1 und der Spannung über dem Lastwiderstand R_L. Die Dimensionierung von R1 muss gewisse Kriterien erfüllen. Eines dieser Kriterien lautet: R1 kann man nicht beliebig groß und damit den Konstantstrom beliebig niedrig wählen. Missachtet man diese Vorschrift, so arbeitet die Regelung nicht mehr stabil. Gemäß dem Datenblatt soll man R1 im Spannungsregelbetrieb nicht größer als *240 Ω* wählen, was einem minimalen Laststrom von $I_L = 5\ mA$ entspricht. Verwendet man den LM317 als Konstantstromquelle, so sind *10 mA* als Maximum des minimalen Laststromes bei einer Ein-Ausgang-Differenzspannung von *40 V* angegeben.

Zum Schluss dieses Kapitels wird in Bild 7.7 ein konventionell aufgebauter Stromregler vorgestellt. Ähnlich wie bei den Spannungsreglern gibt es ein Stellglied (Transistor T1), welches über den Transistor T2 von einem als Subtrahierer beschalteter Operationsverstärker (OP2) angesteuert wird. Der Stromfühlerwiderstand (Shunt) ist der Widerstand R11. Die an ihm anliegende Spannung verhält sich proportional zum durchfließenden Strom. Diese Spannung wird mit dem Operationsverstärker OP1 verstärkt und dann dem Subtrahierer zugeführt. Der Subtrahierer vergleicht diese Spannung mit der Referenzspannung, die mit P1 eingestellt wird. R12 stellt eine minimale Grundlast dar, damit die Schaltung im normalen Betriebsmodus (Stromkonstanter) arbeitet, auch wenn kein Lastwiderstand angeschlossen ist.

Bei entsprechender Auslegung (besonders bei der Wahl und dem Aufbau des Stellgliedes T1) ist die Schaltung auch für die Bereitstellung sehr großer Ströme geeignet. Bei der Dimensionierung der Referenzspannungsquelle (R1, C1, D1, P1) ist zu beachten, dass der durch die Z-Diode D1 fließende Strom deutlich größer ist als der durch P1 fließende Strom. Der Shunt R11 sollte einen kleinen Widerstandswert haben. Alleine schon um die in ihm entstehende Wärmeleistung gering zu halten. OP1 verstärkt die an R11 anliegende Spannung so, dass bei Nennstrom an seinem Ausgang eine Spannung entsteht, die in etwa gleich der Referenzspannung an P1 ist.

Angenommen, die am Schleifer von P1 anliegende Referenzspannung beträgt *2 V*. Dann könnte man R11 so dimensionieren, dass an ihm bei Nennstrom eine Spannung von *0,2 V* abfällt. Der Operationsverstärker OP1 müsste dann für einen Verstärkungsfaktor von 10 ausgelegt werden. An den Eingängen des Subtrahierers liegt dann bei Nennstrom etwa die gleiche Spannung an (*2 V*). Die Widerstände R5 bis R8 am Operationsverstärker OP2 können in diesem Fall den gleichen Wert haben. Der Widerstand R2 verbessert das Sperrverhalten des Stellgliedes (Transistor T1). Der Widerstand R3 muss so dimensioniert werden, dass T1 durch T2 aus voll aufgesteuert werden kann. Es ist zu beachten, dass in T1 Wärme entsteht, die abgeführt werden muss.

Zur Dimensionierung: Als Operationsverstärker eignet sich der Typ LM2904. Er ist in einem 8-Pin-DIL-Gehäuse welches zwei Operationsverstärker enthält. Dieser ist einsetzbar für Versorgungsspannungen von bis zu $U_B = 32\ V$. Der Spannungshub am Ausgang reicht von GND bis *1,5V* unter der Versorgungsspannung. R5 bis R8 können jeweils mit *10 kΩ* bestückt werden. Folgt man dem beschriebenen Beispiel, dann wäre z.B. R10 sinnvoll mit *100 kΩ* zu bestücken und R9 mit einer Reihenschaltung bestehend aus *10 kΩ* und 1,2 *kΩ*. *R2* ist unkritisch. Hier würde ich einen Widerstand zwischen *100 kΩ* und *1 MΩ* einsetzen. R4 würde ich mit *1 kΩ* bestücken. Die Auswahl von T2 und R3 richtet sich nach T1. Vor allem dessen Stromverstärkung bestimmt den Basisstrom, der über R3 und T2 zur Verfügung gestellt werden muss.

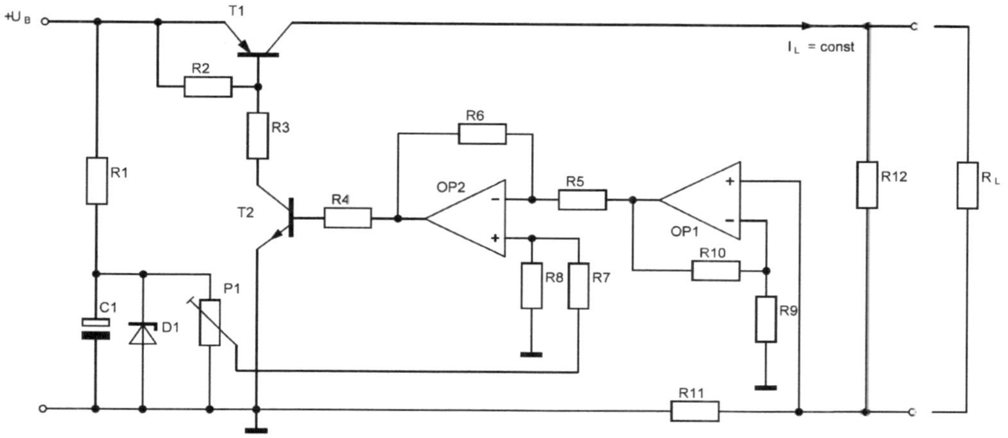

Bild 7.7: Konventionell aufgebauter Stromregler.

Chapter 8 • Schaltnetzteile

In einem linearen Regler entsteht im Stellglied oftmals nicht unerhebliche Wärmeleistung. Diese muss abgeführt werden. Das ist nicht immer einfach zu bewerkstelligen. Außerdem kann es unerwünscht sein, wenn ein großer Teil der eingespeisten Energie in Wärme umgewandelt wird und somit nicht als elektrische Energie am Ausgang zur Verfügung steht. Der Wirkungsgrad von Netzeilen mit linearem Regler ist also eher niedrig. Problematisch ist das z.B. wenn die speisende Quelle ein Energiespeicher wie eine Akkumulator ist. Erheblich bessere Wirkungsgrade erreicht man mit Schaltnetzteilen.

Das Stellglied arbeitet dabei nicht linear, sondern im Schaltbetrieb. Das Stellglied hat also zwei Zustände: eingeschaltet/durchlässig und ausgeschaltet/sperrend. Im eingeschalteten Zustand wird der Strom durch das Stellglied maximal, die Spannung wird jedoch minimal. Dies führt zu einer niedrigen Verlustleistung (Wärmeleistung). Im ausgeschalteten Zustand ist die am Stellglied anliegende Spannung maximal, der Strom durch das Stellglied ist jedoch minimal (nahezu Null). Somit ist auch hier die entstehende Wärmeleistung niedrig. Lediglich beim Umschalten entsteht für kurze Zeit eine wesentliche Leistung, die in Wärme umgewandelt wird. Je schneller umgeschaltet wird, desto kürzer ist die Zeit, in der tatsächlich eine Wärmeleistung entstehen kann. Je höher die Umschaltfrequenz, desto öfter kommen die Umschaltverluste vor und folglich entsteht umso mehr Wärme.

8.1 Getaktete Längsregler und Ladungspumpen

Erste Schritte zum Schaltnetzteil sind die getakteten Längsregler und die Ladungspumpen. Diese werden bei kleinen Leistungen gerne angewandt. Sie sind einfach aufzubauen und leicht zu durchschauen.

8.1.1 Getaktete Längsregler

Die erste Stufe zum Schaltnetzteil bilden die getakteten Längsregler. Grundlage hierfür ist die Überlegung, dass an einem idealen Schalter keine Wärmeleistung auftritt. Die Wärmeleistung die in einem Bauteil an dessen inneren ohmschen Widerstand auftritt, ergibt sich gemäß der Formeln

$$P_V = U \cdot I = \frac{U^2}{R} = I^2 \cdot R \qquad \{Gleichung\ 8.1\}$$

Dabei steht U stellvertretend für die am Bauteil abfallende Spannung und I für den durch das Bauteil fließenden Strom. Bezogen auf einen idealen Schalter lässt dies folgenden Schluss zu:

- Im eingeschalteten Zustand fließt der Nennstrom I_N durch den Schalter. Es steht aber keine Spannung am Schalter an ($U=0$). Somit gilt für die Wärmeleistung gemäß obiger Formeln $P_V = 0$.
- Im ausgeschalteten Zustand steht die Spannung U am Schalter an. Der Strom ist aber in diesem Fall Null, so dass wiederum keine Wärmeleistung im Schalter auftritt.

Als Schalter wird ein Transistor verwendet. Es ist naheliegend, den Längstransistor eines Linearreglers zu schalten, was bei getakteten Längsreglern auch der Fall ist. Bild 8.1 zeigt die Prinzipschaltung eines getakteten Längsreglers. Es macht deutlich, dass bei diesem Prinzip die Eingangsspannung stets größer sein muss als die Ausgangsspannung. Der Kondensator am Ausgang dient als Energiespeicher. Der Komparator *V* vergleicht die Spannung am Kondensator *C* mit einer stabilen Referenzspannung U_{ref}. Ist die Spannung am Kondensator dabei kleiner als die Referenzspannung, wird der Transistor *T* voll aufgesteuert und der Kondensator wird nachgeladen. Damit ein echter Schaltbetrieb zustande kommt, ist der Komparator mit einer Hysterese versehen. Die Spannung am Kondensator ist daher von einer sägezahnförmigen Wechselspannung überlagert. Der arithmetische Mittelwert der Ausgangsspannung ist gleich der Referenzspannung U_{ref}. Die vorgestellte Schaltungsvariante ist freischwingend. Die Schaltfrequenz hängt unter anderem von der Belastung ab. Je höher die Belastung, desto schneller wird der Kondensator entladen und muss entsprechend öfter nachgeladen werden.

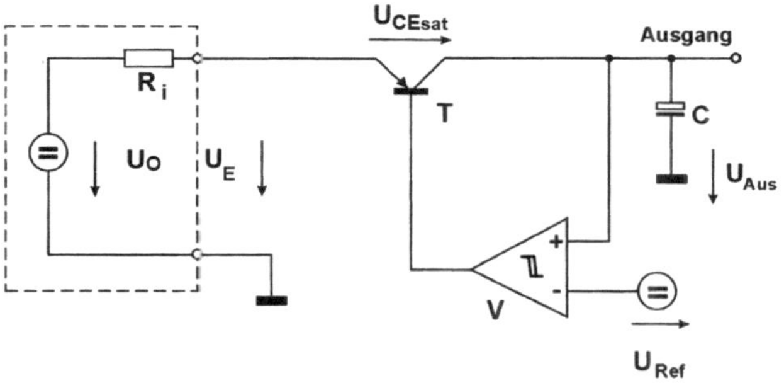

Bild 8.1: Prinzip des getakteten Längsreglers.

Unmittelbar nach dem Anlegen der Schaltung an die speisende Quelle mit der Quellspannung U_0 öffnet der Transistor *T*, da der Kondensator *C* noch entladen ist und entsprechend auch die Ausgangsspannung gleich Null ist. Der Kondensator wird nun über die Summe der beiden Widerstände R_i und Kollektor-Emitter-Widerstand des Transistors geladen. R_i steht für den Innenwiderstand der speisenden Spannungsquelle. Da der Transistor im Schaltbetrieb ist, wird hier nicht der Kollektor-Emitter-Widerstand berücksichtigt, sondern die Kollektor-Emitter-Sättigungsspannung U_{CEsat}.

Während des normalen Betriebs leitet der Transistor, wenn die Ausgangsspannung $U_{ref} - \Delta U$ unterschreitet. Er sperrt wieder, wenn die Ausgangsspannung größer ist als $U_{ref} + \Delta U$.

In der Regel wird die Belastung durch den Komparator vernachlässigbar sein. Im eingeschwungenen Zustand schwankt die Ausgangsspannung (bzw. die Spannung am Kondensator U_C) also zwischen zwei Werten:

$$(U_{ref} - \Delta U) \leqslant U_C \leqslant (U_{ref} + \Delta U)$$

Es gilt gemäß z.B. [16] und [17] für den Ladevorgang (Transistor eingeschaltet) im eingeschwungenen Zustand mit der Anfangsbedingung $U_C \leq (U_{ref} - \Delta U)$:

$$U_C = f(t) = \frac{(U_0 - U_{CEsat}) \cdot R_L}{R_i + R_L} + ((U_{ref} - \Delta U) - \frac{(U_0 - U_{CEsat}) \cdot R_L}{R_i + R_L}) \cdot e^{\frac{-t}{\tau_e}}$$

{Gleichung 8.2}

mit $\tau_e = \frac{(R_i + R_{CE}) \cdot R_L}{R_i + R_{CE} + R_L} \cdot C$ *{Gleichung 8.3}*

Der Kollektor-Emitter-Widerstand R_{CE} ist unbekannt. Man kann ihn korrekterweise wie folgt berechnen:

$$R_{CE} \approx \frac{U_{Early}}{I_C}$$

Leider wird aber U_{Early} in den Datenblättern nicht mehr angegeben. Zudem ist der Strom I_C nicht konstant. Ich nehme deshalb diese etwas gröbere Schätzung:

$$R_{CE} \approx \frac{U_{CEsat}}{\overline{I_C}}$$

Die Einschaltzeit t_{on} ist beendet, wenn gilt

$$U_C = U_{ref} + \Delta U$$

Man erhält diese Zeit durch Einsetzen des Wertes für U_C in der obigen Gleichung und Umstellen der Gleichung nach der Zeit t. Das Ergebnis lautet:

$$t_{on} = -\tau_e \cdot \ln\left(\frac{U_{ref} + \Delta U - \frac{(U_0 - U_{CDsat}) \cdot R_L}{R_i + R_L}}{U_{ref} - \Delta U - \frac{(U_0 - U_{CEsat}) \cdot R_L}{R_i + R_L}}\right)$$

{Gleichung 8.4}

Das funktioniert natürlich nur wenn eingehalten wird:

$$\frac{(U_0 - U_{CEsat}) \cdot R_L}{R_i + R_L} > (U_{ref} + \Delta U)$$

Es ist ersichtlich, dass die Dauer des Ladevorgangs sehr stark von den unter Umständen nur grob abschätzbaren oder zum Teil gar unwägbaren Größen R_i, R_{CE} und R_L abhängt. Überschreitet die Kondensatorspannung den Wert $U_{ref} + \Delta U$, so wird der Transistor T wieder gesperrt. Der Kondensator entlädt sich jetzt über den Lastwiderstand R_L, so dass notiert werden kann:

$$U_C = f(t) = (U_{ref} + \Delta U) \cdot e^{\frac{-t}{\tau_a}}$$ *{Gleichung 8.5}*

für $(U_{ref} - \Delta U) \leqslant U_C \leqslant (U_{ref} + \Delta U)$

mit $\tau_a = R_L \cdot C$ *{Gleichung 8.6}*

Die Belastung durch den Komparator wird wieder vernachlässigt. Die Dauer der Ausschalt- bzw. Entladezeit t_{off} erhält man, wenn man das Umschaltkriterium $(U_{ref} - \Delta U)$ für U_C in die obige Gleichung einsetzt und wiederum nach der Zeit t umstellt. Man erhält:

$$t_{off} = -\tau_a \cdot \ln(\frac{U_{ref} - \Delta U}{U_{ref} + \Delta U})$$ *{Gleichung 8.7}*

Die Schaltung enthält keinen Taktgenerator. Sie ist freischwingend. Für die Schaltfrequenz f_S gilt allgemein:

$$f_S = \frac{1}{t_{on} + t_{off}}$$ *{Gleichung 8.8}*

Die variable Größe in den Gleichungen *{8.4}* und *{8.6}* soll der Lastwiderstand R_L sein. Alles andere sind Konstanten. Unter diesen Voraussetzungen ist zu erwarten, dass sich die Frequenz umgekehrt proportional zum Lastwiderstand verhält. Also etwa so wie im Bild 8.2 qualitativ dargestellt. Entscheidend für die Größenordnung der sich einstellenden Frequenz f ist ΔU und der Kondensator C am Ausgang.

$f \sim 1/\Delta U$

$f \sim 1/C$

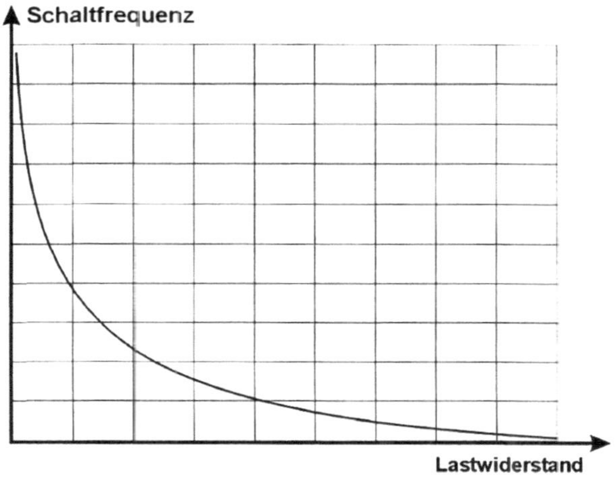

Bild 8.2: Qualitativer Verlauf der Schaltfrequenz in Abhängigkeit vom Lastwiderstand beim getakteten Längsregler.

Rechenbeispiel:
Die freischwingende Schaltung aus Bild 8.1 soll eine Ausgangsspannung von $U_A = U_C = U_{ref} = 6\,V$ liefern. Die Hysterese soll *200 mV* betragen – somit ist *ΔU = 100 mV*. Dies wäre zugleich die der Gleichspannung von *6 V* überlagerte Brummspannung $U_{brrSS} = 2 \cdot U = 200\,mV$. Der Lastwiderstand hat einen Wert von *120 Ω*. Der Ausgangskondensator ist mit C = *47 µF* dimensioniert. Die speisende Quelle hat eine Leerlaufspannung von $U_0 = 48\,V$ und einen gemessenen Innenwiderstand von $R_i = 10\,\Omega$.

Die Frage ist, wie groß in diesem Fall die Schaltfrequenz sein wird und ob der Transistor BC140 dafür noch geeigent ist. Im Datenblatt des Transistors steht $U_{CEsat} < 1\,V$ bei $I_C = 1\,A$.

Zur Berechnung von t_{on} nehme ich die Formeln *{8.3}* und *{8.4}*:

$$\tau_e = \frac{(10\Omega + 1\Omega) \cdot 120\Omega}{10\Omega + 1\Omega + 120\Omega} \cdot 47 \cdot 10^{-6}F \approx 0{,}000474s$$

$$t_{on} = -\tau_e \cdot \ln\left(\frac{6V + 0{,}1V - \frac{(48V - 1V) \cdot 120\Omega}{10\Omega + 120\Omega}}{6V - 0{,}1V - \frac{(48V - 1V) \cdot 120\Omega}{10\Omega + 120\Omega}}\right) = -\tau_e \cdot \ln\left(\frac{6V + 0{,}1V - 43{,}385V}{6V - 0{,}1V - 43{,}485V}\right)$$
$$= -\tau_e \cdot \ln\left(\frac{-37{,}285}{-37{,}585}\right) \approx -\tau_e \cdot (-0{,}008)$$

$$t_{on} \approx -0{,}000474s \cdot (-0{,}008) = 0{,}000003788s = 3{,}788\mu s$$

Zur Berechnung von t_{off} dann die Formeln *{8.6}* und *{8.7}*:

$$\tau_a = 120\Omega \cdot 47 \cdot 10^{-6}F = 0{,}00564s$$

$$t_{off} = -\tau_a \cdot \ln\left(\frac{6V - 0{,}1V}{6V + 0{,}1V}\right) \approx -0{,}00564 \cdot (-0{,}0333336) = 0{,}000188s = 188\mu s$$

Die zu erwartende Schaltfrequenz ist dann nach Gleichung *{8.8}* voraussichtlich:

$$f_S = \frac{1}{3{,}788\mu s + 188\mu s} = \frac{1}{191{,}788\mu s} = \frac{1}{191{,}788 \cdot 10^{-6}s} \approx 5214Hz$$

Ein vollständiger Umschaltzyklus (t_{on}+t_{off}) dauert beim Transistor BC140 laut Datenblatt maximal *1100 ns = 1,1 µs*. Dies entspräche einer maximalen Umschaltfrequenz von

$$f_{Tmax} = \frac{1}{1{,}1\mu s} \approx 909kHz$$

Somit ist der Transistor für diese Aufgabe gut geeignet. Das zugehörige Oszillogramm sieht bei diesem Beispiel so aus wie im Bild 8.3. Die t_{off}-Zeit ist deutlich sichtlich länger als die t_{on}-Zeit. Das ergab bereits die Berechnung. Die gemessene Frequenz entspricht in etwa der errechneten.

Im Prinzip kann man vor ersten praktischen Versuchen das Verhalten des getakteten Längsreglers mit Hilfe der angegebenen Gleichungen sehr genau untersuchen. Allerdings sind die Gleichungen schon recht unhandlich, so dass dieses Vorhaben nur mit Computerunterstützung wirklich sinnvoll ist und langwierig praktische Versuche bei der Entwicklung einspart. Man kann die Formeln z.B. in einer Tabellenkalkulation eintragen.

Beim praktischen Aufbau eines getakteten Längsreglers sind noch einige Kriterien bei der Dimensionierung zu berücksichtigen. Besonders sinnvoll ist der Einsatz getakteter Längsregler, wenn die Eingangsspannung wesentlich höher ist als die Ausgangsspannung. Die meisten linearen Spannungsregler in IC-Form verkraften Eingangsspannungen zwischen *15 V* und *40 V*. Der getaktete Längsregler ist auch bei sehr hohen Eingangsspannungen einsetzbar. Zu beachten ist lediglich, dass der Schalttransistor die Eingangsspannung verkraftet.

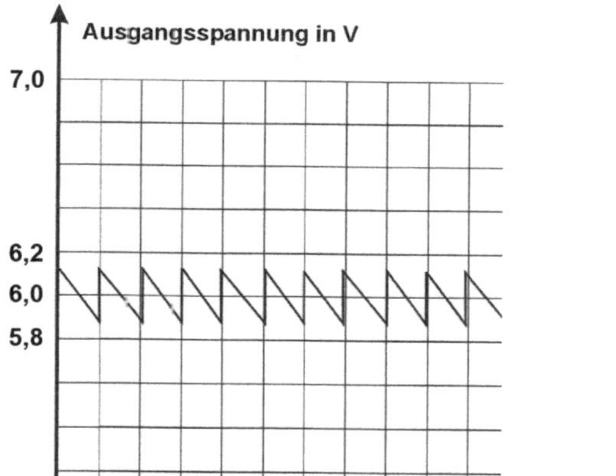

Bild 8.3: Typischer Verlauf der Ausgangsspannung bei einem getakteten Längsregler (hier für eine Nennausgangsspannung von 6 V.

Bei einem Spannungsregler ist eine Betrachtung der Wärmeentwicklung angebracht. Betrachtet man Bild 8.1 findet man im Leistungs-Stromweg den Innenwiderstand der Quelle R_i sowie die Emitter-Kollektor-Strecke des Transistors T1. Die Gleichung *{8.1}* zeigt, dass die Wärme in einem Widerstand mit dem Quadrat der anliegenden Spannung oder dem Quadrat des hindurchfließenden Stromes steigt. Somit gilt: Je kleiner ΔU, desto kleiner ist die entstehende Wärmeleistung.

Voraussetzung für einen kleinen Emitter-Kollektor-Widerstand ist in jedem Fall, dass der Schalttransitor komplett durchgesteuert wird. Eine Übersteuerung (Ansteuerung über den Sättigungspunkt hinaus) hat aber den Nachteil, dass der Umschaltvorgang verlangsamt wird, da beim Umschaltvorgang erst Ladungsträger im Halbleitermaterial ausgeräumt werden müssen. Dies begrenzt die maximal mögliche Schaltfrequenz. Optimal ist also ein Betrieb, bei dem der Sättigungspunkt gerade erreicht – aber nicht überschritten wird.

Hinsichtlich der Schaltfrequenz ist zu beachten: Je höher die Schaltfrequenz, desto höher ist die im Transistor entstehenden Wärme, da immer wieder das komplette Ausgangskennlinienfeld durchfahren wird, bei der das Produkt $U_{CE} \cdot I_C$ sehr wohl einen Wert produziert.

Fazit: Gelingt es den getakteten Längsregler mit kleiner Hysterese bei noch moderater Schaltfrequenz zu entwerfen, lässt sich die Wärmeentwicklung im Vergleich zum statischen Linearregler erheblich reduzieren. Das hatte ich in [18] so nicht ausgeführt.

Die Ausgangsspannung ist mit der Brummspannung (Wechselspannung) $U_{brSS} = 2 \cdot \Delta U$ überlagert. Für die Gewinnung einer brummfreien Ausgangsspannung ist auch die Kombination aus getaktetem Längsregler mit nachgeschaltetem linearen Low-Drop-Spannungsregler-IC üblich. Die Spannungsdifferenz am Regler-IC kann damit auf ein Minimum reduziert werden.

8.1.1.1 Praktisch ausgeführter, getakteter Längsregler

In [18] habe ich eine praktisch ausgeführte Schaltung für einen getakteten Längsregler vorgestellt. Eine etwas einfachere Schaltung ist im Bild 8.4 zu sehen. Diese habe ich in einem Gitarrenverstärker verwendet, den ich in [30] und [31] vorgestellt hatte. Bei diesem Gitarrenverstärker habe ich die gesamte Vorstufenelektronik ausgetauscht. Diese benötigte eine stabile Versorgungsspannung von $24\ V_{DC.}$ Zur Verfügung stand eine Gleichspannung von knapp $60\ V$. Bei der entworfenen Schaltung darf die Eingangs-Gleichspannung Werte zwischen $28\ V$ und $65\ V$ annehmen. Wird für den Transistor T2 ein Typ eingesetzt, der eine größere Kollektor-Emitter-Spannung verkraftet, sind auch höhere Eingangsspannungen möglich. Der Transistor T1 verkraftet eine Drain-Source-Spannung von $200\ V$.

Die Schaltung arbeitet frei schwingend. Ein mit OP1 aufgebauter Komparator vergleicht die über die Dioden D3 und D4 bereitgestellte Referenzspannung mit der über R7 und R8 herunter geteilten Ausgangsspannung. Ist die Ausgangsspannung zu klein, wird der Transistor T2 gesperrt und T1 leitet über R2. Der Kondensator C1 wird geladen. Ist die Ausgangsspannung zu groß, wird der Transistor T2 geöffnet. Das Gate von T1 liegt damit auf GND und T1 sperrt. Damit der Transistor T1 vollständig öffnet benötigt dieser eine Gate-Source-Spannung von $4\ V$. Deshalb muss die Eingangsspannung mindestens $4\ V$ höher sein als die Ausgangsspannung. Mit Hilfe der Diode D1 wird sichergestellt, dass der Transistor T2 auch dann gesperrt wird, wenn der Operationsverstärker OP1 am Ausgang nicht das Massepotential erreicht. Mit R6 ist die Hysterese festgelegt. Ein Verkleinern von R6 vergrößert die Hysterese.

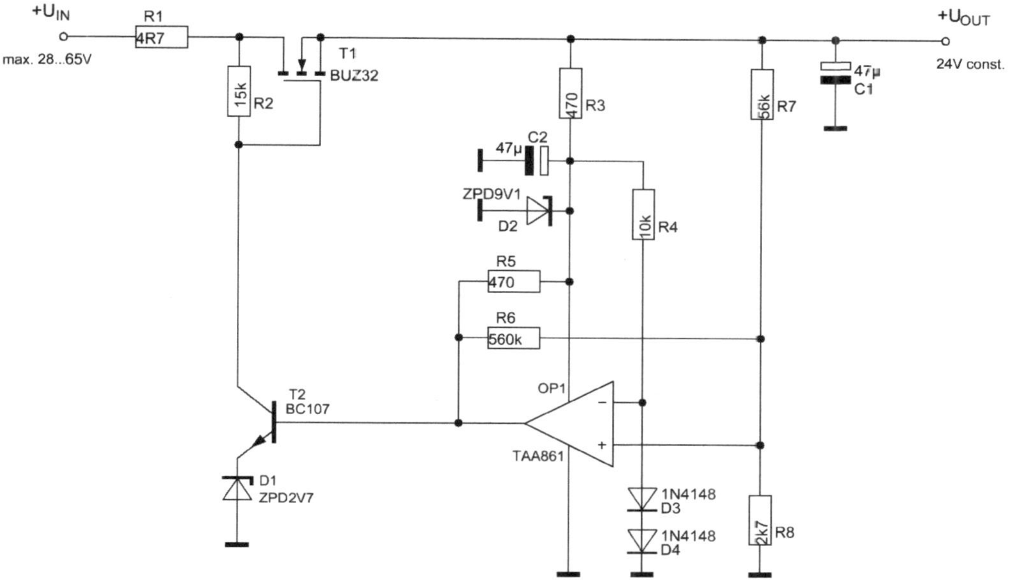

Bild 8.4: Praktisch ausgeführter, getakteter Längsregler. Die maximal zulässige Eingangsspannung wird in erster Linie durch die zulässige Kollektor-Emitter-Spannung des Transistors T2 beschränkt.

Die nachfolgende Rechnung zeigt den Unterschied zwischen Theorie und Praxis:

Wenn der Ausgang des Operationsverstärkers auf GND liegt gilt:

$$U_{OUT} = \frac{U_{R8}}{R6//R8} \cdot (R7 + R8) = \frac{U_{R8}}{\frac{R6 \cdot R8}{R6 + R8}} \cdot (R7 + R8) \text{ mit } U_{R8} = U_{D3} + U_{D4}$$

$$U_{OUT} = \frac{1{,}4V}{\frac{560000\Omega \cdot 2700\Omega}{560000\Omega + 2700\Omega}} \cdot (56000\Omega + 2700\Omega) = \frac{1{,}4V}{2687\Omega} \cdot 58700\Omega \approx 30{,}58V$$

Im anderen Fall hat der Ausgang des Operationsverstärkers die Spannung die sich aus der Summe der Zenerspannung von D1 und der Basis-Emitter-Spannung von T2 zusammensetzt:

$$U_{OPout} = U_{D1} + U_{BE.T2} = 2{,}7V + 0{,}7V = 3{,}4V$$

Als Ansatz kann man so vorgehen:

$$U_{OUT} = U_{R8} + U_{R7} = U_{R8} + R7 \cdot I_{R7} = U_{R8} + R7 \cdot (\frac{U_{OPout} - U_{R8}}{R6} + \frac{U_{R8}}{R8})$$

$$U_{OUT} = 1{,}4V + 56000\Omega \cdot (\frac{3{,}4V - 1{,}4V}{560000\Omega} + \frac{1{,}4V}{2700\Omega}) = 30{,}64V$$

Die Hysterese ist

$$\Delta U = (U_{R8} + R7 \cdot (\frac{U_{OPout} - U_{R8}}{R6} + \frac{U_{R8}}{R8})) - (\frac{U_{R8}}{\frac{R6 \cdot R8}{R6 + R8}} \cdot (R7 + R8))$$

Nach langer Rechnung habe ich erhalten:

$$\Delta U = \frac{1}{R6} \cdot (U_{OPout} \cdot R7 - U_{R8} \cdot (2 \cdot R7 + R8))$$

$$\Delta U = \frac{1}{560000\Omega} \cdot (3{,}4V \cdot 56000\Omega - 1{,}4V \cdot (2 \cdot 56000\Omega + 2700\Omega)) = 0{,}05325V$$

Tatsächlich ist die gemessene Ausgangsspannung *24 V*. Ursache ist die Schleusenspannung der Dioden D3 und D4. Diese ist tatsächlich aufgrund des geringen Stroms durch R4 kleiner als *0,7 V*. Auch die Ausgangsspannung des Operationsverstärkers ist kleiner als 3,4V, da der Transistor T2 bereits zu leiten beginnt bei Spannungen von $U_{BE} \geq 0{,}5$ *V*.

8.1.2 Ladungspumpen

Mit den getakteten Längsreglern lässt sich jede beliebige Ausgangsspannung erzeugen, sofern sie kleiner ist als die Eingangsspannung abzüglich des Spannungsabfalls am Schalttransistor. Bei dem nun folgenden Prinzip der Ladungspumpen (engl. Charge Pump) ist auch eine Spannungserhöhung möglich. Es ist jedoch mehr als ein Schalter im Leistungskreis erforderlich. Ladungspumpen werden üblicherweise nicht freischwingend betrieben, sondern mit festgelegtem Takt gesteuert.

8.1.2.1 Spannungshalbierer

Bei der Spannungshalbierung kommt das Prinzip nach Bild 8.5 zur Anwendung. Der Kondensator C2 liegt permanent parallel zum Ausgang. Zunächst sind die Schalter A geöffnet und die Schalter B geschlossen. Die beiden Kondensatoren C1 und C2 liegen jetzt in Reihe. Haben die Kondensatoren die gleiche Kapazität, werden sie jeweils mit der halben Spannung U_{IN} geladen. Anschließend werden die Schalter B geöffnet und die Schalter A geschlossen. Nun liegen beide Kondensatoren parallel, und am Ausgang steht die Hälfte der Spannung U_{IN} zur Verfügung. Damit die Ausgangsspannung auch bei Belastung erhalten bleibt, muss permanent nachgeladen werden. Dafür wird gesorgt indem die Schalter A und B wechselseitig in raschem Tempo öffnen und schließen. Bei der praktischen Umsetzung werden die Schalter durch Transistoren und/oder Dioden ersetzt. Eine praktisch ausgeführte Schaltung, die ohne Spezialbauteile auskommt ist in [18] beschrieben. Mit der dort vorgestellten Schaltung wird ein Wirkungsgrad von knapp *70 %* erreicht.

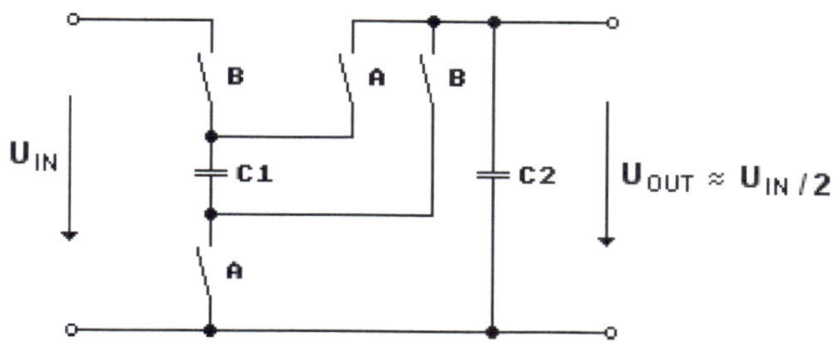

Bild 8.5: Seriell laden und parallel entladen - das ist das Prinzip bei spannungshalbierenden Ladungspumpen.

8.1.2.2 Spannungsverdoppler

Das Prinzip aus Bild 8.5 ist im Bild 8.6 so verändert, dass eine Spannungsverdopplung möglich wird.

Zunächst sind die Schalter A geschlossen und die Schalter B geöffnet. Der Kondensator C1 wird dann mit U_{IN} aufgeladen. Nun öffnen die Schalter A und es schließen die Schalter B. Jetzt ist der mit U_{IN} aufgeladene Kondensator C1 in Reihe mit der Spannungsquelle geschaltet. Somit wird C2 nun mit der doppelten Eingangsspannung aufgeladen. C1 wird auch als Pumpkapazität bezeichnet und C2 als Speicherkapazität.

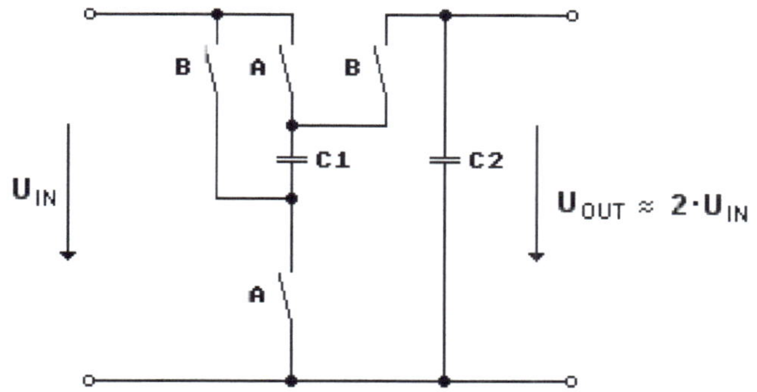

Bild 8.6: Parallel laden und seriell entladen – nach diesem Prinzip arbeiten spannungsverdoppelnde Ladungspumpen.

Beim Spannungsverdoppler aus Bild 8.6 gilt für den Wirkungsgrad (ohne Herleitung):

$$\eta = 1 - \frac{8 \cdot (C2)^2 + 8 \cdot C2 \cdot C1 + (C1)^2 \cdot I_L}{16 \cdot ((C2)^2 \cdot C1 + C2 \cdot (C1)^2) \cdot U_0 \cdot f} \quad \text{\{Gleichung 8.9\}}$$

Dabei wird vorausgesetzt, dass die Zeitkonstante beim Aufladen des Kondensators C1 viel kleiner ist als die Periodendauer der Schaltfrequenz. Also

$$t_{C1} = R_{ON} \cdot C1 \ll T_S$$

R_{ON} ist der Widerstand im Stromweg zwischen Eingang und dem Kondensator C1. Dieser setzt sich zusammen aus dem Innenwiderstand der speisenden Quelle, den Leitungs- und Verbindungswiderständen und dem Widerstand des Schalters.

Mit der Bedingung *C2 >> C1* bzw. *C2 = k · C1* mit *k >> 1* vereinfacht sich die Gleichung *{8.9}* zu

$$\eta \approx 1 - \frac{I_L}{2 \cdot C1 \cdot f_S \cdot U_{\mathrm{IN}}} \qquad \text{\{Gleichung 8.10\}}$$

Bemerkenswert ist, dass mit zunehmender Frequenz der Wirkungsgrad besser wird. Wie hoch die Frequenz letztendlich sinnvoll werden darf hängt von der Qualität der Schalter ab. Auch ein großer Kondensator C1 trägt zur Verbesserung des Wirkungsgrades bei. Die angegebenen Formeln gelten nur für den eingeschwungenen Zustand. Das heißt, die Kondensatoren sind nie vollständig entladen.

Anschaulich kann man sagen, dass bei hoher Frequenz im eingeschwungenen Zustand die Spannungsdifferenzen

$$U_{\mathrm{IN}} - U_{C1} \quad \text{und} \quad (U_{\mathrm{IN}} + U_{C1}) - U_{C2}$$

klein sind. Diese Spannungsdifferenzen sind aber maßgebend für die Wärmeentwicklung auf der Leitung und in den Schaltern. Sie gehen sogar quadratisch in die Wärmeentwicklung ein (Gleichung *{8.1}*). Es bleibt also bei hoher Schaltfrequenz mehr von der am Eingang eingespeisten elektrischen Energie übrig.

Praktisch umgesetzt, könnte ein Spannungsverdoppler wie in Bild 8.7 aussehen. Das Prinzip ist etwas anders als im Bild 8.6. Ein Generator steuert zwei Komparatoren, die die beiden Leistungstransistoren abwechselnd ein- und ausschalten. Angenommen, zunächst ist T1 leitend und T2 sperrt. In diesem Falle wird C2 auf die Eingangsspannung U_{IN} aufgeladen. Nun sperrt T1 und T2 ist leitend. Dann wird C1 auf die Eingangsspannung U_{IN} aufgeladen. Da beide Kondensatoren in Reihe geschaltet sind, ergibt sich am Ausgang eine Spannung, die ungefähr doppelt so groß ist wie die Eingangsspannung. Bei der praktischen Ausführung muss dafür gesorgt werden, dass die Transistoren niemals gleichzeitig leitend werden können. Am besten gibt es bei dem Generator G eine Totzeit zwischen den Schaltzuständen SW2 oben und SW2 unten.

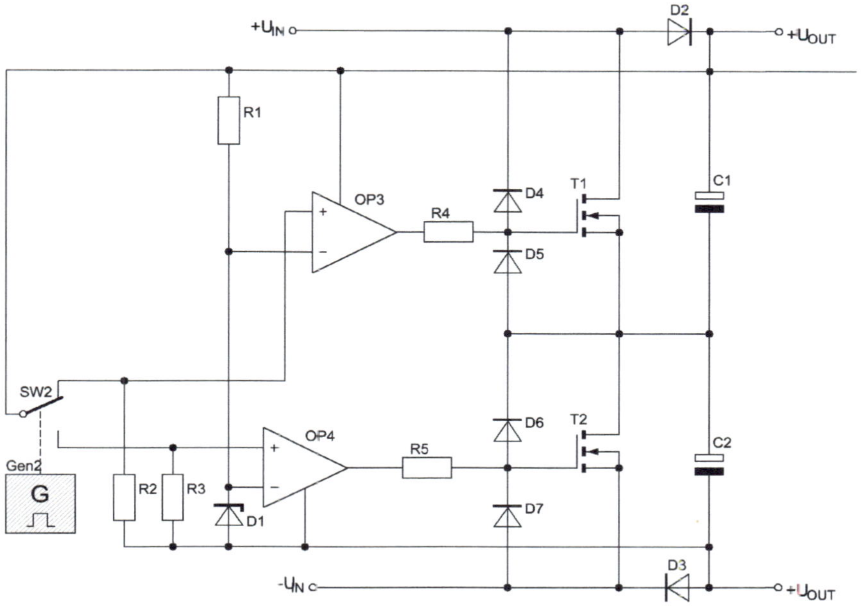

Bild 8.7: Spannungsverdoppler für größere Leistungen.

8.1.2.3 Spannungsinvertierer

Es ist leicht vorstellbar, dass nach dem gleichen Muster, nur durch andere Anordnung der beiden Schalterpaare A und B aus den Bildern 8.5 und 8.6, Ausgangsspannungen mit zum Eingang umgekehrter Polarität erzeugt werden können. Das einfachste Beispiel ist in Bild 8.8 zu sehen. Der Kondensator wird zunächst über die Schalter A geladen. Anschließend öffnen die Schalter A und die Schalter B schließen. Nun liegt der Kondensator am Ausgang. Allerdings mit umgekehrter Polarität. Durch intermittierendes Umschalten ergibt sich am Ausgang theoretisch die Spannung $U_{OUT} = -U_{IN}$. In der Praxis ist der Betrag der Ausgangsspannung aus bekannten Gründen etwas kleiner als der der Eingangsspannung ($|U_{OUT}| < |-U_{IN}|$).

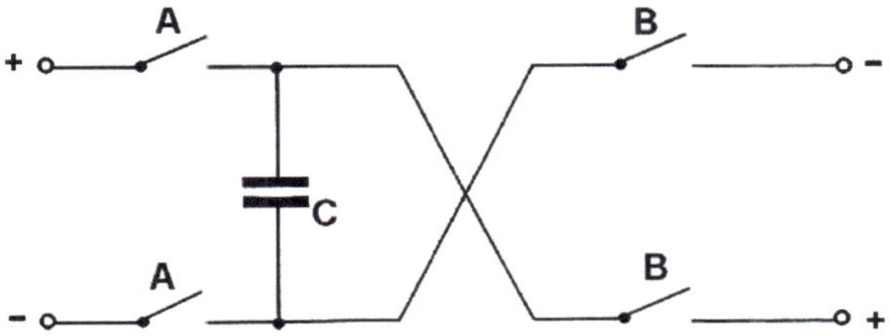

Bild 8.8: Spannungsumkehr mit Hilfe des 'Ladungspumpenprinzips'.

8.1.2.4 Taktgenerator für Ladungspumpen

Mein Vorschalg für einen Taktgenerator, der für Ladungspumpen geeignet ist, zeigt das Bild 8.9.

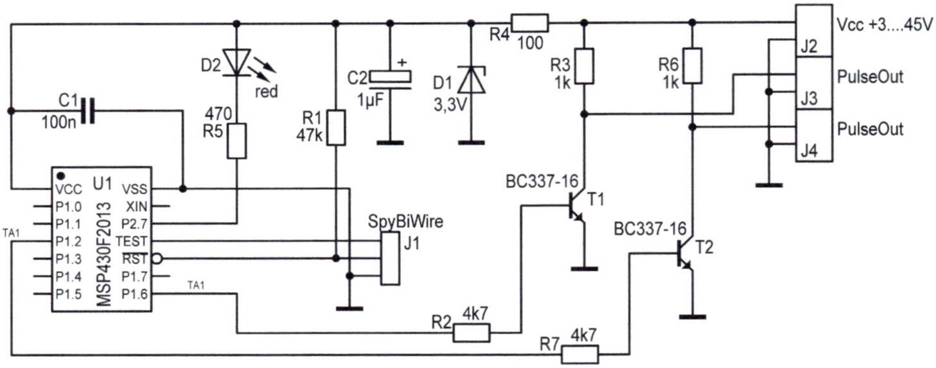

Bild 8.9: Vorschlag für einen Taktgenerator mit besonderer Berücksichtigung der Anforderungen bei Ladungspumpen.

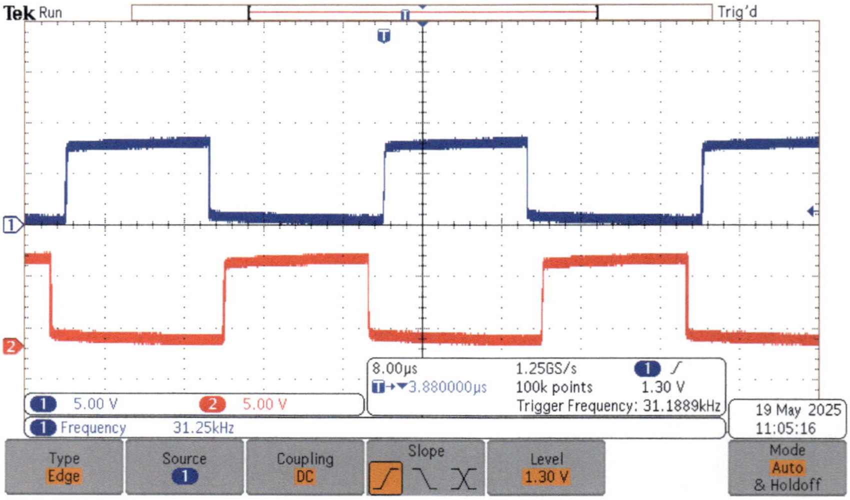

Bild 8.10: Ausgangssignal (PulsOut J3 und J4) zur Schaltung aus Bild 8.9 bei U_{VCC} = 9 V. Zwischen den Pulsen gibt es eine "Totzeit" von ca. 1,5 µs während derer beide Ausgänge GND-Signal führen.

Das Schalterpaar A wird über PulseOut J3 angesteuert. Das Schalterpaar B über PulsOut J4. Die Erzeugung des Pulses geschied mit einem Mikrocontroller MSP430F2013. Das Bild 8.10 zeigt die Signale an J3 und J4. Zwischen den Pulsen mit einer Länge von t_{on} = *14,44 µs* gibt es jeweils eine Totzeit von t_T = *1,528 µs*. Während dieser Zeit sind beide Ausgänge auf GND. Damit wird verhindert, dass beide Schalterpaare gleichzeitig geschlossen sind. Der zugehörige Code für den Mikrocontroller ist unten abgedruckt. Die Periodendauer *T* (und damit die Frequenz *f* für jeden Ausgang) ist mit dem Wert festgelegt, der in das

Register TACCR0 geschreiben wird. Dabei ist zu berücksichtigen, dass die beiden Ausgänge alternierend auf High-Potential geschaltet werden. Deshalb sieht die Formel wie folgt aus:

$$T = 2 \cdot TACCR0 \cdot \frac{1}{16 \cdot 10^6 Hz}$$

TACCR0 ist der Wert der in das Timerregister geschrieben wird. Der kleinste Wert den ich getestet habe war *64.* Dies entspricht einer Taktdauer von *8 µs* bzw. einer Schaltfrequenz von *125 kHz*. Kleinere Werte machen keinen Sinn, da dann das Verhältnis Einschaltzeit zur nicht veränderbaren Totzeit zu groß wird. Die Totzeit ist fest. Sie ergibt sich aus der Taktfrequenz (*16 MHz*) und der Zeit, die benötigt wird zur Abarbeitung des Codes bzw. der logischen Schritte. Im vorliegenden Fall wird in der ISR des Timers ausgewertet, ob die Zählvariable *counter* eine gerade (even) oder eine ungerade (odd) Zahl enthält. Abhängig davon wird entweder der Anschluss P1.2 oder der Anschluss P1.6 des Mikrocontrollers auf High-Level geschaltet.

Nach unten hin kann eine Schaltfrequenz von *500 Hz* je nach Einsatz noch sinnvoll sein. Diese Schaltfrequenz erreicht man, wenn das Register TACCR0 mit dem Wert *16000* geladen wird.

```
//Erzeugen eines Taktsignals für Ladungspumpen
//19.05.2025, Franz Peter Zantis
#include <msp430f2013.h>
unsigned int counter;

void main(void)
{
      WDTCTL = WDTPW | WDTHOLD;     // Stop watchdog timer
      BCSCTL1 = CALBC1_16MHZ;       //SMCLK is 16 MHz
      DCOCTL  = CALDCO_16MHZ;       //use internal DCO

      P2SEL = 0;                    //preset Port2 for normal use
      P2DIR |= BIT7;                //P2.7 as output
      P2OUT |= BIT7;                //P2.7 to high (LED off)

      P1DIR |= BIT2;                //P1.2 as output
      P1OUT &= ~BIT2;               //P1.2 to GND
      P1DIR |= BIT6;                //P1.6 as output
      P1OUT &= ~BIT6;               //P1.6 to GND

      //Timer mit Interrupt
      TACTL = TASSEL_2;             //clock is SMCLK
      TACTL |= ID_0;                //clock is divided by 1 --> 16MHz
      TACTL |= MC_1;                //counts until CCR0
      TACCR0 = 255;                 //counts to 256 --> 16µs --> half of the periode T
      TACCTL0 = CCIE;               //interrupt enabled for CCR0

   __enable_interrupt();
}

#pragma vector = TIMERA0_VECTOR
```

```
__interrupt void TIMER_A_CCR0_ISR(void)
{
        if (counter & 0x0001)        //true, if counter is odd; otherwise false
        {
                P1OUT = 0x40;        //P1.6 to high; all others from P1.x to GND
        }
        else
        {
                P1OUT = 0x04;        //P1.2 to high; all others from P1.x to GND
        }
        counter++;
}
```

8.1.2.5 Integrierte Ladungspumpen

Da das Konzept bei den Ladungspumpen immer gleich ist, und die Realisierung mit immer den gleichen Bauteilen (Transistoren und Dioden als Schalter, Komparatoren und Oszillatoren zur Erzeugung des Ansteuersignals) vonstatten geht, liegt es nahe, die wesentlichen Schaltungsteile der Ladungspumpe in einem IC zu integrieren. Mittlerweile gibt es zahlreiche ICs, die mit einem minimalen Bauteileaufwand den Aufbau von Ladungspumpen ermöglichen. Bei der Auswahl achte ich darauf nur ICs zu verwenden, die schon lange am Markt sind, eine weite Verbreitung gefunden haben, mit leicht zugänglichen Datenblättern. Als Maker und Funkamateur, der keine Massenproduktion macht, verwende ich allerdings viel lieber einen Standard-Mikrocontroller mit einem entsprechendem Programm. Dann habe ich die Funktionsweise fest im Griff und bin resistenter gegen Nichtverfügbarkeit oder Abkündigung eines Spezial-ICs. Das ist mir wichtiger als eine dann doch nur marginale Kostenoptimierung meines Projektes.

8.2 Schaltnetzteile mit Induktivität

Bei einem Schaltnetzteil kommen zwei Energiespeicherarten zur Anwendung: Ein Kondensator und eine Induktivität. Der Kondensator speichert die Energie in einem elektrischen Feld. Die Induktivität speichert die Energie in einem magnetischen Feld. Ergänzt man den getakteten Längsregler um eine Speicherinduktivität (Speicherdrossel) erhält man ein "echtes" Schaltnetzteil. Diese Schaltnetzteile können, wie die getakteten Längsregler, aus einer Eingangsgleichspannung eine Ausgangsgleichspannung erzeugen. Sie werden deshalb auch als DC/DC-Wandler bezeichnet. Dabei sind Eingang und Ausgang zunächst nicht galvanisch getrennt. Zu unterscheiden sind drei Fälle, die in der Tabelle 8.1 skizziert und dargestellt sind.

Bei den getakteten Längsreglern setzt der maximale Kondensatorladestrom unmittelbar nach dem Einschalten des Schalttransistors ein. Der Strom wird nur durch parasitäre Widerstände (Innenwiderstand der Quelle, ON-Widerstand des Schalters, etc.) begrenzt und verursacht entsprechende Wärme. Bei den Schaltnetzteilen steigt der Strom durch die Induktivität allmächlich linear an. Der Stromfluss erreicht erst dann seinen Maximalwert, wenn der auslösende Schaltvorgang längst abgeschlossen ist. Die für die Wärmeentwicklung maßgebenden ohmschen Widerstandsanteile im Leistungsteil sind zwar noch vorhanden, wegen der vergleichsweise kleineren Ströme wird darin aber weniger Wärme erzeugt (Gleichung *{8.1}*). Das wirkt sich positiv auf den Wirkungsgrad aus.

Neben den in der Tabelle 8.1 angegebenen Bezeichnungen findet man häufig als Sammelbegriff für alle drei Varianten auch die Bezeichnung "Drosselwandler". Dies ist berechtigt, da alle in diesem Abschnitt vorgestellten Wandler zum Betrieb eine Speicherdrossel (Speicherinduktivität) benötigen.

Im Übrigen verwende ich die Begriffe "Drossel" und "Spule" gleichbedeutend nebeneinander (wie in der gängigen Literatur üblich). Dies ist zulässig, da zwischen den Begriffen keine prinzipielle spezifische Unterscheidung existiert bzw. festgelegt ist.

Abwärtswandler Tiefsetzsteller Buck-Converter Step-Down-Converter	Aufwärtswandler Boost-Converter Step-Up-Converter	Invertierende Wandler Inverting Converter
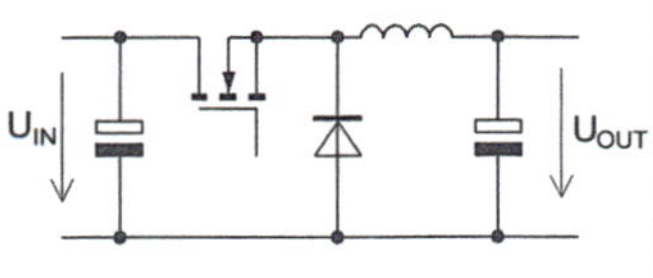	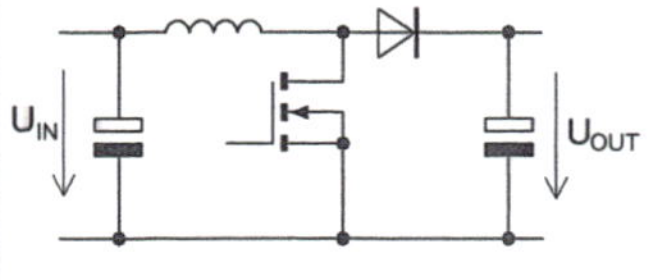	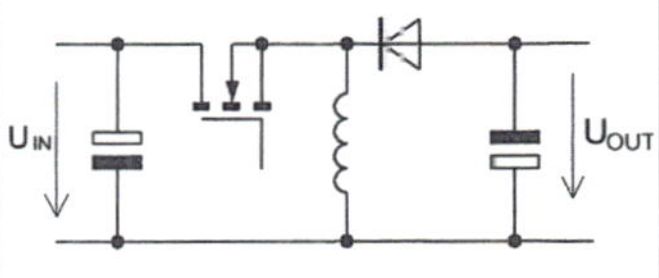
Die Ausgangsspannung ist kleiner als die Eingangsspannung. $U_{IN} > U_{OUT}$	Die Ausgangsspannung ist größer als die Eingangsspannung. $U_{IN} < U_{OUT}$	Die Ausgangsspannung hat eine andere Polarität als die Eingangsspannung. $-k \cdot U_{IN} = U_{OUT}$

Tabelle 8.1: Einteilung der DC-DC-Wandler (Schaltnetzteile) ohne galvanische Trennung.

8.2.1 Abwärtswandler

Der Abwärtswandler wird auch Tiefsetzsteller, bzw. in englischer Sprache Buck-Converter oder Step-Down-Converter genannt. Wegen der niedrigeren Wärmeleistung wird der Abwärtswandler gerne anstelle des Linearreglers eingesetzt, wenn es auf die Qualität der Spannung nicht so ankommt.

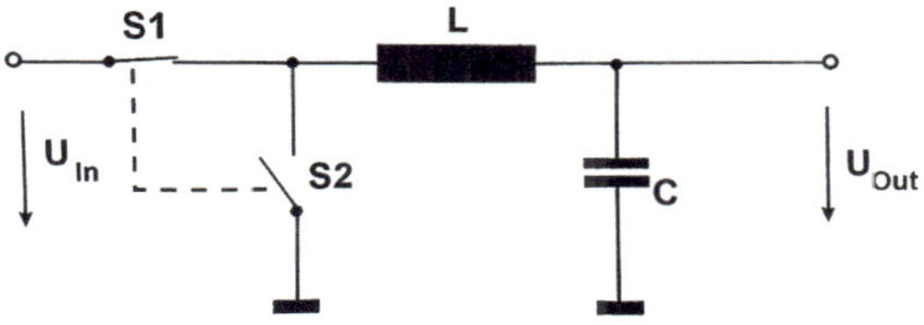

Bild 8.11: Funktionsprinzip eines Abwärtswandlers.

Die Prinzipschaltung eines Abwärtswandlers ist in Bild 8.11 dargestellt. Die Schalter S1 und S2 schließen und öffnen alternierend. Die Energieübertragung zwischen Eingang und Ausgang erfolgt permanent. Normalerweise ist die Schaltung so ausgelegt, dass ständig Strom vom Eingang zum Ausgang fließen kann. Die Verbindung zwischen Spule und Kondensator wird zu keiner Zeit unterbrochen. Die Spannung an der Eingangsseite der Spule (linker Spulenanschluss) ist entweder gleich der Eingangsspannung U_{IN} oder $0\ V$.

S1 sei zunächst geschlossen und S2 geöffnet. Entsprechend der technischen Stromrichtung fließt der Strom von links nach rechts durch die Drosselspule L und der Kondensator C wird aufgeladen (obere Platte im Pluspotential). Gleichzeitig wird in der Spule die Energie

$$W_L = \frac{1}{2} \cdot L \cdot I^2 \qquad \textit{\{Gleichung 8.11\}}$$

gespeichert. Da der Strom I auf Grund der Wirkung der Induktivität mit endlicher Geschwindigkeit ansteigt [5], ist dabei der zuletzt fließende (höchste) Strom kurz vor dem Öffnen von S1 einzusetzen. Beim nächsten Taktzyklus ist S1 geöffnet und S2 geschlossen. Nun ist die speisende Quelle vom Wandler getrennt. Gemäß der Lenz'schen Regel (Emil Lenz 1804-1865) "Der Induktionsstrom wirkt immer seiner Ursache entgegen." .....bleibt der Stromfluss durch die Drossel zunächst erhalten. Dazu muss sich die Spannung an der Drossel zwangsläufig umkehren. An der linken Spulenseite (die über S2 auf Massepotential liegt) ist die Spannung jetzt negativ (bezogen auf die rechte Spulenseite). Die Spule fungiert nun als Stromquelle. Sie hält den Ladestrom, der in den Kondensator fließt, aufrecht. Die in ihr gespeicherte magnetische Energie wird dabei abgebaut und in den Kondensator transportiert.

In der Praxis werden der Schalter S1 durch einen Schalttransistor und S2 durch eine Diode ersetzt. Man erhält dann das Schaltbild für den Leistungsteil wie im Bild 8.12. Das Funktionsprinzip lässt sich bei Betrachtung des Leistungsteils und dem zugehörigen Strom- und Spannungsverlauf erklären. Der Schalttransistor T1 schaltet mit einer hohen Frequenz (typ. *10......100 kHz*). Eine Steuerschaltung regelt das Tastverhältnis *d*

$$d = \frac{t_{ON}}{T} \qquad \textit{\{Gleichung 8.12\}}$$

des Schalters mit der Einschaltzeit t_{on} (Zeit *0* bis *t1* im Bild 8.12) und der Periodendauer T bzw. der Schaltfrequenz f_S so, dass die Ausgangsspannung U_{OUT} den gewünschten Wert annimmt.

Für die folgende Herleitung wird angenommen, dass der Drosselstrom nie auf Null absinkt. Man nennt dies "nicht lückender Betrieb" oder "kontinuierlicher Betrieb" oder neuerdings auch "*CCM – Continuous Conduction Mode = kontinuierlicher Modus*". Die Spannungsabfälle über dem Schalttransistor und der Freilaufdiode während der jeweiligen Einschaltzeiten werden vernachlässigt.

Zunächst die Einschaltzeit: Die Spannung an der Spule ist während der Einschaltzeit näherungsweise konstant:

$$U_L = U_{\mathrm{IN}} - U_{OUT} \qquad \textit{\{Gleichung 8.13\}}$$

$$U_D \approx U_{\mathrm{IN}}$$

Die Diode sperrt. Es gilt auch

$$U_L = L \cdot \frac{dI_L}{dt} \text{ bzw. } \frac{U_L}{L} = \frac{dI_L}{dt} \qquad \textit{\{Gleichung 8.14\}}$$

Der Strom steigt im Verhältnis U_L / L in der Zeit Δt (t_{on}) linear um ΔI_L an.

Während der Ausschaltzeit t_{off} (Zeit t_1 bis T im Bild 8.12) kehrt sich die Spannung an der Spule um. Die Diode D leitet und übernimmt den Drosselstrom (der Strom kommutiert). An der Drossel L_1 liegt die Spannung

$$U_L = U_{OUT} \qquad \text{Annahme:} \quad U_D \approx 0V$$

Während der Ausschaltzeit fällt der Drosselstrom entsprechend um ΔI_L linear ab.

Tatsächlich verlaufen Stromanstieg und Stromabfall nach einer Eulerschen Funktion (siehe [5]). Da aber nur ein winziger Ausschnitt der Gesamtfunktion betrachtet wird, erscheint der Anstieg/Abfall linear und kann auch als linear betrachtet werden.

Im eingeschwungenen, kontinuierlichen Zustand – den ich hier betrachte – stellt sich die Ausgangsspannung U_{OUT} so ein, dass die Zunahme des Drosselstroms während der Einschaltzeit gleich der Abnahme des Drosselstrom während der Ausschaltzeit ist:

$$\Delta I_L = \frac{(U_{\mathrm{IN}} - U_{OUT}) \cdot t_{on}}{L} = \frac{U_{OUT} \cdot t_{off}}{L} = d \cdot U_{\mathrm{IN}} \qquad \text{\{Gleichung 8.15\}}$$

Damit lässt sich die Ausgangsspannung U_{OUT} berechnen:

$$U_{\mathrm{IN}} \cdot t_{on} - U_{OUT} \cdot t_{on} = U_{OUT} \cdot t_{off}$$

$$U_{\mathrm{IN}} \cdot t_{on} = U_{OUT} \cdot t_{off} + U_{OUT} \cdot t_{on}$$

$$U_{\mathrm{IN}} \cdot t_{on} = (t_{off} + t_{on}) \cdot U_{OUT}$$

$$U_{OUT} = U_{\mathrm{IN}} \cdot \frac{t_{on}}{(t_{on} + t_{off})} \qquad \text{\{Gleichung 8.16\}}$$

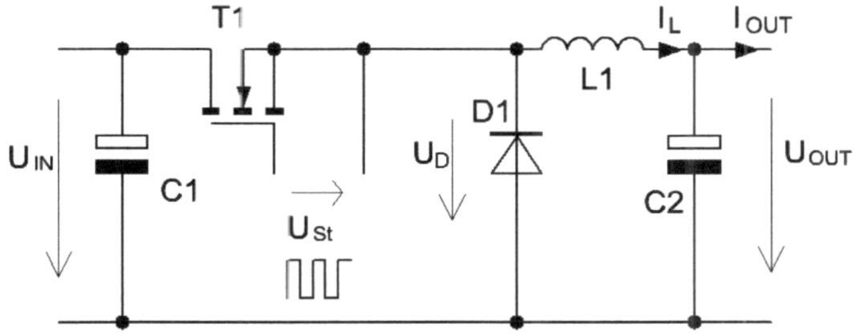

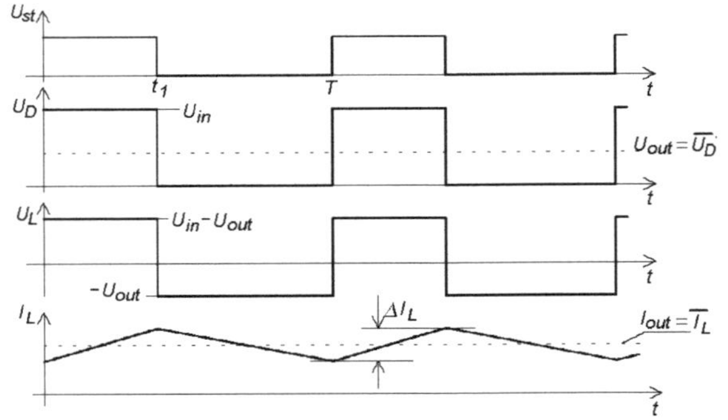

Bild 8.12: Der Leistungsteil eines Step-Down-Wandlers (Abwärtswandler) und die zugehörigen Strom- und Spannungsverläufe im kontinuierlichen Betrieb.

Der Mittelwert des Drosselstroms I_L ist dabei gleich dem Ausgangsstrom I_{OUT}. Das Tastverhältnis *d* bestimmt dabei nicht den Ausgangsstrom, sondern nur die Spannungen U_{IN} und U_{OUT}. Der Zusammenhang zwischen Eingangs- und Ausgangsstrom kann über die Energiebilanz bestimmt werden. Unter der Annahme, dass der Wandler verlustfrei arbeitet gilt:

$$I_{\mathrm{IN}} = I_{OUT} \cdot \frac{U_{OUT}}{U_{\mathrm{IN}}} \qquad \textit{\{Gleichung 8.17\}}$$

Bei einem Ausgangsstrom von

$$I_{OUTmin} < \frac{1}{2}\Delta I_L \qquad \textit{\{Gleichung 8.18\}}$$

geht die Schaltung in den diskontinuierlichen Betrieb über. Der Drosselstrom sinkt während der Ausschaltzeit t_{off} des Schalters bis auf Null ab, die Diode sperrt. Damit ändert sich das Verhalten der Schaltung grundlegend und die bisher angegebene Berechnung stimmt nicht mehr. Allerdings ist der diskontinuierliche Betrieb ein Sonderfall und normalerweise nicht erwünscht. Deshalb soll die Berechnung des dann für eine bestimmte Ausgangsspannung U_{OUT} notwendige Tastverhältnis *d* nicht Thema dieses Buches sein. Für den kontinuierlichen Betrieb ist zu fordern:

$$I_{OUTmin} = \frac{1}{2}\Delta I_L \qquad \textit{\{Gleichung 8.19\}}$$

Bei gegebenem minimalem Ausgangsstrom I_{OUTmin} gegebener Eingangsspannung U_{IN}, Ausgangsspannung U_{OUT} und Periodendauer *T* der Schaltfrequenz lässt sich die Induktivität der Drossel *L* berechnen. Unter Vernachlässigung der Durchlassspannung U_F der Diode gilt:

$$I_{OUTmin} = \frac{(U_{\mathrm{IN}} - U_{OUT}) \cdot t_{on}}{2 \cdot L} = \frac{(U_{\mathrm{IN}} - U_{OUT}) \cdot T \cdot U_{OUT}}{2 \cdot L \cdot U_{\mathrm{IN}}} = \frac{U_{OUT}}{U_{\mathrm{IN}}} \cdot (U_{\mathrm{IN}} - U_{OUT}) \cdot \frac{T}{2 \cdot L}$$

$$L = \frac{U_{OUT}}{U_{\mathrm{IN}}} \cdot (U_{\mathrm{IN}} - U_{OUT}) \cdot \frac{T}{2 \cdot I_{OUTmin}} \qquad \textit{\{Gleichung 8.20\}}$$

In [18] wird (ausgehend von der Differentialgleichung, die das Verhalten des Abwärtswandlers beschreibt) vorgestellt, wie mit Hilfe des Polygonzugverfahrens und der Umsetzung in einem Computerprogramm eine genaue Vorhersage der Arbeitsweise eines dimensionierten Wandlers möglich ist. Damit ließen sich dann auch die besonders arbeitsintensiven und in diesem Buch nicht beschriebenen Ausgleichsvorgänge beim Einschalten oder bei Laständerungen berücksichtigen. Heute würde man dafür eine Simmulations-Software wie TINA oder LTspice benutzen.

8.2.1.1 Dimensionierung

Mit zunehmender Induktivität verkleinert sich ΔI_L. Dies ist zunächst wünschenswert. Allerdings vergrößert sich damit die Speicherdrossel. Andererseits darf ΔI_L nicht zu groß gewählt werden. Bei größerer Stromwelligkeit wird die Spannungswelligkeit der Ausgangsspannung auch höher, während die Baugröße der Drossel nur noch unwesentlich kleiner wird. Es muss ein Kompromiss zwischen hinreichend kleiner Stromwelligkeit und kleiner Baugröße der Drossel gefunden werden.

Die kleinste Baugröße für die Drossel *L* erhält man, wenn $\Delta I_L = 2 \cdot I_{OUT}$ bei U_{OUTmax} ist. Allerdings sind dann die Umschaltverluste in den Transistoren am höchsten.

Bei der Auswahl der Speicherdrossel ist noch zu beachten, dass bei Drosseln mit Kern (typ. aus Weicheisen oder aus Ferritmaterial) der Sättigungsbetrieb unbedingt zu vermeiden ist. Dies gilt für alle Drosselwandler. Speicherdrosseln für Schaltnetzteile werden deshalb mit einem Luftspalt versehen. Dieser kann auch im Kernmaterial diffus verteilt sein.

Die magnetische Feldstärke in der Drossel verhält sich proportional zum Strom. Wird eine Festinduktivität verwendet, muss die Drossel ausreichend groß und für den maximalen Strom ausgelegt sein. Entscheidend für die Wärmeentwicklung ist der ohmsche Widerstand der Drossel. Je kleiner dieser ist, desto besser.

Der Gleichung *{8.20}* ist zu entnehmen, dass mit steigender Schaltfrequenz (oder sinkender Periodendauer *T*) die erforderliche Induktivität für die Drossel *L* sinkt. Allerdings werden die Schaltverluste im Transistor größer. Mit den in [22] vorgeschlagenen Maßnahmen lässt sich zwar das Schaltverhalten des Transistors optimieren, am prinzipiellen Zusammenhang zwischen Schaltfrequenz und Umschaltverlusten ändert dies aber nichts. Aus Sicht der Schaltverluste im Schalttransistor ist demnach eine weniger hohe Schaltfrequenz günstiger.

Hinsichtlich der Grenzwerte sind bei der Auswahl des Transistors vordergründig folgende Bedingungen zu beachten:

$U_{DS} > U_{INmax}$ bzw. bei Einsatz eines Bipolartransistors $U_{CE} > U_{INmax}$

$I_D > I_{OUTmax}$ bzw. bei Einsatz eines Bipolartransistors $I_C > I_{OUTmax}$

Bei der Diode, die den zweiten Schalter ersetzt, sollte ein Typ mit möglichst kleiner Durchlassspannung U_F verwendet werden. In Frage kommen, bis auf wenige Spezialfälle, nur Schottky-Dioden. Die Sperrzone dieser Dioden basiert auf einen Metall-Halbleiter-

Übergang. Sie ist aus diesem Grund besonders dünn. Die Zeit für das Ausräumen der Ladungsträger bzw. die Ladungsströme selbst sind dadurch minimal. Zusätzlich ist auch die Schleusenspannung kleiner als bei herkömmlichen Dioden mit PN-Übergang. Bei der Auswahl der Diode müssen besonders die folgenden Gernzwerte berücksichtigt werden:

$$U_R > U_{INmax}$$

$$I_F > I_{Lmax}$$

$$\overline{I_F} > I_{OUTmax}$$

mit

$$I_{Lmax} \leqslant \frac{U_{INmax} - U_{OUT}}{L} \cdot T$$

Der Kondensator am Ausgang (C2) bestimmt den in der Ausgangsspannung noch vorhandenen Wechselspannungsanteil entscheidend mit. Im Betrieb wird der Kondensator ständig elektrische Ladung aufnehmen und abgeben. Im eingeschwungenen Betrieb ist die aufgenommene Ladung gleich der abgegebenen Ladung. Bild 8.13 verdeutlicht die Verhältnisse. Der Kondensator "übernimmt" die Stromänderungen in der Speicherdrossel. Im Bild ist ein Tastverhältnis von $d = 0{,}5$ vorgegeben. Bei anderen Tastverhältnissen ändert sich der Scheitelwert des Stromes beim Laden oder Entladen. Die Flächeninhalte bleiben aber gleich, weil die Schaltfrequenz f_S konstant ist. Somit hat die nachfolgende Rechnung Allgemeingültigkeit. Die Größe der aufgenommenen bzw. abgegebenen Ladung entspricht einer Dreieckfläche, für die geschrieben werden kann:

$$\Delta Q_C = \frac{\frac{T}{2} \cdot \frac{\Delta I_L}{2}}{2} = \frac{1}{8} \cdot \Delta I_L \cdot T$$

Berücksichtigt man noch die allgemeingültige Beziehung

$$Q = C \cdot U$$

bzw. in diesem Falle

$$\Delta Q = C \cdot \Delta U$$

so erhält man:

$$C = \frac{\Delta Q}{\Delta U} = \frac{\frac{1}{8} \cdot \Delta I_L \cdot T}{U} = \frac{\Delta I_L}{U} \cdot \frac{1}{8 \cdot f_S}$$

Auch für den Kondensator gilt: Je größer die wirksame Kapazität, desto kleiner ist die Restwelligkeit am Ausgang, desto schwerfälliger wird aber das Regelverhalten der Schaltung. Grundsätzlich sind Kapazitäten am Ausgang eines geregelten Netzgerätes immer nachteilig. Die angegebenen Zusammenhänge gelten natürlich nur für ideale Kondensatoren. Den besonderen Anforderungen an Kondensatoren in Schaltnetzteilen habe ich mich im Kapitel 8.3 gewidmet.

Bei der Dimensionierung führt eine exakte Berechnung jedes Bauteils nicht zwangsläufig zum Erfolg. Reale Bauelemente haben Toleranzen und parasitären Beläge. Es ist fast immer notwendig, die endgültigen Werte nach praktischen Versuchen festzulegen.

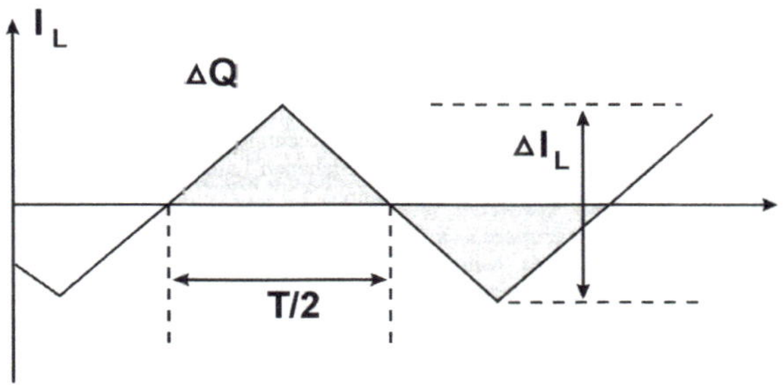

Bild 8.13: Wechselstromfluss im Ausgangskondensator. Die zufließende Ladung ist gleich der abfließenden Ladung. Bei der Zeichnung ist ein Tastverhältnis von d = 0,5 angenommen.

Meistens erzeugen Abwärtswandler im Vergleich mit linearen Spannungsreglern weniger Wärme. Entsprechend weniger Aufwand ist für die Entwärmung/Lüftung/Kühlung zu betreiben. Nachteilig ist jedoch die durch die Schaltvorgänge entstehende Hochfrequenz, die über Kabel und auch über Abstrahlung in den Raum, andere Geräte stören kann. Es sind aufwändige Maßnahmen zur Unterdrückung erforderlich. Wer Schaltnetzteile herstellen und vertreiben will muss die aktuellen Grenzwerte für Hochfrequenzstrahlung einhalten. Stichwort "Elektromagnetische Verträglichkeit" - EMV. Es gibt dazu eine Richtlinie der Europäischen Union. Aktuell (im Jahr 2025) ist die "Richtlinie 2014/30/EU".

8.2.2 Aufwärtswandler

Beim Aufwärtswandler oder Hochsetzsteller (engl. *Boost-Converter* oder *Step-Up-Converter*) ist die Ausgangsspannung höher als die Eingangsspannung. Aufwärtswandler setze ich gerne in batteriebetriebenen Geräten ein. Aus meiner Erfahrung ist es besser wenige Batteriezellen in Reihe schalten zu müssen. Die dann zu kleine Spannung kann mit einem Aufwärtswandler auf die erforderliche Höhe gebracht werden. Das macht natürlich nur Sinn, wenn die vom Aufwärtswandler erzeugte Brummspannung den Betrieb der zu versorgenden Geräte nicht stört.

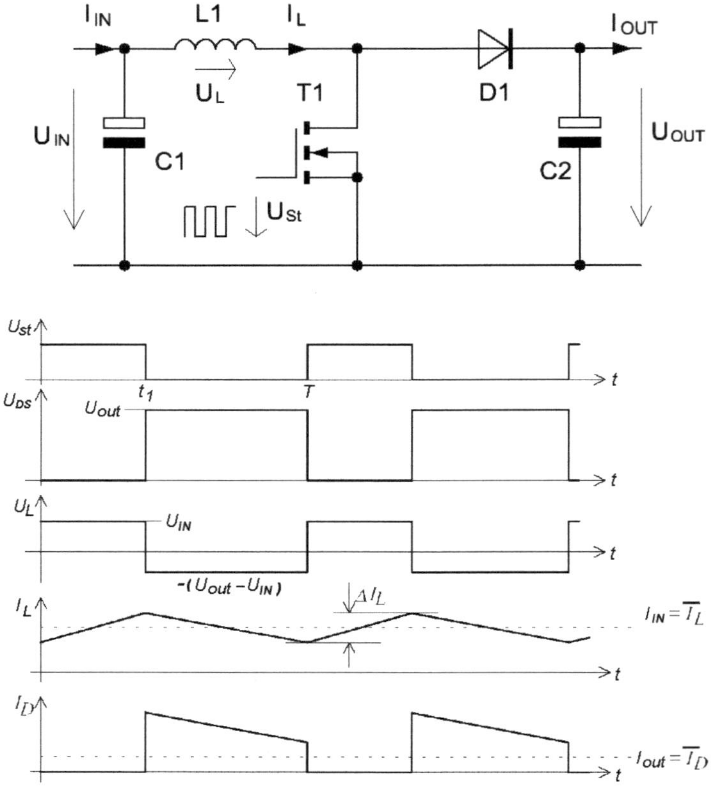

Bild 8.14: Der Leistungsteil eines Step-Up-Wandlers (Aufwärtswandler) und die zugehörigen Strom- und Spannungsverläufe im kontinuierlichen Betrieb.

Für die Erklärung der Zusammenhänge wird auch hier ein kontinuierlicher Betrieb angenommen. Die Spannungsabfälle über dem Schalttransistor und über der Diode (in den jeweiligen Einschaltzeiten) werden vernachlässigt.

Während der Einschaltzeit t_{on} des Schalttransistors *T1* liegt an der Drossel *L* die Spannung U_{IN}. Der Strom durch die Drosselspule steigt. Während der Ausschaltzeit t_{off} übernimmt die Diode *D1* den Drosselstrom. Während dieser Zeit liegt an der Drosselspule *L1* die Spannung

$$U_L = U_{OUT} - U_{\mathrm{IN}}$$

Allerdings kehrt sich die Spannung an der Drossel um, so dass U_{IN} und U_L in Reihe liegen und sich addieren.

Der Strom durch die Drosselspule sinkt wieder. Im eingeschwungenen Zustand stellt sich die Ausgangsspannung U_{OUT} so ein, dass die Zunahme des Drosselstroms während der Einschaltzeit gleich der Abnahme des Drosselstroms während der Ausschaltzeit ist.

$$\Delta I_L = \frac{U_{IN} \cdot t_{on}}{L} = \frac{(U_{OUT} - U_{IN}) \cdot t_{off}}{L} \qquad \{Gleichung\ 8.21\}$$

Damit lässt sich die Ausgangsspannung berechnen:

$$U_{OUT} = \frac{U_{IN} \cdot (t_{on} + t_{off})}{t_{off}} = U_{IN} \cdot \frac{T}{t_{off}} = U_{IN} \cdot \frac{1}{1-d} \qquad \{\ Gleichung\ 8.22\}$$

Die Ausgangsspannung hängt also vom Tastverhältnis ab. Das bedeutet: Das für eine bestimmte Ausgangsspannung erforderliche Tastverhältnis hängt nicht vom Strom, sondern nur von den Spannungen U_{OUT} und U_{IN} ab. Der Mittelwert des Drosselstroms I_L ist gleich dem Eingangsstrom I_{IN} . Der Ausgangskondensator wird pulsförmig geladen.

Der Zusammenhang zwischen Eingangs- und Ausgangsspannung kann über die Energiebilanz bestimmt werden. Unter der Annahme, dass der Wandler verlustfrei arbeitet gilt:

$$I_{OUT} = I_{IN} \cdot \frac{U_{IN}}{U_{OUT}} \qquad \{Gleichung\ 8.23\}$$

Wenn der Schalttransistor permanent sperrt, ist die Ausgangsspannung gleich der Eingangsspannung.

Bei einem Kurzschluss am Ausgang kann der Kurzschlussstrom nicht durch einfaches Sperren des Schalttransistors abgeschaltet werden. Der "puristische" Aufwärtswandler ist deshalb nicht kurzschlussfest.

Bei beliebig kleinem t_{off} wird die Ausgangsspannung immer größer. Das ist an der Gleichung *{8.22}* zu erkennen. Ohne Belastung und ohne Begrenzung des Tastverhältnisses kann die Ausgangsspannung dann auch Werte annehmen die ungewollt hoch sind. Dies ist bei der Auslegung der Ansteuerschaltung zu berücksichtigen.

Auch hier ist der diskontinuierliche Betrieb, bei dem der Drosselstrom während jeder Periode zu Null wird, ein Sonderfall, der hier nicht weiter verfolgt werden soll. Die angeführten Berechnungen gelten für diesen Fall nicht.

Für den kontinuierlichen Betrieb kann die Induktivität der Drossel L berechnet werden, wenn folgende Größen bekannt sind: Minimaler Ausgangsstrom I_{OUTmin} , Eingangsspannung U_{IN}, Ausgangsstrom U_{OUT} und Periodendauer T der Schaltfrequenz. Unter Vernachlässigung der Durchlassspannung U_F der Diode gilt dann (siehe nochmal Bild 8.14):

$$I_{INmin} = \frac{1}{2} \cdot \Delta I_L = \frac{(U_{OUT} - U_{IN}) \cdot t_{off}}{2 \cdot L} = \frac{(U_{OUT} - U_{IN}) \cdot T \cdot U_{IN}}{2 \cdot L \cdot U_{OUT}} = \frac{U_{IN}}{U_{OUT}} \cdot (U_{OUT} - U_{IN}) \cdot \frac{T}{2 \cdot L}$$

$$L = \frac{U_{IN}}{U_{OUT}} \cdot (U_{OUT} - U_{IN}) \cdot \frac{T}{2 \cdot I_{INmin}}$$

Zusammen mit Gleichung *{8.23}* und Gleichung *{8.22}* ergibt dies:

$$L = \frac{U_{\mathrm{IN}}^2}{U_{OUT}^2} \cdot (U_{OUT} - U_{\mathrm{IN}}) \cdot \frac{T}{2 \cdot I_{OUTmin}} = \frac{U_{\mathrm{IN}}^2}{U_{OUT}} \cdot \frac{T - t_{off}}{2 \cdot I_{OUTmin}}$$

Der Vorteil dieser Formel ist, dass nun statt des Eingangsstroms I_{INmin} der Ausgangsstrom I_{OUTmin} eingesetzt wird. Dieser ist normalerweise bekannt, denn es ist der Strom des zu versorgenden Verbrauchers.

8.2.2.1 Dimensionierung

Die Überlegungen zum Abwärtswandler hinsichtlich der Größe der Induktivtät der Speicherdrossel (im Zusammenhang mit der Welligkeit der Ausgangsspannung und den Verlusten im Schalttransistor) gelten auch für den Aufwärtswandler. Die kleinste Baugröße für die Speicherdrossel *L* erhält man beim Aufwärtswandler, wenn $\Delta I_L = 2 \cdot I_{IN}$ bei U_{INmin} ist. Die durch Umschaltung verursachte Wärmeentwicklung im Transistor wird dann jedoch maximal.

Im Bild 8.15 ist ein sehr einfacher, praktisch aufgebauter Aufwärtswandler dargestellt. Mit Hilfe von zwei Schmitt-Trigger-Invertern ist ein Oszillator aufgebaut. Mit der angegebenen Dimensionierung schwingt der Oszillator bei ca. *37 kHz*. Der dritte und alle weiteren Inverter sind parallel geschaltet und dienen als Buffer und Treiber für den in diesem Fall bipolaren Schalttransistor T1. Mit Hilfe von P1 lässt sich das Puls-Pausen-Verhältnis und somit die Ausgangsspannung einstellen (Gleichung *{8.22}*). Zu beachten ist, dass bei genügend kurzer Einschaltzeit ein diskontinuierlicher Betrieb auftreten kann. Da die Schaltung keine eingebaute Spannungsregelung hat, muss sie mit einem Mindeststrom belastet werden. Ansonsten steigt die Ausgangsspannung beliebig an und zerstört die Bauteile. Sie kann zum Beispiel eingesetzt werden, um aus *4,8 V*, die von vier in Reihe geschalteten NiMH-Akkumulatoren geliefert werden, eine Spannung von *12 V* zu erzeugen. Da die Ausgangsspannung nicht nachgeregelt wird, verändert sich die Ausgangspannung proportional zur Eingangsspannung. Beim Erreichen der Entladeschlussspannung von *1 V* pro Zelle hätte die Ausgangsspannung noch einen Wert von

$$U_{OUT} = \frac{4V}{4{,}8V} \cdot 12V \approx 10V$$

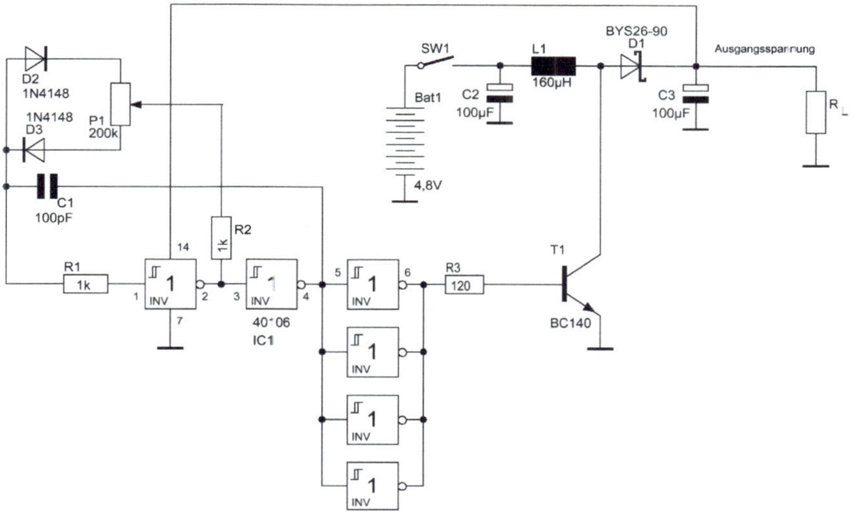

Bild 8.15: Eine Schaltung für einen einfachen Step-Up-Wandler ohne Spannungsregelung. Die Ausgangsspannung wird nur durch die Akkuspannung und dem mit P1 eingestellten Puls-Pausen-Verhältnis bestimmt.

Mit dem Aufwärtswandler ist die Möglichkeit gegeben eine Ausgangsspannung zu erhalten die größer ist als die Eingangsspannung. Dabei lassen sich – anders als bei den vorgestellten Ladungspumpen – beliebige Ausgangsspannungen einstellen. Natürlich bis zu einem Limit, dass durch den Verwendungszweck, bzw. durch die eingesetzten Bauteile vorgegeben ist.

Wie erwähnt erzeugen Aufwärtswandler – wie alle schaltenden Wandler - Hochfrequenzstrahlung, die in den meisten Fällen nicht ignoriert werden kann.

8.2.3 Invertierender Wandler

Die invertierenden Wandler (englisch: *Inverting Converter*) wandeln eine positive Eingangsspannung in eine negative Ausgangsspannung. Der Betrag der Ausgangsspannung kann dabei größer oder kleiner oder gleich des Betrages der Eingangsspannung sein (*Buck-Boost*). Mit dem invertierenden Wandler kann beispielsweise aus einer *5-V*-Betriebsspannung eine zusätzliche Spannung von *-12 V* erzeugt werden.

Mit dem invertierenden Wandler (Bild 8.16) sind Applikationen möglich, die sehr große Variationen der zulässigen Eingangsspannung erlauben. Von der Ausgangsspannung abhängige Grenzen im Eingangsspannungsbereich (wie beim Abwärts- oder Aufwärtswandler) existieren hier nicht. Allerdings ist die praktische Umsetzung des invertierenden Wandlers besonders kritisch. Dies liegt darin begründet, dass die gesamte Ausgangsleistung in der Sperrphase aus der Speicherdrossel bezogen wird und die Drossel zudem "weniger fest" in die Schaltung eingebunden ist. Ein Ende der Spule liegt "schwebend" zwischen den Schaltern. Allerdings ist bei Verwendung einer Diode als Schalter der Übergang zwischen gesperrt und leitend kein abrupter Vorgang, was die Problematik entschärft.

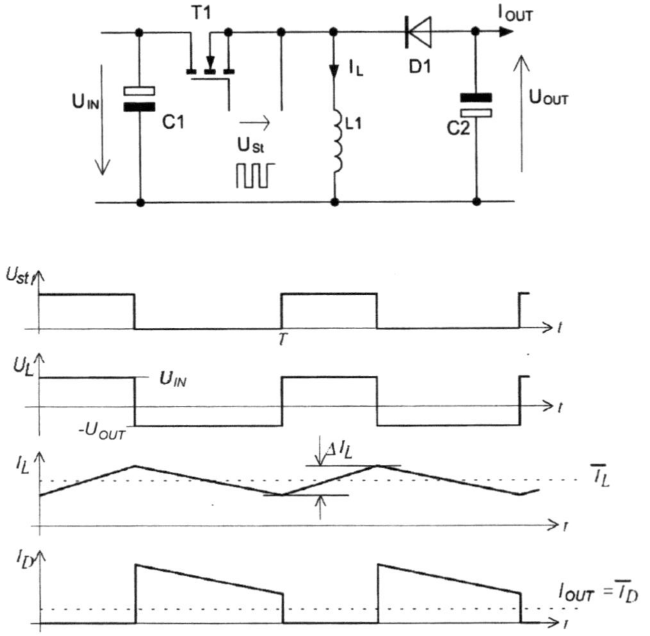

Bild 8.16: Der Leistungsteil eines invertierenden Wandlers (oben) und die zugehörigen Strom- und Spannungsverläufe im nicht lückenden Bereich (unten).

Für die Herleitung der Zusammenhänge wird wieder ein kontinuierlicher Betrieb angenommen und die Spannungsabfälle über dem Schalttransistor und der Diode (in den jeweiligen Einschaltzeiten) werden vernachlässigt. Während der Einschaltzeit t_{on} des Schalttransistors T1 liegt an der Drossel L1 die Eingangsspannung U_{IN}. Der Drosselstrom I_L steigt linear an. Nach dem Öffnen des Schalters T1 bleibt der Strom durch die Drossel noch erhalten. Deshalb muss sich die Spannung umkehren. Der Kondensator am Ausgang wird auf eine negative Spannung aufgeladen. Im eingeschwungenen Zustand stellt sich die Ausgangsspannung U_{OUT} so ein, dass die Zunahme des Drosselstroms während der Einschaltzeit gleich der Abnahme des Drosselstroms während der Ausschaltzeit ist.

$$\Delta I_L = \frac{U_{\mathrm{IN}} \cdot t_{on}}{L1} = \frac{U_{OUT} \cdot t_{off}}{L1}$$

Die Ausgangspannung U_{OUT} hat umgekehrte Polarität zur Eingangsspannung. Das ist bei der Kennzeichnung des Spannungspfeiles im Bild 8.16 schon berücksichtigt. Und deshalb hat U_{OUT} in der Formel kein negatives Vorzeichen. Es lässt sich nun die Ausgangsspannung U_{OUT} berechnen:

$$U_{OUT} = U_{\mathrm{IN}} \cdot \frac{t_{on}}{t_{off}} = U_{\mathrm{IN}} \cdot \frac{t_{on}}{T - t_{on}} \qquad \{Gleichung\ 8.24\}$$

Erwartungsgemäß hängt auch beim invertierenden Wandler die Ausgangsspannung U_{OUT} vom Tastverhältnis und von der Eingangsspannung U_{IN} ab. Genau genommen sind hier sowohl Eingangs- als auch Ausgangsströme lückend. Dem Eingangskondensator C1 bzw. der speisenden Quelle wird pulsförmig Energie entnommen. Der Ausgangskondensator C2 wird pulsförmig geladen und entladen. Bei großen Leistungen ist dies zu beachten. Der Kondensator muss für die geforderten Ströme ausgelegt sein und seine parasitären Beläge (R, L) sollten so geringe wie möglich sein.

Unabhängig davon fließt der Strom durch die Drossel je nach Konfiguration und Tastverhältnis kontinuierlich oder lückend. Bei den Berechnungen bin ich wieder vom nichtlückenden Betrieb ausgegangen. Der Ausgangsstrom kann nur der Strom sein, der während der Ausschaltzeit durch die Drossel fließt.

$$I_{OUT} = \overline{I_L} \cdot \frac{t_{off}}{T}$$

$$\overline{I_L} = I_{OUT} \cdot \frac{T}{t_{off}} = I_{OUT} \cdot (\frac{t_{on}}{t_{off}} + 1)$$

und mit Einbeziehung der Gleichung *{8.24}*

$$\overline{I_L} = I_{OUT} \cdot (\frac{U_{OUT}}{U_{\mathrm{IN}}} + 1)$$

Der Zusammenhang zwischen Eingangs- und Ausgangsstrom kann über die Energiebilanz bestimmt werden. Unter der Annahme, dass der Wandler verlustfrei arbeitet gilt dann mit Effektivwerten:

$$I_{\mathrm{IN}} = I_{OUT} \cdot \frac{U_{OUT}}{U_{\mathrm{IN}}}$$

Wenn der Schalttransistor permanent sperrt, wird keine Energie übertragen (wie beim Abwärtswandler). Mit entsprechender Steuerlogik ist der Invertierende Wandler daher kurzschlussfest. Bei Leerlauf und ungeregeltem Tastverhältnis kann auch hier die Ausgangsspannung ungeplant hohe Werte annehmen. Das ist anhand der Gleichung *{8.24}* zu erkennen wenn t_{on} gegen *T* läuft.

8.2.3.1 Dimensionierung

Für den kontinuierlichen Betrieb kann man bei folgenden, gegebenen Werten die Induktivität der Drossel *L1* berechnen: Minimaler Ausgangsstrom I_{OUTmin} (gerade noch kontinuierlicher Betrieb), Eingangspannung U_{IN}, Ausgangsspannung U_{OUT} und Periodendauer *T* der Schaltfrequenz. Ausgehend von dem Strom durch die Drossel, bei dem gerade noch der nichtlückende Betrieb gilt und unter Vernachlässigung der Durchlassspannung der Diode U_F kann man schreiben:

$$\overline{I_L} = \frac{1}{2} \cdot \Delta I_L$$

$$I_{OUTmin} = \frac{\frac{1}{2} \cdot \Delta I_L}{\frac{U_{OUT}}{U_{\text{IN}}} + 1} = \frac{\frac{1}{2} \cdot \frac{U_{\text{IN}} \cdot t_{on}}{L}}{\frac{U_{OUT}}{U_{\text{IN}}} + 1} = \frac{1}{2L} \cdot \frac{U_{\text{IN}} \cdot t_{ON}}{\frac{U_{OUT}}{U_{\text{IN}}} + 1}$$

$$\text{mit } t_{on} = \frac{U_{OUT}}{U_{\text{IN}}} \cdot \frac{T}{\frac{U_{OUT}}{U_{\text{IN}}} + 1} = \frac{T}{1 + \frac{U_{\text{IN}}}{U_{OUT}}}$$

ergibt sich

$$I_{OUTmin} = \frac{T}{2 \cdot L} \cdot \frac{U_{\text{IN}}^2 \cdot U_{OUT}}{(U_{OUT} + U_{\text{IN}})^2}$$

und damit

$$L = \frac{T}{2 \cdot I_{OUTmin}} \cdot \frac{U_{\text{IN}}^2 \cdot U_{OUT}}{(U_{OUT} + U_{\text{IN}})^2} \qquad \textit{\{Gleichung 8.25\}}$$

Auch beim invertierenden Wandler gilt, dass mit größer werdender Induktivität das ΔI_L verringert wird. Dies ist günstig für eine geringe Restwelligkeit der Ausgangsspannung. Allerdings erfordert es eine größere Drossel (Baugröße). Auch wird damit eine eventuell erwünschte Regelung der Ausgangsspannung träger. Andererseits darf die Induktivität auch nicht zu klein gewählt werden, da ansonsten ΔI_L auf eine unhandliche Größe ansteigt und nicht mehr ausgeregelt werden kann.

Es ist also ein Kompromiss zwischen hinreichend kleiner Stromwelligkeit und kleiner Baugröße der Drossel notwendig. Das Erhöhen der Schaltfrequenz verringert die notwendige Induktivität der Drossel, vergrößert aber die Wärmeleistung im Transistor.

Der invertierende Wandler ist sehr flexibel einsetzbar. Die Polarität der Ausgangsspannung ist umgekehrt zur Eingangsspannung. Der Absolutwert der Ausgangsspannung kann kleiner oder größer sein als die Eingangsspannung. Allerdings ist die Regelung schwieriger. Der Eingangsstrom und der Strom in den Ausgangskondensator sind bei genauer Betrachtung lückend.

8.2.4 Abwärts-Aufwärts-Wandler

In einigen Fällen kann die Eingangsspannung je nach Situation sowohl kleiner als auch größer als die Ausgangsspannung sein. Wenn die Umkehrung der Polarität nicht stört, kann in diesem Fall ein invertierender Wandler verwendet werden.

Muss die Polaritätsumkehr vermieden werden, so kann ein Abwärts-/Aufwärtswandler oder ein "Single Ended Primary Inductance Converter" (SEPIC) implementiert werden. Diese

SEPIC-Topologie (Bild 8.17) gehört zu den Schaltwandlern, welche die Eingangsspannung sowohl anheben als auch verringern können.

Allerdings kann ein SEPIC-Wandler nicht den Wirkungsgrad eines reinen Abwärtswandlers oder Aufwärtswandlers erreichen.

Als wesentliche Elemente der Schaltung fungieren drei Energiespeicher und ein Schalter *S*. Der Schalter ist der Transistor T1. Die Energiespeicher sind zwei Spulen (L1a und L1b) und ein Kondensator C2. Diese können als eine Doppelspule mit zwei gegensätzlich gewickelten Windungen auf dem gleichen Kern oder als zwei unabhängige Spulen ausgeführt sein. Im zweiten Fall kann die Spule L1b auch als Transformator ausgeführt werden. Damit wäre eine vollständige galvanische Trennung möglich. Abgesehen davon können L1a und L1b auf einem Spulenkörper untergebracht werden, da sie im kontinuierlichen Betrieb über dem gesamten Schaltzyklus die gleichen Spannungspegel aufweisen.

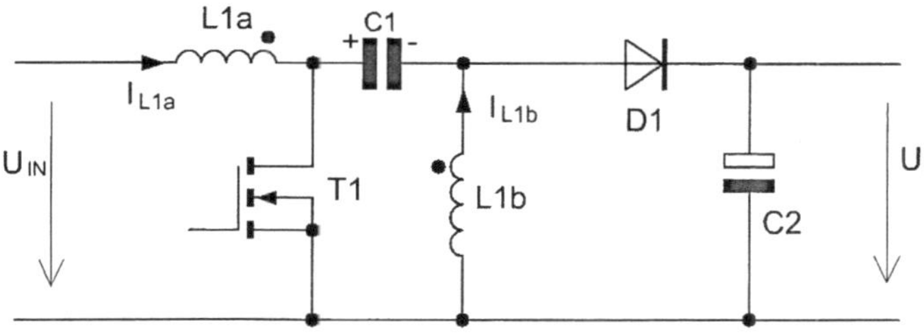

Bild 8.17: Leistungsteil des Aufwärts-/Abwärts-Wandlers (SEPIC).

Auch ohne Transformator verhindert der Kondensator C1 zumindest im ausgeschalteten Zustand (der Transistor ist hochohmig) einen Stromfluss über die Spule vom Eingang zum Ausgang.

Während der Zeit t_{on} in welcher der Transistor leitet, liegt die Spule L1a an der rechten Seite auf Masse. Im Magnetfeld der Spule wird Energie gespeichert. Während dieser Zeit sperrt die Diode D1 und der Ausgangskondensator C2 muss den Strom für die angeschlossene Last liefern. Die Energie, die im Kondensator C1 steckt wird in die Spule L1b geladen.

Sperrt nun der Transistor, dann bleibt der Stromfluss durch die Spulen L1a und L1b zunächst erhalten. Dazu kehrt sich die Polarität der Spannung an den Spulen um. Die Diode leitet nun die gespeicherte Energie an den Ausgangskondensator und an die angeschlossene Last.

In der Schaltungstopologie links vom Kondensator C1 kann man einen Aufwärtswandler erkennen. Während t_{on} speichert L1a Energie. Während t_{off} bildet L1a mit U_{IN} eine Reihenschaltung. Die Spannungen addieren sich. Die so erzeugte Spannung ist größer als die Eingangsspannung nämlich $U_{IN} + \Delta U$. Theoretisch kann ΔU gleich der Spannung U_{OUT} werden. Die Spule L1b ist so angeordnet wie beim invertierenden Wandler.

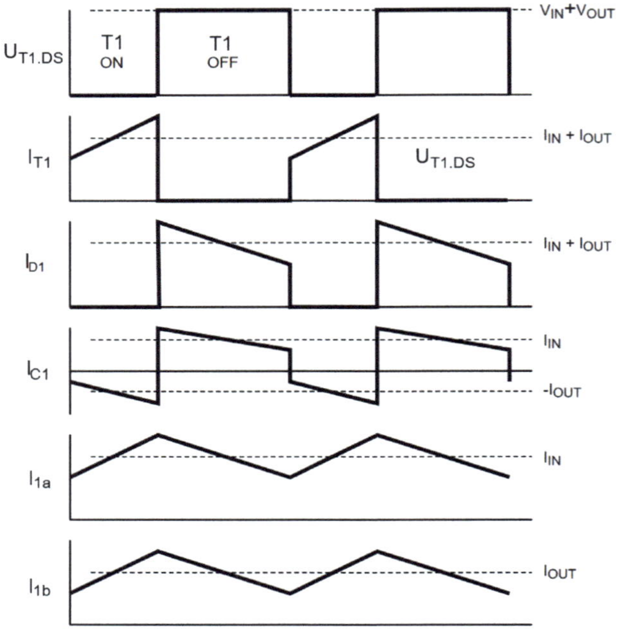

Bild 8.18: Verlauf verschiedener Spannungen und Ströme beim SEPIC-Wandler.

Im Bild 8.18 ist der Verlauf der verschiedener Spannungen und Ströme für den nichtlückenden Betrieb (CCM) schematisiert dargestellt. Das Puls-Pausen-Verhältnis

$$d = \frac{t_{on}}{t_{on} + t_{off}}$$

für die Ansteuerung des Transistors ist

$$d = \frac{U_{OUT}+U_F}{U_{\mathrm{IN}}+U_{OUT}+U_F} \qquad \{Gleichung\ 8.26\}$$

U_F ist die Durchlassspannung der Diode D1. Das maximale Puls-Pausen-Verhältnsi, bei dem der CCM noch nicht verlassen wird ist

$$d_{max} = \frac{U_{OUT} + U_F}{U_{\mathrm{INmin}} + U_{OUT} + U_F}$$

8.2.5.1 Dimensionierung

Zur Festlegung der Induktivitäten L1a und L1b gehe ich von der Stromwelligkeit aus. Diese sollte, basierend auf Erfahrungswerte, *40 %* des höchsten Eingangsstroms bei der kleinsten Eingangsspannung nicht überschreiben.

$$\Delta I_L = I_{\mathrm{IN}} \cdot 40\% = I_{OUT} \cdot \frac{U_{OUT}}{U_{\mathrm{INmin}}} \cdot 40\%$$

Wenn zwei separate Spulen eingesetzt werden, dann gilt für die Induktivität:

$$L1a = L1b = \frac{U_{\mathrm{INmin}}}{\Delta I_L \cdot f_S} \cdot D_{max}$$

f_S ist die Schaltfrequenz des Transistors. Es ist wichtig, dass die Induktivitäten nicht in die magnetische Sättigung geraten. Dazu sind die Scheitelströme bei der Auswahl des Kernmaterials zu berücksichtigen:

$$\hat{I}_{L1a} = I_{OUT} \cdot \frac{U_{OUT} \cdot U_F}{U_{\mathrm{INmin}}} \cdot (1 + \frac{40\%}{2})$$

$$\hat{I}_{L1b} = I_{OUT} \cdot (1 + \frac{40\%}{2})$$

Werden L1a und L1b auf einen gemeinsamen Kern gewickelt, beeinflussen sich diese gegenseitig. Es spielt die Gegeninduktivität eine Rolle. In diesem Fall gilt für die Induktivität:

$$L1a = L1b = \frac{U_{\mathrm{INmin}}}{2 \cdot \Delta I_L \cdot f_S} \cdot D_{max}$$

Die Diode D1 muss den Spitzenstrom (Ladestrom in den Kondensator C2) aushalten. Dann ist noch die maximale Sperrspannung $U_{R.D1}$ zu beachten. Diese muss größer sein als

$$U_{R.D1} > U_{\mathrm{INmax}} + U_{OUTmax}$$

Ähnlich wie beim Aufwärtswandler entspricht der durchschnittliche Diodenstrom dem Ausgangsstrom. Die Verlustleistung der Diode entspricht dem Ausgangsstrom multipliziert mit dem Durchlassspannungsabfall der Diode. Um den Wirkungsgradverlust zu minimieren, verwende ich Schottky-Dioden an dieser Stelle.

Der Koppelkondensator C1 trennt den Eingang vom Ausgang und muss daher die gesamte Energie übertragen. Der Effektivwert des Wechselstromes der über den Kondensator fließt berechnet sich gemäß

$$\Delta I_{C1RMS} = I_{OUT} \cdot \sqrt{\frac{U_{OUT}+U_{F.D1}}{U_{INmin}}} \qquad \text{\{Gleichung 8.27\}}$$

Bei Schottky-Dioden ist $U_{F.D1}$ in der Größenordnung von *0,5 V*.

Zwei besonders entscheidende Anforderungen müssen für den Kondensator C1 erfüllt sein. Zum einen muss der effektive Serienwiderstand (ESR) sehr gering sein, um die Verluste zu verkleinern. Zum anderen muss der Kondensator sehr hohe Ströme verkraften. Eine Möglichkeit, den ESR zu verringern und die Stromfestigkeit zu erhöhen, ist die Parallelschaltung mehrerer Kondensatoren. Die Spannungsfestigkeit muss größer sein als die maximale Eingangsspannung. Man kann durchaus Elektrolytkondensatoren verwenden. Am besten mehrere parallel, die dann gemeinsam die Gesamtkapazität ergeben. Dies trägt zur Reduzierung des ESR bei.

Die erforderliche Kapazität lässt sich berechnen, wenn man die Spannungswelligkeit ΔU_{C1} – den Wechselanteil – an C1 festlegt. Ohne Beachtung des ESR gilt dann:

$$C1 = \frac{I_{OUT} \cdot D_{max}}{\Delta U_{C1} \cdot f_S} \qquad \{Gleichung\ 8.28\}$$

f_S ist die Schaltfrequenz

Auch der Kondensator am Ausgang C2 benötigt Beachtung. Wie bereits beschrieben laden sich die Induktivitäten beim Einschalten des Leistungsschalters T1 auf, und der Ausgangsstrom wird vom Ausgangskondensator geliefert. Dadurch entstehen im Ausgangskondensator hohe Welligkeitsströme. Deshalb muss auch der Ausgangskondensator den maximalen Effektivstrom gemäß der Gleichung {8.27} aufnehmen können.

8.2.5 Kontroll- und Steuerschaltung

Bei den vorgestellten Wandlervarianten hängt die Ausgangsspannung vom Puls-/ Pausenverhältnis des Schalttransistors ab. Bei der Schaltung nach Bild 8.15 wird die Pulsbreitensteuerung mit Hilfe zweier Schmidt-Trigger-Inverter gelöst. Diese Schaltung ist gut anwendbar, wenn nur eine Steuerung verlangt wird. Eine Regelung ist damit nur schwer möglich, da die Steuerspannung im Rückkoppelkreis liegt (Mittelanzapung des Potentiometers).

Zum Aufbau einer Regelschaltung ist es viel günstiger, wenn die Steuerspannung zur Änderung des Puls-Pausenverhältnisses eine Gleichspannung mit Massebezug sein kann.

Dies lässt sich erreichen

a) traditionell, durch einen Vergleich einer Sägezahnspannung mit einer Gleichspannung
b) heute üblich mit einem Mikrocontroller

Das Prinzip nach a) ist im Bild 8.19 dargestellt. Ein Komparator vergleicht eine Sägezahnspannung mit einer Gleichspannung. So lange die Sägezahnspannung größer ist als die Gleichspannung, bleibt der Komparatorausgang auf High-Pegel. Ist die Gleichspannung größer als die Sägezahnspannung, dann ist die Ausgangspannung des Komparators Null. Die Takt- bzw. Schaltfrequenz für den Leistungsschalter ist konstant. Sie entspricht der Frequenz der Sägezahnspannung.

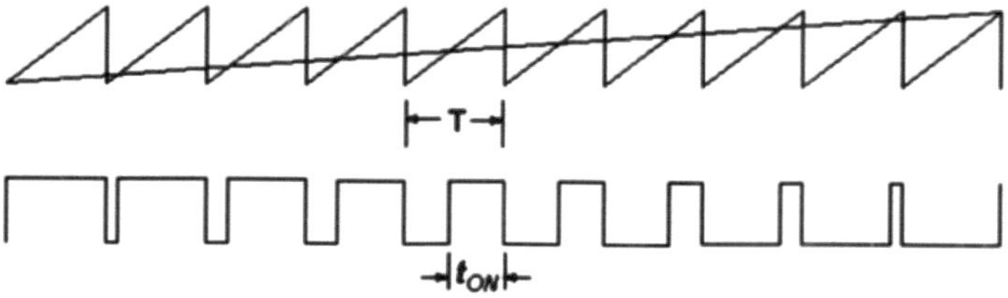

Bild 8.19: Realisierung der Impulsbreitensteuerung (PWM – Puls Width Modulation). Die Sägezahnspannung wird mit der Ausgangsspannung eines Reglers verglichen (oben). Ist der Betrag der Sägezahnspannung größer als die Reglerausgangsspannung, wird ein Steuerimpuls abgegeben, welcher den Leistungsschalter öffnet (unten).

Zur Erzeugung einer Sägezahnspannung wurde früher gerne nach Bild 8.20 ein UJT-Transistor (Uni Junction Tranistor) genutzt. Mit der dort angegebenen Dimensionierung schwingt die Schaltung im Versorgungsspannungsbereich *3...10 V*. Die Schwingfrequenz betrug bei einem Testaufbau etwa 33 kHz. Die Frequenz lässt sich mit der folgenden Gleichung abschätzen:

$$f_S \approx \frac{1}{R1 \cdot C1 \cdot \ln\frac{1}{1-\eta}} \qquad \{Gleichung\ 8.29\}$$

η ist der "Interbase-Spannungsteilerfaktor" (Intrinsic Stand-off Ratio). Dieser Wert ist herstellerabhängig und er steht im Datenblatt des UJT. Bei den meisten UJT liegt dieser Wert bei *0,65*. Weiterhin muss gelten

$$R3 << R1$$

Der Widerstand R2 dient zur Verbesserung der Temperaturstabilität. UJT - Transistoren gibt es nur noch als Restbestände oder aus Altgeräten ausgebaut. Man kann die Funktionalität eines UJT durch zwei BJT (normale Transistoren) ersetzen (Bild 8.21).

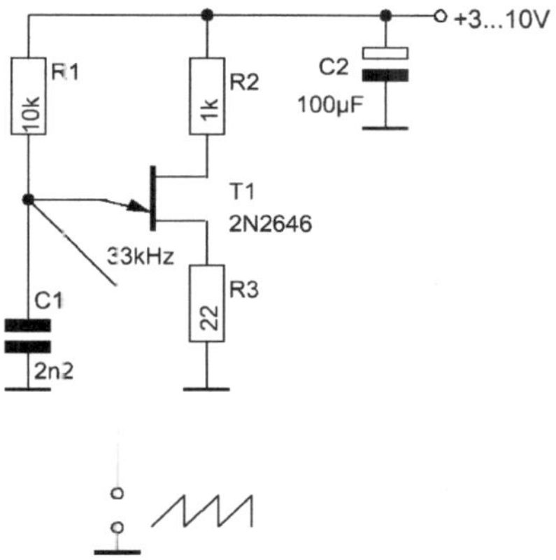

Bild 8.20: Erzeugung einer Spannung mit sägezahnförmigem Verlauf mit einem UJT.

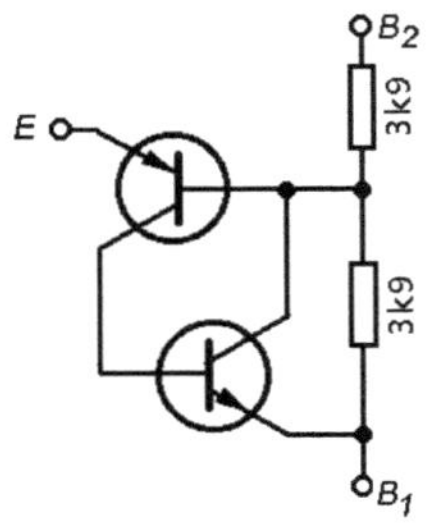

Bild 8.21: Ermöglichen der Funktion eines UJT mit Hilfe zweier komplimentärer BJT (normale Transistoren).

Eine weitere Möglichkeit zur Erzeugung einer Sägezahnspannung ist im Bild 8.22 zu finden. Der Kondensator C1 wird über den Widerstand R1 aufgeladen. Nach Erreichen der Triggerschwelle (typ. $0{,}5 \cdot U$ bei Hysteresenmitte) kippt der Ausgang des Schmitt-Trigger-Inverters auf Null und entlädt den Kondensator über die Diode D1.

In beiden Schaltungen (Bild 8.20 und Bild 8.22) wird lediglich eine sägezahnähnliche Spannung erzeugt. Die Kondensatorspannung steigt nämlich in beiden Fällen nicht linear an, sondern nach einer eulerschen Funktion (siehe dazu [16] und [17]). Man könnte ein lineares Verhalten erreichen, wenn man den Kondensator nicht über einen ohm'schen Widerstand auflädt, sondern mit Hilfe einer Konstantstromquelle. Tatsächlich spielt dies aber hier keine Rolle. In einem funktionierenden Regelkreis stellt sich automatisch das für eine benötigte Ausgangsspannung bzw. für einen benötigten Ausgangsstrom notwendige Puls-Pausen-Verhältnis ein. Ob der Sägezahnanstieg dabei exakt linear verläuft ist nicht relevant.

Bild 8.23 zeigt die geänderte Schaltung nach Bild 8.15. Die Pulsweitenmodulation wird nun durch eine Gleichspannung mit Massebezug eingestellt. Je kleiner die Spannung am Schleifer des Potentiometers, desto breiter wird der positive Puls zur Ansteuerung des Transistors und desto höher steigt die Ausgangsspannung. Wichtig ist, dass die Widerstände R1 und R2 so dimensioniert sind, dass der Zustand permanenten Einschaltens (permanenter High-Pegel am Ausgang des Operationsverstärkers) ausgeschlossen ist. Dann nämlich ist die Ausgangsspannung Null und der Transistor T2 wird zerstört. Die Schottky-Diode D2 beschleunigt das Abschalten des Transistors.

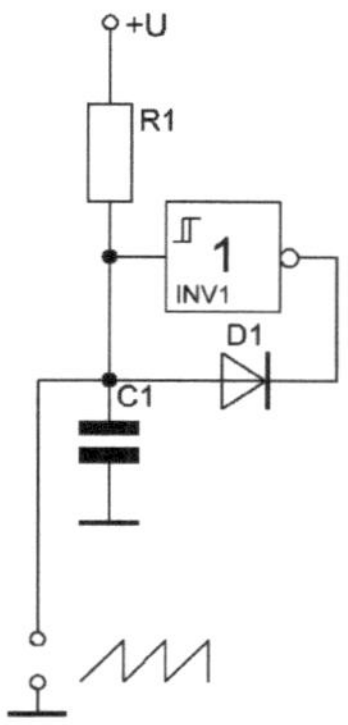

Bild 8.22: Erzeugung einer sägezahnförmigen Spannung mit einem Schmitt-Trigger-Inverter (z.B. Typ 40106 oder 7414).

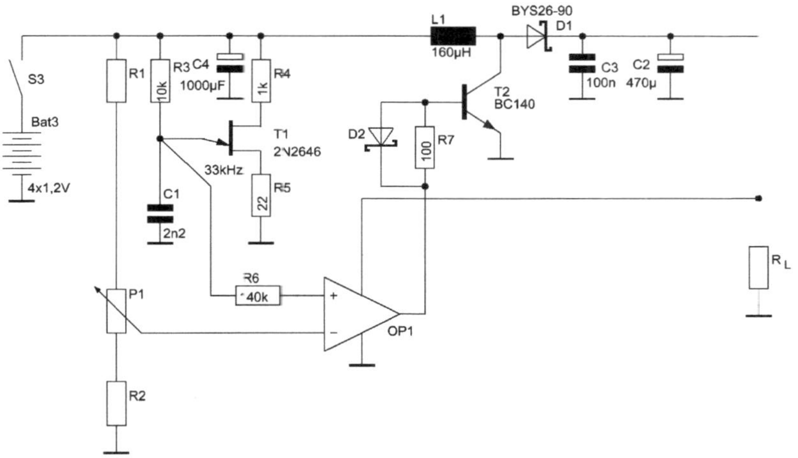

Bild 8.23: Modifizierte Schaltung aus Bild 8.15.

Beim Prinzip nach b) ist die Erzeugung einer sägezahnförmigen Spannung nicht notwendig. Mit Hilfe des Mikrocontrollers lässt sich unmittelbar ein PWM-Signal bereitstellen. Ich zeige es anhand eines Beispiels mit dem Standard-Mikrocontroller MSP430G2452 (Bild 8.24). Dieser Mikrocontroller ist im Gehäuse DIL20 verfügbar und damit sehr gut geeignet für DIY-Projekte. Viele Mikrocontroller haben sogenannte "Timer"-Funktionseinheiten. Dabei handelt es sich um eine autarke Funktionseinheit mit der man Rechtecksignale erzeugen oder auch "nur" einen Zählvorgang realisieren kann. Details dazu habe ich in [25] dokumentiert. Beim Einsatz des Mikrocontrollers wird also der Timer benutzt um das Signal zur Ansteuerung des Schalttransistors zu generieren. Der Inhalt des Registers TACCR0 bestimmt die Schaltfrequenz. Im Beispiel ist diese

$$f_S = \frac{f_{SMCLK}}{TACCR0} = \frac{16000000Hz}{500} = 32000Hz \qquad \{Gleichung\ 8.30\}$$

f_{SMCLK} ist die Taktfrequenz für den Timer, diese wird von der Taktfrequenz der CPU abgeleitet.

TACCR0 ist ein Register mit einer Breite von 16 Bit. Es kann eine natürliche Zahl (Ganzzahl, Integerzahl) zwischen 0 und 65535 aufnehmen. Die Pulsweite (Duty-Cycle) wird durch Eintragen einer natürlichen Zahl zwischen 1 und 499 in das Register TACCR1 eingestellt.

$$D_{cycle} = \frac{TACCR1}{TACCR0} = \frac{TACCR1}{500} \quad \text{für} \quad 0 < TACCR1 < 500$$

Für eine fixe, ungeregelte Ausgangsspannung reicht dazu das folgende Programm:

```
//Create a PWM-Signal to control an Switched Power Supply
//27. Mai 2025, Franz Peter Zantis
//IDE: CodeComposer
#include <msp430g2452.h>

void main(void) {
    WDTCTL = WDTPW | WDTHOLD;     //Stop watchdog timer
    DCOCTL = CALDCO_16MHZ;        //DCOCLK = 16 MHz
    BCSCTL1 = CALBC1_16MHZ;       //DCOCLK = 16 MHz
    BCSCTL2 = 0;                  //MCLK = SMCLK = DCOCLK
    BCSCTL2 |= DIVS_0;            //SMCLK = DCOCLK/1

    P1SEL = 0;                    //Port1 as I/O
    P2SEL = 0;                    //Port2 as I/O
    P2SEL2 = 0;                   //Port2 as I/O

    //Timer for PWM
    P2DIR |= BIT6;                //PWM-Ausgang
    P2SEL |= BIT6;                //PWM-Ausgang
    TACCTL1 |= OUTMOD_7;          //Output-Mode Reset/Set
    TACTL |= TASSEL_2;            //SMCLK ist die Taktquelle
    TACTL |= ID_0;                //clock divider is 1
    TACTL |= MC_1;                //count until CCR0 is reached
    TACCR0 = 500;                 //PWM-frequency is 32000 Hz
    TACCR1 = 250;                 //Duty-Cycle 50%
}
```

Wie man mit wenig Aufwand und Kosten das Programm in den Mikrocontroller lädt habe ich in [25] und [32] erklärt. Soll die Pulsweite einstellbar sein, gibt es verschiedene Möglichkeiten:

- Man kann einen Drehrichtungsgeber (Encoder) verwenden. Damit lässt sich durch Drehen an einem Knopf die Pulsweite und damit letztendlich die Ausgangsspannung einstellen. Diese Variante ist interessant, wenn die Ausgangsspannung tatsächlich vom Anwender jederzeit eingestellt werden soll – wie bei einem Laborgerät.
- Ebenso möglich ist die Verwendung von zwei Tasten. Mit der einen Taste kann die Spannung erhöht werden mit der anderen erniedrigt. Man könnte zwei kleine SMD-Tasten verwenden welche fest auf der Platine verbaut sind und die nur im Servicefall betätigt werden.

- Wenn nur eine stufige Einstellung (z.B. nur vier Stufen) notwendig ist, kann man auch DIP-Schalter oder Steckbrücken nutzen.
- Dann wäre es noch möglich einen Spannungsteiler mit einem normalen Potentiometer aufzubauen. Die Spannung am Schleifer wird dann vom Mikrocontroller mit dessen eingebautem Analog-Digital-Wandler (ADU) digitalisiert und als Pulsweitenwert genutzt. Diese Variante ist geeignet für ein Laborgerät bei dem ständig die Ausgangsspannung einstellbar sein soll. Andererseits läßt sich das Potentiometer als Trimm-Potentiometer ausführen, einmal abgleichen und dann mit Nagellack versiegeln. Die Variante mit ADU hat den Nachteil, dass durch die Analog-Digital-Wandlung die letzte Ziffer des verwendeten Pulsweiten-Wertes nicht stabil ist. Sie hat den Vorteil, dass die eingestellte Ausgangsspannung an der Position des Potentiometers ersichtlich ist - so wie man es von traditionell arbeitenden, analogen Geräten gewohnt ist.

Bild 8.24 zeigt für die letztgenannte Variante einen Schaltungsvorschlag. Die Grundfrequenz des PWM-Signals ist fest eingestellt auf *31250 Hz*. Mit dem Potentiometer wird die Pulsweite vorgegeben. Am oberen Anschluss liegt eine Referenzspannung von $U_{ref} = +2{,}5\ V$, die vom Mikrocontroller selbst bereitgestellt wird. Mit der Festlegung des Widerstandswertes des Potentiometers ($R2 = 10\ k\Omega$) habe ich berücksichtigt, dass die Referenzspannung mit maximal *1 mA* belastet werden darf - gleichzeitig aber die Beeinflussung durch den Eingangswiderstand des verwendeten ADU-Eingangs (über P1.0) vernachlässigbar ist. Der Kondensator C2 glättet die beim Verstellen eines Potentiometers auftretenden Störungen durch den Übergangswiderstand zwischen Schleifer und Widerstandsbahn. Der ADU ist so eingestellt, dass neben P1.0 auch P1.1 und P1.2 als Eingänge verwendbar sind. Man könnte damit den Funktionsumfang erweitern - z.B. indem der Strom erfasst wird und bei der Bestimmung der Pulsbreite mitwirkt.

Der fertige Puls steht an J2 in zwei Varianten zur Verfügung: In regulärer Form und dazu inverser Form. Je nach Design des Schaltnetzteiles ist die eine oder die andere Variante einfacher zu verwenden.

J1 ist der übliche SpyBiWire-Adapter für die Programmierung des Mikrocontrollers. Ich greife den SpyBiWire-Bus von einem alten LaunchPad ab - so wie ich es in [32] beschrieben habe. Bild 8.25 zeigt zwei Diagramme für jeweils willkürlich gewählte Einstellungen des Potentiometers. Der Programmcode ist weiter unten abgedruckt. Damit er leicht verständlich ist habe ich ihn sorgfältig dokumentiert.

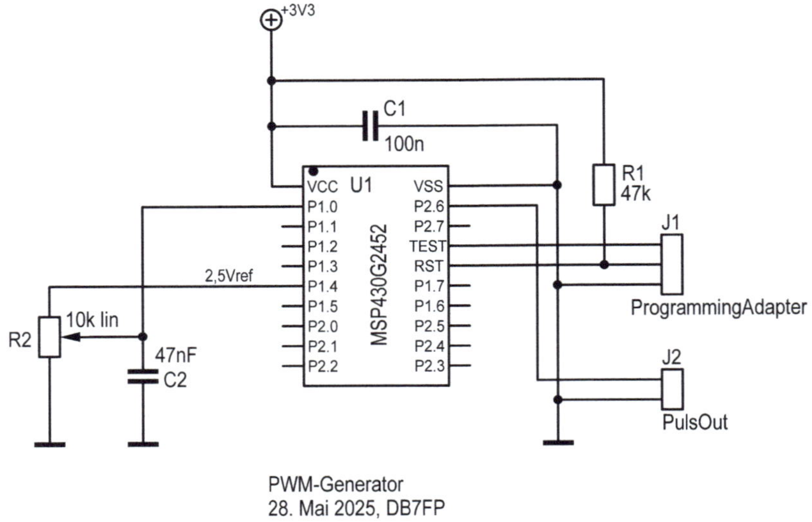

Bild 8.24: PWM für die Ansteuerung von Schaltnetzteilen mit einem Standard-Mikrocontroller erzeugen.

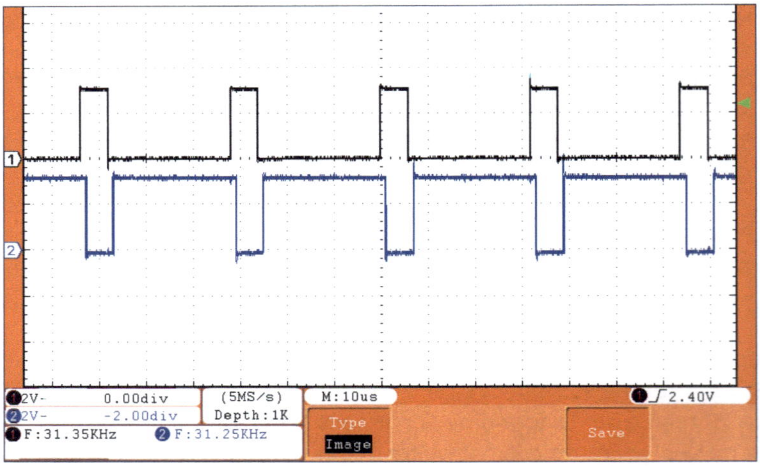

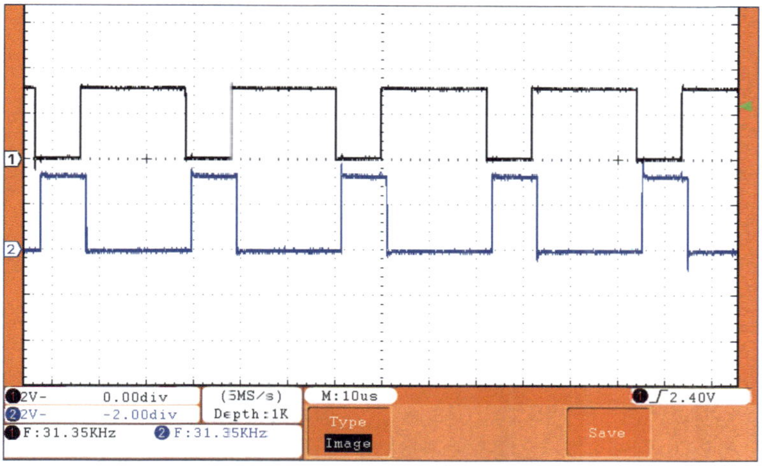

Bild 8.25: Pulse, erzeugt von der Schaltung aus Bild 8.24.
Schwarz: PulsOut regular; Blau: PulsOut invers.

```
//Create a PWM-Signal to control an Switched Power Supply
//Switch-Frequency: 31250 Hz
//PWM is controlled via a DC-voltage between 0 and 2,5V at P1.0
//Uref = 2,5V is present at P1.4
//PWM-Output is at P2.6
//PWM-inverse is at P2.7
//Vcc must be +3,3V at Pin1
//2. Juni 2025, Franz Peter Zantis

#include <msp430g2452.h>
unsigned int PWMsetting;            //via P1.0
unsigned int other1;                //via P1.1
unsigned int other2;                //via P1.2
unsigned int PWMvalue;              //to cache the PWMvalue
unsigned int PWMold;
unsigned int ADC10_Buffer[3];       //to get the values from the ADC

void main(void) {
    WDTCTL = WDTPW | WDTHOLD;       //Stop watchdog timer
    DCOCTL = CALDCO_16MHZ;          //DCOCLK = 16 MHz
    BCSCTL1 = CALBC1_16MHZ;         //DCOCLK = 16 MHz
    BCSCTL2 = 0;                    //MCLK = SMCLK = DCOCLK
    BCSCTL2 |= DIVS_0;              //SMCLK = DCOCLK/1

    P1SEL = 0;                      //Port1 as I/O
    P1DIR = 0;                      //Port1 all input
    P2SEL = 0;                      //Port2 as I/O
    P2SEL2 = 0;                     //Port2 as I/O

    P2DIR |= BIT6;                  //Timer output for PWM
    P2SEL |= BIT6;                  //Timer output for PWM
    TACCTL1 |= OUTMOD_7;            //Output-Mode Reset/Set
```

```
TACTL |= TASSEL_2;          //SMCLK is the clock source
TACTL |= ID_0;              //clock divider is 1
TACTL |= MC_1;              //count until CCR0 is reached
TACCR0 = 512;               //PWM-frequency is 31250 Hz
TACCR1 = 1;                 //Duty-Cycle

P1DIR &= ~BIT7;             //P1.7 as input to generate inverse pulse
P1IE |= BIT7;               //P1.7 IRQ enabled
P1IES |= BIT7;              //P1.7 edge is high to low
P1IFG &= ~BIT7;             //clear IFG
P2DIR |= BIT7;              //for inverse pulse via interrupt service
P2OUT &= ~BIT7;             //for inverse pulse via interrupt service

P1DIR &= ~BIT0;             //P1.0 as Input for PWM-setting
P1DIR &= ~BIT1;             //P1.1 as Input for others (extensions)
P1DIR &= ~BIT2;             //P1.2 as Input for others (extensions)
P1REN |= BIT0;              //P1.0 enable resistors
P1REN |= BIT1;              //P1.1 enable resistors
P1REN |= BIT2;              //P1.2 enable resistors
P1OUT &= ~BIT0;             //P1.0 Pulldown-Resistor for secured connection to GND
P1OUT &= ~BIT1;             //P1.1 Pulldown-Resistor for secured connection to GND
P1OUT &= ~BIT2;             //P1.2 Pulldown-Resistor for secured connection to GND
ADC10AE0 = BIT0;            //P1.0 as ADU-input
ADC10AE0 |= BIT1;           //P1.1 as ADU-input
ADC10AE0 |= BIT2;           //P1.2 as ADU-input
ADC10CTL0 = 0;              //ADC deactivated (ENC = 0; all is zero)
ADC10CTL0 |= SREF_1;        //Vref & Vss (GND) as reference voltage
ADC10CTL0 |= REF2_5V;       //Reference voltage is 2,5V
ADC10CTL0 |= REFON;         //reference generator enabled
ADC10CTL0 |= REFOUT;        //reference voltage at P1.4
ADC10CTL0 |= ADC10SHT_3;    //Sample & Hold time 64 cyles
ADC10CTL0 |= MSC;           //multiple samples
ADC10CTL0 |= ADC10ON;       //ADC on
ADC10CTL1 = INCH_2;         //P1.2 is first input
ADC10CTL1 |= ADC10SSEL_3;   //clock source is SMCLK
ADC10CTL1 |= ADC10DIV_7;    //clock divided with 8 = 2 MHz
ADC10CTL1 |= CONSEQ_1;      //sequence of channels; from P1.2 to P1.0
ADC10DTC1 = 0x03;           //read three values (P1.0, P1.1, P1.2)
ADC10CTL0 |= ENC;           //ADC active

__enable_interrupt();

while(1)
{    ADC10CTL0 &= ~ENC;
    ADC10SA = (unsigned int)&ADC10_Buffer[0];   //assign target memory address
    ADC10CTL0 |= ENC + ADC10SC;                 //ADC starts
    while(ADC10CTL1 & ADC10BUSY);               //wait until ADC-process is finished
    other2 = ADC10_Buffer[0];                   //via P1.2
    other1 = ADC10_Buffer[1];                   //via P1.1
    PWMsetting = ADC10_Buffer[2];               //PWM-setting via P1.0
    PWMvalue = PWMsetting >>1;                  //divided by 2 (1023/2=512)

    if (PWMvalue < 511)                         //max. 510
```

```
        {
            if ((PWMvalue > (PWMold+10)) || (PWMvalue < (PWMold-10)))
            {
                TACCR1 = PWMvalue + 1;     //+1 to avoid 0
                PWMold = PWMvalue;
            }
        }
    }
}



#pragma vector=PORT1_VECTOR
__interrupt void Port_1(void)
{
    P2OUT ^= BIT7;                     //toggle P2.7
    P1IES ^= BIT7;                     //change edge
    P1IFG &= ~BIT7;
}
```

Das Potentiometer in der Schaltung nach Bild 8.23 könnte durch einen Regler ersetzt werden, dessen Ausgangsspannung Bezug zur Masse hat. Dies hätte zur Folge, dass die Ausgangsspannung mittels eines geschlossenen Regelkreises konstant gehalten werden kann. Der Wert der Ausgangsspannung (Istwert) wird mit der Referenzspannung (Sollwert) verglichen. Die Differenz zwischen Ist- und Sollwert steuert, je nach Vorzeichen, das Tastverhältnis der Transistoransteuerung. Der Regelkreis hat dabei die Aufgabe, die Ausgangsspannung konstant zu halten. Schwankungen der Ausgangsspannung können durch Änderungen der Last am Ausgang oder durch Änderungen der Eingangsspannung verursacht werden. Wird die Eingangsspannung aus der Netzwechselspannung gewonnen, spricht/liest man von "Netzausregelung" und "Lastausregelung" (engl.: *Line Regulation, Load Regulation*). Zu unterscheiden sind die spannungsbasierte Regelung (engl.: *Voltage-Mode-Regulation*) und die strombasierte Regelung (engl.: *Current-Mode-Regulation*).

8.2.5.1 Spannungsbasierte Regelung

Bild 8.26 zeigt das Prinzip eines Aufwärtswandlers mit spannungsbasierter Regelung. Hier realisiert mit der Pulserzeugung aus Bild 8.24. Die Ausgangsspannung U_{OUT} wird über den Spannungsteiler R4, R5 mit der Referenzspannung von U_{ref} (hier *2,5 V*) verglichen. Die Differenz wird mit dem PI-Regler, der mit dem Operationsverstärker OP1A aufgebaut ist, verstärkt. Der Pulsweitenmodulator ist nach dem zuvor beschriebenen Prinzip mit einem Mikrocontroller aufgebaut. Er wandelt die Ausgangsspannung des PI-Reglers in eine pulsweitenmodulierte Spannung um. Der Ausgang des Pulsweitenmodulators steuert den Transistor T1. Ist die Ausgangsspannung U_{OUT} zu klein, so ist die Spannung am Widerstand R5 kleiner als die Referenzspannung U_{ref}. Die Ausgangsspannung des PI-Reglers OP1A läuft infolge dessen hoch. Dadurch wird das Tastverhältnis größer und die Ausgangsspannung des Aufwärtswandlers wird größer, und zwar genau solange, bis $U_{OUT} = k \cdot U_{ref}$. Dabei ist k der Verstärkungsfaktor des PI-Reglers.

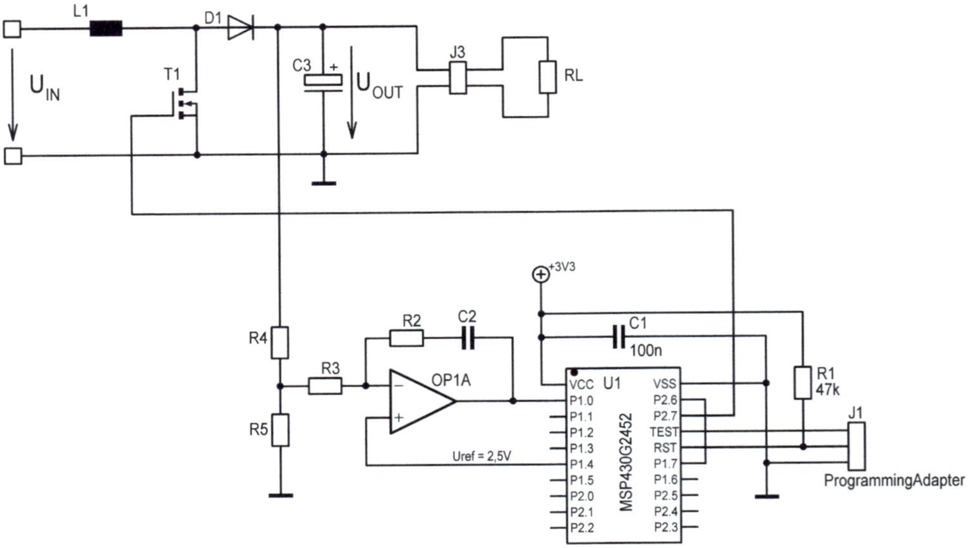

Bild 8.26: Prinzip für einen Aufwärtswandler mit Regelung der Ausgangsspannung gemäß "voltage-mode".

Je länger der Transistor T1 eingeschaltet ist, desto mehr Zeit ist für den Stromanstieg in der Spule vorhanden und desto mehr Energie wird in der Spule gespeichert. Sperrt der Transistor führt dies zu mehr Ladestrom in den Kondensator C3 und damit zum Spannungsanstieg. Diese Regelungsart ist träge, da erst die Energie in die Drossel geladen wird, dann der Strom in den Kondensator fließt und dann erst baut sich die Spannung am Kondensator auf, welche dann als Istwert erfasst wird. Allerdings ist der Zusammenhang zwischen Ausgangsspannungsänderung und Pulsweitenänderung einfach herzustellen.

8.2.5.2 Strombasierte Regelung

Aus Bild 8.27 ist das Prinzip für die strombasierte Regelung der Ausgangsspannung gut zu erkennen. Die an C_{OUT} anliegende Ausgangsspannung U_{OUT} wird über den aus R3 und R4 bestehenden Spannungsteiler mit der

Referenzspannung U_{ref} verglichen und über den PI-Regler (OP4) verstärkt. Die Spannung am Ausgang des PI-Reglers wird mit der rampenförmigen Spannung an dem Strommesswiderstand R_i verglichen.

Der Transistor T1 wird eingeschaltet von der positiven Flanke des Taktsignals. Er wird ausgeschaltet, wenn die Rampenspannung an R_i die Ausgangsspannung von OP4 erreicht. Bei einer Eingangsspannungsänderung beispielsweise ändert sich sofort der Spulenstrom. Somit wird die Information der Eingangsspannungsänderung direkt in die Regelschleife eingespeist, noch bevor die Ausgangsspannung U_{OUT} dieser Eingangsspannungsveränderung folgt.

Die Pulsweite ergibt sich durch das Zusammenspiel von PI-Regler und Komparator. Ist die Ausgangsspannung zu niedrig, steigt die Spannung am Ausgang des PI-Reglers und es dauert länger bis der Puls abgeschaltet wird. Ist die Ausgangsspannung zu hoch, wird der Puls bereits bei kleinem Strom abgeschaltet. Der "Current-Mode" erfordert eine sorgfältige Abstimmung der Komponenten PI-Regler und Komparator. Der Vorteil ist dann eine direktere Regelung. Ein Eingriff in den Schaltvorgang erfolgt unmittelbarer.

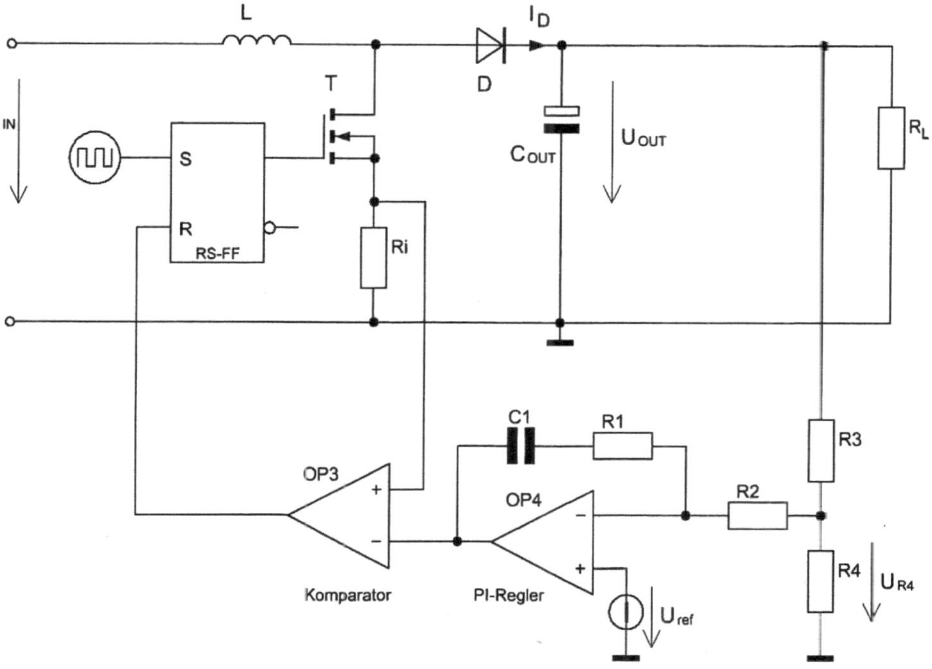

Bild 8.27: Prinzip der "Current-Mode"-Regelung bei einem Aufwärtswandler.

Auch die "*Current-Mode*"-Regelung kann mit einem Standard-Mikrocontroller wie dem MSP430G2452 umgesetzt werden. Er ist für diese Anwendung gut geeignet, da er einen Komparator enthält. Der Timer im Mikrocontroller ist nur noch für die Erzeugung des Taktsignals erforderlich. Im Bild 8.28 stellt der Mikrocontroller an P2.7 den Takt zur Verfügung. Die Ausgangsspannung des PI-Reglers wird mit dem internen ADU erfasst und digitalisiert. Wie beschrieben kann der interne Komparator genutzt werden um den Transistor T1 abzuschalten. Für die Programmierung empfehle ich [25]. Grundsätzlich könnte man auch auf den analogen PI-Regler verzichten und diesen im Mikrocontroller mit Software nachbilden.

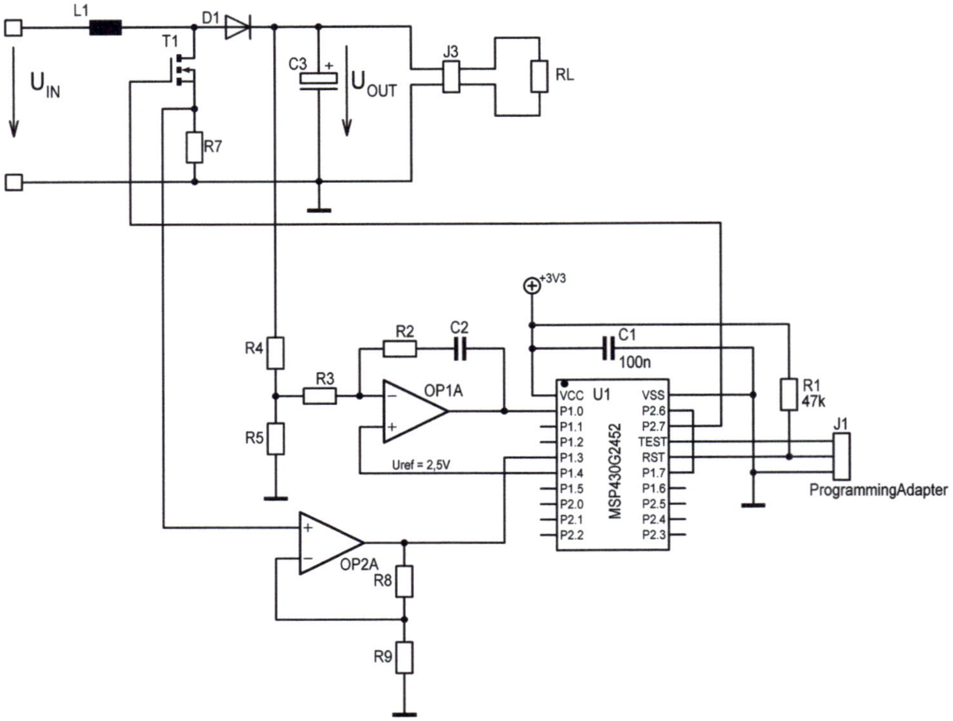

Bild 8.28: Prinzip für einen Aufwärtswandler mit Regelung der Ausgangsspannung gemäß "current-mode".
Mit jeder steigenden Flanke des Taktsignals wird der Transistor T1 eingeschaltet. Er wird abgeschaltet, sobald die Spannung an P1.3 größer ist als die Spannung an P1.0.

Ein weiterer Vorteil ergibt sich bei der strombasierten Regelung auch dadurch, dass der Spulenstrom von der Regelschleife selbst genutzt wird. Dadurch ist er vollständig unter Kontrolle. Bei der spannungsbasierten Regelung benötigt man unter Umständen zusätzliche Schutzvorrichtungen um den Spitzenwert des Stroms, durch Schalttransistor und Drossel für einen sicheren Betrieb zu begrenzen.

8.2.5.3 Stromkonstanter

Bisher habe ich die beschriebenen Wandler in der Anwendung zur Stabilisierung einer Spannung vorgestellt. Auch die im vorherigen Abschnitt vorgestellten Regelungsarten "voltage-mode" und "current-mode" hatten eine Spannungsstabilisierung zum Ziel. Eine Spannung sollte unabhängig von Eingangsspannungsschwankungen und Änderungen der Belastung konstant gehalten werden.

Im Hinblick auf den aktuellen Trend, LEDs für Beleuchtungszwecke zu verwenden, werden jedoch vor allem Stromkonstanter benötigt. Dazu wird dem Regler als Istwert nicht die Ausgangsspannung zugeführt, sondern die Spannung an einem Shunt (Bild 8.29).

Das Ergebnis ist ein reiner Gleichstrom. Damit lässt sich eine kontinuierliche LED-Beleuchtung herstellen – flimmerfrei, ungepulst – so wie die Augen der Menschen und Tiere es gewohnt sind.

Die erforderliche PWM-Schaltung würde ich gemäß dem Bild 8.24 aufbauen.

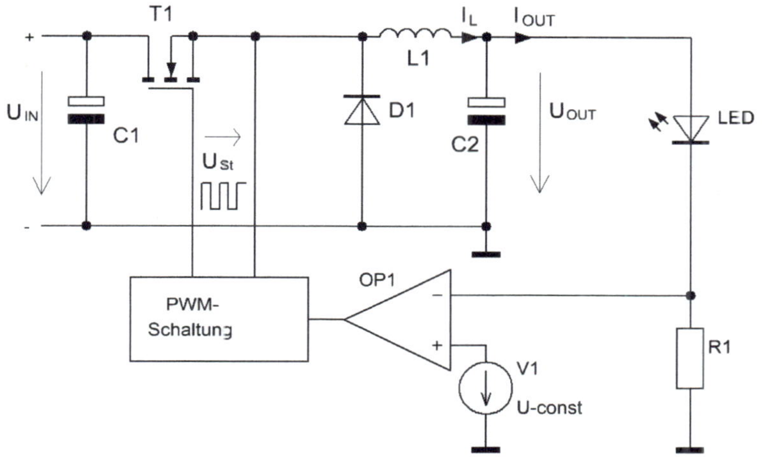

Bild 8.29: Prinzip der Verwendung eines Abwärtswandlers als Stromkonstanter. Zum Beispiel für den Betrieb einer LED. Damit wird pulsfreies Licht ermöglicht. Die Spannung am Shunt R1 wird konstant gehalten.

8.2.5.4 Integrierte Steuerschaltungen

Heute gibt es eine Vielzahl integrierter Schaltungen, die eine komplette Steuerschaltung und zum Teil auch den Leistungstransistor enthalten. Damit ist es möglich, mit nur wenigen zusätzlichen Bauteilen Schaltnetzteile aufzubauen. Ein Beispiel ist der Typ LT1373 von *Linear Technology*. Dem Bild 8.30 kann entnommen werden, dass dieser Baustein alle wichtigen Komponenten zum Aufbau von Boost-Konvertern enthält. Der Transistor im Ausgang (SWITCH) kann Ströme bis *1,5 A* verkraften.

Auch SEPIC-Konverter sind mit diesem Baustein realisierbar. Ein Vorteil bei der Entwicklung ist zudem, dass dieser Baustein nicht nur als SMD-Package sondern auch im Standard DIL8-Gehäuse angeboten wird. Im Bild 8.31 ist eine typische Applikationsschaltung mit dem LT1373 wiedergegeben. Aus einer Eingangspannung von *5 V* wird eine Ausgangsspannung von *15 V* erzeugt.

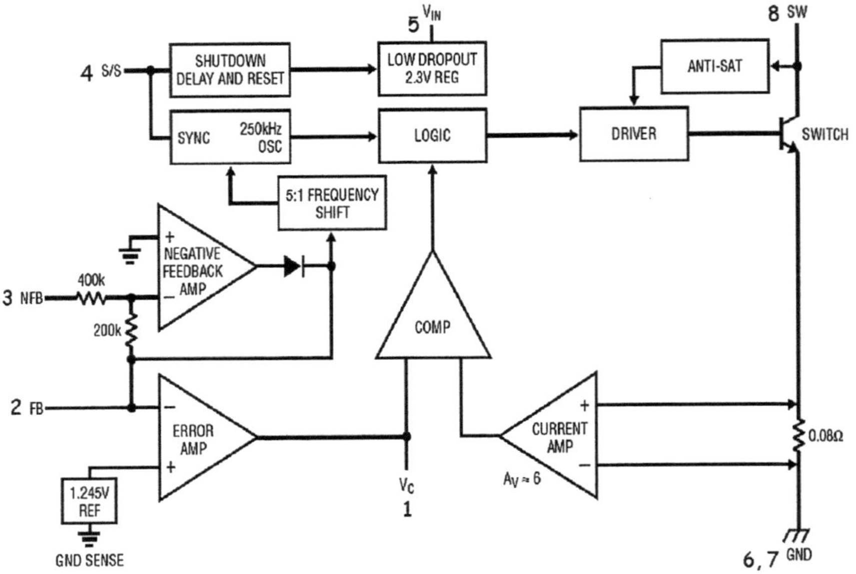

Bild 8.30: Innenschaltung eines Integrierten Schaltkreises für den Aufbau von Schaltnetzteilen. Hier am Beispiel des IC LT1373 (Boost-Converter). Das Bild stammt aus dem Datenblatt des ICs. Ich habe die Anschlussnummern für das DIL8-Gehäuse ergänzt.

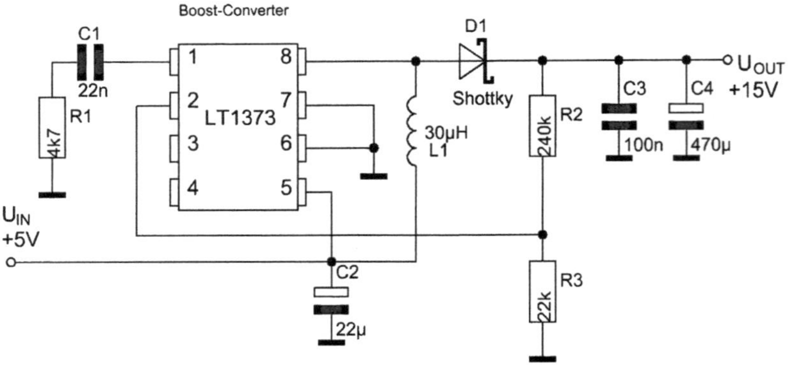

Bild 8.31: Aufwärtswandler mit dem integrierten Schaltkreis LT1373.

Andere Ausgangsspannungen lassen sich durch Ändern des Widerstandes R2 realisieren.

$$U_{OUT} = U_{REF} \cdot (1 + \frac{R2}{R3}) = 1{,}245V \cdot (1 + \frac{R2}{22000\Omega})$$

daraus dann $R2 \approx 17{,}7\frac{k\Omega}{V} \cdot U_{OUT} - 22k\Omega$

Legt man Pin4 auf GND stoppt das IC den Schaltbetrieb. Der Ausgangstransistor bleibt hochohmig und die Ausgangsspannung ist gleich der Eingangsspannung (abzüglich des Spannungsabfalls an D1 und L1).

Einige integrierte Steuerschaltungen für Schaltnetzteile wurden speziell für die Ansteuerung von LEDs, also für die Erzeugung eines konstanten Stroms entwickelt. Der Typ PR4404 (von der Mainzer Firma PREMA) kann bis zu vier LEDs aus einer Versorgungsspannung von *1,2...3 V* treiben. Leider ist dieses IC nur im SMD-Gehäuse erhältlich. Eine typische Anwendungsschaltung mit dem PR4404 zeigt Bild 8.32. Hier werden drei weiße Hochleistungs-Leuchtdioden angesteuert.

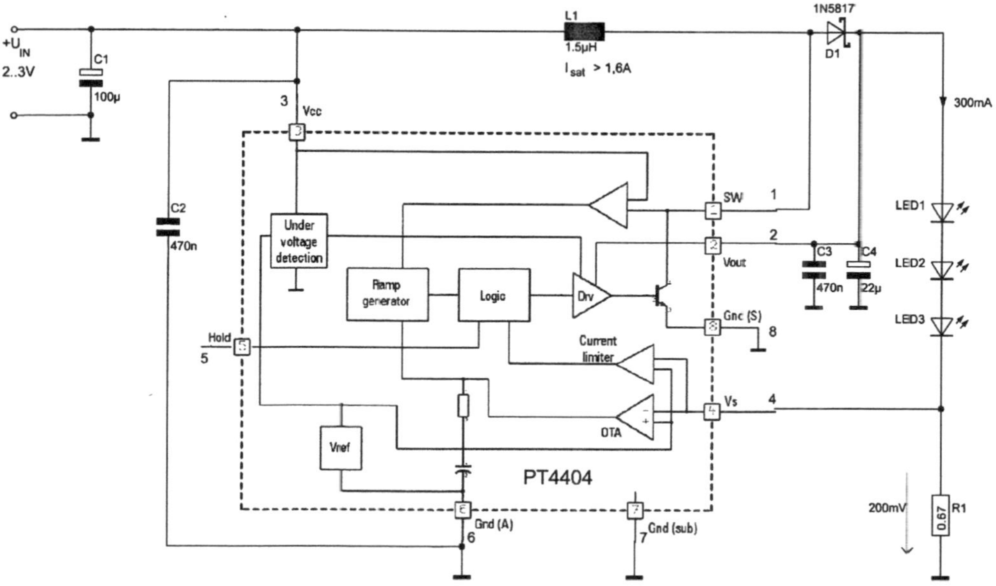

Bild 8.32: Step-Up-Converter PR4404 als Stromkonstanter für den Betrieb von LEDs.

Die Verwendung von Spezial-ICs bringen auch Nachteile mit sich. So muss sich der Anwender auf die Denkweise der Herstellerfirma einlassen. Das gilt auch für die Ausführlichkeit und Verständlichkeit der Dokumentation. Dann ist die Verfügbarkeit nicht immer gewährleistet. Manche ICs werden nach kurzer Zeit abgekündigt und sind dann allenfalls noch als Imitate aus China erhältlich. Die Güte dieser Imitate kann erfahrungsgemäß auch sehr schlecht sein. Eine damit aufgebaute Schaltung funktioniert unter Umständen nicht oder nicht so wie erwartet. Das führt leicht zu stundenlangem Suchen nach nicht vorhandenen Fehlern im Schaltungsaufbau.

Deshalb ist es nach meiner Erfahrung für Maker und Funkamateure fast immer besser einen Standard-Mikrocontroller zu verwenden und diesen entsprechend zu programmieren.

8.2.6 Wandler mit galvanischer Trennung

Die bisher beschriebenen Drosselwandler zeichnen sich zwar durch einen hohen Wirkungsgrad aus, bieten aber keine galvanische Trennung zwischen Eingang und Ausgang. Manchmal ist aber eine galvanische Trennung sinnvoll oder unabdingbar.

Eine Möglichkeit, wie man aus einer vorhandenen Gleichspannung eine weitere, galvanisch getrennte Spannung zur Verfügung stellt, ist in Bild 8.33 dargestellt. Ein Generator steuert abwechselnd den Transistor T1 und den Transistor T2 auf, so dass über den Kondensator C1 ein Welchselstrom durch die Primärspule des Übertragers Tr1 fließen kann. Die Taktfrequenz f_{clk} liegt zweckmäßigerweise oberhalb von *20 kHz*, so dass ein leichter HF-Übertrager verwendet werden kann. Die Ansteuerschaltung der Transistoren muss sicherstelllen, dass nicht beide Transistoren gleichzeitig leitend sind. Grundlage für den Aufbau des Generators kann der Abschnitt 8.1.2.4 sein.

Kritisch ist der Kondensator C1. Dieser Kondensator muss in der Lage sein, die gesamte Leistung mit möglichst geringen Verlusten zu übertragen (geringer Verlustfaktor $tan\ \delta$).

Die Schaltung in Bild 8.34 arbeitet mit einer Vollbrückenschaltung. Dadurch entfällt der Kondensator C1 aus Bild 8.33 und die in ihm anfallende Wärmeleistung. Die Transistoren T1/T4 und T2/T3 sind abwechselnd leitend, wobei die jeweils anderen beiden Transistoren sperren. Die Ansteuerschaltung muss sicherstellen, dass nicht T1/T2 oder T3/T4 gleichzeitig leiten, denn dies würde zu einem Kurzschluss führen und die Transistoren zerstören.

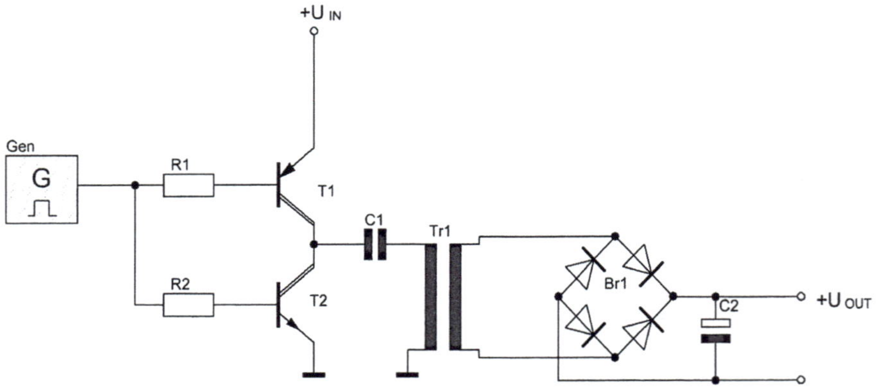

Bild 8.33: Prinzip für die Bereitstellung einer galvanisch getrennten Spannung mit Koppelkondensator.

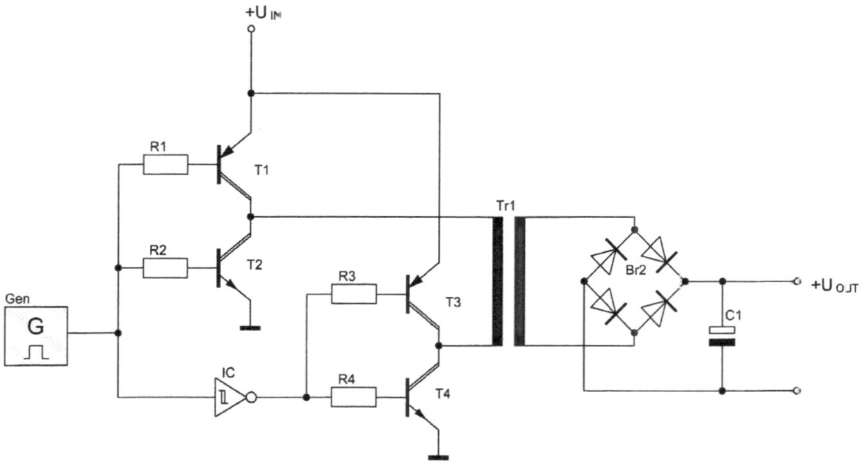

Bild 8.34: Prinzip für die Bereitstellung einer galvanisch getrennten Spannung mit Vollbrückenschaltung.

Die im vorherigen Abschnitt beschriebenen Drosselwandler nennt man auch sekundärgetaktete Schaltnetzteile, da diese Wandler in netzgespeisten Stromversorgungsgeräten auf der Sekundärseite eines Netztransformators mit anschließender Gleichrichtung angeordnet sind. Der Netztransformator gewährleistet eine galvansiche Trennung. Er beansprucht aber vergleichsweise viel Platz, verschlechtert den Wirkungsgrad des Gesamtsystems und ist vor allem schwer.

Der elegantere, aber technisch erheblich aufwändigere Weg besteht darin, die Netzwechselspannung unmittelbar gleichzurichten und mit Hilfe eines pulsbreiten gesteuerten Leistungsschalters eine Wechselspannung mit höherer Frequenz (ca. *20...500 kHz*) zu erzeugen, die dann mit einem speziellen HF-Transformator übertragen wird.

Der Schaltungsteil, an dem die gleichgerichtete Eingangswechselspannung bereit steht, nennt man Zwischenkreis. Ein Transformator für den genannten Frequenzbereich bietet gegenüber einem Standard-Netztransformator erhebliche Vorteile. Die für die Transformator-Spulen erforderlichen Windungszahlen sinken umgekehrt proportional zur Frequenz, was die Wärmeentwicklung durch den ohmschen Widerstand der Spulen reduziert. Außerdem lässt sich ein Transformator für diesen hohen Frequenzbereich viel kleiner und leichter aufbauen. Wandler dieser Art bezeichnet man als primär getaktete Wandler, da sich der Leistungsschalter auf der Primärseite des galvanisch trennenden Transformators befindet. Der primär getaktete Wandler hat in der Regel einen besseren Wirkungsgrad, wenn man das Gesamtsystem inklusive Transformator betrachtet.

Die Schaltungen aus Bild 8.33 und Bild 8.34 lassen sich nutzen, um aus einer gegebenen Gleichspannung eine andere, galvanisch getrennte Gleichspannung zu erzeugen. Sie können aber auch für die Erzeugung von Kleinspannung aus dem Stromversorgungsnetzt genutzt werden. Dazu wird die Netzwechselspannung gleichgerichtet. Es entsteht dabei die Zwischenkreisgleichspannung. In Europa beträgt der Nennwert der Netzwechselspannung

230V~ mit einer Toleranz von *±10%*. Also kann der Spannungswert bis zu *253 V~* erreichen. Für die Zwischenkreisgleichspannung gilt dann ein Maximalwert von

$$U_{=} = 253V \cdot \sqrt{2} = 358V$$

Die Bauteile müssen für diese Spannung ausgelegt sein. Es kommen nur hochspannungsfeste Leistungs-Schalttransistoren in Betracht. Schaltungen mit galvanischer Trennung, bei denen das schaltende Element auf der Primärseite angeordnet ist, bezeichnet man als primärgetaktete Schaltnetzteile.

8.2.6.1 Bereitstellung der Zwischenkreisgleichspannung

Typischerweise entspricht die Grundschaltung für die Bereitstellung der Zwischenkreisgleichspannung der Schaltung im Bild 8.35. Die Sicherung F1 dient als Brandschutz, wenn im Schaltnetzteil ein Fehler auftritt. Eventuell ist noch ein Entstörfilter vor dem Brückengleichrichter angeordnet.

Der Widerstand R1 hat eine sehr wichtige Aufgabe zu erfüllen. Er begrenzt den auftretenden Einschaltimpuls, wenn die Schaltung bei entladenem Kondensator C1 an die Eingangsspannung gelegt wird. Bei der Auslegung dieses Widerstandes ist zu bedenken, dass an ihm während des Betriebes ständig Wärmeleistung anfällt, die den Wirkungsgrad des Schaltnetzteiles verschlechtert. Es ist deshalb für R1 ein möglichst kleiner Widerstandswert anzustreben. Dabei ist aber zu beachten, dass der Gleichrichter nicht überlastet wird. Man kann das Grenzlastintegral des Gleichrichters als Grundlage für die Dimensionierung von R1 verwenden. Ist dieses nicht im Datenblatt angegeben, kann es auch mit dem für *10 ms* zulässigen Stoßstrom I_{FSM} berechnet werden. Es gilt:

$$\int_0^{10ms} i^2 dt = 0{,}5 \cdot 0{,}01s \cdot (I_{FSM})^2 \qquad \text{\{Gleichung 8.31\}}$$

I_{FSM} steht für "*Maximum Forward Surge Current*". Es ist der maximal zulässige Impulsstrom der Diode/des Gleichrichters.

Der Faktor *0,5* berücksichtigt, dass in den Datenblättern meist eine anschließende Erholzeit von *10 ms* (die zweite Sinushalbschwingung) gefordert wird.

Beim Aufladen des Kondensators C1 wird aus der Eingangswechselspannung die Energie

$$W = C1 \cdot \hat{U}_{\sim}^2 \qquad \text{\{Gleichung 8.32\}}$$

umgesetzt. Ist der Aufladevorgang abgeschlossen, dann enthält C1 die Hälfte dieser Energiemenge:

$$W = \frac{1}{2} \cdot C1 \cdot \hat{U}_{\sim}^2 \qquad \text{\{Gleichung 8.33\}}$$

Die andere Hälfte wird im Widerstand R1 in Wärme umgesetzt.

$$W = \frac{1}{2} \cdot C1 \cdot \hat{U}_{\sim}^2 + \frac{U_{eff}^2}{R} = \frac{1}{2} \cdot C1 \cdot \hat{U}_{\sim}^2 + \frac{1}{2} \cdot \frac{\hat{U}_{\sim}^2}{R}$$

Damit gilt aber für das Grenzlastintegral:

$$\int i^2 dt = \frac{W}{R1} = \frac{C1 \cdot \hat{U}_{\sim}^2}{2 \cdot R1}$$

und somit für den Widerstand R1

$$R1 \geq \frac{C1 \cdot \hat{U}_{\sim}^2}{2 \cdot \int i^2 \cdot dt} \qquad \text{\{Gleichung 8.34\}}$$

Beispiel: im Datenblatt des Brückengleichrichters Br1 (Bild 8.35) ist ein maximaler Strossstrom von $I_{FSM} = 50\,A$ angegeben. Dieser darf während einer Sinushalbschwingung für die Dauer von *10 ms* fließen. Anschließend ist eine Erholzeit von weiterer *10 ms* Bedingung. Damit ist das Grenzlastintegral:

$$\int_0^{10ms} i^2 dt = 0{,}5 \cdot 0{,}01s \cdot (50A)^2 = 12{,}5A^2s$$

Der Kondensator C1 hat eine Kapazität von *47 µF*. Der Betrieb erfolgt am *230 V*-Netz. Für R1 ergibt dies

$$R1 \geq \frac{47 \cdot 10^{-6}F \cdot (230V \cdot \sqrt{2})^2}{2 \cdot 12{,}5A^2s} = 4{,}9\Omega$$

Ich würde nun den nächst größeren Wert aus der E12-Reihe verwenden. Das wären dann *5,6 Ω*.

Jetzt ist noch die Frage, welche Wärmeleistung der Widerstand aushalten muss. Ich lasse die Eigenschaften des Gleichrichters unberücksichtigt. Der Gleichrichter sei ideal. Es ist unbekannt, zu welchem Zeitpunkt eingeschaltet wird. Ich gehe vom schlimmsten Fall aus. Das wäre, wenn beim Spannungsmaximum eingeschaltet wird. Im Einschaltaugenblick fließt der Strom

$$I_{ein} = \frac{\hat{U}_{\sim}}{R} = \frac{230V \cdot \sqrt{2}}{5{,}6\Omega} \approx 58{,}08A$$

Wäre die Netzspannung eine Gleichspannung, würde der Strom sinken nach der Formel (aus [5])

$$I(t) = I_{ein} \cdot e^{-\frac{t}{R \cdot C}} \qquad \text{\{Gleichung 8.35\}}$$

Tatsächlich ändert sich der Strom aber sinusförmig. Unter Annahme des schlimmsten Falls kann ich eine Cosinusfunktion verwenden. Dann tritt der beschriebene schlimmste Fall bei $t = 0$ auf. Würde sich der Kondensator nicht aufladen, dann kann man die folgende Gleichung verwenden

$$I(t) = I_{ein} \cdot \cos(\omega t)$$

Eine allgemeine Lösung ist kompliziert, weil sich die Spannung am Widerstand und damit der Strom in jedem Augenblick ändert. Die Änderung ergibt sich aus der sich ändernden Eingangsspannung abzüglich der sich ändernden Kondensatorspannung. Ich schätze deshalb ab: Nach 5τ ist der Kondensator aufgeladen. Wenn diese Zeit deutlich kleiner ist als eine viertel Cosinusschwingung $\frac{T}{4} = 5ms$, dann kann man näherungsweise die Gleichung *{8.35}* alleine nutzen. Im vorliegenden Fall ist

$$5\tau = 5 \cdot R \cdot C = 5 \cdot 5{,}6\Omega \cdot 47 \cdot 10^{-6}F = 1{,}316ms$$

Das ist kleiner als eine viertel Cosinusschwingung von *5 ms*. Wäre der Kondensator kurzgeschlossen, dann würde nach 5τ noch ein Ladestrom fließen von

$$I_{(1{,}316ms)} = 58{,}08A \cdot \cos(2\pi 50Hz \cdot 1{,}316ms) \approx 53{,}2A$$

Ich vernachlässige dies und nehme den Ladestrom als konstant an. Damit bin ich auf der sicheren Seite. Das Ergebnis wird ein etwas zu hoher Wert sein. Die Wärmeenergie beim Einschalten ist also

$$W_R \approx I_{ein}^2 \cdot R \cdot t = (58{,}08A)^2 \cdot 5{,}6\Omega \cdot 5ms = 94{,}45Ws$$

Das muss der Widerstand aushalten. Die entstehende Wärme entspricht also knapp *95 W* über eine Sekunde.

Nach dem Einschaltvorgang sinkt die Wärmeleistung auf die durch den Betriebsstrom verursachte.

Leider gibt es in den wenigsten Datenblättern der Widerstände Angaben zur Impulsbelastbarkeit.

Aus Erfahrung nehme ich bei Leistungswiderständen im zementierten Gehäuse die *10*-fache Nennleistung für maximal *5* Sekunden als vertretbar an. Anschließend muss eine ausreichende Abkühlung gewährleistet sein.

$$P_{5s} = 10 \cdot P_N$$

Entsprechend wäre für eine Sekunde die *50*-fache Nennleistung möglich. Somit würde ich im angeführten Beispiel einen Widerstand mit der minimalen Nennleistung

$$P_N = \frac{94{,}45Ws}{50 \cdot 1s} = 1{,}889W$$

auswählen. Kaufen und einsetzen würde ich dann einen Widerstand mit *5,6 Ω* und mindestens *2 W* Nennleistung.

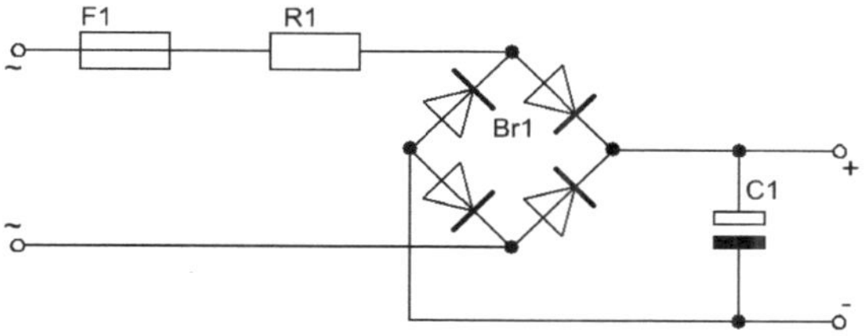

Bild 8.35: Prinzip der Bereitstellung der Zwischenkreis-Gleichspannung mit Vollbrückenschaltung.

Bei kleinen Leistungen stört R1 im Bild 8.35 eventuell nicht. Bei mittleren Leistungen kann R1 durch einen Heißleiter ersetzt werden (siehe [5] oder auch [33]). Im Einschaltmoment ist der Heißleiter kalt und hat somit einen hohen elektrischen Widerstand. Durch den fließenden Strom erwärmt sich der Heißleiter und sein Widerstand sinkt. Auf diese Weise wird die in R1 entstehende Wärme verringert.

Bild 8.36 zeigt eine Möglichkeit, die durch den Begrenzungswiderstand R1 verursachte Wärme während des normalen Betriebs komplett zu vermeiden. Anstelle der Relaisansteuerung durch einen Komparator nimmt man heute meistens den sowieso im Projekt vorhandenen Mikrocontroller. Das Einschalten des Relais wird dann entweder als Resultat einer Spannungsmessung mit dem im Mikrocontroller vorhandenen Analog-Digital-Wandler ausgelöst oder einfach durch eine Zeitverzögerung – z.B. indem die Schwingungen der Wechselspannung gezählt werden. Bei *50 Hz* Wechselspannung wäre dann die kleinste Zähleinheit *20 ms*. Eine derartige Zeitzählung für längere Zeiten ist in [34] ausführlich beschrieben.

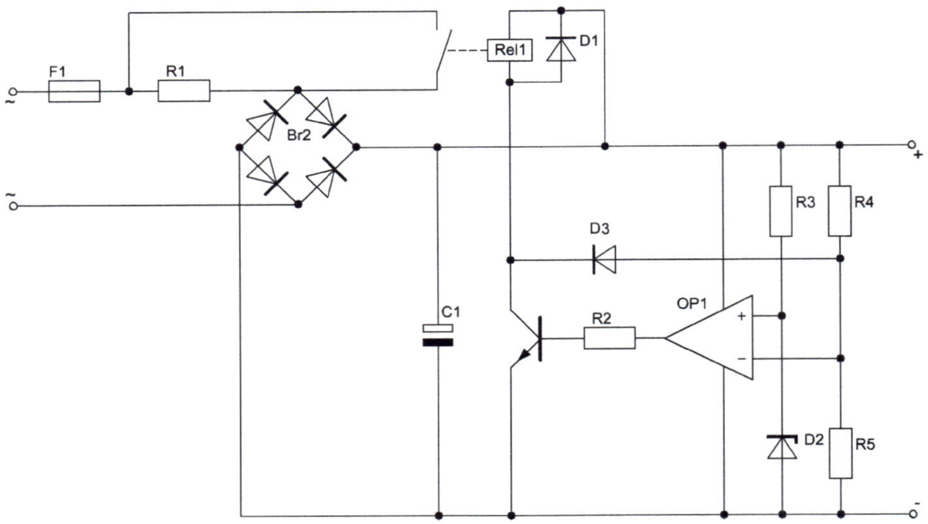

Bild 8.36: Möglichkeit, die in R1 entstehende Wärme während des Betriebes zu vermeiden. Die Diode D3 verhindert ein "Flattern" des Relais: Sobald der Transistor leitet wird der negative Eingang des Operationsverstärker auf eine Spannung gezogen die deutlich kleiner ist als die Spannung, die am positiven Eingang anliegt.

8.2.6.2 Sperrwandler mit galvanischer Trennung

Die einfachste Form eines primärgetakteten Wandlers erhält man mit Hilfe des Sperrwandlerprinzips, wenn man die Speicherdrossel durch einen Transformator erweitert. Das Prinzipschaltbild ist im Bild 8.37 zu sehen, die zugehörigen Spannungs- und Stromverläufe in Bild 8.38. Der Sperrwandler hat zwei Arbeitsphasen. Während der ersten Phase - der Flussphase – ist der Transistor T1 leitend. Es fließt nun Strom über den Transistor und die Primärwicklung des Transformators. Der Transformator nimmt dabei elektrische Energie auf und speichert sie magnetisch. Während der zweiten Phase – der Sperrphase – sperrt der Transistor. Die Spannung an den Transformatorwicklungen kehren sich nun um, und der Transformator gibt die magnetisch gespeicherte Energie über die Gleichrichterdiode D1 an die am Ausgang angeschlossene Last sowie an den Kondensator C1 ab. Während der Flussphase (also wenn der Transistor geöffnet ist), wird die angeschlossene Last vom Kondensator C1 mit Energie versorgt. Die gesamte übertragbare Energie richtet sich nach der Energie, die während der ersten Phase im magnetischen Feld gespeichert werden kann. Der Sperrwandler überträgt nur während der Sperrphase des Transistors Energie.

Da beim Sperrwandler der Transformator neben der galvanischen Trennung auch die Aufgabe der Energiespeicherung übernehmen muss, wird der Transformatorkern während des Betriebes aufmagnetisiert. Dazu muss er einen hinreichend großen Luftspalt enthalten, in dessen Volumen der wesentliche Anteil der Energie im Magentfeld gespeichert werden kann. Um Sättigung zu vermeiden, muss der Transformator überdimensioniert werden oder mit einem Luftspalt ausgestattet sein. Im Prinzip handelt es sich bei dem Transformator um eine Speicherdrossel mit Primär- und Sekundärwicklung. Er wird deshalb auch als Speichertransformator bezeichnet.

Während der Leitendphase des Transistors ist die Kollektor-Emitter-Spannung U_{CE} annähernd Null. Während der Sperrphase wird die Ausgangsspannung auf der Primärseite rücktransformiert, so dass dann die Kollektor-Emitter-Spannung theoretisch den Wert annimmt

$$U_{CE} = U_{\mathrm{IN}} + \frac{U_{OUT} \cdot N1}{N2}$$

N1 ist die Windungszahl auf der Primrseite und *N2* ist die Windungszahl auf der Sekundärseite.

Beim Betrieb am *230V/50Hz* – Netz entstehen so bei üblicher Dimensionierung des Sperrwandlers ca. *700 V*. In der Praxis liegt diese Spannung sogar noch höher, weil eine Induktionsspannung infolge der Transformatorstreuinduktivitäten dazu kommt. Der Transistor in Sperrwandlern für das *230-V*-Netz muss daher mindestens für eine Sperrspannung von *800 V* ausgelegt sein. Für die Primärspannung am Speichertransformator ist zu fordern, dass im stationären Betrieb ihr Mittelwert gleich Null sein muss (andernfalls würde der Strom beliebig ansteigen). Daraus folgt:

$$U_{OUT} = U_{\mathrm{IN}} \cdot \frac{N2}{N1} \cdot \frac{t_{on}}{T - t_{on}}$$

Man wählt das Übersetzungsverhältnis so, dass im Nennbetrieb die Aufmagnetisierungszeit t_{on} gleich der Abmagnetisierungszeit ($T - t_{on}$) ist. Daraus folgt für das Übersetzungsverhältnis:

$$\frac{N2}{N1} = \frac{U_{\mathrm{IN}}}{U_{OUT}}.$$

Für die notwendigen Sperrspannungen des Transistors und der Diode bedeutet das:

$$U_{CE} = U_{\mathrm{IN}} + U_{OUT} \cdot \frac{N1}{N2} \approx 2 \cdot U_{\mathrm{IN}}$$

$$U_R = U_{OUT} + U_{\mathrm{IN}} \cdot \frac{N2}{N1} \approx 2 \cdot U_{OUT}$$

Wie bereits erwähnt, ist es empfehlenswert einen Transistor auszuwählen der eine deutlich höhere Sperrspannung aushält, da im Abschaltaugenblick die Energie aus der primären Streuinduktivität nicht von der Sekundärwicklung übernommen wird. Eventuell ist ein sogenanntes Entlastungsnetzwerk (engl. *Snubber Circuit*) notwendig. In Bild 8.37 besteht dieses aus der Diode D2, dem Kondensator C2 und dem Widerstand R1. Die beim Abschalten des Transistors auftretende Spannungsspitze wird von der Diode übernommen und lädt den Kondensator C2. Der Widerstand R1 wandelt die Energie in Wärme um. Bei Netzspannungsauslegung werden Widerstand und Kondensator meistens so bemessen, dass über C2 näherungsweise eine Gleichspannung von *100 V* ansteht.

Für die Auslegung des Speichertransformators wird zunächst die Primärinduktivität berechnet. Diese muss während der Leitendphase jeweils die am Ausgang benötigte Energie speichern. Diese beträgt

$$W = P_{OUT} \cdot T$$

Dabei ist *T* die Periodendauer der Schaltfrequenz.

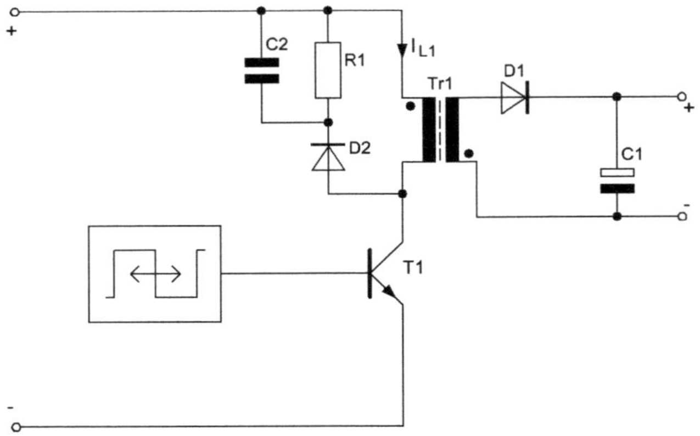

Bild 8.37: Prinzipschaltung für einen Eintakt-Sperrwandler mit galvanischer Trennung und Entlastungsnetzwerk.

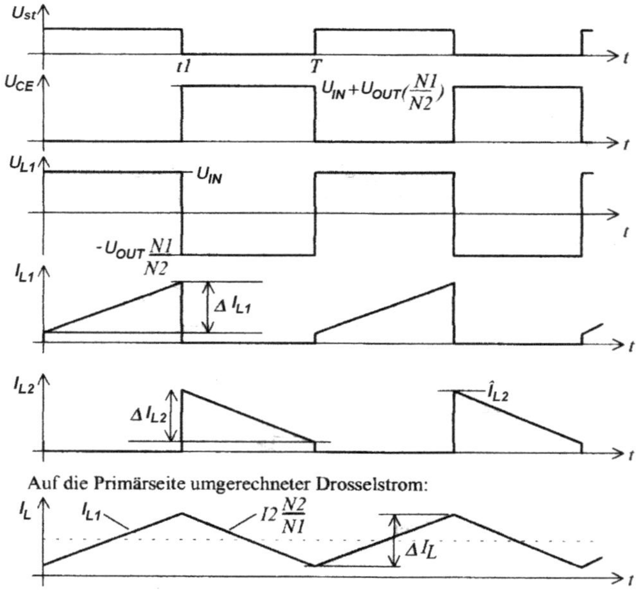

Bild 8.38: Spannungs- und Stromverläufe der Schaltung nach Bild 8.37. Dreieckförmiger, nichtlückender Stromverlauf in der Speicherdrossel.

Diese Energie muss im Nennbetrieb während der halben Periodendauer in die Primärinduktivität geladen werden, damit die zweite Hälfte der Periodendauer für den Stromfluss in der Sekundärseite zur Verfügung steht. Des Weiteren wird die Primärinduktivität so ausgelegt, dass das Netzteil im Nennbetrieb gerade an der Grenze zwischen diskontinuierlichem und kontinuierlichem Betrieb läuft, d.h., der Primärstrom beginnt am besten bei Null. Damit wird der Transformator geringstmöglich aufmagnetisiert und kann in der kleinstmöglichen Baugröße ausgeführt werden. Die Leistung beträgt dann:

$$P_P = U_{\mathrm{IN}} \cdot \frac{\hat{\mathrm{I}}_{L1}}{2} \cdot \frac{T}{2}$$

Diese Leistung wird in der Primärinduktivität *L1* gespeichert:

$$P_P = \frac{1}{2} \cdot L1 \cdot \hat{\mathrm{I}}_{L1}^2 \cdot f$$

I_{L1} ist der Strom kurz vor dem Abschalten (Sperren des Transistors). Auf Grund dieser Überlegungen ergibt sich die Primärinduktivität aus:

$$L1 = \frac{2 \cdot P_{\mathrm{IN}}^2}{I_{L1}^2 \cdot f}$$

Berücksichtigt man zusätzlich den Wirkungsgrad η zwischen der in *L1* gespeicherten Energie und der am Ausgang zur Verfügung stehenden Energie, ergibt sich für *L1*:

$$L1 = \frac{2 \cdot P_{\mathrm{IN}}^2}{I_{L1}^2 \cdot f} \cdot \eta$$

Der Wirkungsgrad η läßt sich an dieser Stelle nur schätzen, weil zu diesem Zeitpunkt der Berechnung noch kein konkreter Wert vorliegt. In vielen Fällen ist $\eta \approx 0{,}75$ angemessen. Für den Scheitelwert des Stromes I_{L1} (Bild 8.38) ergibt sich bei Betrieb an der Grenze zum diskontinuierlichen Betrieb (Lückgrenze, also Grenze zum trapezförmigen Strom in der Drossel):

$$\hat{\mathrm{I}}_{L1} = \frac{4 \cdot P_{OUT}}{U_{\mathrm{IN}} \cdot \eta}$$

Der Effektivwert des Stromes ist

$$I_{L1eff} = \frac{\hat{\mathrm{I}}_{L1}}{\sqrt{6}}$$

Damit können der Transformatorkern ausgewählt und die Wickeldaten festgelegt werden. Meist muss der Transformator selbst gewickelt werden. Zunächst wählt man einen geeigneten Kern aus. Der Kern muss die benötigte Leistung übertragen können. Unbedingt zu vermeiden ist, dass der Kern in die Sättigung gerät. Dann nämlich nimmt die Induktivität der Spule ab und der Strom steigt sehr stark an. Die im Kern erzeugte magnetische Feldstärke verhält sich proportional zum elektrischen Strom. Nun müssen das Übersetzungsverhältnis und die Windungszahlen berechnet werden. Nach dem Induktionsgesetz folgt:

$$W_P = \frac{U_{L1}^2 \cdot t_{on}^2}{2 \cdot L1}$$

Dabei ist t_{on} die maximale Einschaltdauer des Transistors und U_{L1} die Spannung an der Primärseite. Gleichermaßen folgt für die Sekundärseite:

$$W_S = \frac{U_{L2}^2 \cdot t_{off}^2}{2 \cdot L2}$$

Hier ist t_{off} die minimale Sperrzeit des Schalttransistors. Nach dem Einergieerhaltungssatz gilt ohne Berücksichtigung der Verluste:

$$W_P = W_S$$

und damit

$$\frac{U_{L2}}{U_{L1}} = \frac{t_{on} \cdot \sqrt{L1}}{t_{off} \cdot \sqrt{L2}} = \frac{t_{on} \cdot N2}{t_{off} \cdot N1}$$

bzw.

$$\frac{N2}{N1} = \frac{U_{L2} \cdot t_{off}}{U_{L1} \cdot t_{on}} = \text{ü}$$

Das maximale Tastverhältnis ist ca. *0,5*. Dies ist der Fall wenn $t_{off} = t_{on}$ ist und unter der Annahme $U_S \approx U_{IN} = const.$ sowie $U_P \approx U_{OUT} = const.$ kann man vereinfacht annehmen:

$$\text{ü} = \frac{U_{OUT} + U_F + U_{L2}}{U_{INmin} - U_{CE} - U_{L1}}$$

Dabei ist

U_{L2} der Spannungsabfall an der Sekundärwicklung *N2*
U_{L1} der Spannungsabfall an der Sekundärwicklung *N1*
U_F die Durchlassspannung der Gleichrichterdiode
U_{CE} die Kollektor-Emitter-Spannung in Volt im durchgeschalteten Zustand (bei Sättigungsbetrieb ca. *0,5 V*, bei Quasisättigung ca. *1,5...2 V*; bei MOS-FETs ca. *1...2 V)*

Die Windungszahlen hängen nun noch vom Kernmaterial ab. Grundsätzlich gilt:

$$N = \sqrt{\frac{L}{A_L}} \quad \{\text{Gleichung 8.34}\}$$

Im Datenblatt des Kernmaterials ist der A_L-Wert angegeben. Meistens erfolgt die Angabe in *nH* pro Quadratwindung. Der A_L-Wert entspricht dem Kehrwert des magnetischen Widerstandes *Rm.*

Als Beispiel sind in der Tabelle 8.2 die wichtigsten Daten von einigen EC-Kernen von Ferroxcube (Bild 8.39) zusammengestellt. Die empfohlene maximale magnetische Flussdichte *B* beträgt für alle Typen in der Tabelle *200 mT*. Die Induktivität berechnet sich durch Umstellen der Gleichung {8.34}:

$$L = A_L \cdot N^2$$

Die angegebene übertragbare Leistung stellt allerdings nur einen groben Richtwert dar. Wenn man den Drahtdurchmesser stark überdimensioniert, um die Verluste klein zu halten, kann es sein, dass man den nächst größeren Kern benötigt, um ausreichenden Wickelraum zu erhalten.

Kerntyp (Seitenlänge in mm)	Übertragbare Leistung bei 20 kHz	Magnetischer Querschnitt Ae	Induktivitätsfaktor A_L
EC35	50 W	71 mm	2100 nH/N²
EC41	80 W	106 mm	2700 nH/N²
EC52	130 W	141 mm	3400 nH/N²
EC70	350 W	211 mm	3900 nH/N²

Tabelle 8.2: Beispiel typischer Daten von Ferroxcube-Kerne für Hochfrequenztransformatoren.

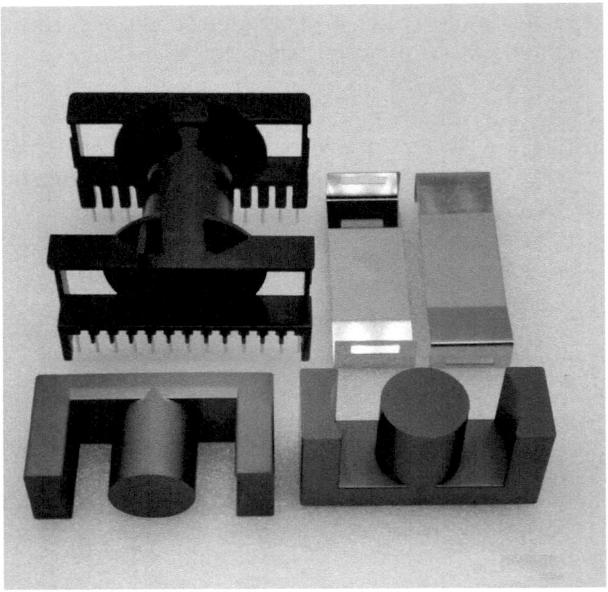

Bild 8.39: Kern und Spulenkörper eines EC-70-Bausatzes.

Bei der Bewicklung ist noch wichtig, dass die Kupferverluste klein gehalten werden. Man kann aus thermischen Gründen erfahrungsgemäß Stromdichten bis

$$S = 7\,A/mm^2$$

zulassen. Wenn man auf kleine Kupferverluste Wert legt, sollte man allerdings bei niedrigeren Werten bleiben. Für den Drahtdurchmesser ergibt sich:

$$D = 2 \cdot \sqrt{\frac{I}{\pi \cdot S}} \qquad \text{\{Gleichung 8.35\}}$$

Allerdings fließt der Strom bei höheren Frequenzen auf Grund des Skin-Effektes nicht mehr gleichmäßig durch den ganzen Querschnitt, sondern nur noch an der Oberfläche des Drahtes. Für die Eindringtiefe des Stromes gilt:

$$\delta = \frac{2{,}2mm}{\sqrt{\frac{f}{kHz}}}$$

Es ist nicht sinnvoll den Drahtdurchmesser größer als die doppelte Eindringtiefe zu wählen. Um trotzdem die erforderlichen Querschnitte zu erreichen, kann man Hochfrequenzlitze verwenden. Dabei sind die einzelnen Fasern gegeneinander isoliert. Günstig ist auch der Einsatz von Flachkabeln oder Kupferfolien, die entsprechend dünn sind.

8.3 Bauteile für die Verwendung in Schaltnetzteilen

In Schaltnetzteilen müssen einige Bauteile besonderen Anforderungen gerecht werden. Deshalb habe ich ihnen einen eigenen Abschnitt gewidmet.

8.3.1 Speicherdrosseln

Speicherdrosseln in Schaltnetzteilen speichern Energie in ihrem Magnetfeld, wenn Strom durch sie fließt und geben diese Energie ab, wenn der Stromfluss verringert wird. Darüber hinaus haben sie Filter- und Glättungswirkung. Sie helfen, den Ausgangsstrom zu glätten und das Rauschen zu filtern. Weiterhin begrenzt die Drossel den Anstieg des Stroms in einer Schaltung, nicht nur in Schaltreglern.

Eine Speicherdrossel speichert in Systemen der Leistungselektronik Energie, die während der Leitphase durch die Drossel aufgenommen wird. Diese gespeicherte Energie wird während der Sperrphase dann an die dahinter geschaltete Last oder entsprechend an den Glättungskondensator weitergegeben. Permanentes Abfallen und Ansteigen des Drosselstroms sorgt dabei für einen nahezu dreieckförmigen Stromverlauf an der jeweiligen Drossel. Um die Anforderungen einer Speicherdrossel berechnen zu können, wird anhand der Formel

$$W = \frac{1}{2} \cdot L \cdot I^2 \qquad \text{\{Gleichung 8.36\}}$$

die Speicherenergie *W* durch die Induktivität *L* und dem Drosselstrom *I* ermittelt.

Im Bild 8.40 ist das Ersatzschaltbild für eine technische Spule wiedergegeben. Der parasitäre Kondensator *C* stört in der Regel nur bei HF-Anwendungen und wird deshalb hier nicht weiter berücksichtigt. Der parasitäre ohm'sche Anteil *R* ist bei der Verwendung der Spule als Speicherdrossel aber normalerweise nicht vernachlässigbar. Diesem Widerstand sind sämtliche Verluste (Hysterese-, Wirbel- und Kupferverluste) zugeordnet.

$$R = f(U, f)$$

Ein Maß für die Güte einer Spule ist (wie beim Kondensator) der Verlustwinkel δ.

$$\tan\delta \approx \delta = \frac{R}{X_L} \qquad \text{\{Gleichung 8.37\}}$$

R ist der parasitäre ohm'sche Anteil
X_L ist der erwünschte induktive Widerstand, der durch *L* hervorgerufen wird

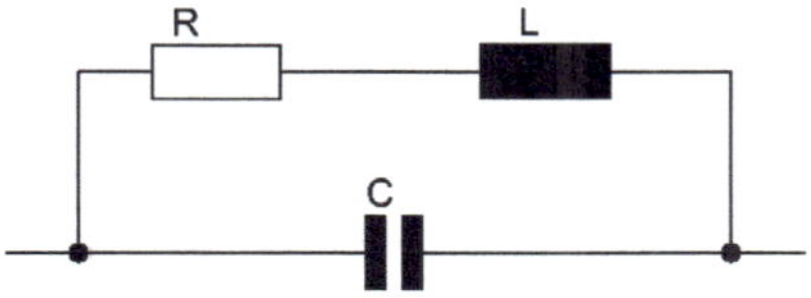

Bild 8.40: Ersatzschaltbild einer technischen Induktivität.

Besonders wenn größere Leistungen umgesetzt werden, ist eine wichtige Forderung, dass die Spule einen möglichst geringen ohmschen Widerstandsanteil aufweist. Optimale Eigenschaften weisen in dieser Hinsicht aus dickem Kupferdraht aufgebaute Luftspulen auf. Bei Luftspulen entfallen auch die Hysterese- und Wirbelstromverluste. Außerdem wird nie ein Sättigungspunkt überschritten, weil es bei einer Luftspule keine Sättigung gibt. Die Verwendung dieses Spulentyps scheitert allerdings beim Einsatz als Speicherdrossel allein schon an den erforderlichen relativ hohen Induktivitätswerten und den daraus zwangsläufig resultierenden großen Spulenabmessungen. In Frage kommen deshalb nur Spulen mit einem weichmagnetischen Kernmaterial aus nicht leitendem Metalloxid mit hoher Permeablilität. Diese sind unter der Bezeichnung "Ferrite" bekannt. Dabei handelt es sich im Wesentlichen um Mischkristalle oder Verbindungen von Eisenoxid (Fe_2O_3) mit einem oder mehreren Oxiden zweiwertiger Metalle (*NiO*, *ZnO*, *MnO*). Die Verluste durch Hysterese und Wirbelströme sind bei der Verwendung dieser Werkstoffe minimal. Wünschenswert ist zudem eine möglichst hohe Sättigungsfeldstärke H_S. Dieser Wert bestimmt,wie hoch die mit der fertigen Drossel speicherbare Energie sein darf.

Bei diesen Drosseln ist der magnetische Kreis des Ferritkerns häufig durch einen Luftspalt unterbrochen. Der Luftspalt ist eine spaltförmige Unterbrechung des Magnetkerns und wird oft zur mechanischen Stabilisierung mit nichtmagnetischem Material wie Papier, Plastik oder Harz ausgefüllt. Die in der Drossel gespeicherte Energie steckt dann fast vollständig in diesem Spalt. Der Luftspalt erhöht das Speichervermögen von magnetischer Energie. Der Kern dient nur zur Führung des Magnetfeldes. Der Spalt dient der Verringerung der magnetischen Flussdichte *B*. Das vermeidet die Sättigung des Kernmaterials und gewährleistet einen linearen Induktivitätsverlauf auch bei hoher Magnetisierung. Weitere Bauformen für Speicherdrosseln mit verringerter Sättigungsneigung sind Stab- und Garnrollenkerne (Bild 8.41 unten). Bei diesen ist sowieso für die magnetischen Feldlinien ein Luftweg vorhanden - allerdings gehen diese Bauformen mit einem hohen Streufeld einher.

Der Kern von Speicherdrosseln besteht entweder aus einem unterbrochenen Magnetkreis wie zuvor beschrieben oder alternativ aus einem gesinterten Ferritmaterial (sintern: Pulver wird unter Hitze zum Festmaterial gepresst) bei dem der Luftspalt im Kern diffus verteilt ist (dreidimensional gleichmäßig verteilte Mikroluftspalte). Als Pulver werden meist Eisen oder Eisenlegierungen (Handelsbezeichnungen *Sendust*, *High Flux*, *MPP*) verwendet. Merkmale dieser Pulverkerne sind das gegenüber massiven Kernen höhere Energiespeichervermögen sowie der zum Magnetfeld mehr lineare Induktivitätsverlauf ohne scharfen Übergang in die Sättigung. Man spricht auch von einem verteilten Luftspalt. Pulverkerndrosseln werden als kompakte Speicherdrosseln in Schaltnetzteilen, Schaltreglern und PFC-Stufen (PFC: Power Factor Compensation, Leistungsfaktorkorrekturfilter) sowie als Entstördrosseln bei Gegentaktstörungen (z. B. in Dimmern) verwendet.

Die magnetische Flussdichte *B* im Kernmaterial verhält sich proportional zum Strom I

$$B = \mu_0 \cdot \mu_r \cdot H = \mu_0 \cdot \mu_r \cdot I \cdot k \qquad \{Gleichung\ 8.38\}$$

H ist die magnetische Feldstärke in A/m
μ_0 ist die Permeabilität für Luftspulen
μ_r ist die Permeabilität für das verwendete Ferritmaterial
B ist die magnetische Flussdichte in *Tesla T*

Dabei ist k eine Spulenkonstante. Für die oft als Speicherdrossel eingesetzte Ringspule (Bild 8.41 oben) gilt zum Beispiel:

$$k = \frac{N}{2 \cdot \pi} \cdot \frac{l}{r} \qquad \text{\{Gleichung 8.39\}}$$

r ist der mittlerer Spulenradius
N ist die Windungszahl
l ist die Länge des Feldlinienweges

Bild 8.41: Beispiele für Speicherdrosseln.
Oben: Spulen mit Ringkern; Toroidspule.
Unten: Spulen mit Garnrollenkern (Fa. Würth).

Das Bild 8.42 zeigt beispielhaft die Magnetisierungskurve des Ferritwerkstoffes N27 der Firma TDK Electronics. Die empfohlene Betriebsfrequenz für dieses Material ist im Datenblatt angegeben mit *25....150 kHz*. Der steile Anstieg der Kurve im Bild 8.42 zeugt von einer hohen Anfangspermeabilität. Ab einer Feldstärke von 200 A/m wird die Kurve flach. Die magnetische Flussdichte B steigt nur noch wenig, weil die Sättigungsfeldstärke erreicht ist. Sie bestimmt den maximal erlaubten Spulenstrom. Im Taktbetrieb bestimmt die Einschaltzeit t_{on} den maximalen Spulenstrom, denn es gilt für den Stromanstieg in einer Spule:

$$\frac{di}{dt} = \frac{U}{L} \qquad \text{\{Gleichung 8.40\}}$$

bzw. unter Berücksichtigung der Einschaltzeit:

$$di = \frac{U}{L} \cdot t_{on} \qquad \text{\{Gleichung 8.41\}}$$

Das ist keine vollständige Darstellung des Stromverlaufs - aber hier eine ingenieurmäßig korrekte Vereinfachung, da sich der Strom in der Drossel linear (dreieckförmig) ändert.

Wesentlich ist, die Induktivität L und die Einschaltdauer t_{on} werden so dimensioniert, dass der Strom nicht über die Sättigungsgrenze hinweg ansteigen kann.

Wird die Sättigungsfeldstärke im Betrieb überschritten, verschlechtert sich der Wirkungsgrad der Stromversorgung drastisch, denn dann wirkt die Spule nur noch als ohm'scher Widerstand. Der über die Sättigung hinausgehende magnetische Fluss B wird nicht mehr in Form magnetischer Energie in der Spule gespeichert. Dabei können sehr hohe Spitzenströme fließen, die den Schalttransistor zerstören. Diese Betriebsart ist daher unbedingt zu vermeiden. Daher empfehle ich bei der Entwicklungsphase eines Schaltnetzteils den Spulenstroms im Betrieb zu überprüfen.

Normalerweise sollte eine Speicherdrossel deutlich unterhalb der Sättigung betrieben werden. In diesem Fall steigt der Strom während der Einschaltphase linear mit der Zeit an und fällt während der Ausschaltphase wieder linear ab (Bild 8.43a). Bild 8.43b zeigt den Stromfluss in einer Spule nach dem Erreichen und Überschreiten der Sättigungsfeldstärke H_S bzw. Überschreiten der maximal erlaubten magnetischen Flussdichte B_S. Der Stromanstieg verläuft nun nichtlinear mit großer Steilheit. Es entstehen hohe Spitzenströme, die nur durch die ohm'schen Widerstandsanteile von der speisenden Spannungsquelle, der Speicherdrossel und dem Schalttransistor begrenzt werden. Es besteht die Gefahr, dass der Schalttransistor zerstört wird und die Spule verbrennt.

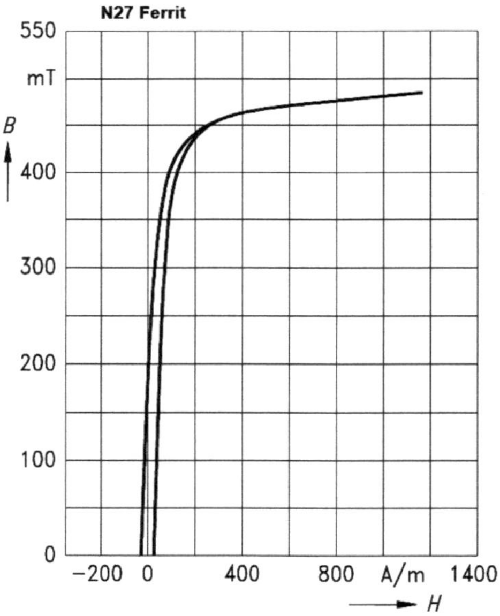

Bild 8.42: Magnetisierungskurve des Ferritmaterials N27 der Firma TDK.

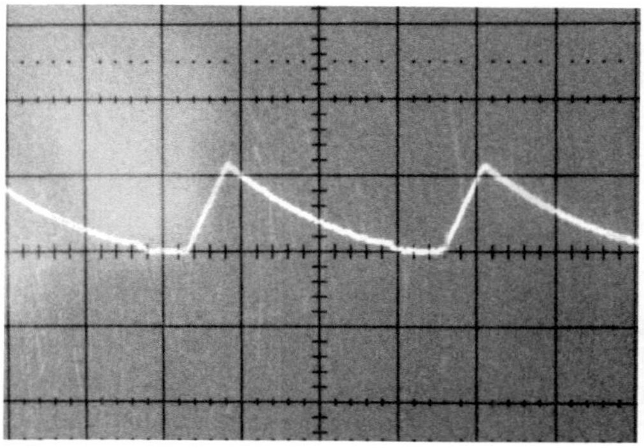

Bild 8.43a: Strom durch eine Speicherinduktivität im Normalbetrieb.

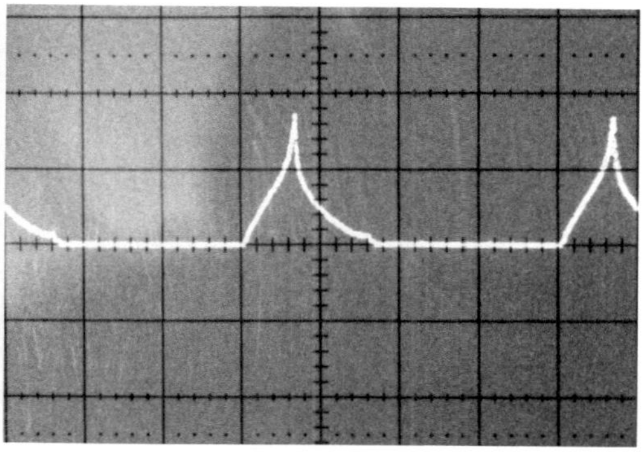

Bild 8.43b: Strom durch eine Speicherinduktivität nach Überschreiten der magnetischen Sättigungsfeldstärke.

Zur Untersuchung des Stromverlaufs in der Drossel verwendet man ein Oszilloskop. Die Aufnahme des Signals erfolgt entweder mit Hilfe einer Strommesszange, oder, bei kleineren Strömen, direkt an einem in Reihe mit der Speicherdrossel geschalteten Shunt. Für Ströme bis etwa 1 A kann man einen 1-Ω-Widerstand verwenden. Dann lässt sich der Strom direkt ohne Umrechnungen ablesen. Bei einem 0,1-Ω-Shunt muss die gemessene Spannung mit dem Faktor 10 multipliziert werden um den Strom in A erhalten.
Ein Vorschlag für eine Schaltung zur Messung des Stroms, bei dem die magnetische Sättigung einsetzt ist im Bild 8.44 wiedergegeben. Mit dieser Schaltung sind auch die Fotos aus Bild 8.43 entstanden. Zur Strommessung liegt der Shunt R2 in Reihe mit dem Prüfling L1. Die Spannung an diesem Widerstand wird mit einem Oszilloskop gemessen. Der Transistor T1 wird mit einem Pulsgenerator angesteuert, bei dem das Puls-Pausenverhältnis der Ausgangsspannung verändert werden kann. R1 begrenzt den Basisstrom. Dieser Widerstand muss so dimensioniert sein, dass T1 vollständig durchschaltet. Die Schottky-Diode D1 sowie der Widerstand R2 schützen den Transistor vor Überspannung, die beim Abschalten entsteht. Am Generator wird die Frequenz eingestellt, die später auch in der fertigen Schaltung genutzt wird. Dann wird das Puls-Pausen-Verhältnis vorsichtig erhöht und der Strom am Oszilloskop beobachtet. Wenn der Strom bei minimaler Erhöhung des Puls-Pausen-Verhältnisses übermäßig stark ansteigt, ist der Sättigungspunkt erreicht bzw. überschritten.

Bei dem Messaufbau nach Bild 8.44 ist zu beachten, dass es keine Erdschleifen gibt. Am besten verwendet man ein batteriebetriebenes oder ein über einen Trenntransformator betriebenes Oszilloskop. Andernfalls muss die Versorgungsspannung $+U$ und der Generator ohne Erdverbindung betrieben werden.

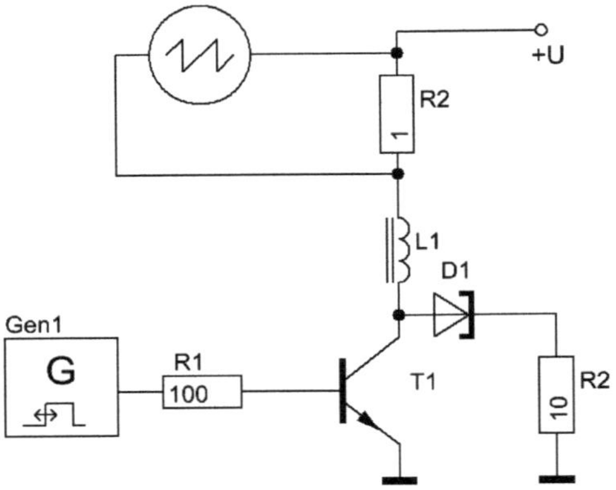

Bild 8.44: Schaltungsvorschlag für die Messung der magnetischen Sättigung.

In der Regel wird man aus der großen Anzahl fertiger, kaufbarer Speicherdrosseln auswählen oder eine, aus einem Altgerät ausgebaute Speicherdrossel (Bauteile-Recycling) nutzen. Es gibt aber auch Fälle, da muss man dann doch die Spule selbst wickeln. Dafür gibt es Kernbausätze mit zugehörigen Wickelkörpern (z.B. Schalenkernbausätze). Bei den damit aufbaubaren Spulen umgeben zwei Kernhälften die Wicklung schalenförmig. Dadurch ist ein, für die magnetischen Feldlinien optimaler, widerstandsarmer Weg vorgegeben. Die Kernhälften sind aufeinander eingeschliffen und gehören immer paarweise zusammen. Ihre Kennwerte gelten nur, wenn die jeweils füreinander bestimmten Gegenstücke zusammengefügt sind. Eine Kernhälfte eines Bausatzes darf deshalb nicht mit einer aus einem anderen Bausatz vertauscht werden. Es gibt Ausführungen ohne oder mit definiertem Luftspalt. Der Luftspalt kann konzentriert an einer Stelle sein oder diffus verteilt im Kernmaterial. In jedem Fall erhöht der Luftspalt das Speichervermögen von magnetischer Energie. Der Werkstoff der Kernhälften besitzt genau festgelegte magnetische Eigenschaften. Die Induktivität einer damit aufgebauten Spule lässt sich mit Hilfe des Induktivitätsfaktors A_L und der Windungszahl N der Wicklung berechnen.

$$L = A_L \cdot N^2 \qquad \text{\{Gleichung 8.42\}}$$

bzw. dann

$$N = \sqrt{\frac{L}{A_L}}$$

mit A_L in $n_H/(W_{dg})^2$

Leider ist der Induktivitätsfaktor meistens nicht auf dem Schalenkern aufgedruckt. Aber man kann den Wert durch einen Versuch ermitteln. Dafür stellt man mit Hilfe des unbekannten Kernmaterials eine Spule mit einigen Windungen her und misst anschließend die Induktivität. Der Induktivitätsfaktor lässt sich dann durch Umstellen der Gleichung {8.42} ermitteln.

$$A_L = \frac{L}{N^2}$$

Wie zu Anfang dieses Kapitels erklärt, ist die Induktivität von Speicherdrosseln abhängig von der anliegenden Spannung und der Frequenz. Ist es nicht möglich unter den späteren Betriebsbedingungen zu messen, so ist der ermittelte Wert nur als ein Näherungswert anzusehen.

Im Zusammenhang mit getakteten Stromversorgungen tritt immer wieder das Problem auf, Speicherspulen zu beurteilen oder zu messen. Die wichtigsten Kriterien sind dabei die Induktivitätsmessung und die Feststellung des Sättigungspunktes. Möglichkeiten zur Induktivitätsmessung mit Standard-Messgeräten sind in [20], [21] und [35] beschrieben. Ein Verfahren, bei dem man lediglich einen Frequenzgenerator mit bekanntem Innenwiderstand und einen Spannungsmesser benötigt, beschreibe ich folgend.

Steht nur ein Generator mit unbekanntem Innenwiderstand zur Verfügung, so muss der Innenwiderstand vorher ermittelt werden. Dies gelingt zum Beispiel mit einem der in [14] vorgestellten Verfahren. Falls der Innenwiderstand des Generators für die Durchführung der Messung zu klein ist, kann ein externer Widerstand in Reihe geschaltet werden. Bei der Messung ist dann anstelle des Innenwiderstandes die Summe aus Innenwiderstand und zusätzlich extern angeschlossenem Widerstand zu berücksichtigen. Beim Spannungsmesser ist zu beachten, dass dieser die höchste vorkommende Messfrequenz verarbeiten kann. Geeignet dafür sind analoge Messgeräte mit Drehspulmesswerk. Viele dieser Messgeräte liefern noch bei Frequenzen bis *100 kHz* korrekte Ergebnisse. Digitale Multimeter sind dafür unbrauchbar. Im Zweifelsfall sollte man für die Spannungsmessung ein Oszilloskop verwenden. Selbst die einfachsten Oszilloskope messen bis zu einer Frequenz von *5 MHz* ausreichend genau. Der Messaufbau ist im Bild 8.45 dargestellt. Mit Hilfe des Spannungsmessers wird die Spannung an der zu messenden Induktivität überwacht. Es gilt dann:

$$Z = R_i + j\omega L \qquad \text{\{Gleichung 8.43\}}$$

bzw. wenn wie hier nur die Beträge interessieren:

$$Z^2 = R_i^2 + \omega^2 L^2 \qquad \text{\{Gleichung 8.44\}}$$

Z ist unbekannt, weshalb ich diese Größe durch eine bekannte Größe ersetze:

$$Z = \frac{U_0}{I} = \frac{U_0}{\frac{U_{Ri}}{R_i}} = \frac{U_0 \cdot R_i}{U_{Ri}}$$

Weiterhin gilt noch:

$$U_{Ri}^2 = U_0^2 - U_L^2$$

wodurch ich erhalte:

$$Z^2 = \frac{U_0^2 \cdot R_i^2}{U_0^2 - U_L^2}$$

Eingesetzt in die *Gleichung {8.44}* erhalte ich einen mathematischen Ausdruck, in dem alle Größe bekannt sind:

$$\frac{U_0^2 \cdot R_i^2}{U_0^2 - U_L^2} = R_i^2 + \omega^2 \cdot L^2$$

Diesen Ausdruck vereinfache ich noch:

$$\frac{\frac{U_0^2 \cdot R_i^2}{U_0^2 - U_L^2} - R_i^2}{\omega^2} = L^2 ==> \frac{(\frac{U_0^2}{U_0^2 - U_L^2} - 1) \cdot R_i}{\omega^2} = L^2$$

Bilde ich nun noch den Kehrwert des Terms in der Klammer und setze diesen dann unterhalb des Bruchstriches ein, so führt dass zum Resultat:

$$L^2 = \frac{R_i^2}{(\frac{U_0^2}{U_L^2} - 1) \cdot \omega^2} ==> L = \frac{R_i}{\omega \cdot \sqrt{(\frac{U_0^2}{U_L^2} - 1)}} \qquad \{Gleichung\ 8.45\}$$

wobei natürlich gilt: $\omega = 2 \cdot \pi \cdot f$

Mit Hilfe dieser Formel kann man wie folgt vorgehen: Man stellt die Taktfrequenz des Schaltnetzteils ein. Jetzt misst man die Ausgangsspannung des Generators ohne Belastung (U_0). Anschließend misst man die Ausgangsspannung mit angeschlossenem Prüfling (U_L). Da nun alle Größen der Gleichung bekannt sind, kann die Induktivität leicht ausgerechnet werden. Dabei hilft zum Beispiel ein Tabellenkalkulationsprogramm, in dem man die Formel einträgt.

Noch einfacher verläuft die Messung, wenn man folgende Vereinbarung trifft:

$$U_0 = 2 \cdot U_L$$

Die Gleichung reduziert sich nun auf die Form:

$$L = \frac{R_i}{\omega \cdot \sqrt{3}}$$

Verwendet man einen Frequenzgenerator mit einem Innenwiderstand von $R_i = 50\ \Omega$, so lässt sich diese Formel noch weiter vereinfachen. Es gilt dann nämlich:

$$L = \frac{4{,}5944\frac{V}{A}}{f} \quad \{Gleichung\ 8.46\}$$

Die absolute Genauigkeit des Spannungsmessers ist bei Verwendung dieser Gleichung nicht relevant: Zunächst misst man die Ausgangsspannung bei unbelastetem Generator. Nun schaltet man den Prüfling parallel zum Spannungsmesser und verändert die Generatorfrequenz so lange, bis der Spannungsmesser genau die Hälfte der Leerlaufspannung anzeigt. Die dabei eingestellte Frequenz setzt man in die obige Gleichung zur Ermittlung der Induktivität *L* ein. Nachteilig ist bei diesem Verfahren, dass nicht bei der späteren Schaltfrequenz gemessen wird. Es eignet sich deshalb für eine grobe, überschlägige Ermittlung bzw. für Anwendungsfälle, bei denen die spätere Einsatzfrequenz sowieso unbekannt ist.

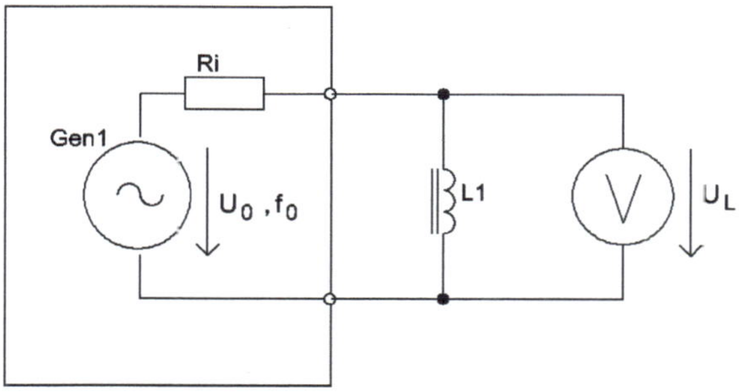

Bild 8.45: Schaltungsvorschlag für die Messung der Induktivität.

8.3.2 Elektrolytkondensatoren

An bestimmten Stellen in einem Schaltnetzteil ist die Auswahl der Kondensatoren kritisch. Aufgrund sehr unterschiedlicher Anforderungen und Arbeitsbedingungen können Kondensatoren gleichen Typs und Bauform nicht bedenkenlos an jeder Stelle im Schaltnetzteil eingesetzt werden. Vielmehr gilt zu beachten, dass zum Beispiel für Kondensatoren im Eingangskreis zum Teil andere Anforderungen zu stellen sind als für Kondensatoren im Ausgangskreis (Bild 8.46).

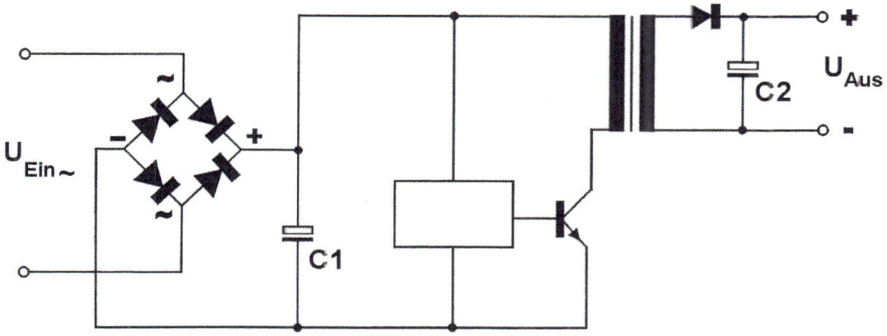

Bild 8.46: Die Anforderungen an Elektrolytkondensatoren in einem Schaltnetzteil hängen vom Einsatzort ab. C1 am Eingang muss zum Teil andere Spezifikationen erfüllen als C2 am Ausgang.

Bild 8.47 zeigt das Ersatzschaltbild für einen realen Kondensator. Neben der eigentlichen Kapazität C sind einige parasitäre Komponenten vorhanden:

L ist der Induktivitätsbelag
R_V ist der (durch Leitungen verursachte) Serienwiderstand
R_P ist der (durch das Dielektrikum verursachte) Parallelwiderstand
R_D ist der Widerstand, der den Umpolungsverlusten im Dielektrikum zugeschreiben wird

Besonders der Widerstand R_D ist stark frequenzabhängig. Die von diesem Widerstand verursachten Verluste wachsen proportional zur Frequenz. Aus der Vorlesung "Elektronische Bauelemente" weiß ich noch:

$$P_{RD} = P_{RD0} \cdot \frac{f}{f_0}$$

dabei ist P_{RD0} die der Frequenz f_0 zugeordnete Verlustleistung. Außerdem gilt:

$$P_{RD} = I_\sim^2 \cdot R_D \quad \text{und} \quad I_\sim = U_\sim \cdot \omega \cdot C$$

das alles zusammen gibt dann:

$$R_D = \frac{P_{RD}}{U_\sim^2 \cdot 4\pi^2 \cdot f^2 \cdot C^2} = \frac{P_{RD0}}{U_\sim^2 \cdot 4\pi^2 \cdot f_0^2 \cdot C^2} \cdot \frac{f_0}{f} = \frac{P_{RD0}}{I_\sim^2} \cdot \frac{f_0}{f}$$

$$R_D = R_{D0} \cdot \frac{f_0}{f}$$

Es ist zu erkennen, dass R_D mit zunehmender Frequenz sinkt. Dieses Verhalten gilt nur bis zu der Frequenz, bei der sich die Eigenschaften des Dielektrikums noch nicht verschlechtern.

Wegen des durch die parasitären ohm'schen Komponenten verursachten Wirkleistungsabfalls im Kondensator steht der Zeiger der komplexen Ebene nicht exakt in der imaginären Achse (Bild 8.48). Das Maß für die Verluste im Kondensator ist der Verlustfaktor "tangens delta"

$$\tan\delta = \frac{R_e\{Z\}}{I_m\{Z\}} \qquad \textit{\{Gleichung 8.47\}}$$

Der Verlustfaktor ist stark abhängig von der Temperatur und von der Frequenz. Das Bild 8.49 gibt den Verlauf des Verlustfaktors in Abhängigkeit von der Frequenz qualitativ wieder.

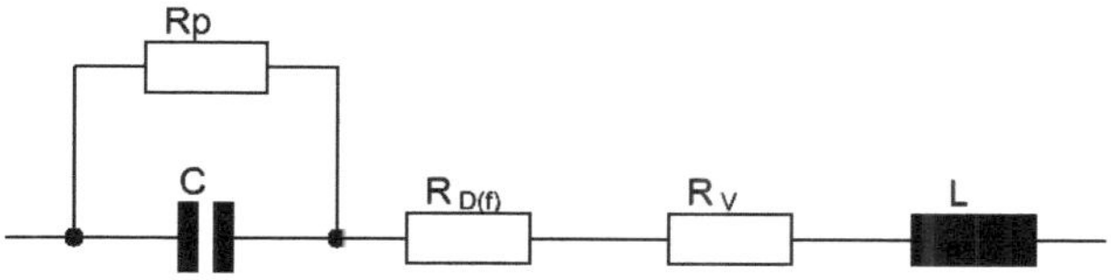

Bild 8.47: Ersatzschaltbild eines technischen Kondensators. Neben der eigentlichen Kapazität C sind weitere, unerwünschte Komponenten vorhanden.

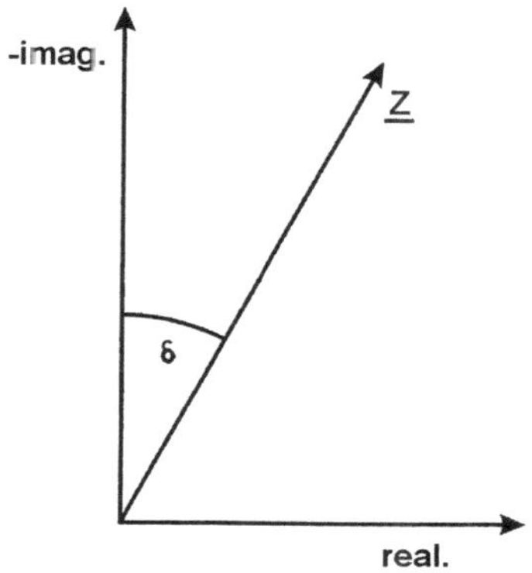

Bild 8.48: Technische Kondensatoren sind nicht ideal. Aus diesem Grunde weicht der Zeiger im komplexen Koordinatensystem von der imaginären Achse um den Winkel δ ab.

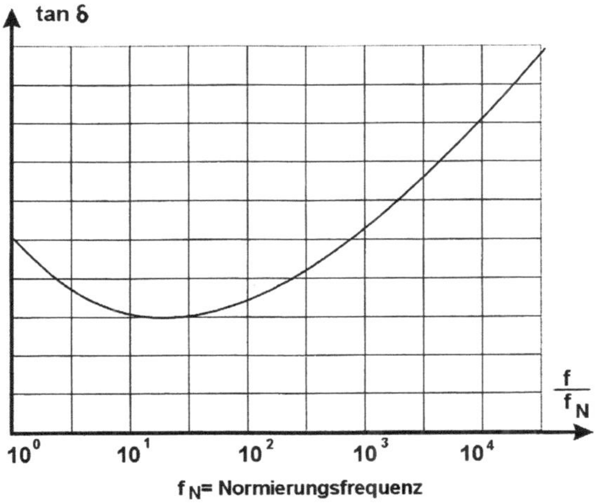

Bild 8.49: Qualitativer Verlauf des Verlustfaktors tan δ bei Kondensatoren mit der Bezugsfrequenz f_N.

Der generelle Verlauf des Scheinwiderstandes

$$Z = |\underline{Z}|$$

bei einem Kondensator ist im Bild 8.50 dargestellt. Für Frequenzen oberhalb der Resonanzfrequenz

$$f > \frac{1}{2\pi \cdot \sqrt{LC}}$$

erhöht die parasitäre Induktivität die Impedanz mit steigender Frequenz.

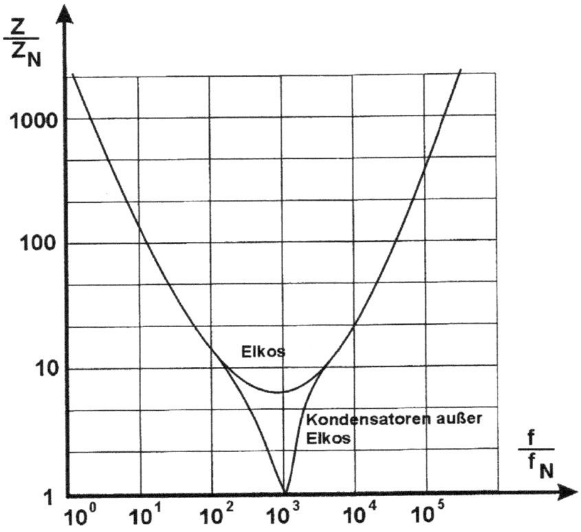

Bild 8.50: Qualitativer Verlauf des Scheinwiderstandes von Kondensatoren und Elkos. Die Resonanz entsteht durch die parasitäre Induktivität. Bei der Resonanzfrequenz erreicht der Scheinwiderstand seinen minimalen Wert. Unter- und oberhalb der Resonanzfrequenz steigt der Scheinwiderstand an. Z_N und f_N sind die Bezugsgrößen für die Normierung des Diagramms.

Ein weiterer wichtiger Kondensator-Kennwert für den Einsatz in Schaltnetzteilen ist die Impulsbelastbarkeit, die durch den Impulskennwert angegeben wird. Sie gibt Auskunft über den maximalen, vom Kondensator noch verkraftbaren Differentialquotienten *du/dt* der angelegten Spannung. Wegen der erforderlichen, hohen Kapazitätswerte kommen für die Eingangs- und Ausgangskondensatoren nur Elektrolytkondensatoren (Elkos) in Betracht. In der Regel kommen Aluminium-Elkos zum Einsatz. Dabei handelt es sich um die Bauelemente in der Elektronik mit der kürzesten Gebrauchsdauer (niedriges MTBF) und vergleichsweise geringer Güte.

Bei konstanter Belastung mit den vom Hersteller angegebenen Grenzdaten (maximale Betriebsspannung, maximale Umgebungstemperatur, etc.) nimmt man eine typische Betriebsdauer von $t \approx 10^4\ h$ (entspricht etwa 400 Tage) an. Betriebsdauer bedeutet in diesem Zusammenhang die Zeit, bis sich bei 10 % einer untersuchten Elko-Charge die Nennwerte für Kapazität und Güte deutlich geändert haben. Es wird schnell klar, dass es sich bei den Elektrolytkondensatoren um Bauelemente handelt, die für die Anwendung in einem Schaltnetzteil äußert sorgfältig dimensioniert und ausgewählt werden müssen.

8.3.2.1 Kondensatoren im Eingangskreis von Schaltnetzteilen

Die Aufgabe des Kondensators im Eingangskreis besteht primär darin, die Zwischenkreis-Gleichspannung aufrecht zu erhalten. Er wirkt demnach als Glättungskondensator für die gleichgerichtete Wechselspannung. Weiterhin muss der Kondensator bei kurzen Ausfällen der speisenden Quelle (Netzspannung) die Energieversorgung aufrechterhalten können. Für den Einsatz eines Kondensators im Eingangskreis bzw. im Zwischenkreis eines Schaltnetzteils ist deshalb der Kapazitätswert von großem Interesse. Wegen der niedrigen Netzfrequenz (je nach Art der Gleichrichtung treten am Eingangskondensator in Europa Frequenzen von 50 Hz oder 100 Hz auf) kann die parasitäre Induktivität vernachlässigt werden. R_D und R_V lassen sich minimieren, wenn man nicht einen Kondensator mit großer Kapazität einsetzt sondern besser mehrere parallel schaltet, die dann die Gesamtkapazität ergeben. Unter Umständen können diese Widerstände dann vernachlässigt werden. Dann gilt für den Verlustfaktor folgendes:

$$\underline{Z} = \frac{\frac{1}{j\omega C} \cdot R_P}{\frac{1}{j\omega C} + R_P} = \frac{R_P}{1 + \omega^2 \cdot R_P^2 \cdot C^2} \cdot (1 - j\omega \cdot R_P C)$$

$$\tan\delta = \frac{\mathrm{Re}\{\underline{Z}\}}{\mathrm{Im}\{\underline{Z}\}} = \frac{1}{\omega \cdot R_P \cdot C}$$

Sie zeigt das Verhalten des Verlustfaktors. Er verbessert sich interessanterweise mit steigender Frequenz

$$\tan\delta \sim \frac{1}{f} \text{wegen} \omega = 2\pi f$$

Die Netzfrequenz ist konstant. Störwechselspannungen werden aber gut reduziert, sofern deren Frequenz links vom Minimalwert im Bild 8.49 liegt. Bei Kondensatoren mit kleiner Kapazität liegt der Minimalwert tendenziell weiter rechts. Ersetzt man also einen großen Kondensator durch die Parallelschaltung mehrerer kleiner, so kann auf diese Weise der Minimalwert oftmals nach rechts verschoben werden.

Unter der Voraussetzung

$$R_P \gg \frac{1}{\omega C}$$

wäre der Parallelwiderstand sehr groß und entsprechend der "Leckstrom" durch den Kondensator klein. Angenommen R_P ist deshalb vernachlässigbar, R_D und R_V aber nicht, dann würde gelten:

$$\underline{Z}=R_V+R_D+j\frac{1}{\omega C} \quad \text{oder mit} \quad R_V+R_D=R_S \quad \underline{Z}=R_S+j\frac{1}{\omega C}$$

$$\tan\delta=\frac{\mathrm{Re}\{\underline{Z}\}}{\mathrm{Im}\{\underline{Z}\}}=\frac{R_S}{\frac{1}{\omega C}}=R_S\cdot\omega C$$

Da die Frequenz konstant ist sieht man wieder deutlich den Vorteil, wenn man mehrerer Kondensatoren parallel schaltet: dies verringert nämlich R_S.

Hinsichtlich der Spannungsfestigkeit ist zu berücksichtigen, dass der Eingangskondensator mit dem Scheitelwert der maximal möglichen Eingangsspannung (Scheitelwert der Nominalspannung plus obere Toleranzgrenze) beaufschlagt wird. Die auf dem Kondensator aufgedruckte Nennspannung U_N muss größer sein als dieser Wert.

Eine mäßige Überdimensionierung in diesem Punkt trägt sehr zur Zuverlässigkeit des Schaltnetzteiles bei. Für die Netzspannung beträgt die obere Toleranzgrenze in Europa *253* V_{eff}. Dies entspricht einem Scheitelwert von

$$\hat{U} = U_{eff} \cdot \sqrt{2} = 253V \cdot \sqrt{2} = 358V$$

Neben der Nennspannung U_N ist in den Datenblättern die maximale Spitzenspannung U_S angegeben. Diese Spannung darf nur kurzzeitig anliegen und nicht für betriebsmäßiges, periodisches Laden und Entladen des Kondensators in Anspruch genommen werden. Am besten klammert man diesen Wert bei der Dimensionierung aus. Interessant ist diese Größe nur im Hinblick auf kurzzeitige Störspikes und Überspannungen, die, verursacht durch Ausgleichsvorgänge, immer wieder im Versorgungsnetz auftreten. Wichtig zu wissen ist noch, dass die angegebenen Nenndaten nur für Umgebungstemperaturen unterhalb von *85 °C* gültig sind.

Das Schalten des Arbeitstransistors im Schaltnetzteil verursacht eine Störwechselspannung, die sich der Zwischenkreisgleichspannung überlagert. Die Frequenz dieser Störspannung hängt ab von der Schaltfrequenz des Transistors. Der Eingangskondensator muss diesen Wechselspannungsanteil auf einen nicht mehr störenden Wert reduzieren. Die Wechselspannung treibt den Strom $I_\sim$ durch den Kondensator. Die Wirkverluste in einem Kondensator sind abhängig von seinem parasitären ohm'schen Widerstandsanteil. In den Datenblättern der Kondensatoren ist oftmals für R_D und R_V und R_P ein resultierender Verlustwiderstand R_{ESR} angegeben (*ESR = Equivalent Series Resistance*). Kennt man den Effektivwert des in den Kondensator fließenden Stroms, kann man rechnen:

$$P_V = I_\sim^2 \cdot R_{ESR}$$

wobei im Ersatzwiderstand R_{ESR} alle ohmschen Verlustanteile berücksichtigt sind. Die Wärmeleistung P_V verschlechtert den Gesamtwirkungsgrad des Schaltnetzteils und heizt den Kondensator auf. Selbst wenn dabei kein Grenzwert überschritten wird, bedeutet dies eine Beschleunigung der Alterung. Das kann zu frühzeitigen Ausfällen bzw. unzuverlässiger Arbeitsweise führen.

Normalerweise ist die Strombelastung durch die überlagerte Wechselspannung beim Eingangskondensator eines Schaltnetzteils aber kleiner als bei einem Glättungskondensator eines linear arbeitenden Netzgerätes gleicher Leistung. Die auftretenden Ströme erreichen nur vergleichsweise kleine Amplituden (in der Regel *5 %* bis *25 %* des Zwischenkreisstroms). Eine besondere Beachtung ist deshalb nur in Ausnahmefällen notwendig.

8.3.2.2 Kondensatoren im Ausgangskreis von Schaltnetzteilen

Der Kondensator im Ausgangskreis eines Schaltnetzteiles (C2 im Bild 8.46) muss die vom Schaltnetzteil abgegebene Energie speichern und die Ausgangsspannung glätten. Die Frequenz am Ausgang wird durch die Schaltfrequenz des Netzteiles bestimmt und liegt je nach Schaltnetzteil-Typ im Bereich von etwa *10 kHz* bis *500 kHz*.

Die Lade- und Entladezyklen liegen für den Kondensator im Ausgangskreis im Bereich von Mikrosekunden (im Eingangskreis: Millisekunden). Die parasitäre Induktivität (in Datenblättern auch als ESL angegeben) des Kondensators ist nicht mehr ohne weiteres vernachlässigbar. Der Scheinwiderstand der Induktivität erhöht die Kondensatorimpedanz (Bild 8.47). Die Kapazität des Kondensators wird nicht mehr vollständig ausgenutzt.

Hier hat eine Parallelschaltung von mehreren Kondensatoren einen noch viel größeren positiveren Effekt als im Eingangskreis/Zwischenkreis. Sehr bewährt hat sich die Kombination von Elektrolytkondensatoren und Keramikkondensatoren. Bei letzteren ist der parasitäre induktive Belag besonders niedrig.

Im Bild 8.49 gibt es einen schmalen Frequenzbereich bei dem der Verlustfaktor *tan δ* eines Elektrolytkondensators minimal und nahezu frequenzunabhängig ist. Wie im letzten Abschnitt beschrieben kann sich dieser Bereich nach rechts verschieben, wenn man eine große Kapazität durch eine Parallelschaltung aus mehreren kleineren ersetzt.

Wegen der höheren Frequenz hat hier R_P einen viel geringeren Einfluss als auf der Eingangsseite. Diesen Widerstand kann man also vernachlässigen.

$$\underline{Z}=R_D+R_V+j\omega L+\frac{1}{-j\omega C}=R_S+j\left(\omega L-\frac{1}{\omega C}\right)$$

$\tan\delta = \dfrac{R_S}{\omega L - \dfrac{1}{\omega C}}$ gilt nicht für $\omega L = \dfrac{1}{\omega C}$ denn das wäre die Resonanz des Kondensators selbst.

Der Resonanzfall sollte aber nicht auftreten da bei guten Kondensatoren L immer klein und C immer groß ist. Also

$$\omega L \ll \frac{1}{\omega C}$$

Bezüglich der Spannungsfestigkeit ist auch im Ausgangskreis ist eine Überdimensionierung hinsichtlich der Nennspannung U_N des Kondensators sinnvoll.

In den Datenblätter ist auch die Impulsbelastung angegeben. Damit sind dann die Ströme beim Auf- und Entladen gemeint, die bei einer bestimmten Wiederholrate auftreten. Bei jedem Lade-/Entladevorgang (auch teilweise - nur durch die überlagerte Wechselspannung verursacht) wird in R_V und R_D Wärme erzeugt. In den meisten Datenblättern ist die maximale Impulsbelastbarkeit bei einer Frequenz von *100 Hz* und einer maximal zulässigen Umgebungstemperatur von $T_U = 85\ °C$ angegeben. Beim Ausgangskondensator wird die Impulsbelastbarkeit jedoch für die Schaltfrequenz benötigt. Abhilfe schafft auch hier eine Überdimensionierung.

Der Einfluss der Umgebungstemperatur lässt sich mit Tabellen berücksichtigen, die von vielen Herstellern angegeben werden. Typische Werte habe ich in der Tabelle 8.3 angegeben. Bei der Verwendung dieser Tabelle ist anstelle der Umgebungstemperatur die Oberflächentemperatur zu verwenden, wenn diese um mehr als *3 K* über der Umgebungstemperatur liegt. Dies ist am Ausgang des Schaltnetzteils eher die Regel als die Ausnahme.

Umgebungs- bzw. Oberflächentemperatur	Zul. Impulsbelastbarkeit bezogen auf den entsprechenden Nennwert
40 °C	1,83
45 °C	1,75
50 °C	1,68
55 °C	1,60
60 °C	1,52
65 °C	1,43
70 °C	1,33
75 °C	1,23
80 °C	1,12
85 °C	1,00
90 °C	0,90
95 °C	0,80
100 °C	0,70
105 °C	0,60

Tabelle 8.3: Tabelle zur Berücksichtigung des Temperatureinflusses bei der Impulsbelastbarkeit von Elektrolytkondensatoren.

Formelzeichen mit typischer Verwendung

B	statische Stromverstärkung; magnetische Flussdichte in *Vs/m²*
C	Kapazität in Farad, *F (bei Kondensatoren)* oder Amperestunden, *Ah (bei Akkumulatoren und Batterien)*
E	Energie in Joule, *J*
η	Wirkungsgrad
f	Frequenz in *Hz*
H	magnetische Feldstärke in *Am*
I	elektrischer Strom in Ampere, *A*
I_L, I_a	Laststrom in Ampere, *A*
I_F	Strom in Durchlassrichtung *(F = Forward)*
L	Induktivität in Henry, *H*
N	Windungszahl; Zahl
P	Leistung in Watt, *W*
P_a	Ausgangsleistung in Watt, *W*
ϕ	magnetischer Fluss in Weber, *Wb*
Q	Blindleistung in *var*
R	elektrischer Widerstand (Resistor) in Ohm, *Ω*
R_i	Innenwiderstand (von Spannungs- oder Stromquellen) in Ohm, *Ω*
R_L, R_a	Lastwiderstand in Ohm, *Ω*
r	differentieller/dynamischer Widerstand in Ohm, *Ω*
S	Stabilisierungsfaktor
β	differentielle Stromverstärkung
t	Zeit in Sekunden, *s*
t_{off}	Einschaltzeit
t_{on}	Ausschaltzeit
T	Periodendauer in Sekunden, *s*; Temperatur in Kelvin *K*
ϑ	Temperatur in *°C*
U	elektrische Spannung in *Volt, V*
U_{eff}, U_{RMS}	Effektivspannung in Volt, *V*
U_0	Urspannung, Leerlaufspannung in Volt, *V*
U_F	Spannung in Durchlassrichtung *(F = Forward)* in Volt, *V*
U_Z	Zenerspannung in Volt, *V*
X_C	Kapazitiver Blindwiderstand in Ohm, *Ω*
X_L	Induktiver Blindwiderstand in Ohm, *Ω*
Z	Scheinwiderstand in Ohm, *Ω*

Bibliographie

[1] Renardy/Lummer "Methodische Fehlersuche in Rundfunkempfängern"
Franzis Verlag München, 1979, ISBN 978-3-77230-205-3

[2] F.P. Zantis "Die Funktion einer Spannungsquelle"
Zeitschrift Elrad 1989, Heft 7/8 ab Seite 105

[3] F.P. Zantis "Die quadratische Funktion"
Zeitschrift Elrad 1989, Heft 9 ab Seite 70

[4] F.P. Zantis "Differentiationsregeln"
Zeitschrift Elrad 1991, Heft 6 ab Seite 89

[5] Machon (Hrsg). "Friedrich Tabellenbuch Elektrotechnik/Elektronik"
Bildungsverlag E1NS 2023, ISBN 978-3-427-53031-2

[6] F.P. Zantis "Der Wirkungsgrad eines Transformators"
Zeitschrift Elrad 1992, Heft 2 Seite 89 bis 91

[7] F.P. Zantis "Formfaktoren"
Zeitschrift Elektor 1989, Heft 6 ab Seite 70

[8] Meijs/Zantis "Unterbrechungsfreie Stromversorgung"
Zeitschrift RFE 1999 Heft 12, ab Seite 40

[9] F.P. Zantis "Funktionsverläufe von Bauteilen in analytischer Form"
Zeitschrift WissenHeute
Teil 1: 2003, Heft 10
Teil 2: 2004, Heft 5 ab Seite 276
Teil 3: 2004, Heft 6
Teil 4: 2006, Heft 3

[10] W. Schmidt "Aufbau und Wirkungsweise von Fahrradlichtmaschinen"
Zeitschrift ProVelo 1996, Heft 47, ab Seite 15 ff

[11] H. Wullkopf "Kleinstgeneratoren mit permanent-magnetischem Läufer"
ETZ A, 1959, Bd. 80 H.4

[12] F.P. Zantis "Stromversorgung ohne Stress, Band III: Energy Harvesting"
Elektor Verlag Aachen, 2021, ISBN 978-3-89576-454-7

[13] F.P. Zantis "Gefährdung des Menschen durch elektrische Energie"
Zeitschrift Unterrichtsblätter 1989, Heft 11 ab Seite 419

[14] F.P. Zantis "Kursus Messtechnik"
Elektor Verlag Aachen, 1993, ISBN 978-3-92805-141-5

[15] Al Pshaenich "Beurteilung der Abwärme von Leistungshalbleitern"
Zeitschrift Elektronik 1993, Heft 3/1993 ab Seite 78

[16] F.P. Zantis "Eulersche Funktionen"
Zeitschrift Elrad 1990, Heft 3 ab Seite 92

[17] F.P. Zantis "Praktische Anwendungen der Eulerschen Funktion"
Elrad 1990, Heft 4 ab Seite 88

[18] F.P. Zantis "Schaltnetzteile - Funktionsprinzip und Nachbauschaltungen"
Elektor Verlag 1994, ISBN 978-3-92805-175-0

[19] B. Kainka "Kondensator-Akku"
Zeitschrift Elektor 2003, Heft 9 ab Seite 72

[20] F.P. Zantis "Ermittlung der Induktivität (1)"
Zeitschrift rfe 2006, Heft 10 ab Seite 44

[21] F.P. Zantis "Ermittlung der Induktivität (2)"
Zeitschrift rfe 2006, Heft 11 ab Seite 44

[22] F.P. Zantis "Optimierung des Schaltverhaltens bei Bipolartransistoren"
Zeitschrift Elektronik 1994, Heft 4 ab Seite 84

[23] F.P. Zantis "Störfall - Grundlagen der EMV"
Zeitschrift Elrad 1989, Heft 1 ab Seite 34

[24] Sanyo "Twicell 2n2loop Cell Type HR-3UTG"
Datenblatt 2008 der Fa. Sanyo für AA-eneloop-Akkus

[25] F.P. Zantis "Mikrocontroller für Maker und Funkamateure"
GRIN Verlag München, 2023, ISBN 978-3-34600-336-2

[26] H. Richter "Neues Bastelbuch für Radio und Elektronik"
Franckh'sche Verlagshandlung, Stuttgart, 1969

[27] F.P. Zantis "Stromversorgung ohne Stress, Band IV: Lineare Stromversorgungssysteme"
Elektor Verlag Aachen, 2024, ISBN 978-3-89576-616-9

[28] ITT "Dioden, Z-Dioden, Gleichrichter, Thyristoren 1974/1975"
Datenbuch 6220-06-1D der Firma ITT (Intermetall)

[29] F.P. Zantis "Messen, Steuern, Regeln mit dem PC"
GRIN Verlag München, 2018,
ISBN (eBook) 978-3-66825-775-7

[30] F.P. Zantis "Technik für Bands – Handbuch für den Bandtechniker"
Elektor-Verlag Aachen, 1991, 352 Seiten
ISBN 978-3-92805-101-9

[31] R. zur Linde "Verstärker in Röhrentechnik"
Elektor-Verlag Aachen, 1992, 304 Seiten
ISBN 3-928051-02-4

[32] F.P. Zantis "Stromversorgung ohne Stress, Band II: Applikationen"
Elektor Verlag Aachen, 2018, ISBN 978-3-89576-331-1

[33] F.P. Zantis "Rettet die Glühlampen! Maßnahmen zur Verlängerung der Nutzungsdauer von noch vorhandenen Glühlampen"
GRIN Verlag München, 2020, 16 Seiten
ISBN 978-3-34619-894-5

[34] F.P. Zantis "Automatische Ausschalter"
GRIN Verlag München, 2024, 31 Seiten
ISBN 978-3-38903-982-3

[35] F.P. Zantis "Erfassung und Auswertung von schwachen, niederfrequenten, magnetischen Wechselfeldern in unserer Umwelt"
GRIN-Verlag München, 2010, 165 Seiten
ISBN 978-3-64065-990-6

Stichwortverzeichnis